# ベーシック
# 生物学

（増補改訂版）

武村政春 著

裳華房

# Basic Biology

— revised edition —

Masaharu TAKEMURA, Ph.D.

SHOKABO
TOKYO

# はじめに

大学の一般教養などで用いられる生物学の教科書は、これまで数多く出版されてきたが、そうした先学たちの努力の合間に割り込むようにして本書を出す意義とは、果たして何であろうか。と、私は『**人間のための 一般生物学**』（裳華房、2007）において問いかけたが、この問いかけは本書においても引き続き有効である。

生物学は、物理学や化学と並ぶ、自然科学における最重要の学問である。世界で最も権威ある科学誌『Nature』に投稿される論文は、ほぼ物理分野と生物分野に分かれるが、その審査の難関をくぐり抜けて掲載される論文は、今や生物分野（医学などを含む）の方が物理分野（天文学などを含む）よりも多いくらいだ。このことはとりもなおさず、最新の科学的知見の増大の多くにおいて、生物学が貢献していることを意味している。

ところで、生物学とよく似た意味をもつ学問に生命科学がある。

生物を生物たらしめている基本的性質を生命といい、それを研究する学問を生命科学という。ただしこの「生命」という言葉には、人間社会における人間の「人としての」社会的側面ならびに「ヒトとしての」生物学的側面を含むと共に、「生命科学」には社会的存在としての人間の生物学的な営みを研究する医学、薬学、農学、栄養学、人間工学などを含むから、生命科学はより大きな視点からの生物学という面があるように思われる。

生物学をなぜ学ぶ必要があるのかと問われれば、私たち人間はやはりヒトという生物である以上、人文的、社会的存在として他の生物を引き離した存在になってきたとは言え、生物学的な営みの上にこそ存在し得るからである。さらに、とりわけ21世紀は生命科学が発展し、生活に不可欠な医学や栄養学などの知識の“出番”が増えてきているからでもある。生物学という学問は、往々にしてその研究対象は人間以外の生物であるけれども、巡り巡れば、私たち自身である人間のすべてを知るための学問なのだ。

そういうこともあり、本書の内容には、器官や器官系、生殖、病気といった、私たち人間（本書では、生物学的存在として「ヒト」という和名を用いる）自身に関する内容を多く含めるようにした。その一方で、高等学校で学習する生物の内容を一通り復習の意味で網羅して、かつ大学での生物学への接続を円滑にするために、高等学校生物の教科書（『生物基礎』ならびに『生物』）の内容の大部分を取り扱いながら、やや難易度を高くする工夫を行った。

したがって、高等学校の教科書と、専門書との間の表記の違いも考慮した。たとえば、「繊維芽細胞」などに用いられる「繊」という字は、専門書では「線」と表記するのが一般的であるため、人体に関する部分に登場するものについては、すべて「線維芽細胞」、「神経線維」、「線毛」などと表記した。しかしながら、ゾウリムシの「繊毛」など、人体以外の一般的な用語については、「繊毛」のままとした。

また、生物学の発展に寄与したノーベル賞級の研究者を中心に、なるべく多くの分野で研究者の貢献を紹介するようにしたが、とりわけ重要な貢献をしてきた日本人研究者の紹介にも力を入れた。

登場する生物には、種まで同定できるものにはその初出の部分に、「ヒト（*Homo sapiens*）」などという具合に学名（ただし種小名まで）を付したが、特に重要だと思われる箇所には、初出でなくても学名を付した。一部の生物には「根粒菌（*Rhizobium* 属）」などという具合に、属名を付した。

もちろん、生物学のすべての分野が網羅できているわけではない。たとえ網羅していると思っても、その内容が羅列的となってしまい、不十分さが残ってしまうというのは、本書のような教科書では避けることができない。本書で紹介しきれなかった重要な研究者もたくさんいる。すべてを網羅するには、本書の数倍のボリュームが必要となるだろう。その点において、読者諸賢の中には、自分が興味のある内容を十分に含んでいないと思われる方も出てくるはずだ。

とはいえ、本書は文系大学生のための教養としての生物学から、理系大学生向けの内容もある程度含めた専門に近い生物学まで、広い内容を含んでいることは確かである。医学、看護学を学ぶ学生にとっても役に立つ基礎的内容、栄養学に関する基礎的内容も含んでいる。したがって、人文科学系、社会科学系、基礎生物学系、理工系、医歯薬看護系、農学・栄養学系といった幅広い大学生の基礎的（ベーシック）生物学の教科書として、十分通用するはずだと考えている。この利用可能性の広さこそ、本書を出す意義の一つとなるだろう。

本書（オリジナル版）の出版にあたって、各分野の6名の専門家に、原稿段階ならびに校正ゲラ段階の2回にわたり、査読をお願いした。東京大学大学院理学系研究科・塚谷裕一教授（植物学）、東京理科大学理学部・鞆 達也教授（光合成科学）、名城大学薬学部・早川伸樹教授（内科学）、大阪大学大学院理学研究科・松野健治教授（発生生物学・細胞生物学）、北里大学医学部・村雲芳樹教授（病理学）、白鴎大学教育学部・山野井貴浩准教授（進化教育学）に、深く感謝申し上げる。また、三重大学生物資源学部・苅田修一教授（微生物学）には、オリジナル版における不備を多数指摘していただき、深く感謝申し上げる。さらに、若手の立場から全原稿を通読し、有益なコメントをいただいた、東京理科大学大学院科学教育研究科博士課程大学院生（2014年当時）の加藤 礼君（生物有機化学）にも、深く感謝する。

裳華房の國分利幸氏には、本書のオリジナル版に引き続き、この増補改訂版の出版にあたっても様々にお世話になった。掲載した図版について、線画の多くを たまきひさお氏と高橋文子氏等に描いていただいたほか、数多くの研究者等や研究機関等から写真や画像データのご提供をいただいた。ここで改めて深謝する次第である。

2021年1月

武村 政春

# 目　次

## 1 生物と生物学



## 2 細胞・生体構成物質とエネルギー

# 3 遺伝子とそのはたらき



# 4 動物の生殖と発生



# 5 ヒト（動物）の器官とそのはたらき

## 6 植物のしくみ



## 7 老化・寿命とヒトの病気



## 8 進化の歴史としくみ

## 9 生物の系統と分類



## 10 生物多様性と生態系



本文イラスト：たまきひさお／高橋文子　ほか

# 1 生物と生物学

私たち人間（ヒト）が生物の一種である以上、生物学が私たちの生活に大きく関わり、影響をもたらす学問であることは自明の理であろう。果たして生物学はどのような学問で、どのように発展してきたのだろうか。このことを学ばずして、生物学の本質を真に学ぶことはできない。ヒトは生物の一種だが、他の生物が生きる世界とは大きく離れた場所にいる。その意味で、生物学は客観的であると同時に主観的でもある。むしろ、主観的である側面をより客観的に見る努力をすることこそ、生物学を学ぶ上で最も重要なことではないかとも思える。ヒトが、生物界における自らの立ち位置を認識するためにある学問、それが生物学なのかもしれない。

まず本章では、生物の世界の性質と特徴について扱い、さらに生物学とはどのような学問で、どう発展してきたか、生物学の歴史のうち特に重要なものをピックアップし、その概略を扱う。



## 1-1 生物とは何か

私たち**ヒト**（*Homo sapiens*）の身の回りには、家族、ペット、窓下に広がる緑豊かな植物たち、ゴキブリやムカデといった害虫たちなど、ありとあらゆる「生きている」ものたちが存在している。私たちはこれらが**生物**であることを知っている。なぜなら私たちは、こうした生物を「生きている」と思っているからである。したがって、「生物とは何か」を問うということは、「生きている」とはいったいどのような状態を言うのかを問うということに他ならない。

研究者によって若干の違いはあるが、生物には最低限備わっているべき三つの条件があると考えられている。その条件とは、①**細胞**からできていること、②自立して**代謝**を行うこと、③自立して**自己複製**（生殖）を行うこと、の三つである（**図 1·1**）。現在の生物学では、この三つから逸脱したもの（ウイルスなど）は生物には含めない。

生物が細胞からできているということは、その世界を外界から隔てている**細胞膜**をもつということであるから、言い換えればすべての生物は細胞膜をもつと言える。なお、ヒトは約 37 兆個と言われる数の細胞からできており、その種類はおよそ 200 程度である。自立した代謝とは、生物は**エネルギー**を利用することで様々な生命活動を行うため、そのエネルギーを得ることこそ代謝の主要な目的の一つであり、生物はこれを原則として他の生物の直接的な助けなしに行っているということである。さらに代謝には、体内の状態を一定に保つために必要な活動も含まれるので、生物が「生きている」ことの化学的実体が代謝であると言える。それにはタンパク質を自力で合成する能力が不可欠であり、すべての生物はそのための**リボソーム**を細胞内に保有している。また自立した自己複製とは、言い換えれば生物は自分と同じ構造をもつ個体をつくり、**形質**を子孫に伝えるしくみをもつということである。そのために生物は、**遺伝**のしくみと、そのしくみの主役である **DNA** をもつ。このしくみを、生物は他の生物の直接的な助けなしに行っている。ウイルスは、他の生物（細胞）のタンパク質などを利用しないと自己複製することができないため、生物とは言えない。

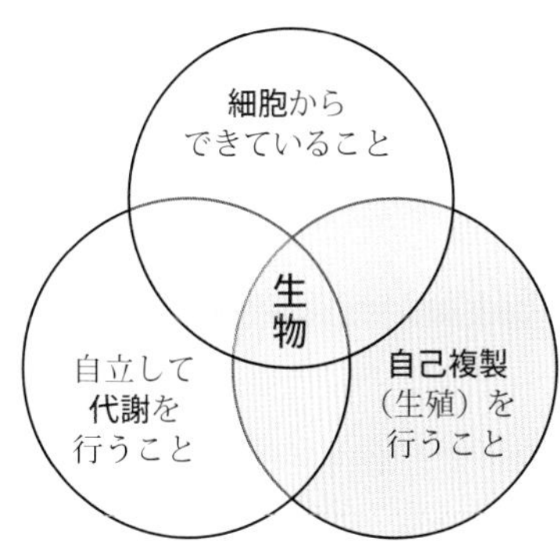

図 1·1　生物の三つの条件

いかに精巧なアンドロイドといえども、この三つの条件を兼ね備えたものは現在の科学技術をもってしてもつくることができていない。この三つの条件を兼ね備えたもののみが、私たちが「生きている」と感じることのできる振る舞いができるのである。

このように、細胞からできていること、自立して代謝を行うこと、そして自立して自己複製を行うことという三つは、生物としての最低条件を示したものである。ここで再び当初の疑問に戻り、「生物とは何か」に答えるための生物全体の性質を挙げておく。

すべての生物が細胞からできていることは、言い換えると、細胞という構造を介して生物同士が時間的、空間的な関係でつながっていると言うことができる。なぜなら、生物は共通の祖先から長い年月をかけて、遺伝のしくみを利用して連続的に存在し続け、なおかつ**進化**してきたからである。すべての生物はDNAを遺伝のしくみに利用している。遺伝の基本単位となる**遺伝子**の本体はDNAであり、その塩基配列（**3-2**節参照）が意味をもつ。世代から世代を通じて生物の形質が受け継がれるのは、細胞の中に含まれるDNAを正確にコピー（**複製**）することができるからである。こうして、生物は過去から現在にまで、連続的な構造としくみを、複製エラー（**8-4**節参照）などにより少しずつ変化させながら維持し続けることができる。これが**生物の連続性**である（**図1･2**）。この性質は、少しずつ変化するしくみを背負った進化に伴い、多くの生物種を生み出すことを可能にすることで、**生物の多様性**をももたらした（**図1･2**）。一方において、生物は進化するが、必ず生物の連続性のもとで保存される性質もある。たとえば、遺伝のしくみにDNAを用いること、すべての生物がDNAを複製する酵素である**DNAポリメラーゼ**をもち、その遺伝子にはすべての生物を通じて保存されている領域（若干の違いはある）が存在すること、すべての**真核生物**が染色体を含む**核**、エネルギー産生装置としての**ミトコンドリア**をもつこと、すべての動物が9＋2の配列からなる**微小管**をもつこと、などである。これらは進化を通じても変化しない生物の根幹的な性質として捉えることができる。これが**生物の統一性**（**生物の共通性**）である（**図1･2**）。

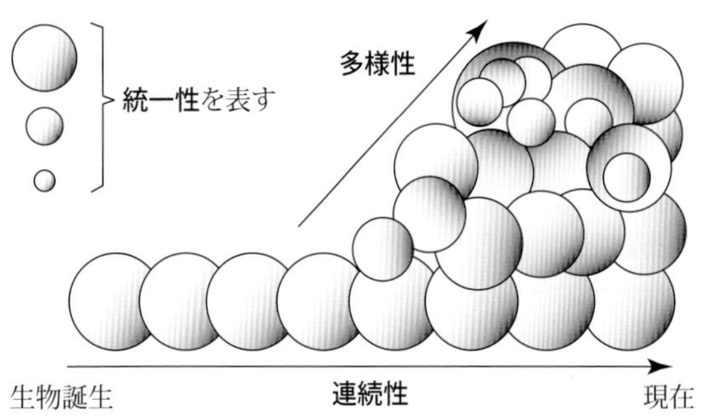


図 **1･2**　生物の連続性・多様性・統一性

## ◆ 1-2　生物の階層性 ◆◆◆◆◆

生物の世界には、何層にも分かれた**階層構造**が存在するように見える。この階層構造は、教科書や研究者によって様々な階層に分けて説明される。最も小さな階層レベルから最も大きな階層レベルまでを並べると、以下の階層構造が存在すると考えられる。生物界に見られるこの性質を、**生物の階層性**というが、各階層はどれも連続的に次の階層とつながっているため、厳然と物理的に分けられ、仕切られたものではないことは、あらかじめ理解しておきたい。

まず、すべての階層構造は、大きく三つの階層群に分けることができる。第一の階層群に含まれるのは、最も小さなレベルの階層として存在する原子から、生物の最小単位（基本単位）である細胞までの階層である。この階層群は、生物の最小単位たる細胞の中で繰り広げられる、分子を中心とした生命現象を含むものであり、すべての生物がこの階層群を保持している。

第二の階層群に含まれるのは、細胞が多数集まって形成される組織から、多細胞生物の種の基本となる個体までの階層である。この階層群は、多細胞生物の体の成り立ちを中心とした、組織・器官・体の恒常性などの生命現象を含むものである。その性質上、単細胞生物はこの階層群を保持していない。

第三の階層群に含まれるのは、個体が多数集まって形成される個体群から、生物界の最も大きなレベルである生態系までの階層である。この階層群は、個体同士の相互作用、種間相互作用、群集の成り立ち、生物と生物との関係を中心とした生命現象を含むものである。したがって、単細胞生物も多細胞生物も共に、この階層群を保持していると見なしてよい。

次に、各階層の性質をやや詳しく概観しておく（**図1･3**）。

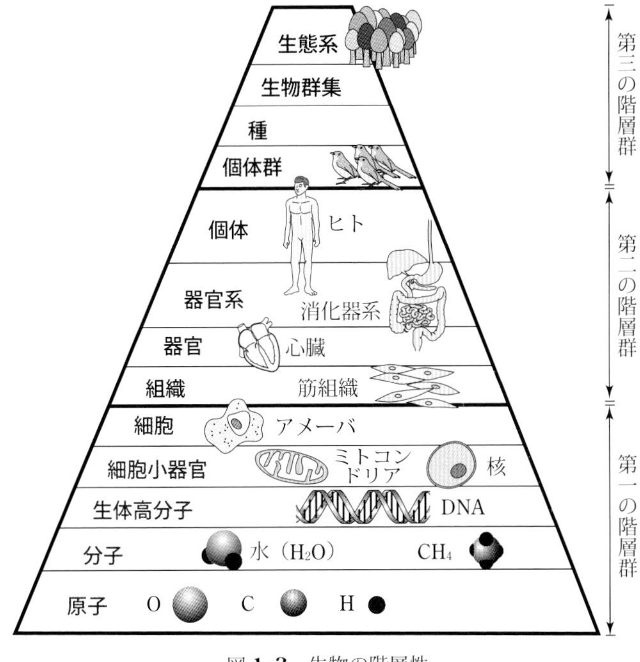


図 **1･3**　生物の階層性

第一の階層群に含まれる各階層は、分子の構造とその細胞内でのはたらきを中心に、原子→分子→生体高分子→細胞小器官→細胞という具合に、ミクロなレベルからマクロなレベルに向かって並んでいる。最も小さなレベルとしての**原子**は、生物のみならずすべての物質の基本的要素である。このいくつかの原子が共有結合などによりある一定の役割をもった**分子**をつくる。この分子がさらにたくさん集まり、生物体内で一定の役割をもつ大きな分子（**生体高分子**）をつくる。こうした分子や生体高分子が、自身のはたらく場、もしくはこれらの分子たちの集合体そのものとしてミトコンドリアや核などの**細胞小器官**をつくる。これら細胞小器官もまた、ある一定の役割をもった構造体として存在する。この細胞小器官が役割を果たす場が、これらを細胞膜で包んで形成される**細胞**であり、これが生物の基本（最小）単位となる。

第二の階層群に含まれる各階層は、多細胞生物個体のしくみと成り立ちを中心に、細胞→組織→器官→器官系→個体という具合に並んでいる。目的を共有する複数の細胞が集まり、機能的に作用するようになったものが**組織**である。様々な組織が集合し、ある特定の機能を発揮するようになったものが**器官**であり、さらに複数の器官が集まって、より高次のレベルの階層である**器官系**が形成される。たとえば、脳は器官であり、脳を含む中枢神経系が器官系である。また、胃や腸、肝臓はそれぞれ器官であり、これらを含めて食物の消化と吸収を体系的に行う消化器系が器官系に該当する。そうして、複数の器官系によって成り立つ、多細胞生物の**個体**（私たちが一般的に「生物」と呼んでいる存在）ができあがる。

第三の階層群に含まれる各階層は、それぞれの生物がどのように相互作用し生態系をつくり出しているかを中心に、個体→個体群→種（しゅ）→生物群集→生態系という具合に並ぶ。ある特定の地域に生息する同じ種に属する個体の集団が**個体群**である。**種**は、形状がお互いに似ており、かつお互いに交配して子孫を残すことができる個体の集団をいう。ただし、植物では種が違っても交配して子孫を残せる場合もある。生物の世界では、複数の種の生物たちがある特定の地域に生息していることが常であり、これを**生物群集**という。そして、生物群集とその居住環境を併せた全体的な生き物のありようを、**生態系**としてくくることができる。

## ◆ 1-3　生物学の成り立ちと分野 ◆◆◆◆◆

**生物学**（Biology）という言葉は比較的新しく生まれた言葉である。この言葉は、ドイツの**トレフィラヌス**（G. R. Treviranus, 1776 ～ 1837）が、『Biologie, oder die Philosophie der lebenden Natur』（1802）の中で初めて“Biologie”として用いたのと、フランスの**ラマルク**（J.-B. P. A. M. de Lamarck, 1744 ～ 1829）が、それまで動物学と植物学に分かれていた生物の世界の連続性を表す言葉として「生物学」の語を発明したのが最初とされる。もっとも、この言葉が現在の生物学とほぼ同じ意味で用いられたのは、**ローレンス**（Sir W. Laurence, 1783 ～ 1867）の『生理学講義』（1818）が最初であった。

ラマルクが克服しようとしたごとく、18 世紀以前の生物学は、動物学と植物学に大きく分かれていた。動物と植物がその基本メカニズムを同じくする生物であるとの認識が生まれたのは、細胞説（**1-5-2** 項参照）が確立された 19 世紀になってからであると言ってよい。また、生物学のそもそもの源流には、生命とは何かという問いかけ以前に、ヒトとは何か、なぜヒトは死ぬのかといったより身近な問いかけがまずあり、**医学**という大きな学問分野をつくり出していた。生物学の源は医学である。医学の発展に必要なものとして、天然に存在する事物から様々な有益なものを得る学問が発達した。それが、自然物のすべてを整理して記載する**博物学**であり、有用な薬を植物から得るための**本草学**であった。19 世紀以降、生物学は、医学や本草学という身近で生活に役に立つ学問をよりどころに、博物学、動物学、植物学などの諸分野が融合し、生命現象全体を視野に入れる学問へと、大きく成長してきたのである。

現代の**生物学**は、その大きな枠組みの中で、研究対象や方法論によって様々な学問が分立している。

生物学は、どのような生物を対象とするかにより、**動物学**、**植物学**、**菌類学**、**微生物学**などに分かれる。さらに動物学は**脊椎**（せきつい）**動物学**、**無脊椎動物学**、**哺**（ほ）**乳類学**、**魚類学**などに、微生物学は**原生生物学**、**細菌学**などに分かれる。またすでに絶滅した生物について化石などをもとに研究する学問として**古生物学**がある。ウイルスは厳密には生物の範疇（はんちゅう）には入らないが、生物との相互作用なしには考えられないことから、**ウイルス学**も生物学の一分科とみなすことができる。私たちヒト自身を研究対象とする**人類学**、**人類遺伝学**などの分野もある。

また生物学は、生物の何を研究するかにより、様々に分けられる。たとえば細胞のしくみ、成り立ち、機能を明らかにする**細胞学**（**細胞生物学**）、生物の体の成り立ちを構造の観点から研究する**解剖学**や**形態学**、生物がどのようなしくみで活動するかを研究する**生理学**、生物の発生メカニズムを研究する**発生学**、生物の遺伝現象を研究する**遺伝学**、生物間の系統関係を明らかにする**系統学**、生物の進化の道筋を明らかにする**進化学**、生物の系統分類について研究する**系統分類学**、動物の行動について研究する**動物行動学**、生物間相互作用を明らかにし地球生態系の成り立ちを明らかにする**生態学**などがある。これらの学問はさらに対象とする生物の種類により**動物生理学**、**植物生理学**、**動物系統分類学**、**植物系統分類学**などに分けられる。

一方、研究方法論の違いにより、化学的方法によって生命現象を研究する**生化学**、DNA やタンパク質などの生体高分子の機能を明らかにする**分子生物学**、物理学的方法によって生物のしくみを研究する**生物物理学**、生物の世界を社会的観点から明らかにする**社会生物学**、生命現象を数理モデルなどを用いて明らかにする**数理生物学**、生命現象を理論的手法を用いて研究する**理論生物学**などの学問分野も存在する。

## 1-4　生物学と科学的手法

生物学は、生物がもつしくみやその成り立ちを理解することを目的とする学問である。**生物**とは、「生き物」すなわち「生きているもの」である。その「生きている」しくみとは、分子などのミクロな視点で説明できるものから、生物と環境とのかかわりなどマクロな視点で説明できるものまで、様々である。

生物学は、別の言葉で言えば、私たち生物の「生きている」しくみを、様々な角度から、様々な方法で研究する学問であると言えるだろう。生物の世界は、目に見えないミクロな分子のしくみから、時には地球規模ともなるマクロな生態学的なしくみまで、あらゆる**階層**の様々なしくみが複合的に積み重なって成り立っているため、学問としての対象や方法も多岐にわたっているが、「生きている」しくみを**科学的手法**によって明らかにする点は共通している。

科学的手法には、演繹法と帰納法という二つの方法がある（**図1･4**）。**演繹法**（えんえきほう）とは、一般的な原理に照らして起こり得る結果を予測する方法であり、例えば、ある新しく発見されたタンパク質の機能を、そのアミノ酸配列（**2-8-2** 項参照）をもとに、すでに知られているタンパク質の機能を指標にして推測する、などの方法がこれに該当する。一方、**帰納法**とは、ある結果をもとにして一般的な原理を構築する方法であり、例えば、ある共通するアミノ酸配列をもった複数のタンパク質が同じ機能Aをもつという結果から、そのアミノ酸配列が機能Aに不可欠なものであるいう「原理」が導かれる、などの場合がこれに該当する。

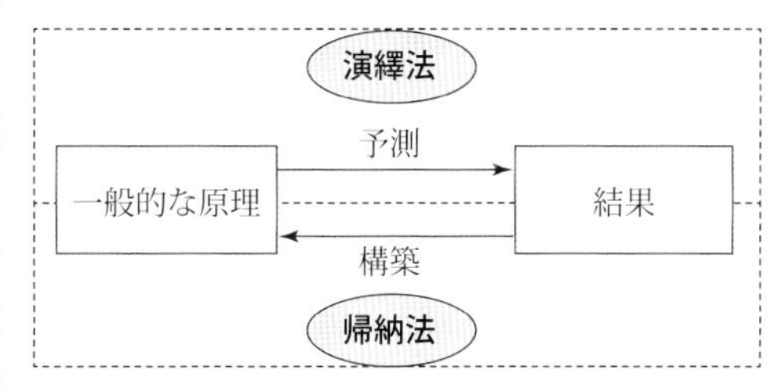

図**1･4**　演繹法と帰納法

生物学者は、ある観察結果をもとに**仮説**をたて、それを検証するために**実験**を行う。「生きている」しくみはきわめて複雑な現象であるため、実験に際して様々な予期せぬ要因がはたらき、実験データに影響を及ぼすことがほとんどである。したがって、実験に際して生物学者は必ず**対照実験**を併用し、同一条件における違いを確定的に明らかにする努力を行う。そうして得られた実験データから、最初に立てた仮説が破棄されるかされないかを判断し、破棄されなかった仮説に対し、必要に応じてさらに実験を行い、最終的に残った仮説について**予測**と実験を行い評価するのである。

**客観的**な情報やデータ（**エヴィデンス**）をもとに、生物のもつ事実としての「生きている」しくみ（**ファクト**）を解明し、理解する。エヴィデンスをもとにファクトを解明するというこの手法は、生物学に限らず、科学全般に言える共通した手法である。

## 1-5　生物学の歴史

### 1-5-1　古代ギリシャ・古代ローマの生物学

私たちヒトは古代より身近な動物や植物と密接に関わり合いながら生きてきた。その萌芽（ほうが）は、先に述べたように、病気のしくみを理解し、治療に役立てるための**医学**に求めることができる。エジプト、インド、中国などの古代文明の時代にはすでに萌芽的に成立していた医学であるが、学問としての生物学の成立は、古代ギリシャ、ローマ時代の医学が、その源流になったと考えられよう。

図**1･5**　ヒポクラテス

現在「医学の父」と尊称される**ヒポクラテス**（Hippokrates, 前460頃～370頃；**図1･5**）は、病気が神や悪魔などの超自然的な力によってではなく、自然の力によって引き起こされるものであると考え、すべての病気は4種類の体液（血液、粘液、黄胆汁、黒胆汁）の平衡が崩れることにより生じるとする**体液説**を唱えた。**ヘロフィロス**（Herophilos, 前335頃～280頃）は世界最初の解剖書を書いたと言われ、神経をニューロンと命名するなど、ヒポクラテス医学の発展に力を尽くした。生理学の祖と言われる**エラシストラトス**（Erasistratos, 前310頃～250頃）は、人体に3種の脈管があり、**プニューマ**と呼ばれる何らかの微小物質と血液が流れていると考え、プニューマは栄養、感覚、運動に関わっているとした。こうした医者たちにより発展したギリシャ医学は、ギリシャからローマ帝国に移って活躍した**アスクレピアデス**（Asklepiades, 前120頃～没年不詳）や後述するガレノスなどにより、ローマ医学へと継承されていった。

**図1･6**　アリストテレス

**図1･7**　テオフラストス

ギリシャでは、ヒポクラテスの死と相前後して、**アリストテレス**（Aristoteles, 前384～前322；**図1･6**）が現れた。アリストテレスは「生物学の祖」とも尊称される位置付けにある大学者であり、自身の観察に基づいた多くの書物を残しており、その一覧から、現在の生物学のいくつかの分科が、すでに彼の時代に始まっていたことがわかる。『動物の部分について』や『動物発生論』はそれぞれ解剖学と発生学、『動物誌』は動物学の嚆矢（こうし）であり、とりわけ『動物誌』におけるアリストテレスの観察力は、古今に例をみないほど優れたものである。またアリストテレスは、動物を有血動物と無血動物に分類し、さらに細かい**ゲノス**（現在の綱（こう）［**9-1**節参照］にあたる）に分けた。さらに、無生物、植物、動物は連続した系列（**自然の系列**）をなし、無生物の上に植物、その上に動物が位置づけられるとした。アリストテレスは生物、とりわけ「生命」に関して、物質に命を与える非物質的なものであるとし、自然は原初より何らかの知的存在によって整えられたとする目的論的な考えをもっており、生命に内在するそうした存在を『霊魂論』の中で**プシュケ**と呼んだ。

アリストテレスの後、アリストテレスと同じくプラトンのアカデメイアで学んだ**テオフラストス**（Theophrastos, 前372～前288；**図1･7**）は『植物誌』ならびに『植物原因論』を著し、植物の観察、分類、発生に関して大きな業績を成した。これによりテオフラストスは「植物学の祖」と呼ばれるが、彼の死をもって、ギリシャ時代の生物学は幕を閉じる。

**ガレノス**（Galenos, 129頃～199；**図1･8**）はヒポクラテスを敬愛し、その科学を継承して発展させた。とりわけ解剖学や生理学の分野に貢献し、解剖学においてはブタやサルなどの動物を多く解剖し、『解剖概説』を著した。生理学においては、動脈に血液が流れていることを明らかにし、プニューマの流れが血流をつくり出し、感覚や運動の原動力となるという、ヒポクラテスの体液説を発展させたガレノス独自の体液理論を打ち立てた。ガレノスの学説は、近代生物学が誕生する16世紀に至るまで十数世紀にもわたり、医学界に影響力をもち続けた。

**図1･8**　ガレノス

### 1-5-2　近代生物学の発展

ギリシャ、ローマの医学、生物学は他の科学と同様、ローマ帝国の東西分裂によって没落し、長らく「暗黒時代」が続くことになる。一方、中世では西洋よりもむしろアラビア文化においてギリシャ医学が継承され、『医学典範』を著した**イブン･シーナ**（Ibn Sina, 980～1037）が現れた。彼の『医学典範』は、基本的にはガレノスの考え方を踏襲したもので、解剖学、生理学、病理学、薬物学など広範囲にわたって書かれており、その後500年もの間、多くの人に読まれた。

イタリアでルネサンスが開花すると、芸術家としても著名な**ダ・ヴィンチ**（L. da Vinci, 1452～1519）が数多くの人体解剖図を描いた。ダ・ヴィンチもまた自らの手で解剖を行ったとも言われ、彼の解剖図は、その正確さにおいてはそれまでで最高の質を備えたものであったとされる。

図1·9 ハーヴィ

ガレノスの考え方は、**ハーヴィ**（W. Harvey, 1578～1657；**図1·9**）が登場する17世紀に至るまで、長い間受け入れられていたが、彼の誤りを指摘し、その学説を否定しようとする最初の動きは、近代解剖学の父と呼ばれる**ヴェサリウス**（A. Vesalius, 1514～1565）から始まったと考えてよい。ヴェサリウスはガレノスを崇拝する旧来の大学教授たちを批判し、ガレノスの説に200か所以上もの誤りを指摘した。

イタリア・パドバ大学に学んだハーヴィは、その解剖学教授であったヴェサリウスの「ひ孫弟子」にあたる。ハーヴィは多くの動物を解剖し、その血流と心臓との関係を詳しく解析し、血液は心臓→動脈→各組織→静脈→心臓という流れで循環するという**血液循環説**を発表し、さらに血液循環には肺をめぐる肺循環と、体の各組織をめぐる体循環があることを発見した（**図1·10**）。

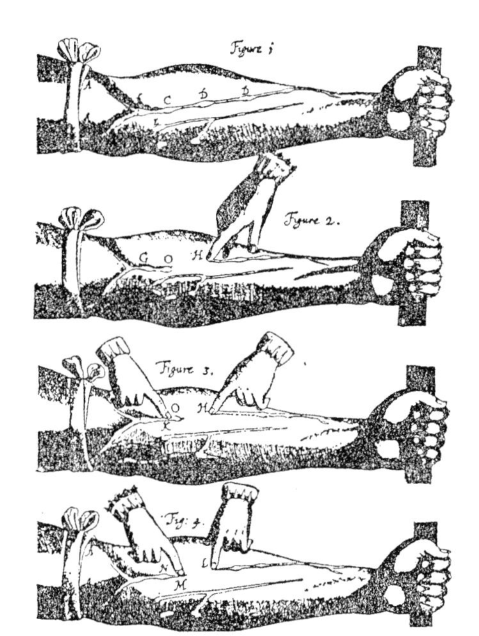

図1·10 ハーヴィの『心臓と血液の運動についての解剖学的説明』における図

17世紀から18世紀にかけては、生理学上の変革のほか、生物の分類に関する学問も転換点を迎えていた。動植物の分類は、それまでの本草学から脱皮し、本格的な分類学へと移行し始める。イギリスの**レイ**（J. Ray, 1627～1704）は、『一般植物学』（1686）の中で多くの植物について記載し、これを果実、種子、葉や花の構造などを手がかりにして、125のグループにわけた。続いて現れたスウェーデンの**リンネ**（C. von Linné, 1707～1778；**図1·11**）は、『自然の体系』（1735）において植物を生殖器官を基準として24の綱に分類し、また動物を6の綱に分類した。リンネは、**ボーアン**（K. Bauhin, 1560～1624）が創始した植物の**二名法**を、分類学の手法として確立し、**『自然の体系・第10版』**（1758）で動物、植物の双方の分類において最初に用い、生物分類学の基礎を築いた。

図1·11 リンネ

このように、十数世紀にもわたって「生物学」の上に君臨してきたガレノス的考えを放逐し、「生物学者」たちが目で見ることのできない抽象的概念を捨て、より科学的な手法を用い始めたとき、近代生物学の芽が誕生したと言える。それと同時に、生物の世界をより細かい視点で観察し、研究することを可能にした**顕微鏡**が16世紀末になって発明されたことが、近代生物学の発展には不可欠なものになったと言える。

顕微鏡が発明されたことにより、生物の体が**細胞**という細かい小胞（小部屋）からできていることが発見された時、生物学はさらなる発展が約束されたと言ってよい。この細胞（cell）という言葉を世界で最初に記述し

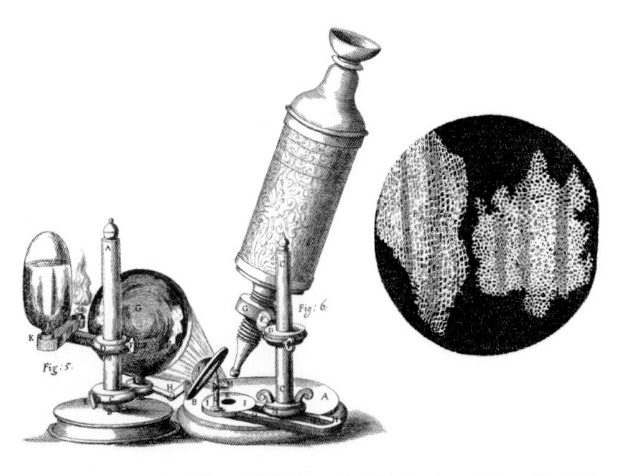

図1・12　フック自作の顕微鏡と、彼が観察したコルクの“細胞”

たのは、イギリスの**フック**（R. Hooke, 1635 ～ 1703）である。フックは、英国王立協会幹事を長く務めた偉大な科学者で、物理学（ばねの力学に関するフックの法則が有名）、化学、生物学にわたる広範な分野で様々な功績を残した。顕微鏡を自ら製作し、それを用いて身近な様々なものを観察してスケッチした『**ミクログラフィア**』（1665）の中で、コルク片が無数の「小部屋」からできていることを発見し、これに対して「独房」という意味をもつ「cell」と名付けた（**図1・12**）。コルクはすでに死んだ植物の細胞の集まりであるから、フックが観察したそれは、正確には細胞の抜け殻、つまり残った細胞壁などを見ていたに過ぎない。もっとも、フックがコルクを顕微鏡で観察したのは、彼が必ずしも「生物の微細構造」の観察を目的としたのではなく、コルクがなぜ軽く、弾力性に富むのか、つまり「コルク」そのものの秘密を確かめたいがためであったという。のちにフックは、生きた植物の葉でも同様の「cell」構造を確認している。

イギリスの**グリュー**（N. Grew, 1664 ～ 1712）は、精密な観察によってフックの「cell」に該当する植物体の構造単位に対して「bladder」（小胞）という名を与え、後述する**マルピーギ**が植物の導管を発見するなど、フック以後の科学者たちは、その後の植物形態学の発展に貢献した。

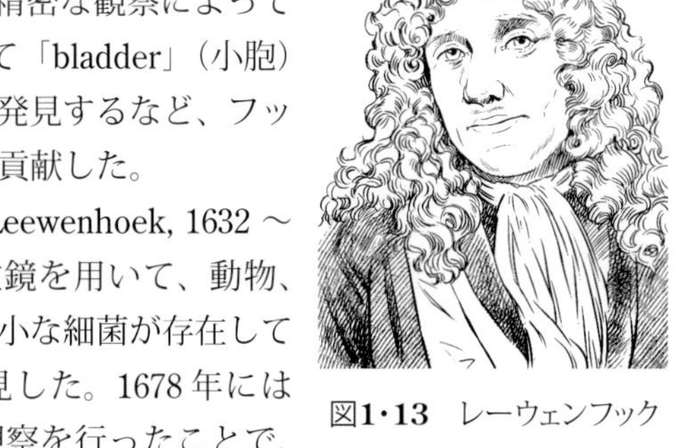

図1・13　レーウェンフック

一方、オランダの**レーウェンフック**（A. van Leewenhoek, 1632 ～ 1723；**図1・13**）は、フックらとは異なる自作の顕微鏡を用いて、動物、植物、鉱物などのミクロな世界を観察し、口の中に微小な細菌が存在していることを初めて発見した。1678年には動物の**精子**に関する観察を行ったことで、現在では精子の発見者として知られている。

図1・14　シュライデンとシュワン

その後、顕微鏡は徐々に改良されて発展し、多くの解剖学者や生理学者によって、現在で言う「細胞」の観察がなされるようになった。19世紀になり、ドイツの**シュライデン**（M. J. Schleiden, 1804 ～ 1881）が植物体の構成単位が現在で言う「細胞」であることを、同じくドイツの**シュワン**（T. Schwann, 1810 ～ 1882）が動物もまたその構成単位が細胞であることを発表した（**図1・14**）。さらに、ドイツの**フィルヒョー**（R. Virchow, 1821 ～ 1902；**図1・15**）は、病気はヒトの体を構成する細胞が、病因に対して様々な反応を引き起こすものであると主張し、『細胞病理学』（1858）において「**すべての細胞は細胞から生じる**（Omnis cellula e cellula）」という有名なフレーズを世に残した。フィルヒョーは政治家としても活躍した人物で、鉄血宰相ビスマルクの政敵でもあったことから、国家と国民を生物と細胞の関係に見立て、国家の運営が国民によって左右されるように、生物の健康も細胞によって左右されるとしたのである。こうして、すべての生物は細胞から成り立っ

図1・15　フィルヒョー

ており、すべての細胞は細胞から生じるとする**細胞説**が確立した。

生物の体が細胞から成り立っていることが発見されたことは、生物学が細胞の成り立ちとその機能の研究を中心に発展していく道筋を開いた。**シュトラスブルガー**（E. Strasburger, 1844 ～ 1912）は、細胞分裂（**2-3-2** 項参照）に関する研究を行い、有糸分裂と呼ばれる過程を見出した。また**フレミング**（W. Flemming, 1843 ～ 1905）は、細胞固定染色法を考案して細胞分裂に関する研究の進展に貢献した。

### 1-5-3 発生学の発展

食べ物を放置しておくとやがてカビが生えたり、腐ったりする。動物の死体からはウジが“発生”し、死骸を食い尽す。顕微鏡がまだ発明されていなかった時代、そして生物がどのように生まれてくるのかがまだほとんど明らかになっていなかった時代には、こうした微細な生物たちは、何もないところから**自然発生**するものだと考えられていた。そうした考えを**自然発生説**という。

しかし 17 世紀以降、イタリアの**レディ**（F. Redi, 1626 ～ 1697）や**スパランツァーニ**（L. Spallanzani, 1729 ～ 1799）など一部の科学者が、こうした生物の自然発生に疑問をもち始めるようになり、生物の自然発生説を実験的に否定し始めた。やがて 19 世紀になり、フランスの**パストゥール**（L. Pasteur, 1822 ～ 1895；**図 1･16**）によって、白鳥の首のように入り口を折り曲げた特殊なフラスコを用いた実験で微生物の自然発生説が明快に否定され、「すべての生物は生物から発生する」ことが生物学界の大原則となった（**図 1･17**）。

**図1･16** パストゥール

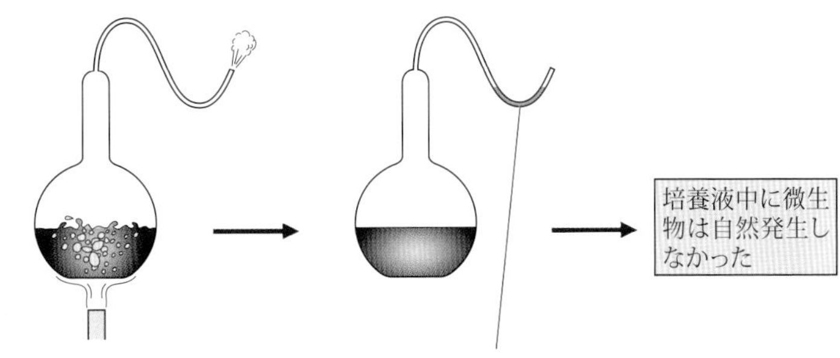


培養液を入れたフラスコの首を白鳥のように曲げ、沸騰させて微生物を殺す。

放冷すると“首”の部分に水滴がたまり、空気は通すが、微生物の侵入を防ぐ。

**図1･17** “白鳥の首フラスコ”による実験

一方、個体発生に関する研究は、比較解剖学が発展し始めた 16 世紀から 17 世紀にかけて広く行われ始めるようになった。**ファブリキウス**（H. Fabricius, 1537 ～ 1619）は『卵およびニワトリの形態形成』（1621、遺作）でニワトリの発生について図入りで論じた。彼の図は、発生のかなり初期の段階から孵化したヒナとほぼ同じ形をした胚が描かれており、その意味では誤りであった。

ファブリキウスの弟子であるイギリスの**ハーヴィ**（W. Harvey, 1578 ～ 1657）は、血液循環説の創始者として有名であるが（**1-5-2** 項参照）、その一方で発生学においても前成説（後述）を否定するなど、重要な足跡を残した。ハーヴィが、その晩年に出版した『動物の発生』（1651）

**図1･18** 「すべての動物は卵から」（ハーヴィ『動物の発生』より）

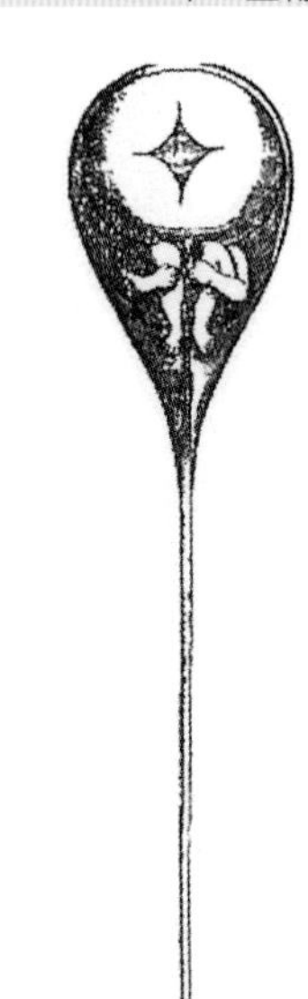

図1・19　精子の中のホムンクルス。ハルトスーケルが描いた図。

で、「**すべての動物は卵から**」という文字が記された寓意的な絵（ヨブがパンドラの箱のような卵を両手で開け、そこから様々な動物たちが生まれ出ている）を挿入していることからも、それは推測される（**図1・18**）。イタリアの**マルピーギ**（M. Malpighi, 1628～1694）は、ハーヴィの後継者として血液循環の研究を行い、毛細血管を発見したことで知られる。一方においてマルピーギは、ファブリキウスの胚発生の研究を大きく前進させ、ヒヨコの発生と血管との関係、とりわけ心臓の発生に関する詳細かつ正確な記録を残した。

オランダのハルトスーケルという人物が描いたとされる有名な図に、ヒトの精子を拡大して描いた図がある（**図1・19**）。興味深いのは、精子の頭の部分に、まるで頭の大きい小さな人間が、ひざをかかえてうずくまるようにして納まっている様子が描かれていることであろう。この小さな人のことを俗に**ホムンクルス**と呼ぶことがある（もともと錬金術によってつくられた人造人間をこう呼ぶ。ゲーテの戯曲『ファウスト』には、ホムンクルスを題材にした話がある）。

この図が示しているのは、ヒトは生まれる以前、まだ精子や卵であった頃からすでに、手、足、頭、胴体といったすべての部分、器官ができあがっていて、それが大きくなっていくことによって生まれるのだとする考え方である。このような考え方を**前成説**という。前成説は、古代ギリシャ時代から存在し、これを主張する人の中には、その「ひな形」が卵の中にあると主張する卵子論者と、精子の中にあると主張する精子論者がいる。精子を発見したレーウェンフックは、精子論者の代表的な人物である。

現在ではもちろん、この考えは否定され、ヒトは生まれる前は1個の細胞に過ぎず、これが徐々に複雑化し、手、足、目、鼻などの諸器官は、その過程で徐々に発生してくることがわかっている。この考え方を**後成説**という。

前成説が羽振りをきかせるようになったことにより、マルピーギ以降、発生に関する目覚しい発展はなかった。18世紀中頃になり、ドイツの**ウォルフ**（C.F. Wolff, 1733～1794）が、ヒヨコの発生が見かけは均一な組織から起こることを示し、また植物の諸器官が芽や根の先端の見かけ上均一な組織から発達したものであることを示した。さらに、**フォン・ベーア**（K. E. von Baer, 1792～1876；**図1・20**）が、卵管の中にある微小な物体が哺乳類の卵であることを発見し、また胚発生における**胚葉**の重要性を説いた。フォン・ベーアは胚葉には四種類あるとしたが、後年、**レマーク**（R. Remak, 1815～1865；**図1・20**）がこれらを三つの胚葉（外胚葉、中胚葉、内胚葉）に区別し、現在の個体発生学の礎を築いた。一方、ドイツの**ルー**（W. Roux, 1850～1924）は、後述するヘッケルについて動物学を学び、個体発生メカニズムの実験的研究を切り拓いた。**シュペーマン**（H. Spemann, 1869～1941, **図1・21**）は、イモリの胚発生において重要な役割を果たす**形成体**（**オーガナイザー**）の概念を確立し、その後の発生学に大きな影響をもたらした。

図1・20　フォン・ベーアとレマーク

図1・21　シュペーマン

### 1-5-4　遺伝学の発展

細胞が発見され、細胞が分裂によって増えることが明らかになるのと並行して、子が親にどうして似るのかという、生物学の古来の謎に対する研究者の科学的研究が進展を見た。19世紀後半には、

図1·22　メンデル

オーストリアの**メンデル**（G. J. Mendel, 1822 〜 1884；**図 1·22**）によって**遺伝**に関する初めての科学的報告がなされた（1865）。メンデルがこれら遺伝の法則（**3-1** 節参照）を発見して発表したときには、あまりにも先駆的な業績は得てして認められないという‘法則’通り、専門家の間ではほとんど無視された。メンデルの法則が再発見されたのは、メンデルの死後16 年も経過した 1900 年のことである。メンデルの業績は、**ド・フリース**（H. de Vries, 1848 〜 1935）、**コレンス**（C. E. Correns, 1864 〜 1933）、**チェルマク**（E. S. Tschermak, 1871 〜 1962）という 3 人の生物学者によって再発見され、新たな論文として発表された。

DNA とヒストンから成るクロマチン（**3-3** 節参照）が、細胞分裂に先立ってさらに小さく凝縮して厚みを増し、光学顕微鏡レベルでも観察可能になった構造を**染色体**（中期染色体）という。染色体はスイスの**ネーゲリ**（C. W. von Nägeli, 1817 〜 1891）によって初めて観察され、塩基性色素によく染まる物体であることから 1888 年、ギリシャ語で「colored body」を意味する“chromosome”（染色体）と名付けられた。アメリカの**サットン**（W. S. Sutton, 1877 〜 1916）は 1902 年、染色体上に遺伝子が存在するという**遺伝の染色体説**を提唱した。アメリカの**モーガン**（T. H. Morgan, 1866 〜 1945；**図 1·23**）は、**キイロショウジョウバエ**（*Drosophila melanogaster*）を用いた研究を行い、遺伝における**連鎖**を発見すると共に、これを用いてショウジョウバエの**染色体地図**を完成させた（**図 1·24**）。これによりモーガンは、メンデルの遺伝要素が染色体上に配列していることを明らかにし、サットンによる遺伝の染色体説を証明することに成功した。

**ビードル**（G. W. Beadle, 1903 〜 1989）と**テータム**（E. L. Tatum, 1909 〜 1975）は、アカパンカビ（*Neurospora crassa*）の**栄養要求性突然変異株**を用いた研究により、一つの遺伝子は一つの酵素を支配するという**一遺伝子一酵素説**（1941）を打ち出し、遺伝子の化学的実体としての研究を進展させた。

この頃までは、遺伝子の本体が DNA であるのかタンパク質であるのかは不明であったが、エイヴリー（**1-5-6** 項参照）による形質転換実験を契機として、その本体が明らかになっていった。

また 20 世紀に入ると、生物集団レベルにおける遺伝のしくみを研究する**集団遺伝学**が芽生えた（**8-4** 節参照）。

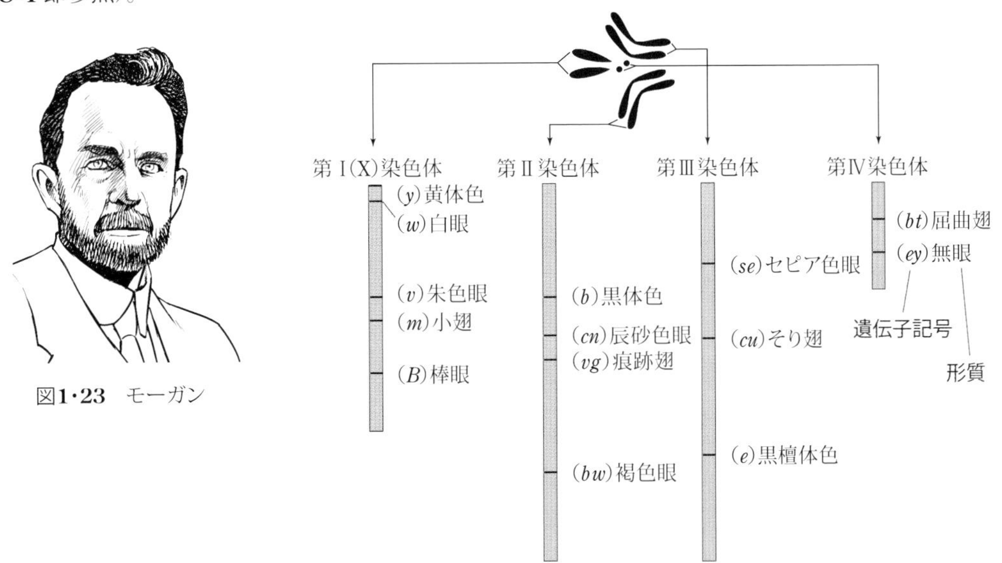


図1·23　モーガン

図1·24　キイロショウジョウバエの染色体地図

### ◆ 1-5-5　進化論の変遷 ◆◆◆◆◆

かつては、この地球上に存在する生物は、そのすべてが別個につくり出されたという考え方が支配的であった。現在においてもなお、欧米の一部ではこうした教えが根強く残っているが、このような**創造論**に対し、生物はある共通の祖先から、徐々に形を変えながら様々に変化してきたと考える**進化論**が、現在の生物学ではほぼ定着した理論となっている。

図1･25　ラマルク

進化論が登場する素地はフランスにあった。**ビュフォン**（G. L. L. C. de Buffon, 1707 ～ 1788）は、種は変化し得ることを説いて進化論の萌芽をつくった。一方、**キュヴィエ**（G. L. C. F. D. Cuvier, 1769 ～ 1832）は、比較解剖学と、それを応用した動物分類の秩序化に貢献したが、実証主義的方法を重んじ、進化論に反対した。ビュフォンに才能を見出された**ラマルク**（J.-B. P. A. M. de Lamarck, 1744 ～ 1829；**図 1･25**）は、用不用説や獲得形質の遺伝説を提唱し、生物の器官の変化が、環境条件や習性などによってもたらされ、これが子孫へと受け継がれることを説いた。これらの説は実証主義を重んじるキュヴィエらによって徹底的に非難され、ラマルクは失意のうちに世を去ったが、進化のメカニズムを統一的に説明した功績は評価されている。

進化という現象を世界で初めて実証主義的に捉え、いわば科学的方法に基づいてその体系化を試みたのは、イギリスの**ダーウィン**（C. Darwin, 1809～1882；**図 1･26**）である。1831 年から 1836 年にかけて行われたビーグル号による探検航海で、ガラパゴス諸島など南半球の島々の豊かな動植物を観察するうちに、彼は進化に関する確固たる信念をもつにいたり、帰国後**『種の起源』**（1859）を発表した。その前年、マレー諸島を探検していた同じイギリスの**ウォレス**（A. R. Wallace, 1823 ～ 1913；**図 1･26**）から、ダーウィンが考えていたこととほぼ同じ内容の手紙が届いたことから、ダーウィンは『種の起源』の発表を急いだと言われている。

図1･26　ダーウィンとウォレス

ダーウィンやウォレスが考えた進化論は、**自然選択説**（**自然淘汰説**）と呼ばれるものである（**8-4** 節参照）。ダーウィンの進化論をことさら擁護し、その社会的認知に多大な貢献をしたのが**ハクスリー**（T. H. Huxley, 1825 ～ 1895）である。『種の起源』を発表してしばらくの間は、ダーウィンは様々な非難や誹謗中傷に苦しめられたが、「ダーウィンのブルドック」と自ら称したハクスリーらの活躍もあって、徐々に社会に受け入れられていった。ダーウィンは元来体が病弱で、また議論することをあまり好まなかった。そのダーウィンに代わってハクスリーは進化論の普及に努め、進化論に反対する宗教家や学者との間で激しい論争を行ったとされる。

図1･27　ワイスマン

ドイツの**ヘッケル**（E. H. Haeckel, 1834 ～ 1919）は、進化論の立場に立って、形態学を進化論で基礎づけ、体系化することに尽力し、生物の個体発生と系統発生の関係を、生物発生の原則として位置づけた。また、ドイツの**ワイスマン**（A. Weismann, 1834 ～ 1914；**図 1･27**）は、ラマルクが唱えた獲得形質の遺伝を否定し、ダーウィンの自然淘汰説を拡張して、**ネオ・ダーウィニズム**（新ダーウィン説）の流れをつくった。

現在の進化論において主流を成す考え方は、ネオ・ダーウィニズムの流れを汲み、**ド・フリース**（H. de Vries, 1848 ～ 1935）らの突然変異説やメンデルの遺伝学を結びつけた**進化の総合説**（**総合学説**）である。総合説は、ダーウィン以来の生存競争の原理と、遺伝と遺伝子に関する原理をそれぞれ柱として、生物進化の諸現象を総合的に結び付けたものであり、**木村資生**（1924 ～ 1994；**図 1･28**）が提唱した**中立説**（**8-4-2** 項参照）の理論を取り込み、発展している。

図**1･28**　木村資生

### 1-5-6　生化学・分子生物学の発展

生化学の歴史は、19 世紀末の**ブフナー**（E. Buchner, 1860 ～ 1917；**図 1･29**）による酵母抽出液を用いた**発酵**現象の発見（1896）にさかのぼることができる。それまで発酵という純生物学的現象は細胞なくしては成り立たないと考えられていたが、酵母の細胞の抽出液、すなわち細胞が存在しない条件であっても発酵が起こることがわかり、生物学的現象を化学の観点から追究しようという生化学が勃興したと言える。

とはいえ、生化学の中心となる**タンパク質**や核酸の分子そのものは、ブフナー以前から知られていた。

タンパク質のうち、卵白に含まれるアルブミン、牛乳のカゼイン、小麦粉のグルテンなどは個別の物質としてすでに 18 世紀から知られており、有機化学の進歩によってこうした物質の化学的分析法も進展していたが、現在で言う「タンパク質」の概念に関する系統的な研究は、1830 年代から始まった。

当時はまだ「アルブミン」もしくは「アルブミノイド」という名前で呼ばれていた生体物質に、オランダの**ムルダー**（G. J. Mulder, 1802 ～ 1880）により、初めて「プロテイン」という名称が与えられた（1838）。ムルダーが発見した物質は今のタンパク質ではなく、おそらくタンパク質を含む物質の混合物だったが、その名称は残された。ドイツの**フィッシャー**（H. E. Fischer, 1852 ～ 1919；**図 1･30**）は、タンパク質の分解産物である**アミノ酸**を発見し、またアミノ酸から**ポリペプチド**をつくることに成功し、タンパク質の構造がアミノ酸の**ペプチド結合**による重合物であることを明らかにした。

一方、世界で最初に**核酸**が発見されたのは、1869 年のことである。スイスの**ミーシャー**（J. F. Miescher, 1844 ～ 1895；**図 1･31**）は、病院から手に入れた患者の包帯に付着した膿から、これまでにない新しい物質を単離した。その物質にはそれまで生体物質としては知られていなかったリン（P）が含まれていた。白血球の核から見つかったことから、ミーシャーはこの物質を「**ヌクレイン**」と名付けた。1889 年にはドイツの**アルトマン**（R. Altmann, 1852 ～ 1900）によって「核酸」という名前に改められ、1909 年と 1929 年に、アメリカの**レヴィーン**（P. Levene, 1869 ～ 1940）によって現在の **RNA**（**リボ核酸**）、**DNA**（**デオキシリボ核酸**）がそれぞれ発見された。しかしながら、これ

図**1･29**　ブフナー

図**1･30**　フィッシャー

図**1･31**　ミーシャー

図1・32　エイヴリー

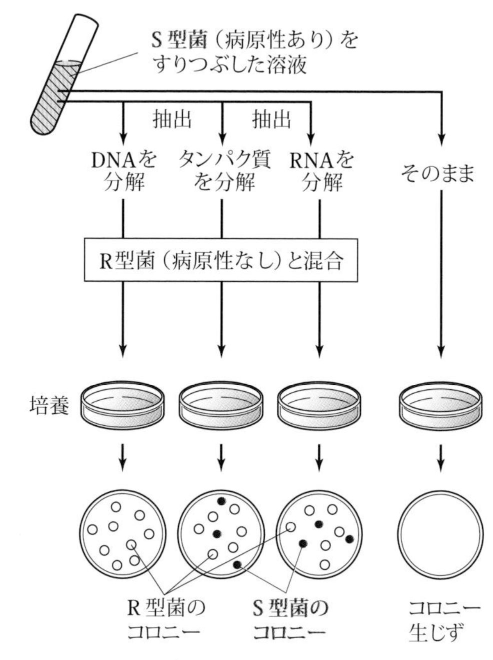


図1・33　エイヴリーの実験
エイヴリーは、DNAにR型菌をS型菌に形質転換させる能力があることを発見した。

らの核酸が細胞の中でどういう役割を果たしているのかについては、なかなか明らかにされなかった。

1928年のイギリスの**グリフィス**（F. Griffith, 1881～1941）の**形質転換**実験をもとに、アメリカの**エイヴリー**（O. T. Avery, 1877～1955；**図1・32**）が**肺炎双球菌**（肺炎レンサ球菌；*Streptococcus pneumoniae*）を用いた形質転換実験を行い、形質転換を起こさせる物質、つまり**遺伝情報**を担っている物質が核酸の一種であるDNAであることを明らかにしたのは、核酸の発見から75年も経過した1944年のことであった（**図1・33**）。1952年には、**ハーシー**（A. D. Hershey, 1908～1997）と**チェイス**（M. Chase, 1927～2003）により、タンパク質とDNAのうちDNAのみが、後世代のファージ（バクテリアに感染するウイルス）に受け継がれることが明らかとなり、遺伝情報を担う物質がDNAであることが完全に証明された。

図1・34　ワトソンとクリック

1953年、アメリカの**ワトソン**（J. D. Watson, 1928～）とイギリスの**クリック**（F. H. C. Crick, 1916～2004）により（**図1・34**）、DNAが**二重らせん**構造をとっていること、アデニンとチミン、グアニンとシトシンが水素結合によってペアをつくり、この相補的な関係（**相補性**）によって、DNAはまったく同じ分子を**複製**によってつくり出せることが明らかとなった（**3-4**節参照）。こうして、遺伝物質としてのDNAがどのように子孫に伝えられていくのか、その根本的なメカニズムが分子レベルで解明されたことにより、生物学は**分子生物学**という新たな学問をその傘下に誕生させ、発展することになった。

### 1-5-7　生命を操作する時代

20世紀後半以降、ヒトは、生命の設計図であるDNAを操作する技術の発達を成し遂げた。そして生物学は、医学や農学、工学の応用分野を取り込んだ新時代——**生命科学**の時代——を築いてきた。

ワトソンとクリックによりDNAの構造が明らかにされてから数年後、アメリカの**コーンバーグ**（A. Kornberg, 1918～2007；**図1・35**）によって**大腸菌**（*Escherichia coli*）からDNAを合成する酵素**DNAポリメラーゼ**が発見された。コーンバーグはさらに、このDNAポリメラーゼを用いて、

図1·35　コーンバーグ

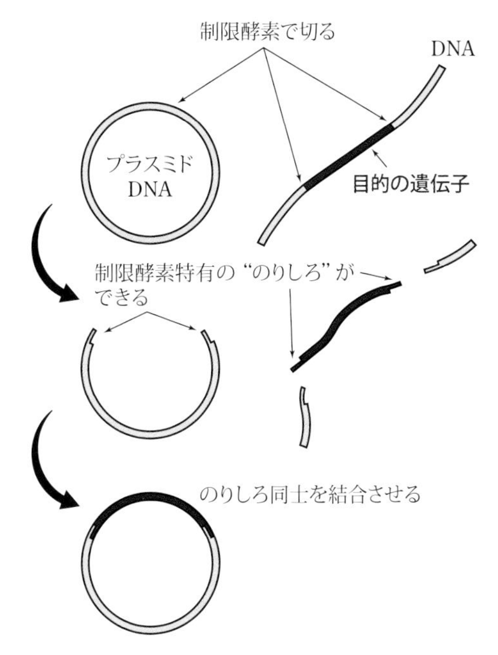


図1·36　制限酵素を用いた組換えDNA実験

試験管内で人工的にDNAを合成することに成功した。これにより、実験室でDNAを取り扱うことのできる技術（**組換えDNA技術**）の礎が築かれた。

世界初の組換えDNA実験は1972年にアメリカの**バーグ**（P. Berg, 1926～）により行われた。またその翌年には、**制限酵素**を用いた世界初の組換えDNA実験が行われた（**図1·36**）。

図1·37　サンガーとギルバート

遺伝子を取り扱い、これを解析する技術の進歩には、DNAの塩基配列決定法が**サンガー**（F. Sanger, 1918～2013）、**ギルバート**（W. Gilbert, 1932～）らによって開発され（**図1·37**）、さらに**PCR**（**ポリメラーゼ連鎖反応**）法が**マリス**（K. B. Mullis, 1944～；**図1·38**）によって開発されたことが大きく貢献した。PCR法は、耐熱性DNAポリメラーゼを利用した非常に簡便なもので、ある特定の遺伝子断片だけを効率よく増幅させることができる。その結果、その遺伝子の塩基配列を簡単に調べることができる（**図1·39**）。こうして塩基配列の決定法が確立されると、病気関連の**遺伝子診断**が行われるようになった。近年では肥満や糖尿病など（**7-4-2**項参照）の疾患関連遺伝子がどのような変異を起こすとこうした疾患になりやすいかが明らかとなり、予防を目的として遺伝子診断が徐々に導入されつつある。

1990年に世界で初めての**遺伝子治療**が、アメリカの国立衛生研究所（NIH）において執り行われた（**図1·40**）。対象となった疾患はアデノシンデアミナーゼ欠損症（**ADA欠損症**）と呼ばれるもので、生まれつき核酸代謝に重要な酵素であるADA遺伝子に異常がある患者に対し、患者から取り出したリンパ球に正常ADA遺伝子を導入し、患者に戻すという方法で行われた。同じ病気に対する遺伝子治療は、日本でも1995年、北海道大学において行われた。

図1·38　マリス

近年、従来の組換えDNA技術に比べてよりピンポイントにDNAの塩基配列を改変することができる**ゲノム編集**が広く行われるようになった。とりわけ、もともとバクテリアがバクテリオファージに対する防御機構としてもっていた、ファージDNAの特定の部位を切断す

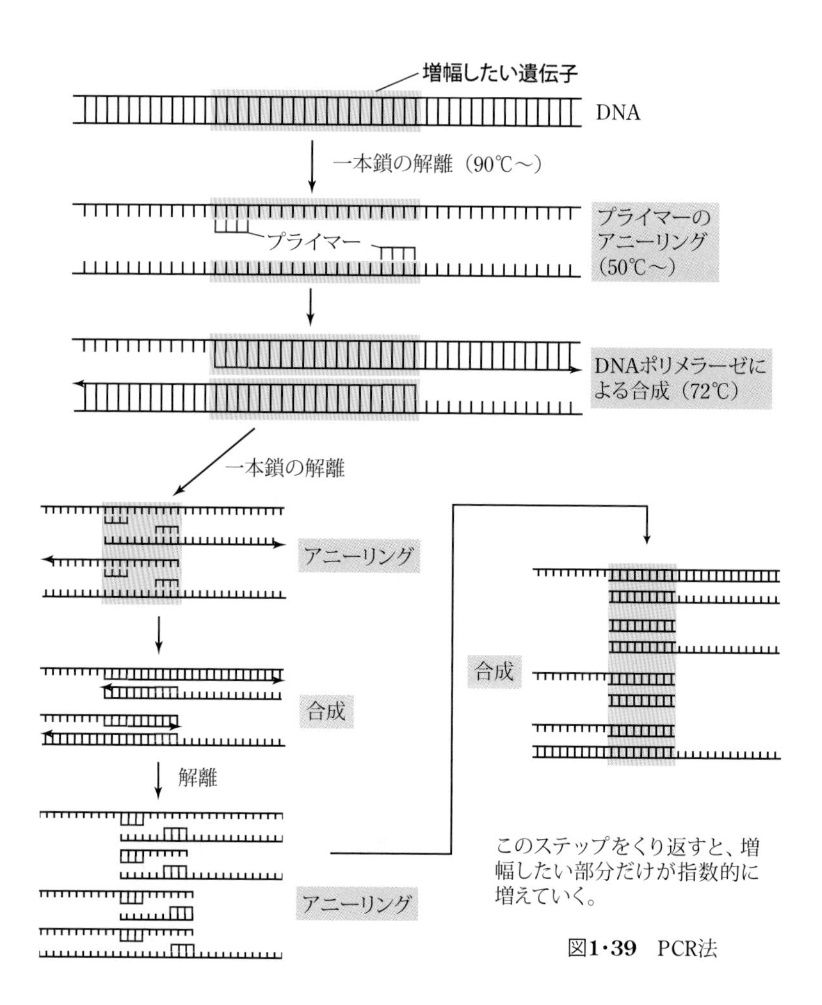


図1·39　PCR法

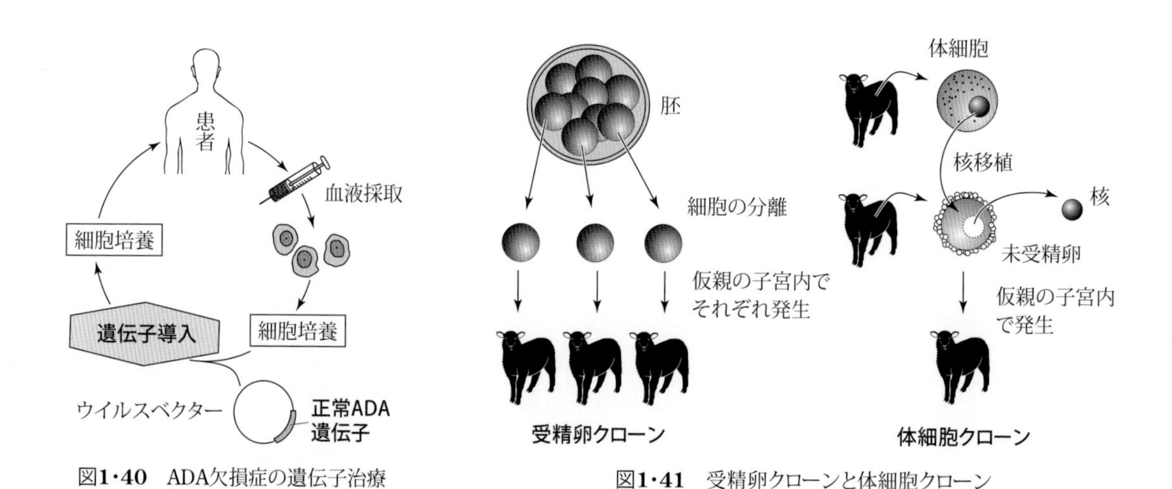


図1·40　ADA欠損症の遺伝子治療

図1·41　受精卵クローンと体細胞クローン

る **CRISPR-Cas9** システムを利用したものが、広く用いられるようになっている。なお、CRISPR は 1987 年、**石野良純**（いしのよしずみ）（1957 〜）により発見されたバクテリア DNA の繰り返し配列で、発見当初はその生物学的意義はわかっていなかった。

ある生物と遺伝的にまったく同一の生物を**クローン**という。現代生物学の発展は、**クローン技術**無しには語れないが、植物では自然界でふつうに生じ、また人工的にも単一細胞からのクローンの再生は古くから成功してきた（**4-4-1** 項参照）。一方、遺伝子や細胞を人工的に扱うことができる技術の発達は、自然界にはそれまでなかった新しい生物をつくる動きへとつながってきた。畜産業などで散見される**受精卵クローン**は、胚の段階で細胞を分離し、それぞれの細胞を仮親の子宮に移植することで、遺伝的に同一な個体を複数つくり出す方法である。1962 年には、イギリスの**ガードン**（J. B. Gurdon, 1933 〜）により脊椎動物で初めて両生類を用いて、受精卵ではなく親の体細胞の核を未受精卵に移植する**核移植**が行われ、親と遺伝的に同一な子個体を生み出す**体細胞クローン**が誕生した。1996 年には、同じく核移植により、哺乳類としては初めて、体細胞クローンが**ヒツジ**（*Ovis aries*）で作成された（**図 1・41**）。

また、1981 年、**マウス**（*Mus musculus*）の胚の細胞を取り出して人工的な処理を施すことにより、体のどのような細胞にも分化させることのできる**幹細胞**（**胚性幹細胞：ES 細胞**）がつくられ、1998 年にはヒト ES 細胞がつくられた。さらに 2007 年には、体細胞に複数の遺伝子を導入することで、体細胞を幹細胞化させることに**山中伸弥**（やまなかしんや）（1962 〜）が成功し、**iPS 細胞**（**人工多能性幹細胞**）と名付けられた。iPS 細胞は、ES 細胞に付随していた倫理的問題（将来胎児となり得る胚を殺さなければつくれないことなど）を解決したものであり、再生医療の分野で急速に研究が進んでいる（**図 1・42**）。

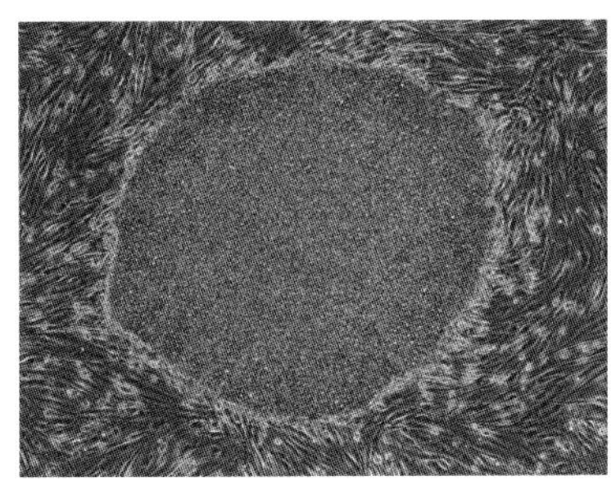

**図1・42**　山中伸弥とiPS細胞
右の画像は線維芽細胞から樹立したヒトiPS細胞のコロニー（集合体）（画像提供：京都大学 山中伸弥）。

本章では生物学の数ある分野のうち、一部の歴史のみ取り扱ったが、これ以外にも生物学において重要な研究者や発見は数多く存在する。それらについては、これ以降の章で順次、取り上げていきたいと思う。

## コラム　江戸時代の生物学

日本の近代生物学は、**宇田川榕菴**（1798 ～ 1846；**図 1･43**）による**『理学入門植学啓原』**が嚆矢であるとされるが、それ以前から、日本には近代生物学が芽生える素地がつくられていた。徳川家康による学問奨励により、明の博物学の集大成とも言える**『本草綱目』**が輸入され、これを翻訳したのが日本の博物学の祖とも言われる**貝原益軒**（1630 ～ 1714）である。また、日本の本草学の発展には**稲生若水**（1655 ～ 1715）の『庶物類纂』が重要な役割を果たした。江戸時代中期には**田村藍水**（1718 ～ 1776）、**平賀源内**（1728 ～ 1779；**図 1･44 右**）が出て、特に平賀によりエレキテルをはじめとした諸国物産学が広まり、博物学の発展に寄与した。同じ頃、「日本のリンネ」とも称された**小野蘭山**（1729 ～ 1810）は、従来の本草学から脱却し、近代博物学の大著**『本草綱目啓蒙』**を著した。宇田川の『理学入門植学啓原』は、科学的博物学の創始であり、かつ日本初の体系的な植物学の成果であるとの評が成される。

**図1･43**　宇田川榕菴

宇田川の弟子の一人が、後に東京帝国大学の植物学教授となる**伊藤圭介**（1803 ～ 1901；**図 1･44 左**）である。伊藤はドイツの**シーボルト**（P. F. B. von Siebold, 1796 ～ 1866）の教えも受け、日本に西洋植物学を導入し、日本の植物学の礎を築いた。とりわけ伊藤の**『泰西本草名疏』**は、スウェーデンの**ツンベルク**（C. P. Thunberg, 1743 ～ 1828）の『日本植物誌』の和訳であるが、生物分類の基本を**種**（species）におくという考えを初めて紹介するなど、日本の生物学史上重要な位置を占めている。動物学に関しても、博物学の流れをくむ多くの学者が出て、**栗本丹州**（1756 ～ 1834）による虫類に関する図譜『丹州蟲譜』など多くの傑出した書物を生み出した。

こうした地盤が江戸時代に培われていたが故に、日本は明治維新を迎えて西洋の進んだ生物学を取り込み、多くの傑出した生物学者を生み出すことになったのである。

**図1･44**　平賀源内と伊藤圭介

# 2　細胞・生体構成物質とエネルギー

1
2
3
4
5
6
7
8
9
10

生活習慣病（**7-4-2** 項参照）が少年少女たちの間にも広がりつつある現状について、国は**食育**という言葉を用いた改善の取り組みに、すでに乗り出している。2005 年に施行された**食育基本法**の前文に書かれている食育の定義は、「様々な経験を通じて『食』に関する知識と『食』を選択する力を習得し、健全な食生活を実践することができる人間を育てる」とある。ただ、食に関する知識を習得するためには、そもそも私たちの体がどのようなしくみをもち、それがどのように維持されているかを知った上で、栄養素となる多くの物質に関する生化学的知識を吸収する必要がある。そこで重要になってくるのが、細胞に関する知識と、その細胞が生きるための様々な物質的基盤に関する知識である。

本章では、私たちの体の基本単位である細胞の構造と機能と、細胞内外で起こっている物質の栄枯盛衰に焦点を当て、細胞のしくみ、生体を構成する物質、そして生物が営む物質の生産と消費ならびにエネルギーについて扱う。

## 2-1　細胞と核

すべての生物は、その細胞の構造の違いによって大きく二つのカテゴリーに分けられる。原核細胞と真核細胞である（**図 2･1**）。**原核細胞**とは、その細胞の中に**核**（**細胞核**）をもたない細胞であるが、本来は「原始的な核をもつ細胞」という意味で、**核様体**と呼ばれる構造をもつ。原核細胞内には目立った構造体は存在せず、最も単純な原核細胞である**マイコプラズマ**の一種には、タンパク質やアミノ酸、脂質などの生体分子を除けば、DNA とリボソーム（**2-2-1** 項参照）しか存在しない。

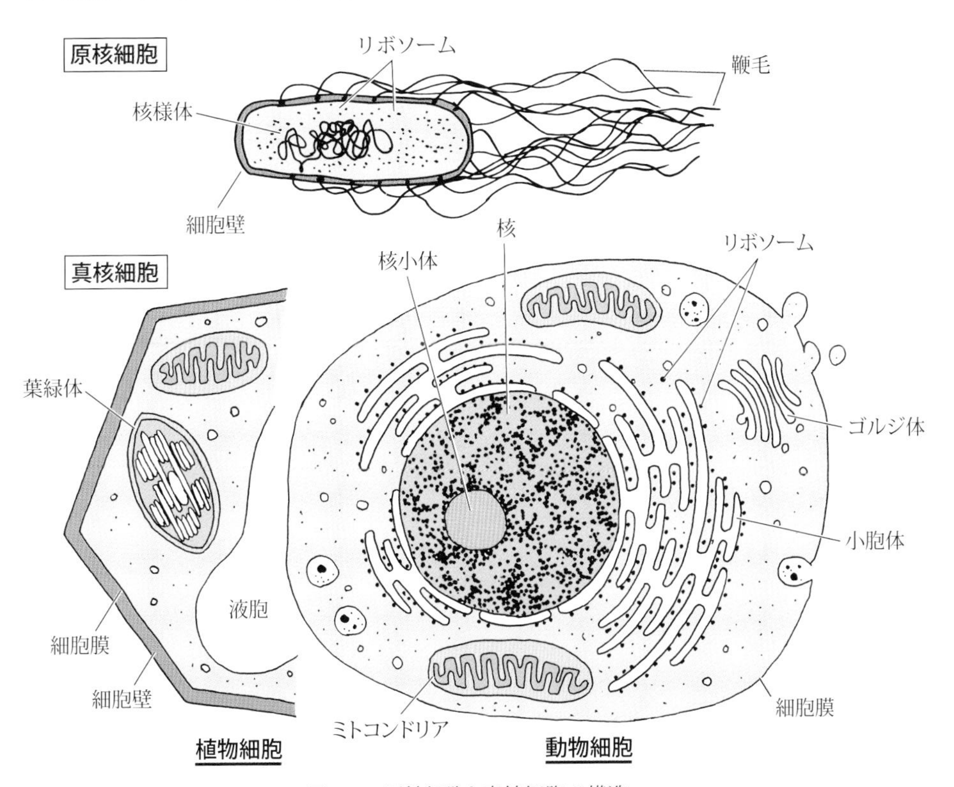


図2･1　原核細胞と真核細胞の構造

原核細胞は、細胞膜と、その外側を覆う細胞壁によって覆われている。現在知られているすべての**バクテリア**（**細菌**）ならびに**アーキア**（**古細菌**）が原核細胞であり、かつすべての原核細胞が**単細胞生物**であるため、原核細胞と**原核生物**はほぼ同義である（**9-2** 節、**9-3** 節参照）。

これに対して**真核細胞**とは、その中に「真の核」をもつ細胞であり、**ミトコンドリア**をはじめ多くの**細胞小器官**（**オルガネラ**ともいう）を有するのが特徴である。真核細胞からなる生物を**真核生物**という。バクテリアとアーキア以外のすべての生物は真核生物であり、単細胞生物と**多細胞生物**がある。単細胞生物である真核生物にはゾウリムシなどの原生生物や、真菌類のうち酵母などが含まれる。また、すべての多細胞生物は真核生物である。真核細胞は、原核細胞をもとに進化したとされているが、その成立について定説はない（**8-3-1** 項参照）。

このように、生物を二分する基準となる核は、それだけで生物にとって非常に重要な役割を担っていることがわかる。真核細胞の中で最も大きく目立つ構造体である核は、ブラウン運動の発見者として知られるイギリスの**ブラウン**（R. Brown, 1773 ～ 1858）により、すべての細胞に普遍的に存在する重要な要素として初めて見出された（1831）が、核そのものはすでに 18 世紀には発見されており、植物画の画家として知られる**バウアー**（F. Bauer, 1758 ～ 1840）により、魚類の赤血球のそれが「核（nucleus）」と名付けられていた（1823）。核は私たち**真核生物**に特有の構造体であり、上述したように大腸菌などの**原核生物**にはない。核は**核膜**という、リン脂質の膜である脂質二重層（**2-2-2** 項参照）がさらに二重になり、多数の穴（**核膜孔**）が開いた膜で包まれている（**図 2･2**）。核膜の一部は、その外側に存在する小胞体（**2-2-1** 項参照）とつながっている。核膜孔は 1 個の核につき 3000 個から 4000 個存在するが、単なる穴ではなく、**核膜孔複合体**と呼ばれる多くのタンパク質で構成された装置によって‘ふさがれた’状態になっており、これによって物質の通過が選択的にコントロールされている。核膜の内側は**核ラミナ**と呼ばれるタンパク質の層によって裏打ちされており、核内には**核骨格**（あるいは**核マトリクス**）と呼ばれるタンパク質でできた骨格が縦横無尽に張り巡らされている。

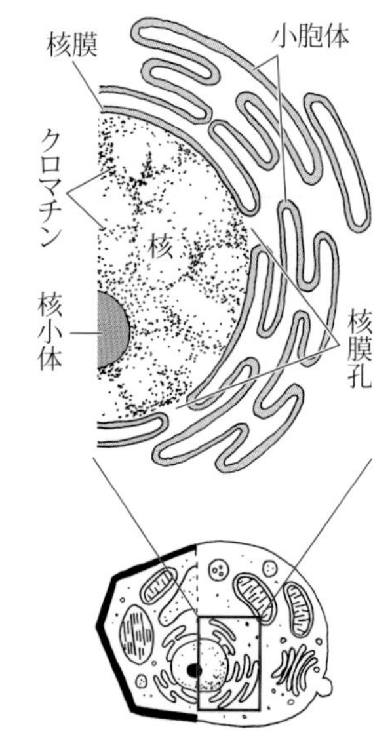

**図2･2**　核の構造と核膜孔

核は、遺伝情報を担う DNA の格納庫としての役割をもつとともに、必要に応じて**遺伝子を発現**させる舞台でもある。私たちヒトの細胞の 1 個の核の中には、総計 2 m にも及ぶ DNA が格納されている。核を光学顕微鏡で観察すると、明瞭に区別できる二つの領域（**核質**と**核小体**）が見える。電子顕微鏡で見ると、核質には分散した**クロマチン**（**3-3** 節参照）が存在することがわかる。

一方、**核小体**は、膜で包まれているわけではなく、正確には核の中の特別な領域と捉えるべきである。ここでは、タンパク質合成装置である**リボソーム**の生合成が行われている。リボソームの構成成分である **rRNA**（**リボソーム RNA**）の遺伝子は、1 個の核の中に数百コピー存在し、それらが一箇所から数箇所に集まり、盛んに rRNA の転写が行われているのが核小体である。さらに核小体には、リボソームの構成成分である 70 種類もの**リボソームタンパク質**が集合し、転写された rRNA と組み合わされてリボソームがつくられている。RNA については、**3-5** 節で詳しく扱う。

なお、核も細胞小器官の一つであるとみなされるが、本書では便宜上、核とその他の細胞小器官とを分けて記載した。

## 2-2　細胞小器官と生体膜

### 2-2-1　細胞小器官

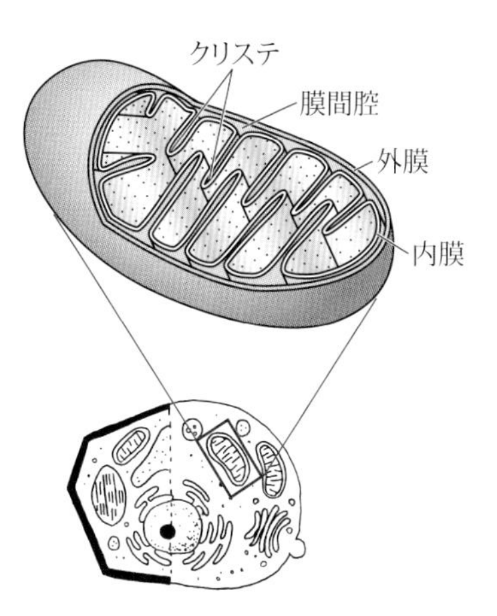

図2・3　ミトコンドリアの構造

**ミトコンドリア**は**酸化的リン酸化**反応の場であり、炭水化物が分解されてできたピルビン酸から、エネルギーの共通通貨と言われるアデノシン三リン酸（**ATP**）を合成する細胞小器官である（**図2・3**）。この反応は酸素分子を必要とする。細胞内のミトコンドリアの数は、種や細胞の種類によって異なるが、おおむね1個の細胞の細胞質中には数百から数千個ものミトコンドリアが存在する。ミトコンドリアは、核と同じように二重の脂質二重層からなり、その内部には**クリステ**と呼ばれる櫛（くし）状に突き出た構造があるのが特徴である。二重の脂質二重層のうち、内側のものが**内膜**であり、そこには、ATP合成に関わる酵素群が存在する。ミトコンドリアは、核とは独立した独自のDNAをもち、かつては独立した好気性バクテリアであったと考えられている（**8-3-1**項参照）。

真核細胞の細胞質には、薄い袋のような構造が何層にも積み重なって存在している。この構造を**小胞体**という。小胞体は、その表面に**リボソーム**という細かい粒子を多数結合させたものと、リボソームを結合させていない滑らかなものに大別される。前者を**粗（そ）面小胞体**、後者を**滑（かつ）面小胞体**という。リボソームはタンパク質を合成する装置で、数種類のrRNAと多種類のリボソームタンパク質からできている。粗面小胞体では、表面に結合したリボソームでつくられたタンパク質が、小胞体の内腔へと放出され、タンパク質はそこから**ゴルジ体**へと輸送される。このときタンパク質は、小胞体からちぎれるように生じる小胞（**輸送小胞**）の中に積み込まれ、この小胞がゴルジ体と融合することで輸送される。一方、滑面小胞体は、粗面小胞体とは異なり、主に脂質合成が重要な役割である細胞などに見られ、脂質代謝を担っている。

ゴルジ体は、小胞体から運ばれてきたタンパク質を、細胞の外へ分泌する役割をもっている。言ってみれば、タンパク質に配送先を区別する“荷札”をつけ、配送する役割である。タンパク質はここで濃縮され、多糖類などがその分子表面に“荷札として”付加された後、ゴルジ体からちぎれるように生じる**分泌小胞**の中に包まれて、細胞表面から**エキソサイトーシス**によって細胞外へと分泌される（**図2・4**）。

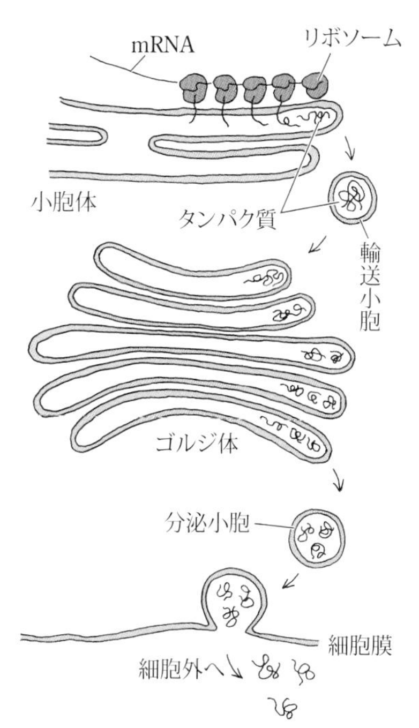

図2・4　タンパク質の小胞輸送メカニズム

このエキソサイトーシスに対して、細胞外物質が細胞内へと取り込まれる機構として**エンドサイトーシス**がある。エンドサイトーシスには、比較的大きな物質やバクテリア、ウイルスなどを取り込む**ファゴサイトーシス**（**食作用**）や、比較的小さな物質を取り込む**ピノサイトーシス**（**飲作用**）などが含まれる。

**リソソーム**は、細胞質全体にわたって広く存在する小胞であり、これにはタンパク質や脂質、糖質、核酸などの物質を分解するための加水分解酵素が含まれている。リソソームは、こうした物質を分解し、消化する役割がある。一方、**ペルオキシソーム**は、一群の酸化酵素を含む小胞であり、生体にとって有害な過酸化水素（$H_2O_2$）を分解するなどの役割をもつ。

なお単細胞生物には、これらのほか生物として生きるのに

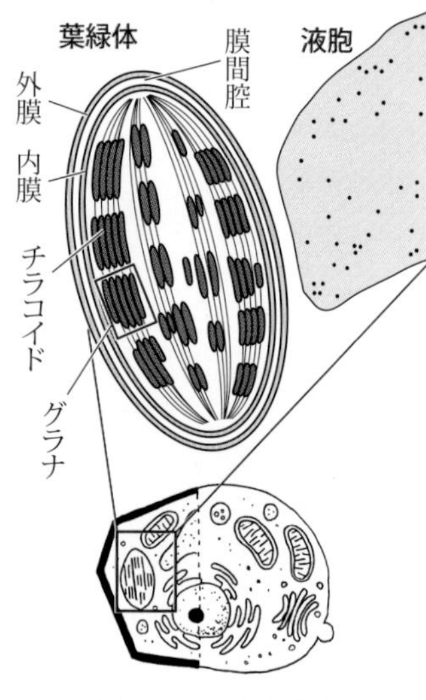

図2·5　葉緑体と液胞

必要な様々な細胞小器官が存在する。**ゾウリムシ**（*Paramecium caudatum*）などの**繊毛虫類**を例にとると、食物をとりいれるための**細胞口**が細胞の側面に溝のように開口しているほか、食物を消化するための**食胞**、老廃物を排泄するための**収縮胞**などをもつ。また、細胞の外周が多数の**繊毛**で覆われている（**9-4** 節参照）。

植物の細胞には、こうした細胞小器官以外に、光合成を行う場である葉緑体、ならびに液胞という特殊な細胞小器官が存在する（**図2·5**）。**葉緑体**は、光合成を行う細胞小器官で、すべての緑色植物に存在する。葉緑体の内部は、袋状で扁平になった**チラコイド**と呼ばれる部分と、基質である**ストロマ**から構成されている。チラコイドはさらに幾層にも積み重なり、**グラナ**という構造を形成している。このチラコイドの膜の部分に、光合成をつかさどる光合成色素である葉緑素（**クロロフィル**）が含まれる。ミトコンドリアと同様に、葉緑体も核とは別に独自の DNA をもち、やはり祖先は独立した光合成バクテリアであったと考えられている（**8-3-1** 項参照）。

**液胞**はその名の通り、細胞質の中に液状の物質が蓄積されて生じる大きな袋である。以前は、細胞内で不用となった物質が液胞中に蓄積され、液胞は不用物の“ゴミ袋”であるというイメージが強かったが、近年では、植物体の成長や構造の維持への寄与、加水分解酵素による生体高分子の消化などの機能をもつ重要な細胞小器官であることが明らかとなっている。液胞は、アントシアンなどの植物色素を含み、植物が醸し出す多様な色彩にも一役かっている。

### ◆ 2-2-2　生体膜 ◆◆◆◆◆

ところで、薄い膜で包まれたものと言われてすぐ思い浮かべることができるのは、ゴムでできた「風船」である。風船の中には空気より軽い気体が封入されていて、内外の重量差によって、軽くふわりと浮くことができる。細胞も、**細胞膜**という薄い膜で包まれているが、その性質は、ゴム製の風船膜とはまったく異なっている。細胞膜は、主に**リン脂質**から構成された二重の層（**脂質二重層**）によって成り立っており、脂質の大海原の中に、様々な細胞表面タンパク質が浮かんだ構造をとっている（**図 2·6**）。リン脂質分子は、**親水性**と**疎水性**という相反する二つの性質を同一分子内にもっている。そのため、水の中では疎水性基同士を内側に向け、親水性基を外側に向けた二重層をつくることができる。

細胞膜には半透性という性質がある。**半透性**とは、ある物質はそのまま通過させるが、それとは別のある物質は通過させないという性質のことである。そのため、細胞膜は**半透膜**である。半透膜を介して、水と、何らかの物質が溶解した水溶液が接すると、水分子が水溶液側へと移動しようとする。このときに生じる水溶液側に加わる圧力を**浸透圧**という。

細胞膜の機能として重要なのは、細胞膜に存在するタンパク質を介して**能動輸送**を行うことができる点である。これによって、膜内外の濃度に逆らってある物質を選択的に透過させ、細胞膜の内外でその物質の濃度差を一定に保つか、あるいは一時的に濃度差を生じ

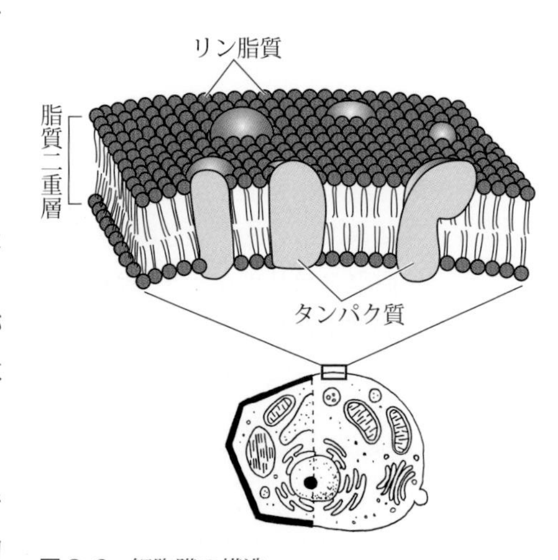

図 2·6　細胞膜の構造
細胞膜のところどころにはイオンチャネルなどのタンパク質が埋め込まれている。

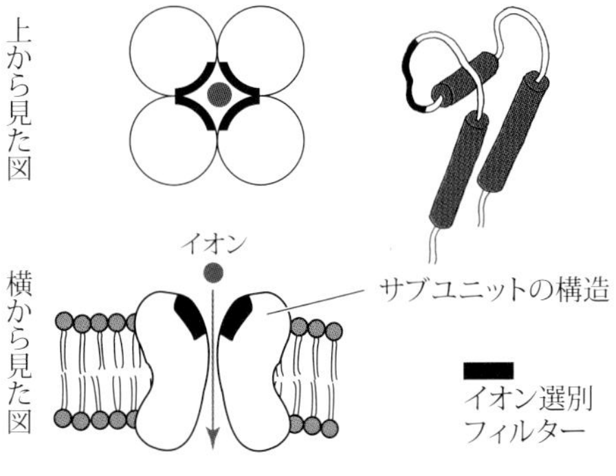

上から見た図
横から見た図
イオン
サブユニットの構造
イオン選別フィルター

図2・7　イオンチャネルの役割
放線菌 *Streptomyces lividam* の $K^+$ チャネルの構造。

させることができる。

細胞内外のナトリウムイオン（$Na^+$）とカリウムイオン（$K^+$）の濃度差は著しい。$Na^+$ 濃度は細胞外が 150 mM であるのに対し、細胞内では 15 mM であり、また $K^+$ 濃度は細胞外が 5 mM であるのに対し、細胞内では 100 mM である。細胞膜には、**$Na^+$-$K^+$ ポンプ**というタンパク質でできた「汲み出し装置」が存在し、濃度差を一定にしようとする自然の流れに反して、イオンを低い濃度の側から高い濃度の側へと汲み出している。このような、ある特定のイオンだけを細胞膜を介して濃度に逆らって輸送する装置のことを**輸送体**と呼ぶ。輸送体は、イオンを、細胞膜を通して高濃度側から低濃度側へ自発的に（**濃度勾配**に従って）輸送する場合にもはたらいている。また、イオンは、それぞれに特異的な**イオンチャネル**によって、細胞膜内外の濃度差に従って輸送される。イオンチャネルには、$Na^+$ を輸送する **$Na^+$ チャネル**や、$K^+$ を輸送する **$K^+$ チャネル**、カルシウムイオン（$Ca^{2+}$）を輸送する **$Ca^{2+}$ チャネル**などがある（**図 2・7**）。一方、溶媒である水分子や一部の溶質は、**拡散**によって細胞膜を通過することができるが、**アクアポリン**（水チャネル）は、水分子を受動的に透過させるはたらきをもつ。なお輸送体には、特定のイオンを輸送するものだけでなく、糖やアミノ酸、ATP などを輸送するものもある。

細胞膜が脂質二重層でできており、かつ小胞体やゴルジ体、核などの細胞小器官もまた脂質二重層でできていることは、細胞内外の物質輸送に大きなメリットとなっている。なぜなら、これら細胞小器官の脂質二重層から出芽するように、同じ脂質二重層でできた小胞を切り離したり、あるいは融合させたりすることができるため、細胞小器官同士の物質輸送、核から細胞膜までの物質輸送、細胞膜外への分泌が容易にできるからである。

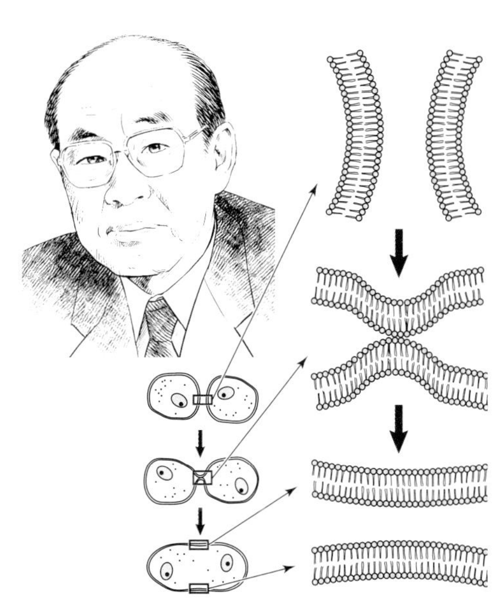

図 2・8　岡田善雄と細胞融合

この膜同士が融合するという性質を利用することで、1957 年、**岡田善雄**（おかだよしお）（1928 ～ 2008）により**細胞融合**という現象が発見された（**図 2・8**）。二つ以上の細胞が接着すると、細胞膜同士が混じり合い、融合する場合がある。岡田は**センダイウイルス**というウイルスを細胞に感染させることで細胞融合が起こることを発見した。細胞融合は、現在でも**細胞工学**になくてはならない基本的技術として用いられている。

## 2-3　細胞骨格と細胞分裂

### 2-3-1　細胞骨格と細胞運動

私たち脊椎（せきつい）動物に骨格が存在するように、生命単位である細胞にも“骨格”が存在する。これを**細胞骨格**という。私たちの骨が硬い物質でできているのに対し、細胞骨格は、柔軟性に富むダイナミックな構造である。細胞骨格は、細胞の構造を支えるだけでなく、細胞内での物質の運搬、細胞

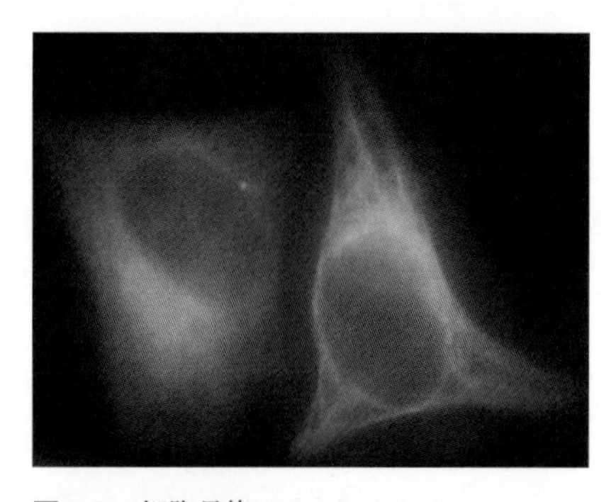

図2·9　細胞骨格
ヒトHeLa細胞の微小管を特殊な試薬で染めたもの。細胞質全体に張りめぐらされているのがわかる。

の運動、そして細胞の分裂といった動的活動を担っている（図2·9）。

細胞骨格には大きくわけて三種類がある。一つは**アクチン**を主体とする骨格系で**マイクロフィラメント**と呼ばれる。アクチンは、**ミオシン**とともに筋原線維を形成し、筋肉の収縮にも関与している収縮タンパク質の一種である（**5-12**節参照）。このアクチンから成り立つマイクロフィラメントは、筋肉の収縮ではなく、細胞自身の運動能力の獲得に重要な役割を果たす。またマイクロフィラメントは、細胞間接着の制御にも重要な役割を果たしている。真核単細胞生物が**仮足**を延ばしたり縮めたりすることで行う**アメーバ運動**には、このアクチンが関与している。仮足の内部にはマイクロフィラメントが細胞骨格として存在し、アクチンの**重合**と**脱重合**が繰り返されることで、仮足の運動がコントロールされている。

二つ目の細胞骨格は、**中間径フィラメント**と呼ばれるもので、マイクロフィラメントと、後で述べる微小管が単一もしくは二量体のタンパク質の重合体であるのに対し、こちらは多様なタンパク質の重合体として存在している。核ラミナを構成するタンパク質である**ラミン**、筋細胞の**デスミン**、上皮細胞の**ケラチン**などが、中間径フィラメントを構成するタンパク質として知られている。

三つ目の細胞骨格は**微小管**である。微小管は、真核細胞の細胞質中に多く見られる直径25 nm程度の中空の細い管で、マイクロフィラメントや中間径フィラメントよりも太い。微小管は**チューブリン**と呼ばれる二量体（αチューブリンとβチューブリン）からなるタンパク質が高度に重合したものであり、チューブリンが連続的に重合することで微小管は伸展する。逆に、チューブリンが微小管の末端から脱重合することにより、微小管は短くなる。微小管は静的なものではなく、その長さは、チューブリンの重合と脱重合のバランスによって調節されている（図2·10）。微小管は、細胞分裂の際に**紡錘糸**を形成し、染色体を両極へ分配する装置としてはたらく。また、紡錘糸形成の際に重要な役割を果たす**中心小体**は、中心小管と言われる2本の微小管と、それを取り囲むように配置された9対の二重微小管からできている。

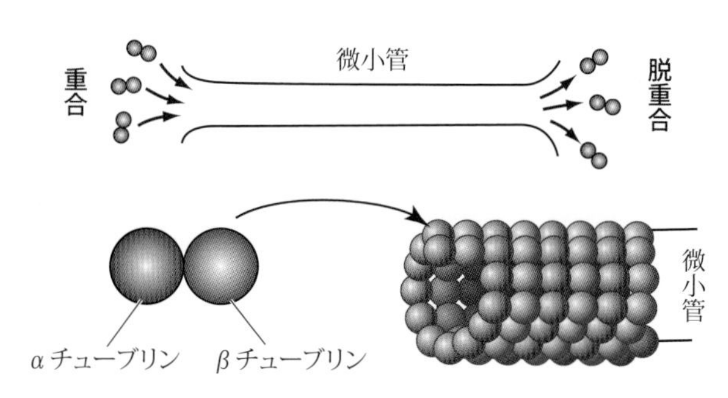


図2·10　微小管とチューブリン

### 2-3-2　細胞分裂

地球上のすべての細胞は、**分裂**により増殖する。パン酵母などに代表される**出芽酵母**は、その名の通り、1個の親細胞の一部がはみ出し、まるで芽が出るように子細胞が生じる**出芽**という特殊な方法で増殖するが、これも分裂の一つの形態である。

**細胞分裂**は、大きく二つのステップにわかれる。まず、細胞の遺伝情報を担っているDNAが複製され、二つに分かれる（**核分裂**）。続いて、細胞全体が二つに分裂する（**細胞質分裂**；図2·11）。DNAが複製されると（**3-4**節参照）、DNA（正確にはクロマチン）は高度に凝縮する。ヒトでは、1個の細胞核に含まれるDNAの総延長は2 mにもなるため、これがほどけた状態では、効率よく二つに分配することができない。DNAとタンパク質の複合体である**クロマチン**は、分裂に先立っ

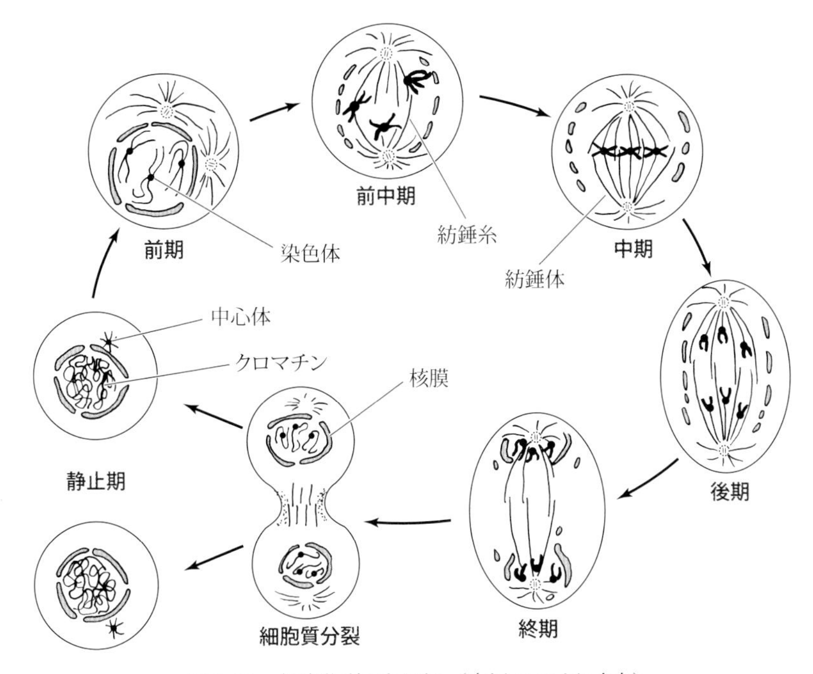


図2・11　細胞分裂のあらまし（赤坂 2010より改変）

て秩序正しく凝縮し、ヒトの場合は46本の**染色体**（中期染色体）として、光学顕微鏡で観察できるようになる（**図3-13**参照）。

動物細胞に存在する**中心体**は、微小管の形成中心となる構造体であり、通常、一対の**中心小体**からなる。一対の中心小体は、お互いに90度の角度でずれて対峙している。それぞれの中心小体は、$G_1$期から$G_2$期の間に複製され、二対の中心小体が生じる。次に、M期の前期から前中期に、それぞれが両極に移動して、**紡錘体**の形成の中心となる。この頃になると、両極に移動した中心体から、静止期に細胞骨格を形成していた**微小管**が伸び始める。核膜は消失し、やがて微小管の一部が染色体に取り付き、そこで**動原体**と呼ばれる構造を形成する。M期の中期には染色体は細胞のほぼ中央に配列し、中心体から伸びた微小管の束とともに**紡錘体**と呼ばれる特徴的な構造をつくる。細胞の中央に配列した染色体は、微小管と、**モータータンパク質**と呼ばれる微小管上を移動するタンパク質のはたらきによって細胞の両極に引っ張られる。**これを染色体分配**という。

M期に消失した**核膜**は、実際には核膜を構成する脂質二重層が細かい小胞に分散した状態になっている。両極に引っ張られた染色体の周囲に、この細かく分散した小胞が再構成されるようにして核膜が形成される。核膜が形成される前後になると、細胞の真ん中あたりがくびれ始める。やがてそのくびれが完全に細胞質を二等分し、細胞が2個にわかれる。この過程が**細胞質分裂**である。動物細胞の場合、アクチンとミオシンが関与する細胞骨格の収縮メカニズムによって細胞がくびれ、最終的には餅が引きちぎれるようにして全体が分裂する。一方、植物細胞の場合、細胞の赤道面に**隔壁**（**細胞板**）が生じ、これが成長して細胞を2個に区切るという方法が取られる。この隔壁は、細胞膜と同様に脂質二重層からなる小胞が集まって形成される。

細胞分裂は、1個の細胞から2個あるいは複数の細胞が生じる過程であるが、分裂する前と後で、数が多くなると

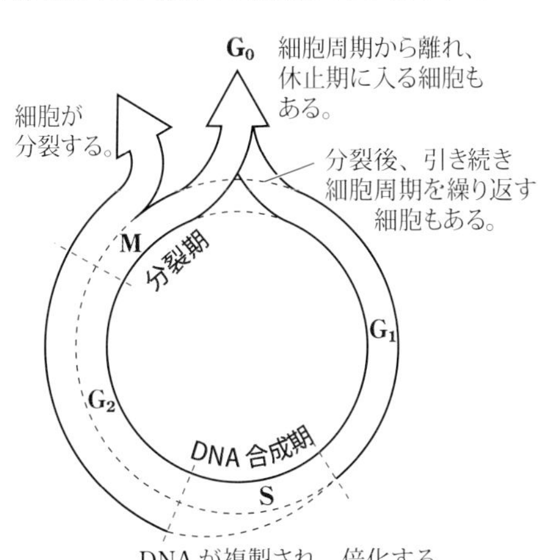


図2・12　細胞周期

いうこと以外は細胞の性質、構造などは変化しない場合が多い。細胞はまず、DNA 複製の準備をし、DNA を複製し、分裂の準備をし、そして分裂するというサイクルを回る。この細胞が分裂するサイクルのことを**細胞周期**という（**図 2･12**）。分裂をしていない細胞の状態を**$G_0$ 期**という。G とは「ギャップ（gap）」の G である。外部から増殖シグナルが来ると、細胞は DNA を複製する準備に入る。この時期を**$G_1$ 期**という。続いて DNA が複製される時期である**S 期**、分裂準備の時期である**$G_2$ 期**、そして分裂する時期である**M 期**を経て、細胞は再びもとの状態に戻る。このとき、$G_0$ 期に戻るか $G_1$ 期に戻るかは、細胞によって異なる。S 期の S は「合成（synthesis）」の S、M 期の M は「有糸分裂（mitosis）」の M である。細胞周期は、**サイクリン**というタンパク質ならびに**サイクリン依存性キナーゼ**（CDK）という酵素タンパク質による**タンパク質リン酸化**によって厳密に制御されている（**3-9-1** 項参照）。

## 2-4　細胞の特殊なしくみ

細胞には、自らを守るための様々なしくみが存在する。そのうちの一つに**オートファジー**と呼ばれる現象が知られている。自食作用とも呼ばれ、**大隅良典**（おおすみ よしのり）（1945 ～；**図 2-13**）により見出された。細胞が、自らの細胞内に存在する細胞小器官やタンパク質などを分解するもので、分解されるものは**オートファゴソーム**の中に包み込まれ、やがてリソソームが融合することで加水分解が起こり、分解される。細胞が飢餓状態に置かれるなどの緊急事態に対応するためのものであると考えられているが、発生や分化など、正常な生物学的現象においても見られる。

図2･13　大隅良典

## 2-5　生体構成物質

細胞は生物の基本単位であり、その内部には様々な物質が含まれている。この様々な物質が相互作用し、時には化学反応を起こすことで、細胞は活動することができる。生物の体（**生体**）を構成する物質のことを**生体構成物質**といい、低分子から生体高分子まで、非常に多くの種類の物質が存在している。

私たちヒトの体の 70 %は**水**でできている。クラゲなどはその 97%が水である。このことからも分かるように、生物の体にとって水は最も重要な物質であると言える。細胞内外の様々な化学反応のほとんどは**水溶液**の状態、つまり水の中で進行する。水分子（$H_2O$）が果たしている重要な役割には、次の三つがある。まず一つは、水分子自身が加水分解反応などに代表される生体での化学反応に直接関与することである。二つ目は、血液やリンパ液などの主要成分として、物質の循環に重要な役割を果たすこと。そして三つ目は、先ほども述べた、化学物質の溶媒としての役割である（**図 2･14**）。

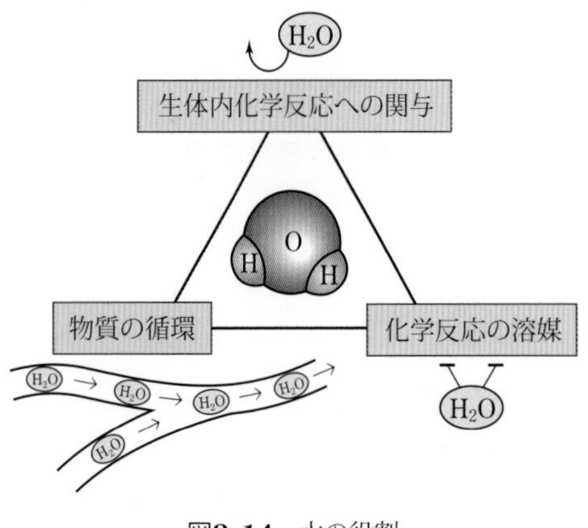

図2･14　水の役割

**酸素**（分子状酸素、$O_2$）は言うまでもなく、私たちが有機物からエネルギーをつくり出す**呼吸**に重要な分子である。**二酸化炭素**（$CO_2$）は、植物が**光合成**を行って有機物をつくり出すのに重要な分子であり、有機物中の炭素原子の主な利用源である。また**アンモニア**（$NH_3$）は、植物やバクテリアがアミノ酸などの有機窒素化合物をつくるのに重要な分子であるが、脊椎動物では有害物質として体外に捨てられる場合が多い。

**ビタミン**は、生物がその生理機能をつかさどるのに必要な有機化合物であり、ごく微量でも作用するが、他の天然物から**栄養素**として取り入れる必要があるものをいう（**7-4-2** 項参照）。**水溶性ビタミン**、**脂溶性ビタミン**に分けられ、水溶性ビタミンにはビタミンB、ビタミンCが、脂溶性ビタミンにはビタミンA、ビタミンD、ビタミンE、ビタミンKがある（図2・15）。ビタミンには、酵素反応（**2-8-1** 項参照）に必要な基質や酵素以外の物質である**補酵素**として作用するものが多く、特にビタミンBに分類される**ニコチン酸**は、呼吸に必要な補酵素NADとしてはたらく（**2-10** 節参照）。

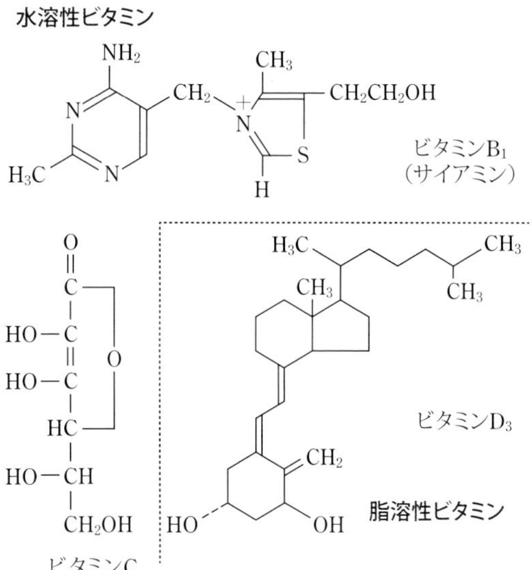

図2・15 ビタミンの種類

生体構成物質をつくる元素の中では、次の6種類の元素が主要なものである。その6種類とは、炭素(C)、酸素（O)、水素（H)、窒素（N)、リン（P)、そして硫黄(S)である。また生体には、これら六大元素のほか、マグネシウム(Mg)、カルシウム(Ca)、カリウム（K)、ナトリウム（Na)、鉄（Fe)、塩素（Cl）などの無機質が大量に含まれている。これらの無機質は、酵素のはたらきを助けたり、細胞の浸透圧の維持（**2-2-2** 項参照)、膜電位の形成（**5-9-1** 項参照)、細胞内情報伝達（**3-9-1** 項参照）などで重要な機能を担っている。

生体構成物質のうち、タンパク質、核酸、多糖などのように比較的大きな分子を**生体高分子**といい、私たち生物の生命活動において中心的な役割を果たしている。タンパク質はアミノ酸、核酸はヌクレオチドという基本単位が長く重合したものであり、糖質も、その構成単位（単糖）数の多さによって単糖類、オリゴ糖類、多糖類などに分別される。本章では、これら生体高分子のうちタンパク質、糖質、そして脂質について詳しく扱い、核酸については第**3**章で詳しく扱う。

## 2-6 エネルギーと代謝

生物が生きていくためには**エネルギー**が必要であるが、生物はこのエネルギーを、ATP（アデノシン三リン酸）という化学物質に蓄えている。このATPを分解することでエネルギーが放出され、生命活動に利用されるのである。生物はこのATPを様々な方法でつくり出しているが、そこには生物同士の相互作用と、生物体内で行われる**代謝**が重要な役割を担っている。代謝とは、生体内に取り込まれた分子が酵素などのはたらきによって変化する様子、またはそうした化学反応の全体をいう言葉であり、**物質代謝**と**エネルギー代謝**に大別される。

物質代謝には**同化**と**異化**がある（**図2・16**)。同化とは、単純な物質から複雑な物質をつくる反応であり、一般的には体外から取り入れた物質を化学的に変化させ、自身に有用な物質につくり変える反応がこれに含まれる。異化とは、同化とは逆に、複雑な物質を分解して単純な物質をつくる反応であり、炭水化物などを分解してエネルギーを得る反応がこれに含まれる。一方、エネルギー代謝は、物質代謝をATPなどのエネルギーの観点から見た代謝であると言える。

地球上の生物は、他の生物が行う代謝が存在しなければ生きていくことができない。

生物は、栄養源の観点から、大きく二つに分けられる。一つは**独立栄養生物**であり、いま一つは**従属栄養生物**である。独立栄養生物とは、二酸化炭素や水などの**無機物**から、糖質（炭水化物）やタンパク質などの**有機物**をつくり出すことができる生物であり、代表的なものが**光合成**を行う**植物**

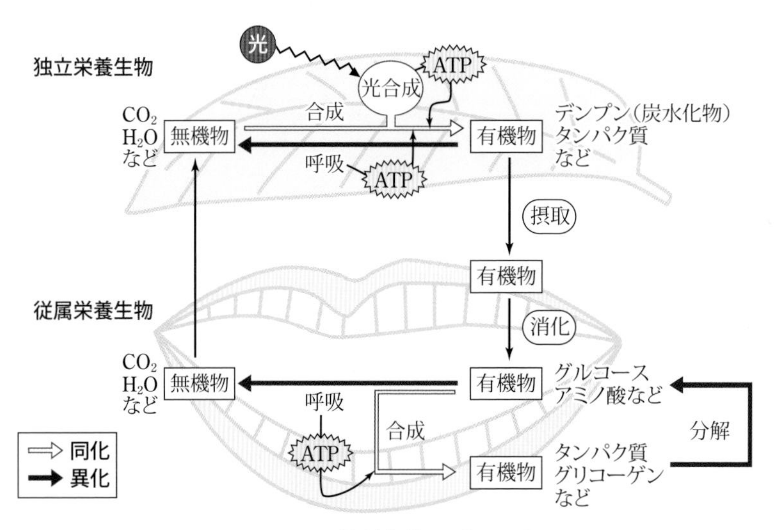

図2・16　物質代謝と同化・異化

である。植物は、太陽の光のエネルギーを利用して無機物から有機物（炭水化物）をつくることができる。このとき、太陽の光エネルギーは、植物の細胞の中でATP合成に利用され、そのATPのもつエネルギーが有機物の合成に使われる。この有機物の合成は、同化の代表的な例である。

一方、従属栄養生物とは、無機物から有機物をつくり出す能力がないため無機物だけでは生きていくことができず、他の生物がもっている有機物を利用する（体外から取り入れる）必要がある生物である。ほとんどの**動物**は従属栄養生物であり、独立栄養生物である植物を直接食べる動物や、他の動物を食べる動物など、様々なものがいる（**10-4-3**項参照）。

独立栄養生物も従属栄養生物も、生きていくためのエネルギーをATPに蓄え、それを分解することでエネルギーを得ている。このATPを合成するしくみが**呼吸**であり、有機物からの異化の代表的な例である。

従属栄養生物は、独立栄養生物が合成した有機物を利用して生きているし、独立栄養生物は、従属栄養生物が体外に排出した無機物（独立栄養生物自身が排出した無機物も含む）を利用して、有機物を合成している。地球上のすべての生物が、物質代謝を通じて密接につながっていると言える。

なお、呼吸と光合成のしくみに関しては、**2-10**節、**2-11**節で詳しく扱う。

## ◆ 2-7　糖質と脂質 ◆◆◆◆◆

### ◆ 2-7-1　糖　質 ◆◆◆◆◆

**糖質**は、生物が活動するエネルギーのもとになる分子であり、**炭水化物**とも呼ばれる。食品中には欠かせない**栄養素**である。ヒトはエネルギーの約60％を糖質として摂取している。糖質は、日本人の主食であるコメをはじめとし、小麦粉、イモ類、果実類、砂糖など幅広い食品中に含まれる。広義には、糖質と炭水化物はほぼ同義であるが、**栄養学**においては、炭水化物を糖質と**食物繊維**（本章コラム参照）に分けるのが一般的である。糖質の基本形は、長い炭素原子の鎖に水素原子と酸素原子が結合した形をしており、その長さや水素と酸素の結合の仕方などにより、様々な種類がある（**図2・17**）。独立栄養生物がつくり出す有機物、そして従属栄養生物が食べる有機物の多くは、この糖質のことである。

糖質は、単糖類、オリゴ糖類、そして多糖類に大別される。糖の中で最も単純な構造をした物質が**単糖**である。単糖には、炭素原子を3個から7個含むものがある。その中で炭素を5個含む糖を**ペントース**、6個含む糖を**ヘキソース**といい、これらの糖は通常、それぞれ五員環（**フラノース**）、六員環（**ピラノース**）構造をとっている。

生体に最もよく見られる単糖は**グルコース**であり、炭素原子を6個含むヘキソースの一種である。グルコースは、動物の体内には血糖、グリコーゲンなどの形で存在している。ペントースには、果

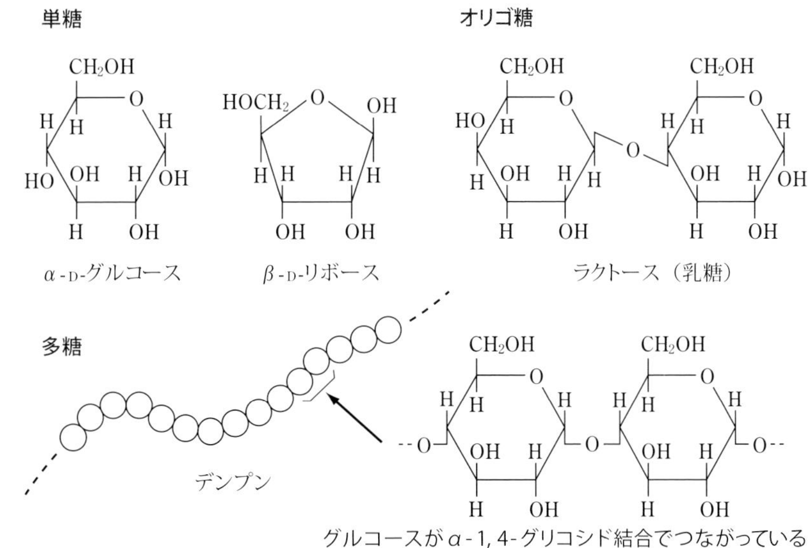


図2・17　糖質の構造と種類

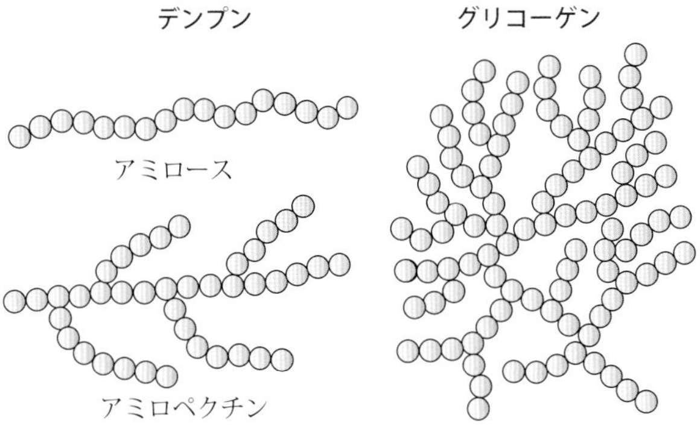

物に含まれる甘み成分である**フラクトース**、核酸の材料となるD-リボースなどが含まれる。

**オリゴ糖**（**少糖**）は、単糖が2個から数個にわたって結合した糖の総称である。砂糖の主成分であるショ糖（**スクロース**）、牛乳などの成分である乳糖（**ラクトース**）は、単糖が2個結合した二糖類である。

**多糖**には、植物が光合成により合成し、根などに蓄えている**デンプン**や、植物細胞の細胞壁などを構成する**セルロース**などがある。デンプンはコメやイモなど多くの穀物、野菜、果実などに含まれる多糖で、食品中に最も多く存在し、最も多く摂取される糖質である。一方、セルロースは食物繊維の一つである。デンプンもセルロースも、単糖であるグルコースがグリコシド結合によって多数結合したものであるが、デンプンは、グルコースが**α-1,4-グリコシド結合**（**図2・17**）によって、セルロースは、同じくグルコースが**β-1,4-グリコシド結合**によって結合したものである。さらにセルロースは、分子と分子の間が水素結合で結び付き、天然では40～50本の分子が平行に並んでシート状の構造を呈している。私たち動物が、デンプンは消化できるのにセルロースは分解できないのは、グルコースの結合様式が異なるためである。動物は、グルコースをデンプンと同じα-1,4-グリコシド結合で重合させ、肝臓で貯蔵する。これを**グリコーゲン**といい、動物は必要に応じてグリコーゲンを分解し、グルコースにしてエネルギーを得ている（**図2・18**）。

図2・18　デンプンとグリコーゲン（◯はグルコース）

### 2-7-2　脂　質

**脂質**は、有機溶媒に溶解し、水とはなじまない物質であり、**脂肪酸エステル**という構造をもつ物質の総称である（**図2・19**）。**栄養素**としても重要で、他の主要栄養素である糖質やタンパク質と比較して効率のよいエネルギー源である。食品中の脂質のほとんどは**脂肪**であり、サラダ油やオリーブ油など常温で液体のものを**油**、バターやマーガリンなど常温で固体のものを**脂**といい、これらを合わせて**油脂**という。

「水と油」という言い方があるように、脂質の水とはなじまない性質のことを**疎水性**という。脂質は、その構造と性質の違いにより、中性脂質、リン脂質、糖脂質、ステロイドなどに分類される。

**中性脂質**は、脂肪細胞に貯蔵される脂肪の主成分である。**グリセロール**と**脂肪酸**から成り、グリセロールに存在する三つの水酸基に、脂肪酸が最大3個までエステル結合で結合している。脂肪

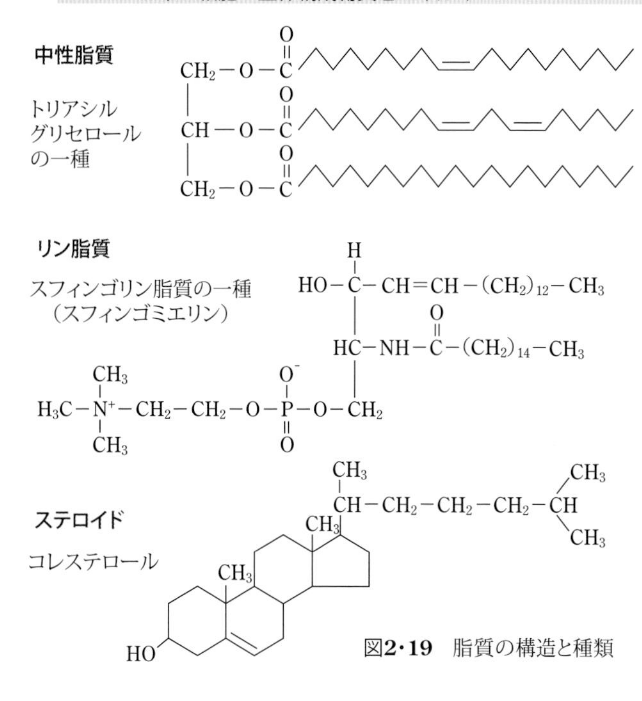


図2·19　脂質の構造と種類

酸が3個結合したものを**トリアシルグリセロール**という。脂肪酸の性質は、脂質の性質に大きく影響する。脂肪酸には分子内に二重結合をもたない**飽和脂肪酸**と、二重結合を一つ以上もつ**不飽和脂肪酸**がある。生体構成物質としての飽和脂肪酸は**ミリスチン酸**、**パルミチン酸**、**ステアリン酸**が主であり、不飽和脂肪酸はオレイン酸、リノール酸、アラキドン酸、エイコサペンタエン酸、ドコサヘキサエン酸が主である（**図2·20**）。動物性脂肪のうちバターや肉の脂身などは飽和脂肪酸が多く含まれる。飽和脂肪酸では疎水性の**炭化水素鎖**同士が密にならぶため、こうした脂肪は常温で固体となる。一方植物性脂肪のうち大豆油、とうもろこし油などは不飽和脂肪酸（**リノール酸**）が、オリーブ油は**オレイン酸**が多く含まれる。不飽和脂肪酸には二重結合があるため、飽和脂肪酸ほど炭化水素鎖が密にならばず、こうした脂肪は常温で液体となる。また魚油には、二重結合が五つもしくは六つある**エイコサペンタエン酸**や**ドコサヘキサエン酸**が多く含まれる。

**リン脂質**は、グリセロールの三つの水酸基の一つにリン酸がエステル結合したものである。リン酸は親水性、脂肪酸は疎水性であるため、リン脂質には親水性と疎水性の二つの性質が共存しており、**両親媒性**の分子である。複数のリン脂質分子は、水中では疎水性部分を内側に、電荷をもつ親水性部分を外側に向けた**ミセル**を形成する。ミセルが大きくなると、その内側にさらにもう一層のリン脂質の膜が形成され、二重層を形成するようになる。このリン脂質二重層は、細胞膜の基本構造である。

**糖脂質**は、糖を構成成分として含む脂質の総称であり、生物界を通して広く見出される。スフィンゴシンを主要成分とする**スフィンゴ糖脂質**と、グリセロールを主要成分とする**グリセロ糖脂質**に大別され、スフィンゴ糖脂質は動物に、グリセロ糖脂質は植物やバクテリアなどに多く含まれる。

**ステロイド**の構造は、ほかの脂質に比べても特殊である。ステロイドは、ステロイド骨格をもつ疎水性物質であり、**コレステロール**や、紫外線の照射により皮膚で合成される**ビタミンD**（**図2·15**参照）は、ステロイドの誘導体である。コレステロールは悪玉コレステロール、善玉コレステロールなどと呼ばれることが多いせいか、動脈硬化の原因物質としての悪名が高いが（**7-4-2**項参照）、実際には私たちの細胞の細胞膜を構成する重要な一員であり、細胞膜の流動性を保つ重要な役割をもつ。

| | 名称 | 炭素数：二重結合数 | 構造式 |
|---|---|---|---|
| 飽和脂肪酸 | ミリスチン酸 | 14：0 | 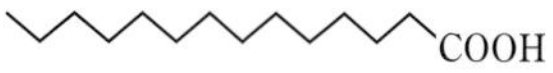 COOH |
| | パルミチン酸 | 16：0 |  COOH |
| | ステアリン酸 | 18：0 | 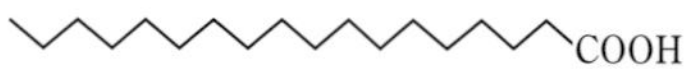 COOH |
| 不飽和脂肪酸 | オレイン酸 | 18：1 | 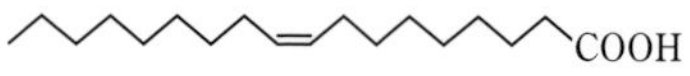 COOH |
| | リノール酸 | 18：2 | 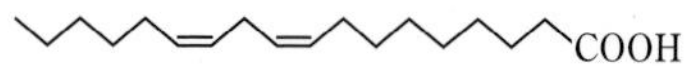 COOH |
| | アラキドン酸 | 20：4 | 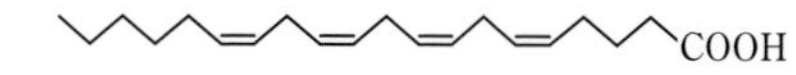 COOH |
| | エイコサペンタエン酸 | 20：5 | 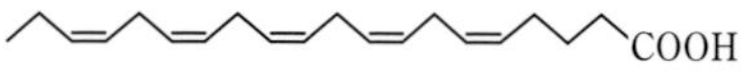 COOH |
| | ドコサヘキサエン酸 | 22：6 | 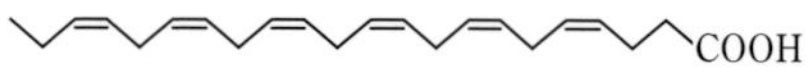 COOH |

図2·20　飽和脂肪酸と不飽和脂肪酸

## 2-8　タンパク質

### 2-8-1　酵　素

筋肉の主成分であり、牛乳や卵、大豆などに大量に含まれる栄養素である**タンパク質**は、細胞の様々な活動に関与する主要な分子であり、アミノ酸をその基本単位とする。タンパク質の英語名“protein”とは、ギリシャ語の“proteios”（第一人者、最も重要なもの）に由来するもので、このことからもタンパク質の重要性を計り知ることができる。なお、生化学では「タンパク質」、栄養学では「たんぱく質」と表記することが一般的である。

生命活動は、細胞内外で行われる化学反応の総体であるといってよい。この化学反応の触媒としてはたらいているのが**酵素**であり、そのほとんどはタンパク質である。

化学反応とは、ある物質がほかの物質に変化する反応である。この変化の際に、ある一定のエネルギーが必要とされる。そのエネルギーを得て、さらにその量を乗り越えることで、化学反応は進む。このエネルギーのことを**活性化エネルギー**という（**図 2･21**）。酵素のはたらきは、化学反応の活性化エネルギーをいかに低く抑えることができるかにかかっている。生体内で行われる化学反応は、酵素が存在することによって活性化エネルギーが抑えられ、反応が劇的に速く進行する。

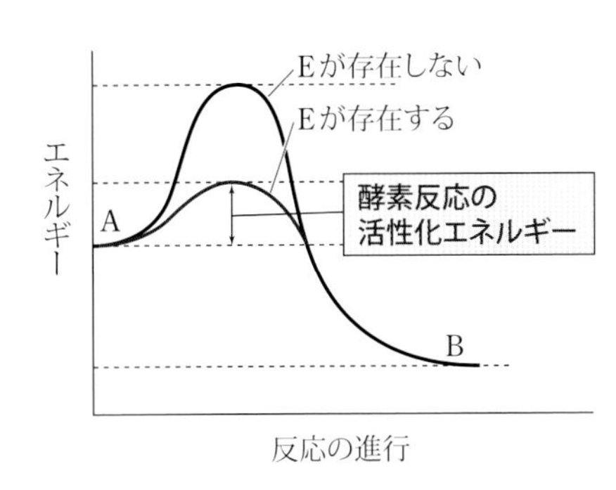


**図2･21**　酵素と活性化エネルギー
A→Bへの反応に対する酵素Eの影響を示す。

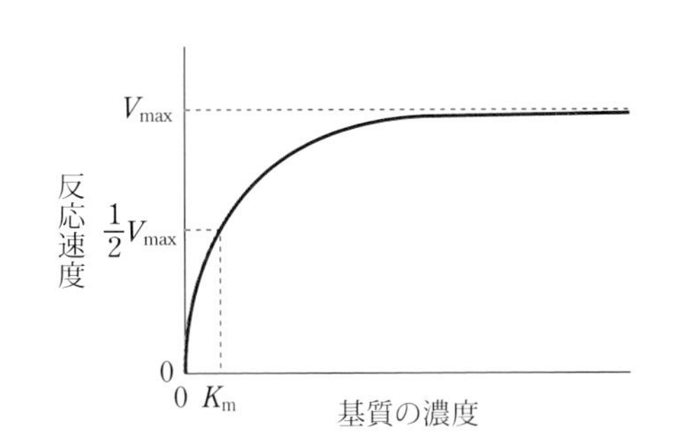


**図2･22**　ミカエリス定数（$K_m$）と最大速度（$V_{max}$）

酵素の化学反応の一般式は、次のように表される。

$$E + S \longrightarrow ES \longrightarrow P + E$$

E は酵素、S は**基質**（酵素がはたらく物質）、ES は**酵素－基質複合体**、そして P は**反応生成物**である。

生理的な条件では、基質濃度は酵素濃度よりもはるかに高いため、基質がすべて反応するまでは、その反応速度はほぼ一定であり、その間、ES の量も一定に保たれる（**定常状態**）。この、酵素がすべて基質によって飽和状態となり、酵素 E がすべて ES という状態になっているときの反応速度を**最大速度**（$V_{max}$）という。最大速度の半分の速度のときの基質濃度を**ミカエリス定数**といい、$K_m$ で表す。この定数は酵素の性質を決める重要なファクターの一つであり、この値が小さいと、その酵素は基質濃度が低くても最大の活性ではたらけることを意味している（**図 2･22**）。このように、酵素反応の速度を様々な条件で測定し、解析することで、反応のメカニズムを研究する方法論を**酵素反応速度論**といい、アメリカの**ミカエリス**（L. Michaelis, 1875 ～ 1949）、カナダの**メンテン**（M. L. Menten, 1879 ～ 1960）らにより 1913 年までに確立された。

生体内に存在する酵素は、その対象となる基質がほぼ厳密に決まっている。たとえば、**唾**(だ)**液アミラーゼ**はデンプンに作用してこれをマルトースにまで分解するのであって、けっしてセルロースには作用しない。デンプンとセルロースは、共にグルコースを構成単位とする多糖類だが、その結合様式が違うからである。また、**ペプシン**はタンパク質のある特定のアミノ酸部分のみを切断し、そのほかのアミノ酸部分には作用しない。このように、酵素がはたらく物質（**基質**）がそれぞれの酵素で決まっていることを**基質特異性**という。これは酵素の立体構造が大きく影響しており、よく鍵と鍵穴の関係にたとえられることがある（**図 2・23**）。

私たちの体温は、ほぼ 36 度から 37 度の間に収まっている。私たちが体内にもっている酵素は、たいていこの範囲の温度が最も活性が高く、酵素反応もよく進む。酵素を試験管内に取り出して実験すると、やはり 36 度から 37 度の温度で反応が進み、20 度以下では反応速度がぐっと遅くなる。酵素の中には、40 度や 50 度になると反応速度が遅くなるばかりか、酵素の立体構造が変化して**失活**してしまうものもある。一方、地球上には様々な温度環境に生息している生物がいる。沸騰した湯の中に住む高度好熱菌がもっている酵素は、90 度以上の熱でも失活せず、むしろその温度が反応に最適であるように進化してきたと考えられている（**9-3** 節参照）。**1-5-7** 項で扱った PCR 法に用いられる耐熱性 DNA ポリメラーゼは、こうした微生物からとられたものである。このように、酵素反応は温度によって大きく左右される。酵素のこのような性質のことを**温度依存性**という。

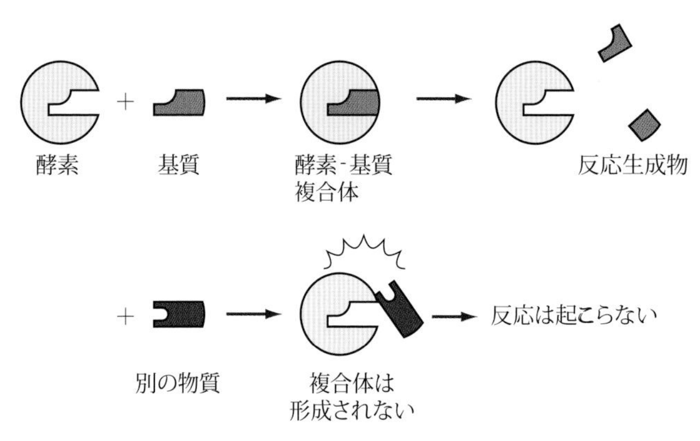


図**2・23**　酵素の基質特異性

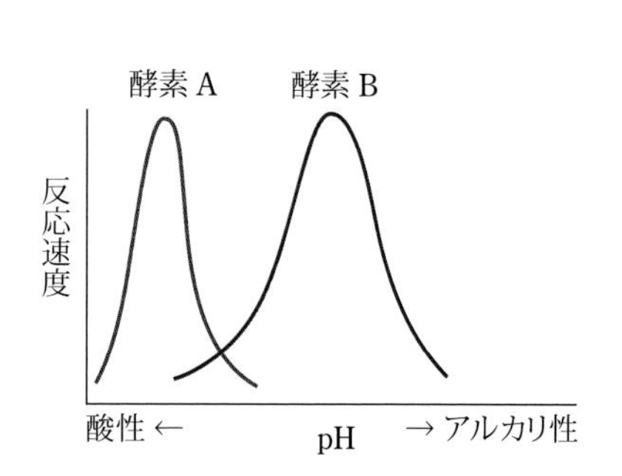


図**2・24**　酵素のpH依存性

私たちの胃の中は、壁細胞（**2-9-1** 項参照）から分泌される塩酸の影響で、pH（水素イオン濃度の逆数の対数）が 1 から 2 という、強力な酸性に保たれている。胃で分泌される消化酵素であるペプシンは、この pH の条件で反応速度が最大となる性質をもっており、中性付近やアルカリ性ではほとんど活性を示さない。十二指腸に入った食物は、膵液（すいえき）の作用によって中性化される。このとき分泌される消化酵素であるトリプシンは、中性付近で反応速度が最大となり、胃の中のような酸性条件下では立体構造が変化して失活してしまう。ほとんどの細胞質の酵素は、細胞質の pH である中性付近が、至適の pH である。このような酵素の性質を **pH 依存性**という（**図 2・24**）。

### 2-8-2　構　造

**アミノ酸**は、同一分子内にアミノ基（$-NH_2$）とカルボキシ基（-COOH）が存在する化合物の総称である（**図 2・25**）。アミノ酸のうち、生体に含まれるタンパク質を構成するアミノ酸には 20 種類のものが知られている。タンパク質は、アミノ酸が**ペプチド結合**と呼ばれる結合様式で結合し、長く連なって形成される。ペプチド結合で長く連なったアミノ酸の重合体のことを**ポリペプチド鎖**という。タンパク質は、このポリペプチド鎖が、その**アミノ酸配列**に依存して様々な立体構造を呈したものである（**図 2・26**）。

アミノ酸には、すべてに共通の部分と、それぞれのアミノ

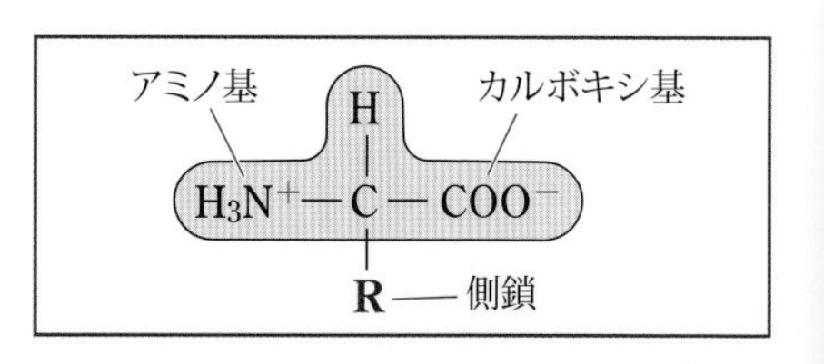


すべてのアミノ酸に共通する部分

R: $-H$　グリシン
$-CH_3$　アラニン
$-CH_2-$（ベンゼン環）　フェニルアラニン
$-CH_2-CH_2-CH_2-CH_2-NH_3^+$　リシン
など

図**2・25**　アミノ酸の構造

酸に特有の部分がある。炭素原子には、ほかの原子（あるいは官能基）と共有結合することができる不対電子が4個ある。この4個の「手」のうち、アミノ基とカルボキシ基、そして水素が共有結合した部分が全アミノ酸に共通である。残り1個の「手」に結合した**側鎖**と呼ばれる原子団が、それぞれのアミノ酸に特有の部分であり、これがアミノ酸それぞれの性質を決めている。アミノ酸は、側鎖の性質により、**酸性アミノ酸**、**塩基性アミノ酸**、**疎水性アミノ酸**などの種類に分けられる（**図2・27**）。

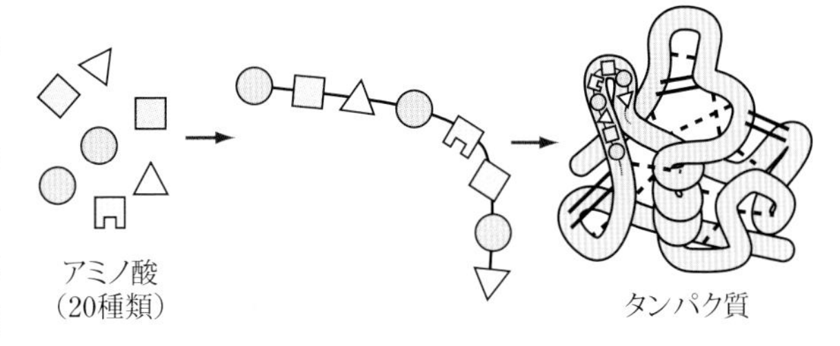


図2・26　タンパク質とアミノ酸の関係

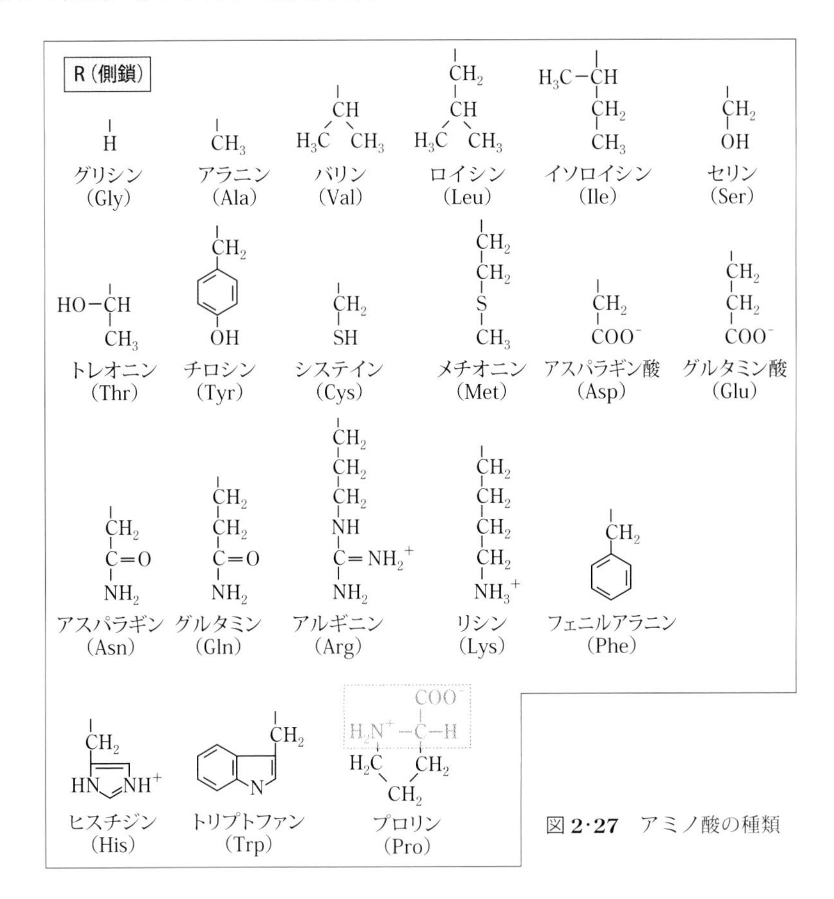


図2・27　アミノ酸の種類

タンパク質の性質は、20種類のアミノ酸がどのような順番で配列し、どれだけの長さになるかで決まる。このアミノ酸の配列順序のことをタンパク質の**一次構造**という（**図2・28**）。一次構造が決まると、アミノ酸の側鎖がどのような順番で並んでいるかが決まる。アミノ酸の配列の中では、お互いが水素結合によって軽く結びつく性質により、ある一定の立体構造をとることがある。アミノ酸配列がらせん状に巻く**α-ヘリックス**、平面状に集合する**β-シート**といった簡単な立体構造がそうしたものであり、これを**二次構造**という。それぞれの二次構造がいくつか集まって、**ヘリックス・ターン・ヘリックス**などの構造をとる場合もある。この二次構造には、ペプチド結合の一部を成す酸素原子と水素原子との間に生じる**水素結合**が関与する。こうした二次構造同士が、側鎖同士の相互作用によりさらに複雑に集合し、三次元的な立体構造を形成して、ようやくそのタンパク質は、それ特有の機能を発揮することができるようになる。このような立体構造を**三次構造**という。

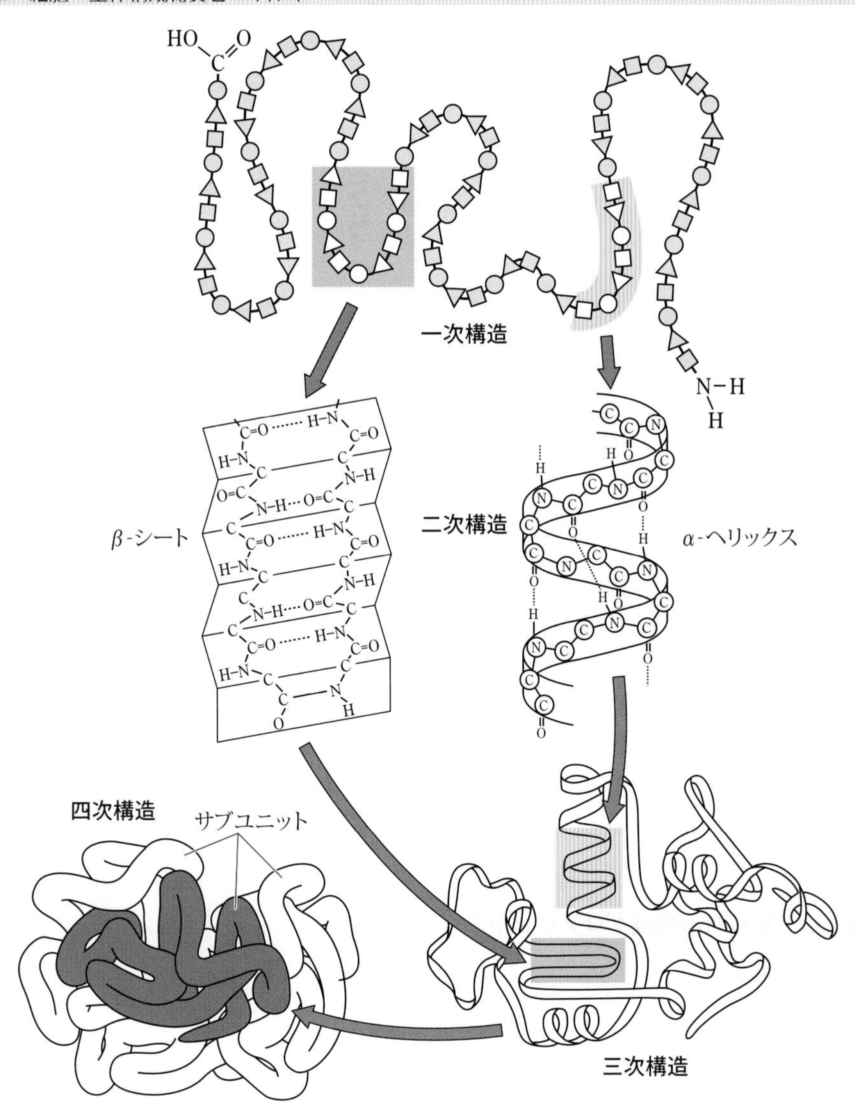


図2・28　タンパク質の一次構造から四次構造（岩槻 2002に掲載のRaven 1998の図より改変）

三次構造を形成する側鎖同士の相互作用には、**水素結合**、**疎水結合**、**ジスルフィド結合**など様々な結合が関与する。

三次構造までは、1本のポリペプチド鎖が折り畳まれて形成されるものであるが、タンパク質の中には、三次構造がさらにいくつか集まって初めて、その機能を発揮することができるものもある。この複数のポリペプチド鎖が集合したものを**四次構造**といい、この場合のそれぞれのポリペプチド鎖を**サブユニット**という。たとえば、私たちの血液中を流れる赤血球に含まれる色素ヘモグロビンは、α鎖、β鎖というそれぞれのサブユニットが2個ずつ、計4個集まってできたものである（**3-8-1**項参照）。

### 2-8-3　種　類

生体内のタンパク質は、構造上の特性により三つのグループに分けることができる（**図2・29**）。アミノ酸のみからなる**単純タンパク質**、アミノ酸だけでなくそれ以外の物質が結合した**複合タンパク質**、天然のタンパク質が分解されたり変性したりしてつくられる**誘導タンパク質**である。単純タ

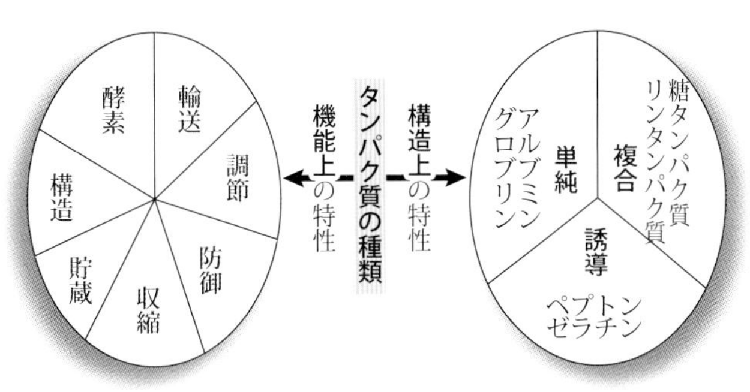


図 **2·29**　タンパク質の種類

ンパク質は、水や酸、アルカリなどへの溶解度から、**アルブミン**、**グロブリン**、グルテリン、プロラミン、アルブミノイド、ヒストン（**3-3** 節で扱うクロマチンを構成するヒストンは固有のタンパク質名であり、種類名としてのヒストンとは異なる）、プロタミンに大別される。卵白に多く含まれる**オボアルブミン**はアルブミン、小麦に含まれる**グルテニン**やコメに含まれる**オリゼニン**はグルテリンである。複合タンパク質には、糖質が結合した**糖タンパク質**、リン酸が結合した**リンタンパク質**などがあり、誘導タンパク質にはゼラチン、ペプトンなどがある。牛乳に含まれる**カゼイン**は、リン酸カルシウムと共存した**ミセル**と呼ばれる粒子として存在するリンタンパク質である。

また、生体内のタンパク質は、機能に応じていくつかのグループに分けることもできる。**酵素タンパク質**は、生体内の化学反応の**触媒**（**生体触媒**）としてはたらくタンパク質であり、例として、デンプンを分解するアミラーゼなどの消化酵素（**2-6-1** 項参照）や、DNA を合成する DNA ポリメラーゼなど（**3-4** 節参照）が挙げられる。**構造タンパク質**は、細胞の構造や生体の構造を維持する役割をもつタンパク質であり、皮膚に含まれるコラーゲンや髪の毛の主成分であるケラチンなどがある（**5-1** 節参照）。**貯蔵タンパク質**は、栄養素などの貯蔵に関わるタンパク質であり、アルブミンやフェリチンなどがその例として挙げられる。**収縮タンパク質**は、筋肉の収縮に関わるタンパク質であり、筋原繊維の主成分であるアクチンやミオシンがこれに含まれる（**5-12** 節参照）。

**防御タンパク質**は、免疫反応において生体を異物や外敵から守るためにはたらくタンパク質であり、**抗体**として知られる免疫グロブリンがよく知られている（**5-7-1** 項参照）。**調節タンパク質**は、遺伝子発現の調節、筋収縮の調節など生体機能の調節をつかさどるタンパク質である。遺伝子発現調節においては TFⅡB などの基本転写因子や転写調節因子（**3-6-2** 項参照）、筋収縮調節においてはカルシウム結合タンパク質であるカルモデュリンなどがこれに含まれる。**輸送タンパク質**は、水に溶けにくい難溶性物質やイオンなどの輸送に関わるタンパク質であり、赤血球に含まれ酸素を運搬するヘモグロビン、脂質を運搬するリポタンパク質などが挙げられる。

身の回りの様々なものにタンパク質が存在する。カイコが産生する絹糸は、**フィブロイン**というタンパク質からできている。牛乳には**カゼイン**が、卵白には**オボアルブミン**が大量に含まれる。大豆には**グリシニン**、小麦粉には**グルテニン**、**グリアジン**というタンパク質が含まれている。

性質が特殊なタンパク質として、緑色の蛍光を発する**緑色蛍光タンパク質**（**GFP**）が知られている。これは**下村**（しもむら）**脩**（おさむ）（1928 ～ 2018；**図 2·30**）によって**オワンクラゲ**（*Aequorea victoria*）から発見されたタンパク質で、目的のタンパク質と融合させて蛍光検出下でその動態を観察するなど、研究目的等で利用されている。

図**2·30**　下村　脩

### 2-8-4　必須アミノ酸

食品中に含まれるタンパク質が良質であるかどうかは、そのタンパク質に含まれるアミノ酸により決まる。たとえば、私たちヒトにとって、牛乳に含まれるカゼインや卵白に含まれるオボアルブミンは非常に良質なタンパク質であるが、小麦に含まれるグリアジンやコメに含まれるオリゼニンは、カゼインやオボアルブミンほどの良質さはない。一般的に、植物のタンパク質は動物のタンパ

1
2
3
4
5
6
7
8
9
10

図2·31　必須アミノ酸と非必須アミノ酸（アミノ酸記号は図2·27参照）

ク質に比べてある種のアミノ酸が不足していることが多いためである。

1950年頃、アメリカの**ローズ**（W. C. Rose, 1887 ～ 1985）は、ヒトの成人は8種類のアミノ酸を食品中から摂取しなければならないことを明らかにした。イソロイシン、ロイシン、リシン、メチオニン、フェニルアラニン、トレオニン、トリプトファン、バリンの8種類で、これらのアミノ酸を、私たちヒトは体内で合成できないためである。これを**必須アミノ酸**という。現在では、この8種にヒスチジンを加えた9種類が、ヒトにとっての必須アミノ酸である。これに対し、体内で合成できるアミノ酸を**非必須アミノ酸**という（**図2·31**）。

タンパク質の栄養素としての価値（**栄養価**）は、必須アミノ酸のすべてが必要な量だけ含まれているかどうかにかかっている。もし一つでも不足すれば、そのタンパク質の栄養価は制限される。こうしたアミノ酸を**制限アミノ酸**といい、コメ（精白米）や小麦に含まれるオリゼニン、グリアジンの場合、不足しているリシンが制限アミノ酸である。植物タンパク質の中でも「畑の肉」とも呼ばれる大豆のタンパク質は、必須アミノ酸のどれもバランスよく含まれているため、その栄養価は、動物性タンパク質ほど高くないにせよ、植物性タンパク質の中では高い。したがって、納豆や豆腐などの大豆食品は、良質なタンパク質を含むと言える。栄養学的にいえば、植物性タンパク質と動物性タンパク質をうまく組み合わせて摂取するのが望ましい。

## ◆ 2-9　ヒトの消化と吸収 ◆◆◆◆◆

### ◆ 2-9-1　口から胃まで ◆◆◆◆◆

生物の体を構成する物質は、いずれは分解され、新しくつくりなおされる。長い年月にわたり体を維持していくために、私たち生物は、分解されていく物質を補うよう食物を食べ、そこから必要な物質を栄養素として取り入れなければならない。生物は様々なしくみを発明して、食べた食物を効率よく消化し、栄養素を体内に取り入れる方法を発達させてきた。

食物の**消化**と**吸収**の過程は、口から始まって肛門（こうもん）に終わる一本の「チューブ」の中で起こる（**図2·32**）。この長い旅程の中で、食物は口から**摂取**され、**消化液**の**分泌**と食物と消化液の**混合**、**移送**の過程を経て**機械的消化**や**化学的消化**を受ける。食物が消化されて生じた小さな分子は消化管から吸収され、残りかすは**排便**によって捨てられる。

私たちの消化器系は、**消化管**と、それに付随する**消化管付属器官**（**5-5**節、**5-6**節参照）から成る。消化管は、口腔、咽頭（いんとう）、食道、胃、小腸、大腸という領域に区別される。小腸はさらに十二指腸、空腸、回腸に、大腸はさらに盲腸、結腸（上行結腸、横行結腸、下行結腸、S状結腸）、直腸、肛門管に分けられる。口から肛門管に至るまで、すべての消化管の内面は、**粘膜**によって裏打ちされており、そこから外側（体内側）に向かって、粘膜下組織、筋層、漿膜（しょうまく）という四層構造によって成

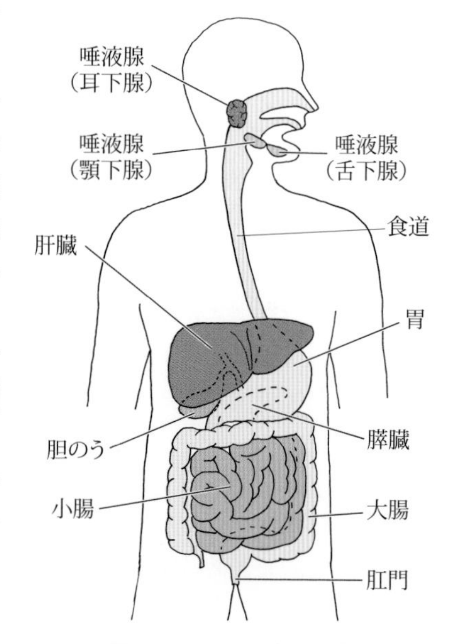


図2·32　ヒトの消化器系

り立っている。

食物がまず通過するのが**口腔**である。口腔は、頬、口蓋（硬口蓋と軟口蓋）、舌、歯から構成されている。口腔内には、**唾液腺**（耳下腺、舌下腺、顎下腺）から**唾液**が分泌され、機械的消化の一つである**咀嚼**によって**歯**により噛み砕かれた食物と混ぜ合わされ、唾液アミラーゼなどによる最初の化学的消化が起こる。**嚥下**によって飲み込まれた食物は、そのまま**咽頭**を経由して食道へと入る。

**食道**は、粘液を分泌して食物を胃へと送り込む役割をもつが、それ自身に消化吸収の能力はなく、**蠕動運動**によって食物を胃の側へと押しやるはたらきをする。食道の筋層を構成する筋は、上部1/3が骨格筋、中央部1/3が骨格筋と平滑筋、下部1/3が平滑筋である。筋層には水平方向に走る**内輪走筋**と上下方向に走る**外縦走筋**があり、これらが収縮と弛緩を繰り返すことで食物が胃へと押しやられる。食道と胃との境目には**下部食道括約筋**と呼ばれる筋があり、これが胃から食道への食物の逆流を防いでいるが、この力が弱まると**胃食道逆流症**を引き起こし、いわゆる**胸やけ**の原因となる。

胃は、大きく噴門、胃底、胃体、幽門という部位に分けられる（**図2·33**）。食道から**噴門**を経由して胃体内に入った食物は、胃で静かな蠕動運動によって胃液と混ぜ合わせられる。このとき、十二指腸との境界である**幽門**は、**幽門括約筋**のはたらきにより開閉が行われる。

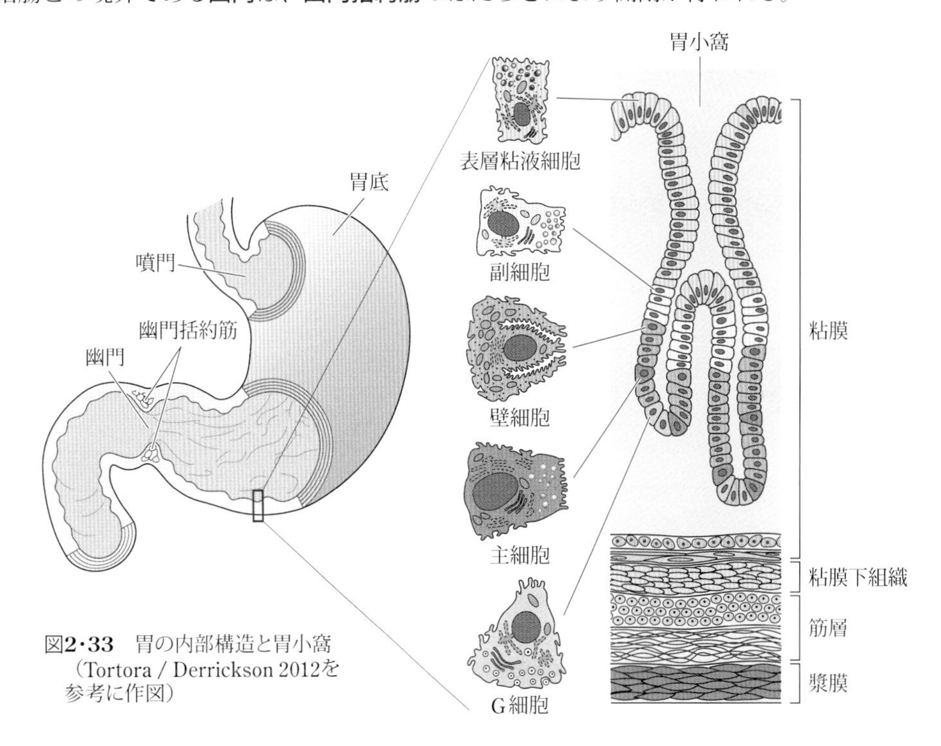


図2·33　胃の内部構造と胃小窩（Tortora / Derrickson 2012を参考に作図）

胃の壁を胃壁といい、四層構造を基本とするが、特に表面の粘膜の構造はやや特殊である。胃の粘膜には**胃腺**と呼ばれる様々な物質を分泌する細胞が柱状に並んだ構造が形成され、**胃小窩**と呼ばれる穴が胃の内部に向かって開口している。胃腺には、粘液を分泌する**表層粘液細胞**ならびに**頚部粘液細胞**（**副細胞**）、消化酵素であるペプシノーゲンや胃リパーゼなどを分泌する**主細胞**、**塩酸の分泌**やビタミン$B_{12}$の吸収に必要な**内因子**を分泌する**壁細胞**が存在する。これらが分泌するものが胃液であり、1日におよそ2～3リットルほど分泌される。胃腺には、こうした外分泌細胞のほかにも、内分泌細胞としてホルモンの一種**ガストリン**を分泌する**G細胞**もあり、主細胞や壁細胞などによる外分泌や、幽門括約筋や下部食道括約筋のはたらきなどを調節している。

食物は、胃液と混ぜ合わされるとスープ状の**糜粥**となる。この中で、消化酵素による化学的消化が始まる。主細胞から分泌されたペプシノーゲンは、壁細胞から分泌される塩酸によって活性型の**ペプシン**となる。ペプシンは、胃で分泌される唯一の**タンパク質分解酵素**で、最も活性の高いpH は 2 である。**胃リパーゼ**は、脂質分解酵素の一種で、牛乳に含まれる脂質などを分解する。胃は、表層粘液細胞と頚部粘液細胞によって分泌される厚さ数ミリにも及ぶ粘液の層により、壁細胞から分泌される塩酸による腐食から守られている。食後 2 ～ 4 時間で、胃の内容物は小腸の最初の領域である十二指腸へと排出される。

### ◆ 2-9-2　小腸から肛門まで ◆◆◆◆◆

ほとんどすべての食物は、3 m の長さの**小腸**で消化され、栄養分が吸収される（遺体では弛緩するため 6.5 m になる）。小腸は、胃に最も近く、かつ最も短い 25 cm ほどの**十二指腸**、1 m ほどの**空腸**、そして 2 m ほどの**回腸**よりなる。

小腸の内側は、十二指腸から回腸の途中までにわたって**輪状ヒダ**と呼ばれる無数の皺（しわ）からできており、小腸内部の表面積を押し広げている（**図 2・34**）。さらに小腸の粘膜は、**絨毛**（じゅうもう）と呼ばれる 0.5 ～ 1 mm の長さの毛のような構造が、まるで収穫期を迎えた田に見られる稲穂のように多数（20 ～ 40 本／ mm$^2$ 程度）存在し、表面積はこれによりさらに増大する。絨毛表面を覆う**吸収上皮細胞**の表面には 1 μm ほどの長さの**微絨毛**があり、さらに表面積は増大する。このような構造上の特徴によって広大な表面積を獲得した小腸で、膵臓から分泌される**膵液**（すいえき）（**5-6** 節参照）、肝臓で産生され胆嚢（たんのう）から分泌される**胆汁**（**5-5** 節参照）、そして小腸自らが分泌する腸液によって、胃による機械的消化と部分的な化学的消化にさらされた炭水化物やタンパク質、脂質が消化され、吸収される。

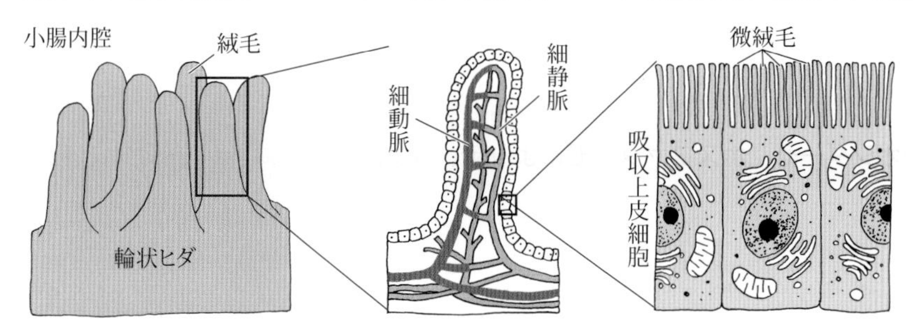


図**2・34**　小腸の内部構造

絨毛の表面には、消化により生じた栄養素を吸収する吸収上皮細胞のほかに、粘液を分泌する**杯**（さかずき）**細胞**が存在する。絨毛の内部には毛細血管があり、粘膜下組織中の細動脈、細静脈につながっている。絨毛の根元付近には**腸腺**がある。腸腺は、ホルモンの一種**セクレチン**を分泌する **S 細胞**、同じくコレシストキニンを分泌する **CCK 細胞**（**I 細胞**）、グルコース依存性インスリン刺激ペプチド（GIP）を分泌する **K 細胞**によって形成されており、これによって**腸液**が分泌されている。腸液は、1 日におよそ 1 ～ 2 リットル分泌され、pH は 7.6 である。

吸収上皮細胞の細胞膜には、**刷子縁酵素**（さっしえん）と呼ばれる複数の消化酵素が存在し、膵液に存在する消化酵素（後述）によって消化されてより小さくなった栄養素を、最終的に吸収可能な形にまで分解する（**図 2・35**）。

**炭水化物**は、唾液アミラーゼならびに膵アミラーゼによってデンプンが分解されて生じたマルトース、マルトトリオース、α-デキストリンとなって吸収上皮細胞にまで移送されてくる。このうちマルトースとマルトトリオースは刷子縁酵素である**マルターゼ**により、α-デキストリンは **α-デキストリナーゼ**によって分解され、吸収上皮細胞から吸収される。砂糖の主成分であるショ糖は、刷子縁酵素である**スクラーゼ**により、また乳糖は同じく**ラクターゼ**により、グルコースやフラクトース、ガラクトースなどの単糖にまで分解され、吸収される。

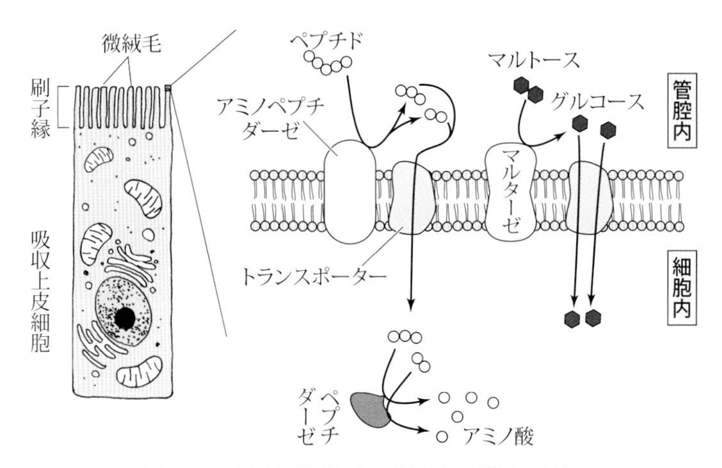


図2·35　刷子縁酵素による最終的な消化と吸収

**タンパク質**は、胃液中のペプシン、膵液中の**トリプシン**、キモトリプシン、エラスターゼなどによりペプチドにまで分解されてくる。これらのペプチドは、刷子縁酵素である**アミノペプチダーゼ**ならびに**ジペプチダーゼ**により分解され、一つ一つのアミノ酸となって吸収上皮細胞より吸収される。

**脂質**、とりわけ食物中に最も含まれる**トリアシルグリセロール**（中性脂質）は、舌、胃、膵臓（すいぞう）で分泌される**リパーゼ**により、脂肪酸とモノグリセリドにまで分解される。これらは胆汁に含まれる**胆汁酸塩**と一緒になって**ミセル**を形成し、小腸の刷子縁へ移動した後、脂肪酸とモノグリセリドがミセルから出て吸収上皮細胞へ吸収される。

**核酸**は、膵液に含まれるヌクレアーゼによってヌクレオチドにまで分解された後、刷子縁酵素である**ヌクレオシダーゼ**、**ホスファターゼ**により糖、リン酸、塩基にまで分解され、吸収上皮細胞より吸収される。

小腸で吸収されなかった食物は、長さ 1.5 m の**大腸**へと送られる。大腸は、**盲腸**、**結腸**、**直腸**、**肛門管**に大きく分けられ、結腸はさらに、盲腸から上へ伸びる**上行結腸**、横に伸びる**横行結腸**、下へ伸びる**下行結腸**、S 字型に曲がり直腸に通じる **S 状結腸**に分けられる。また、盲腸には**虫垂**と呼ばれる 8 cm 程度の付属器官がある。

小腸から大腸へと移送された糜粥は、大腸内に 3 時間から 10 時間程度とどまっている間に水分が吸収され、固形、半固形状となり、やがて便として肛門から排出される（**排便**）。水分の吸収と同時に、大腸には多くの**常在細菌**が棲息（せいそく）し（**腸内細菌叢**（そう））、その活動によって消化の最終段階が起こる。これらの微生物により残存していた炭水化物が発酵され、水素ガスや炭酸ガス、メタンガスなどが生産される。また、残存タンパク質はアミノ酸に消化され、さらに硫化水素やインドール、脂肪酸などに分解される。便の臭気はインドールやスカトールなどに起因し、また便の褐色は胆汁由来のステルコビリンなどの色素に由来する。小腸で見られるような輪状ヒダは見られないものの、大腸の粘膜にも吸収上皮細胞が存在し、こうした最終分解産物や水分が吸収される。大腸の吸収上皮細胞にも微絨毛がある。

## 2-10　ATP と呼吸

### 2-10-1　ATP

食物が消化され、吸収された栄養分から、生物はどのように活動するエネルギーを得ているのだろうか。

すでに扱ったように、エネルギーの物質的な本体は、**アデノシン三リン酸**（**ATP**）という低分子の有機化合物であり、RNA（**リボ核酸**）の材料としても用いられる**リボヌクレオチド**の一種である（**図 2·36**）。このATPを合成するしくみが**呼吸**である。この場合の呼吸は、私たちが常に息を吸ったり吐いたりしている呼吸（**外呼吸**）とは区別される。外呼吸に対し、ATPを合成する細胞レベルの呼吸を**内呼吸**（**細胞呼吸**）という。

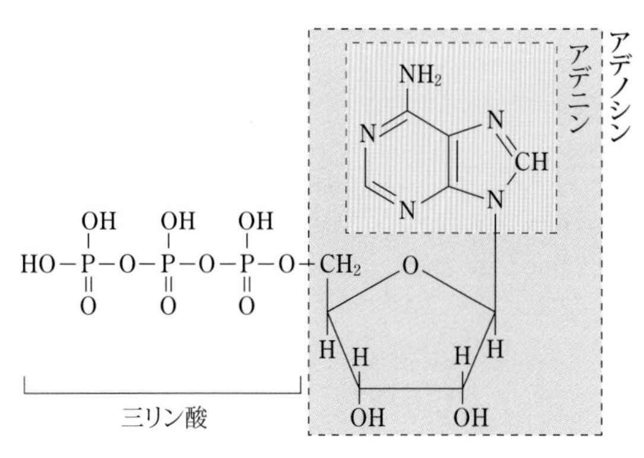


図2·36　アデノシン三リン酸（ATP）の構造

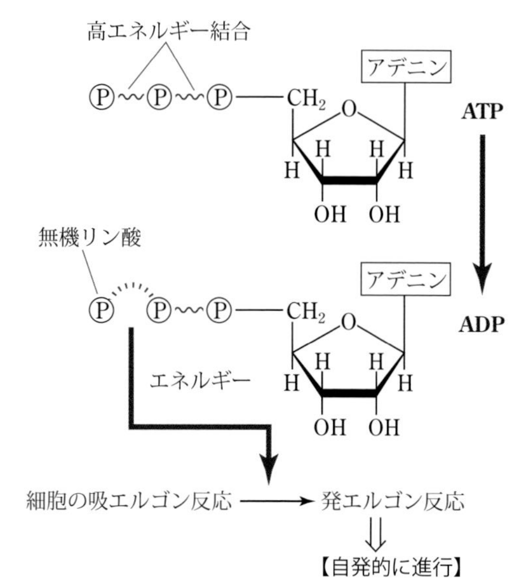


図 2·37　ATPのエネルギー

ATPは、核酸塩基の一つアデニンとリボース、そして3個のリン酸基からなる。リン酸基同士の結合は、加水分解反応により分解することができるが、末端（$\gamma$位）のリン酸基が水分子によって切り離され、ATPがリン酸基2個からなるADPに分解される反応は、自由エネルギーの放出を伴う**発エルゴン反応**であり、1モルのATPが分解される際に7.3 kcalのエネルギーが得られる。私たち生物は、このエネルギーを、自由エネルギーの吸収を伴い、自発的には進行しない**吸エルゴン反応**に利用する。細胞で行われる吸エルゴン反応のほとんどは、ATPが分解される発エルゴン反応により得られるエネルギーよりも少ないため、両者は**共役**して起こり、全体としては発エルゴン性となり、自発的に進行するようになる（**図 2·37**）。このとき、ATPから切り離された無機リン酸は、反応生成物などほかの分子表面に転移する。これを**リン酸化**という。リン酸化される分子がタンパク質の場合、リン酸化されることでそのタンパク質の形が変化し、タンパク質の機能が発揮される場合が多い（**3-9-1**項参照）。

### 2-10-2　呼　吸

ATPは、細胞内の細胞質ならびにミトコンドリアにおいて**グルコース**を分解することで得られる。エネルギーを得るためにはグルコースが体内に存在しなくてはならない。グルコースは単糖の一種で、デンプンの構成単位である。また血糖とは、血液中のグルコースのことをいう（**2-7-1**項参照）。

**2-9-2**項で述べたように、グルコースは、**デンプン**を消化することによって得られる。デンプンはまず、唾液アミラーゼによって初期消化を受け、さらに小腸において、膵アミラーゼの作用によりグルコース2個がつながった二糖類の**麦芽糖**（**マルトース**）に分解される。麦芽糖は、膵液と腸液に含まれる消化酵素であるマルターゼによって2個のグルコースに分解される。グルコースは小腸で吸収され、血流に乗って各組織へと運ばれる。

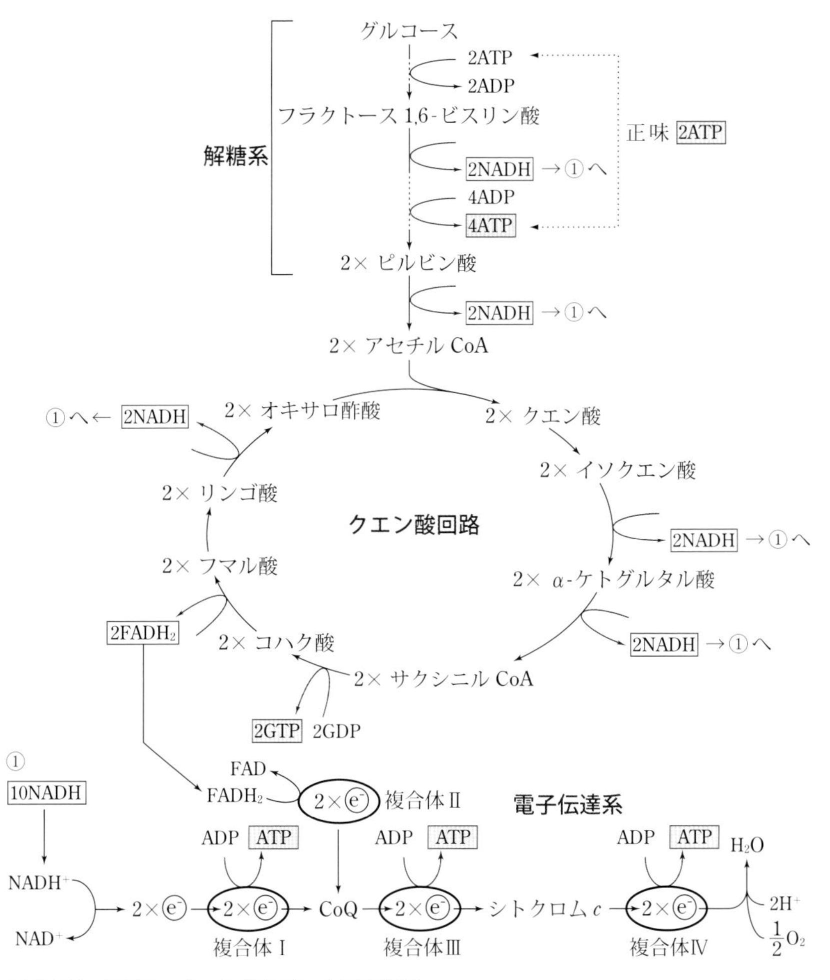


図 **2·38** 解糖系・クエン酸回路・電子伝達系
電子伝達系では 10NADH から 30ATP、$2FADH_2$ から 4ATP、合計 34ATP が合成される。

ほかにもグルコースは、肝臓で貯蔵されている**グリコーゲン**を分解することによっても得られ、また脂肪酸やアミノ酸からも**糖新生**によってつくられる。

各細胞に運ばれたグルコースが細胞の中に入り込むと、そこで分解されて ATP が合成される。6 個の炭素から成るグルコースは、まず細胞質において、3 個の炭素から成る**ピルビン酸**にまで分解される。この分解過程を**解糖**といい、その経路を**解糖系**という。この経路は、発見者であるドイツの**エムデン**（G. G. Embden, 1874 ～ 1933）と**マイヤーホフ**（O. F. Meyerhof, 1884 ～ 1951）の名を冠して**エムデン・マイヤーホフ経路**とも呼ばれる（**図 2·38**）。

解糖系では 10 種類もの酵素がはたらき、グルコースはグルコース-6-リン酸、フラクトース-6-リン酸、グリセルアルデヒド-3-リン酸、ホスホエノールピルビン酸などを経由して、ピルビン酸にまで分解される。この解糖の間に、1 分子のグルコースから、正味 2 分子の **ATP** と、2 分子の **NADH** が産生される。NADH は、補酵素**ニコチンアミド-アデニンジヌクレオチド**（$NAD^+$）の還元型であり、解糖系で生じた**水素**と**電子**が $NAD^+$ に受け渡されることで生じる。

細胞質の解糖系で産生したピルビン酸は、ミトコンドリア内部のマトリクスへと取り込まれ、そこでピルビン酸デヒドロゲナーゼの作用により、2 個の炭素から成る**アセチル CoA** となる。アセチル CoA は、4 個の炭素から成るオキサロ酢酸と重合して再び炭素 6 個からなる**クエン酸**となる。クエン酸は、様々な酵素の作用によって α-ケトグルタル酸、サクシニル CoA、コハク酸、リンゴ酸などを経由して、再びオキサロ酢酸となり、新たなアセチル CoA と重合する。この物質代謝の円環を**クエン酸回路**、あるいは**トリカルボン酸回路**（**TCA 回路**）といい、発見者であるドイツの**クレブス**（Sir H. A. Krebs, 1900 ～ 1981）の名を冠して**クレブス回路**ともいう。

クエン酸回路では、4 分子の NADH と 1 分子の **$FADH_2$**、そして 3 分子の**二酸化炭素**が生じる。1 分子のグルコースからは 2 分子のピルビン酸が産生されるため、クエン酸回路は 2 度回転する計算になる。したがって、1 分子のグルコースからは、解糖系、クエン酸回路を通じて正味 6 分子の二酸化炭素と 10 分子の NADH、2 分子の $FADH_2$ が生じる（**図 2･38**）。また、クエン酸回路では GTP を経由して 2 分子の ATP も生じる。

NADH と $FADH_2$ に受け渡されていた水素原子が、電子と**プロトン**（$H^+$）に分かれた後、電子はミトコンドリア内膜上に存在する**電子伝達系**に入る。この電子伝達系において電子が次々に酵素群に受け渡されていき、その間にプロトンがミトコンドリアのマトリクス側から外膜と内膜の間の空隙（膜間）側へと輸送される。膜間のプロトン濃度が高まると、プロトンが **ATP 合成酵素**を介してマトリクス側へと移動する。このとき**酸化的リン酸化**反応が起こり、1 分子のグルコースから 34 分子の ATP が生産される。

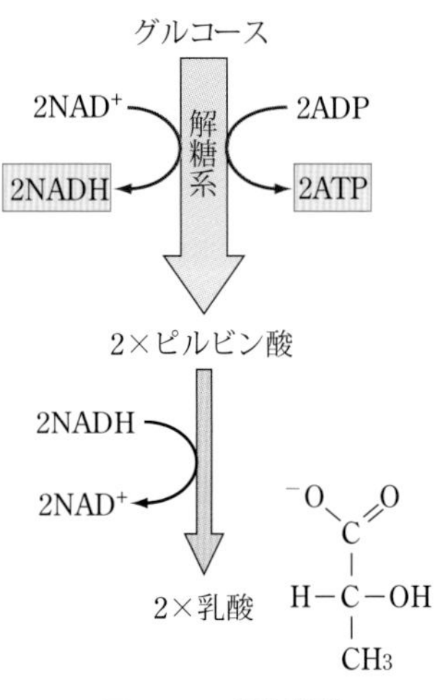

図2･39　乳酸発酵

話は解糖系にまで戻る。解糖によりピルビン酸が生じても、酸素が不足した条件ではミトコンドリアでの ATP 産生経路に入らず、乳酸デヒドロゲナーゼの作用によって**乳酸**が生じる経路に入る。これは**乳酸発酵**の一種である（**図 2･39**）。かつては、過度の運動によって筋肉に疲労が蓄積するのは、解糖に酸素供給が間に合わず、乳酸が蓄積することが原因であると考えられていた。しかし現在では、乳酸は疲労の原因ではなく、その結果として回復の役に立っているなど、乳酸疲労説を否定する研究もなされている。

**発酵**とは、微生物が酸素が乏しい嫌気的条件のもとで、糖を分解してエネルギーを得るしくみであり、**乳酸菌**による乳酸発酵では乳酸が、**酵母**による**アルコール発酵**ではアルコールがそれぞれ生成されると共に、ATP がつくられる。発酵によりつくられる ATP の量は、好気的条件のもとで起こる呼吸よりも少ない。

## ◆ 2-11　光合成 ◆◆◆◆◆

私たちの食事に含まれる糖質は、まさしく「太陽の恵み」である。元をただせば太陽の光エネルギーが光合成によって化学エネルギーに変換され、それによって糖質を合成することができるからである。ただし、これを行うことができるのは陸上植物と藻類、そして一部のバクテリアのみである。

**光合成**は、植物細胞に含まれる細胞小器官である**葉緑体**で行われる、**光エネルギー**を利用して二酸化炭素と水から有機物を合成する反応である（**図 2･40**）。光合成が葉緑体で起こることは、ドイツの**ザクス**（J. von Sacks, 1832 ～ 1897）により 1861 年に見出された。葉緑体では、太陽からもたらされる光エネルギーを利用して、アデノシン三リン酸（ATP）と還元物質である **NADPH** によって二酸化

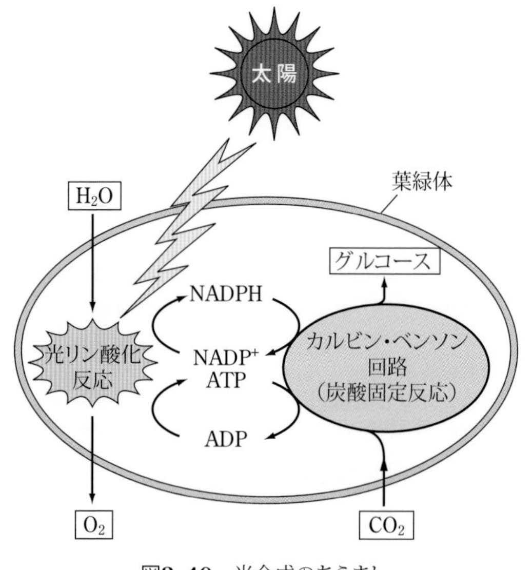

図2･40　光合成のあらまし

炭素が還元され、グルコースが合成されている。

光エネルギーを吸収するのは葉緑体の**チラコイド膜**に存在する**クロロフィル**という**光合成色素**である。クロロフィルが吸収することができるのは紫、青、赤の光であり、吸収されなかった残りの色を合わせると緑色になる。そのため、葉緑体を含む植物は緑色に見える。

光合成では、太陽の光を必要とする反応と、必要としない反応が続けて起こる。光合成をこの二つの反応過程に分けたのはイギリスの**ブラックマン**（F. Blackman, 1866 ～ 1947）である。かつては明反応、暗反応と呼ばれていたが、この用語は現在では用いられていない。葉緑体のチラコイド膜には、クロロフィルを含むクロロフィル・タンパク質複合体である**光化学系Ⅱ**、**シトクロム $b_6f$ 複合体**、同じくクロロフィル・タンパク質複合体である**光化学系Ⅰ**、**ATP 合成酵素**という、複数のタンパク質の複合体が埋め込まれるように存在する。これらのタンパク質複合体は、**電子伝達系**として機能する。光化学系Ⅱ（ならびに光化学系Ⅰ）のクロロフィルに太陽の光が当たり、クロロフィルがこれを吸収すると、クロロフィル分子内の**電子**が励起されて飛び出す。この電子はチラコイド膜上に存在する上記電子伝達系に入り、そのエネルギーが**プロトンポンプ**としてはたらくシトクロム $b_6f$ 複合体を活性化し、**プロトン**（$H^+$）をチラコイドの内腔へと輸送する。内腔のプロトン濃度が高まると、プロトンが ATP 合成酵素を介してチラコイド膜の外へと移動する。このとき、ATP 合成酵素によって **ATP** が合成される。一方、電子伝達系を移動した電子は、光化学系Ⅰを経由して **$NADP^+$** へと受け渡され、プロトンと共に還元型の **NADPH** が生成する。この反応を、光エネルギーを利用し、ADP をリン酸化して ATP を合成することから**光リン酸化反応**という（**図 2･41**）。こうして生じた ATP と NADPH が、次に起こる反応において二酸化炭素を固定し、有機物（炭水化物）を合成する際に使われる。

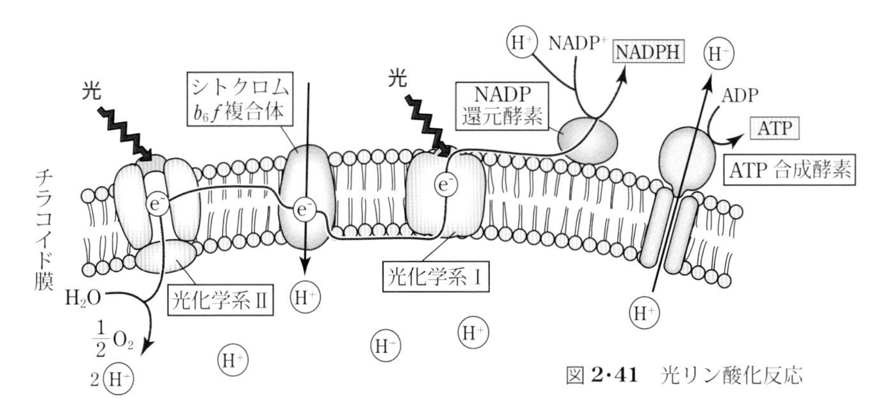

図 2･41　光リン酸化反応

一方、二酸化炭素を固定して炭水化物を合成する反応（**炭酸固定反応**）は、基本的には太陽の光を必要としない反応である（**図 2･42**）。この反応が光合成に必要であることは、ドイツの**ワールブルク**（O. H. Warburg, 1883 ～ 1970）によって実証された。この反応は葉緑体の**ストロマ**で行われ、光リン酸化反応においてつくられた 18 分子の ATP と 12 分子の NADPH を利用して、1 分子のグルコースが合成される。この反応では、**リブロース二リン酸カルボキシラーゼ／オキシゲナーゼ**（**ルビスコ**）と呼ばれる酵素のはたらきによってリブロース二リン酸に二酸化炭素が結合し、2 分子の 3-ホスホグリセリン酸がつくられ、いくつかの過程を経てグルコースやデンプンなどが合成される。この炭酸固定反応は、反応産物同士が化合して再びリブロース二リン酸ができる“回路”となっており、発見者であるアメリカの**カルビン**（M. Calvin, 1911 ～ 1997）の名を冠して**カルビン回路**（**カルビン・ベンソン回路**）とも呼ばれる。

多くの植物ではこのように、炭素三つからなるホスホグリセリン酸を経由して炭酸固定が行われるため、こうした植物を **$C_3$ 植物**という。しかし、**トウモロコシ**（*Zea mays*）や**サトウキビ**（*Saccharum*

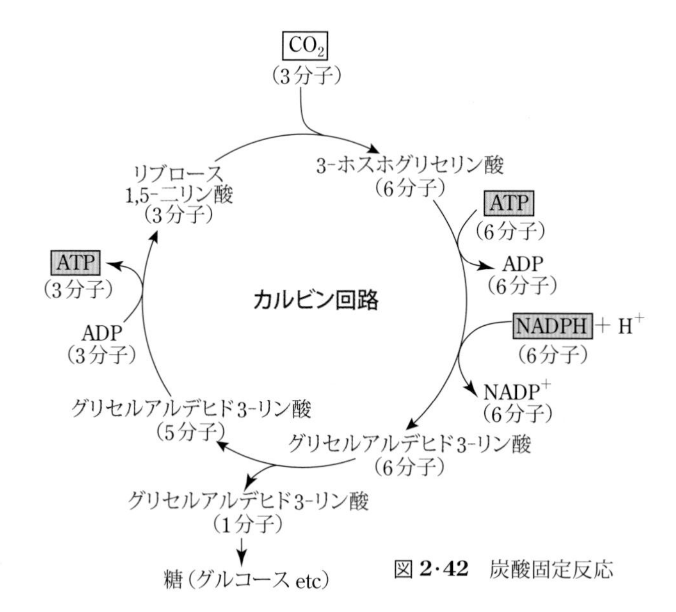


図 **2·42**　炭酸固定反応

*officinarum*）など熱帯地方に生息する植物では、ホスホグリセリン酸ではなく、炭素四つからなるオキサロ酢酸を経由して炭酸固定が行われる。オキサロ酢酸をつくるホスホエノールピルビン酸カルボキシラーゼは、ルビスコよりも低い二酸化炭素濃度でも効率よくはたらくため、高温で乾燥した環境下で**気孔**が閉じてしまい、葉の二酸化炭素濃度が低くなるような条件にあっても、効率よく炭酸固定ができると考えられている。このような植物を **$C_4$ 植物**という。

ベンケイソウ科の多肉植物では、夜に気孔を開いて二酸化炭素を取り込み、オキサロ酢酸に固定してリンゴ酸として蓄え、昼に気孔を閉じてリンゴ酸を脱炭酸し、生じた二酸化炭素を固定するような光合成を行う。このような光合成は、**蒸散**による水分の消失を抑えながら行うことができるため、乾燥した環境で生息する植物に見られる。これを **CAM 型光合成**（CAM : crassulacean acid metabolism、ベンケイソウ型有機酸代謝）といい、これを行う植物を **CAM 植物**という。

## ◆ 2-12　化学合成 ◆◆◆◆◆

太陽の恵みとは縁遠い独立栄養生物もいる。

独立栄養生物のほとんどを占める植物は、太陽の光エネルギーを利用して ATP を合成し、それによって炭酸固定（**炭酸同化**）を行って有機物を合成するが、独立栄養生物であるバクテリアの中には、光エネルギーではなく、無機物を酸化する際に放出されるエネルギーを利用して ATP を合成し、それによって炭酸固定を行うものもいる。このような炭酸固定を、光エネルギーを利用する光合成に対し、**化学合成**という。化学合成を行うバクテリアは**化学合成細菌**と呼ばれ、どのような物質を酸化してエネルギーを得ているかによって、亜硝酸菌、硝酸菌、硫黄細菌、鉄細菌、水素細菌などの種類に分けられるが、いずれの場合も、酸化するために分子状酸素（$O_2$）を必要とする。

**亜硝酸菌**は、アンモニアを酸化して亜硝酸を、**硝酸菌**は亜硝酸を酸化して硝酸をつくり、その酸化反応時に得られるエネルギーを利用する。亜硝酸菌と硝酸菌を総称して**硝化細菌**という。硝化細菌は土壌中に豊富に生息するバクテリアで、**2-13** 節で扱う窒素同化において、きわめて重要な役割を果たしている。

**硫黄細菌**は、硫化水素、硫黄、亜硫酸塩などを酸化するバクテリアであり、最終的に硫酸（塩）を生成する。硫黄を多く含む水中に豊富に生息し、深海に存在して硫化水素などを大量に噴出している**熱水噴出孔**の周囲などに多く生息している（**図 2·43**）。熱水噴出孔近くに群生する「チューブ

図 2·43　熱水噴出孔近くに群生するサツマハオリムシ（画像提供：海洋研究開発機構）

ワーム」という名前で知られる**ハオリムシ**には、独自の消化器官がなく、体内に硫黄細菌を共生させており、硫黄細菌に硫化水素を供給し、硫黄細菌がつくり出す有機物をもらって生息している。

**鉄細菌**は、二価鉄イオンを酸化して三価鉄イオンを生成するバクテリアである。鉄の酸化には分子状酸素のほか硫酸イオンも必要であり、その結果、硫酸鉄を生成する。鉄イオンを多く含む水中に生息する。

**水素細菌**は、水素と酸素とが反応して水分子を生成する反応により得られるエネルギーを利用して炭酸固定を行うバクテリアであり、土壌中に生息している。



## 2-13　窒素同化

硝化細菌が行う窒素の代謝は、私たちが生きていく上で欠かせないタンパク質や核酸をつくる上で、重要な役割を果たしている。なぜなら、こうした生体高分子に含まれる窒素は、植物などが行う**窒素同化**と呼ばれる反応を経て合成されるが、この反応の出発物質である硝酸イオン（$NO_3^-$）は、硝化細菌によって合成されるからである。多細胞生物の中では、こうした硝酸イオンなどの無機窒素化合物から、生体高分子などに必要な有機窒素化合物をつくることができるのはほぼ植物に限られる。動物は、有機窒素化合物を自らつくり出すことはできず、食物を介してアミノ酸などを摂取しなければならない。

植物が行う窒素同化は、次のステップを経て起こる（**図 2·44**）。植物が、硝酸イオンを含む土壌中の水分を根から吸収すると、植物体内で硝酸イオンは還元され亜硝酸イオン（$NO_2^-$）となり、さらにアンモニウムイオン（$NH_4^+$）に変わる。アンモニウムイオンはグルタミン酸と結合してグルタミンを生成し、他のアミノ酸など様々な有機窒素化合物がつくられる。

一方、空気中に含まれる分子状窒素（$N_2$）は、植物と言えどもこれを直接利用することができないが、一部のバクテリアは空気中の分子状窒素を直接利用して、アンモニアなどの窒素化合物をつくることができる。この反応を**窒素固定**といい、窒素固定をすることができるバクテリアを**窒素固定細菌**という。

窒素固定細菌として有名なのは、マメ科植物の根に見られる**根粒**と呼ばれる「こぶ」をつくるもとになる根粒菌である。**根粒菌**（*Rhizobium* 属）は、マメ科植物の根に侵入して根粒を形成し、窒素固定を行って、つくったアン

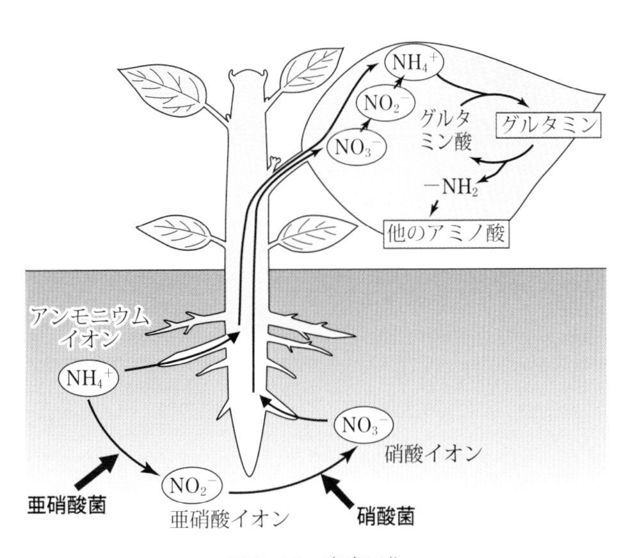


図 2·44　窒素同化

モニウムイオンを植物に提供する。植物は、窒素同化によって作った有機窒素化合物を、根粒菌に提供している。マメ科植物と根粒菌は、一種の共生の関係にあると言える（**10-3-1** 項参照）。また、マメ科植物以外の根に侵入して根粒を形成し、窒素固定を行うもの（*Frankia* 属）もいる。

## コラム　食物繊維

**食物繊維**は、「私たちの消化酵素で消化されない食品中の難消化性成分の総体」と定義される物質で、高分子である。私たちの消化管では消化されないから、もちろん吸収もされない。しかしながら、消化管での通過の際に様々な生理機能を発揮することが知られている。当初は食物繊維は私たちの栄養や健康には不用のものと思われていたが、食物繊維を多く含む食品を食べているアフリカ原住民などが西洋人に比べ、現在でいう生活習慣病（**7-4-2** 項参照）がほとんど見られないことから、徐々に食物繊維の栄養学的重要性が知られるようになってきた。食物繊維は、具体的には次のような機能があることが知られている。①咀嚼（そしゃく）回数の増加による唾（だ）液の分泌促進、②消化管の運動の活発化と便秘予防、③**腸内細菌叢**（そう）の調節、④胆汁を吸着させることによる胆汁分泌促進とコレステロール吸収の阻害、⑤便量の増加による腸内圧・腹圧の低下、などである。

食物繊維には、水に溶けにくい不溶性食物繊維と水に溶けやすい水溶性食物繊維がある（**図2･45**）。**不溶性食物繊維**には、野菜など植物の細胞壁を構成する**セルロース**（**2-7-1** 項参照）ならびに**ヘミセルロース**、甲殻類の外骨格を構成する**キチン**（*N*-アセチル-D-**グルコサミン**という単糖が直鎖状につながった多糖）などがあり、**水溶性食物繊維**には、こんにゃくいもの主成分として知られる**グルコマンナン**（**グルコース**と**マンノース**から成る多糖）、紅藻類に含まれる**寒天**（アガロース）などがある。食物繊維は、1日20～24 g以上を摂取することが望ましいとされるが、成人の摂取目標は1日18 g程度とされている。

| 名称 | 成分 | 原料 |
|---|---|---|
| 不溶性食物繊維 | | |
| セルロース | グルカン | 野菜、果物など |
| ヘミセルロース | マンナン、キシラン | 野菜、果物など |
| キチン | ポリグルコサミン | 甲殻類の外皮 |
| ペクチン | ガラクツロン酸 | 野菜、未熟果実など |
| 水溶性食物繊維 | | |
| 寒天 | アガロース、アガロペクチン | 紅藻 |
| コンニャクマンナン | グルコマンナン | こんにゃくいも |
| アラビアガム | アラビアガラクタン | アラビアゴムノキの樹液 |

図**2･45**　食物繊維の種類（飯塚ほか2010より改変）

# 3 遺伝子とそのはたらき

生物が細胞からできており、ATPのエネルギーを用いて活動を行うという共通性を持つのであれば、その共通性を祖先から連綿と受け継いできたしくみがあるはずである。それが遺伝のしくみであり、遺伝するものの実体としての遺伝子である。これも生物の共通性を代表するものである。

遺伝子とは何であり、遺伝とはどういう現象なのか。この問いの背景には、「自分とは何者なのか」という人類古来の問いかけがあるように思える。

本章では、生物の共通性の根底に流れる遺伝子とそのはたらきに焦点を当て、私たちが生きていることの物質的基盤と、それを子孫へと受け継ぐしくみについて扱う。



## 3-1 遺伝のしくみ

親と子が似る理由について、これまで様々な研究がなされてきた。初期の主な研究分野は、家畜や栽培作物の形質が世代を通じて受け継がれていくことが有史以前から経験的に知られていた農業の分野であったと言える。**品種改良**は、農業にとって有用な形質を残しながら、親の世代から子の世代に、よりヒトに有利な形質をもたらすことを目的として昔から行われてきたことである。これは遺伝という概念が、その言葉自体はまだなかったにせよ、大昔からヒトたちの間で'理解'されていたことを示している。

第**1**章でも扱ったように（**1-5-4**項参照）、オーストリアの**メンデル**が、自身が勤める修道院の庭で栽培した**エンドウ**（*Pisum sativum*）で交配実験を行い、その成果を「植物雑種に関する実験」として世間に発表したのは1865年のことである。メンデルが発見したのは、エンドウの形質が親から子へと遺伝するための基本的な法則であり、現在**メンデルの法則**と呼ばれている（**図3・1**）。

メンデルの法則は、優性（優劣）の法則、分離の法則、そして独立の法則という三つの基本法則より成る。メンデルの法則を学ぶのに大切な概念が対立遺伝子、そして対立形質である。多くの動物の細胞には、同じ**遺伝子**が2個ずつある（**4-1-2**項参照）。母親に由来する遺伝子と、父親に由来する遺伝子である。この両者が同じである場合、これを**ホモ接合体**という。中には、どちらかの遺伝子に変異が入っている場合もあり、これを**ヘテロ接合体**という。メンデルがエンドウの交配実験で指標にした、豆に皺（しわ）があるか滑（なめ）らかであるかという形質の場合、ある遺伝子 $A$ が正常であればその豆は滑らかだが、その遺伝子 $A$ に変異が入ると（これを遺伝子 $a$ とする）、豆に皺がよる。こうした場合、遺

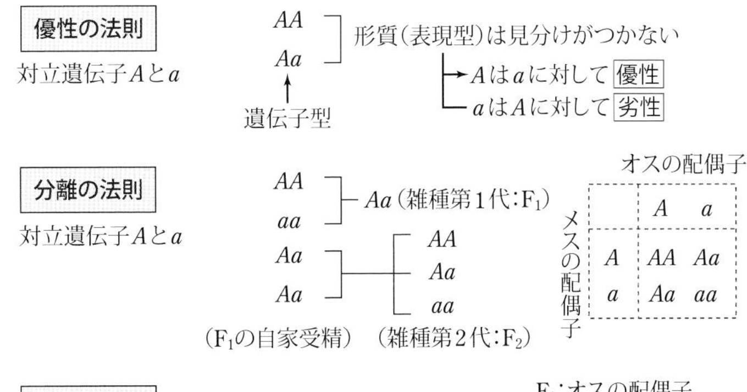

図3・1　メンデルの法則

伝子 $A$ と遺伝子 $a$ の関係を**対立遺伝子**といい、それぞれの対立遺伝子によりもたらされる、豆が滑らかか皺があるかという形質のことを**対立形質**という。この場合、$AA$ と $aa$ がホモ接合体、$Aa$ がヘテロ接合体である。

**優性の法則**とは、**雑種第一代**（$F_1$）において、対立形質のうち一方のみが発現し、もう一方は発現しないという法則である。上で述べた二つの対立遺伝子 $A$ と $a$、そしてそれが発現した対立形質である「滑らか」、「皺」について言えば、ヘテロ接合体である $Aa$ では、必ず「滑らか」という形質のみが発現する。$A$ が $a$ に対して優性だからである。一方、**分離の法則**とは、一対の対立遺伝子が、雑種第一代においても融合することなく別々の配偶子に分かれるという法則であり、**独立の法則**とは、二対以上の対立遺伝子が配偶子に分配される際、お互いに独立して組み合わさるという法則である。メンデルの遺伝の法則のうち柱となっているのは、優性の法則よりもむしろ、分離の法則と独立の法則である。

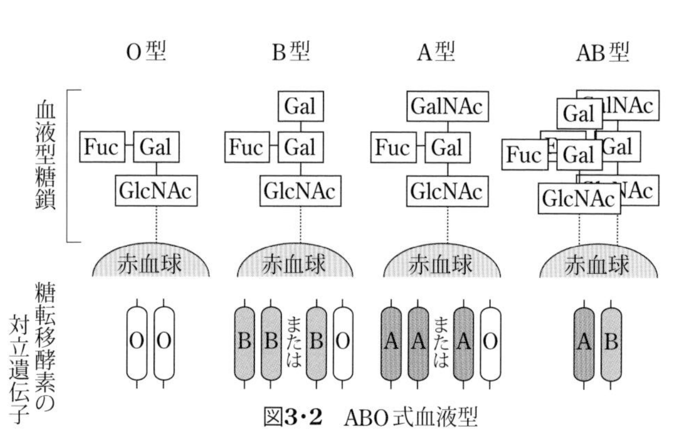

図3･2　ABO式血液型

ただ、研究が進んだ現在では、これら基本的な法則に関して多くの例外が存在することが知られている。たとえば二つの対立遺伝子間であっても優劣の差が存在せず、ヘテロ接合体において両対立遺伝子の性質の中間的な表現型が出る場合がある。**マルバアサガオ**（*Ipomoea purpurea*）の花の色に関する遺伝子では、赤い色をつける遺伝子と白い色をつける遺伝子がヘテロ接合体となると、ピンク色の花をつけるようになる。また、よく知られた ABO 式血液型は、A 型遺伝子と B 型遺伝子が対立遺伝子であるが、両遺伝子のヘテロ接合型は、これもよく知られるように AB 型となる（**図 3･2**）。さらに、独立の法則から期待される頻度よりも高い頻度で、ともに行動するような遺伝子もある。これは染色体上の位置が近接しており、配偶子形成の際に一緒に行動することになるからで、この現象を**連鎖**という（**1-5-4** 項参照）。

メンデル遺伝学における優性、劣性の概念は、必ずしも「優れた形質」「劣った形質」を意味するものではなく、あくまでも「表現型として優先的に現れる形質」「表現型として優先的には現れない形質」を意味するものであるため、近年では優性を「**顕性**」、劣性を「**潜性**」と呼ぶことが提案されている。**ハーディー・ワインベルグの法則**がそのしくみを説明するが、この法則については **8-4-2** 項で扱う。

遺伝のしくみは、遺伝子がどのように子の細胞へと伝わるか、その概念的法則性を説明するものであった。しかし、遺伝子の本体である DNA の構造と機能が明らかとなった現在、遺伝のしくみが分子レベルでどのように成り立つかに関する知見はかなり蓄積している。これを理解するために重要となるのが、DNA を含む生体高分子である**核酸**の構造である。

## ◆ 3-2　核酸の構造 ◆◆◆◆◆

核酸には、DNA と RNA があり、いずれも**核酸塩基**（以降、塩基）、糖、リン酸から成る生体高分子である。このうち糖は、炭素五つよりなる**五炭糖**（リボースもしくはデオキシリボース）である。

**塩基**と**糖**が、***N*-グリコシド結合**によりつながった化合物を**ヌクレオシド**といい、糖がリン酸エステルになっている化合物を**ヌクレオチド**という（**図**

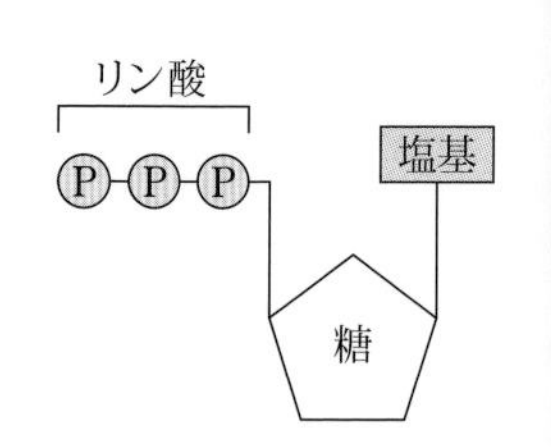

図3･3　ヌクレオチドの構造

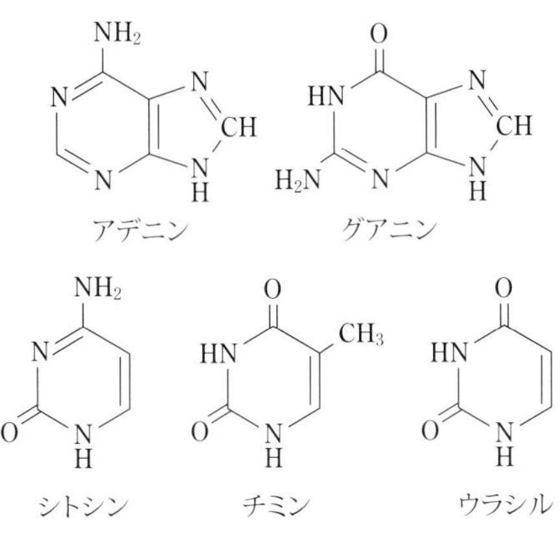


図3・4　五つの核酸塩基

3・3）。ヌクレオチドのうち、糖が D- **リボース**であるものを**リボヌクレオチド**、D-2′- デオキシリボースであるものを**デオキシリボヌクレオチド**という。ヌクレオチドのうち、塩基がプリン塩基もしくはピリミジン塩基であるものは核酸の構成単位となり、リボヌクレオチドは **RNA（リボ核酸）**の、デオキシリボヌクレオチドは **DNA（デオキシリボ核酸）**の構成単位となる。

塩基には、**アデニン**、**グアニン**、**シトシン**、**チミン**、**ウラシル**の 5 種類がある（**図 3・4**）。それぞれアルファベット一文字で A、G、C、T、U と略称されることが多い。アデニンとグアニンは、6 員環と 5 員環よりなる**プリン環**を基本とした**プリン塩基**であり、シトシン、チミン、ウラシルは、5 員環一つよりなる**ピリミジン環**を基本とした**ピリミジン塩基**である。

このうちチミンは DNA で、ウラシルは RNA でそれぞれ用いられるが、チミンもウラシルも、ともにアデニンと相補的なペアを形成する（後述）。

核酸は、ヌクレオチド同士がリン酸と糖の**ホスホジエステル結合**によって長く結合したものである。その結果、4 種類の塩基が長く連なった形となり、この状態の塩基の並びを**塩基配列**という。このとき、ヌクレオチドの配列には方向性ができる。糖の 5′ 位の炭素で終わる末端を **5′ 末端**、糖の 3′ 位の炭素で終わる末端を **3′ 末端**という。DNA は、DNA ポリメラーゼにより必ず **5′ → 3′** の方向に合成される（**図 3・5**）。

DNA は、こうした方向性をもつ二本の DNA 一本鎖が逆の方向を向き、塩基を介して向き合った形で**二重らせん**構造を形成している（**図 3・6**）。

このとき、二本の DNA 鎖の塩基と塩基は、ゆるい水素結合によって結ばれているが、アデニンに対してはチミン、グアニンに対してはシトシンという具合に、結びつく相手の塩基は決まっている。塩基のもつこのような排他的な性質のことを**相補性**という。アデニンとチミン、グアニンとシトシンが、DNA 中に等量ずつ存在していることは、ワトソンとクリックによる二重らせん構造の発見に先立つ 1950 年に、**シャルガフ**（E. Chargaff, 1905 ～ 2002）によって発見された。これを**シャルガフの法則**といい、シャルガフの法則の下で形成されるこうした塩基対を**ワトソン・クリック塩基対**という（**図 3・7**）。

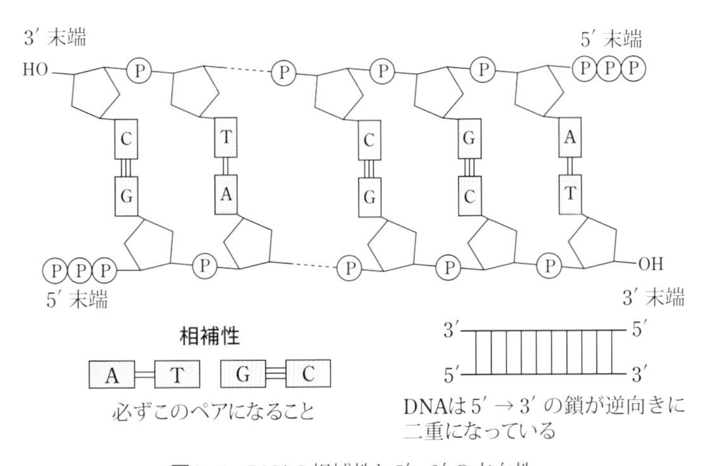


図3・5　DNAの相補性と 5′→3′ の方向性

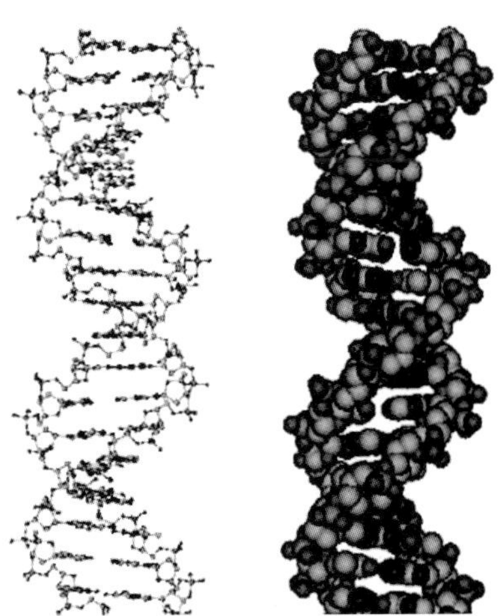

図3・6　DNAの二重らせん構造（画像提供：伊藤康友）
左：棒球モデル、右：空間充填モデル。

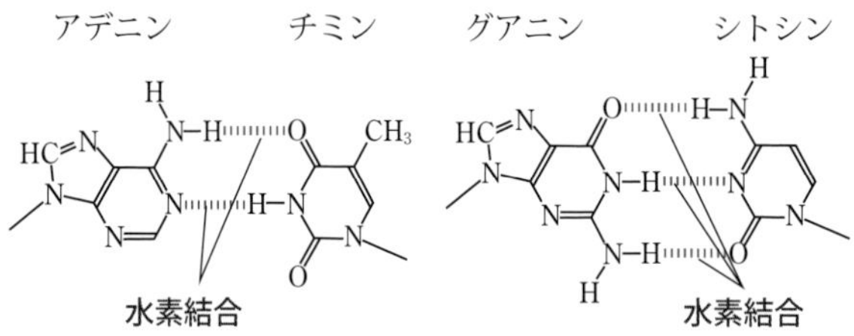

アデニン　チミン　グアニン　シトシン

水素結合　水素結合

図3·7　ワトソン・クリック塩基対

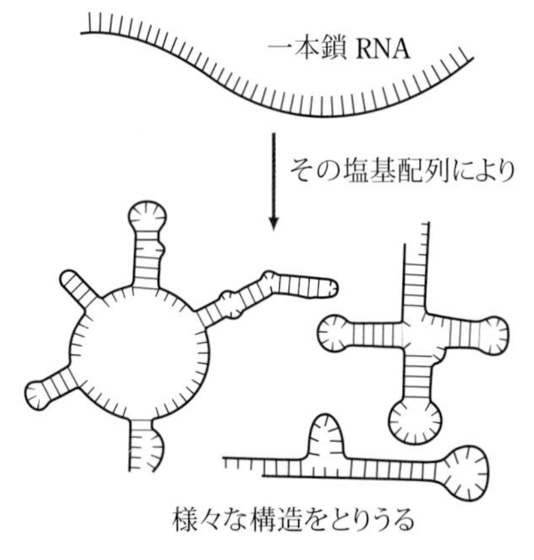


図3·8　RNAが一本鎖であることの利点

構成単位であるヌクレオチドの糖の違いと、塩基であるチミン、ウラシルの違い以外に、DNA と RNA には立体構造上の大きな違いがある。それは、DNA はほぼ例外なく二本の DNA 鎖が、塩基同士の**水素結合**を介して相補的に結合し、二重らせん構造をとっているのに対し、RNA はその多くが一本鎖のままで存在していることである。そのかわり RNA には、同一分子内に存在する相補的な塩基配列同士で分子内結合し、様々な**二次構造**、そして立体的な**三次構造**をとる能力が備わっている（**図 3·8**）。

核酸は、全体としてリン酸基に起因する負電荷を帯びているため、酸性を呈する。DNA の場合、真核細胞内では、塩基性に富むタンパク質（**ヒストン**）と複合体を形成している。

## ◆ 3-3　DNA・遺伝子・ゲノム・染色体 ◆◆◆◆◆

地球上のすべての生物の**遺伝子の本体は** DNA である。遺伝子とは、その生物の遺伝形質を決定する因子のことであり、具体的には、タンパク質の情報すなわちアミノ酸の配列順序を指定する DNA 上の塩基配列、および RNA の配列を指定する DNA 上の塩基配列を指す。

真核生物においては、すべての DNA が遺伝子であるわけではない。生物の DNA の全塩基配列のことを**ゲノム**という（**図 3·9**）。ゲノムという言葉は、ドイツの**ヴィンクラー**（H. Winkler, 1877 ～ 1945）により、配偶子がもつ染色体を定義するものとして 1920 年につくられたが、後に**木原均**（きはら ひとし）（1893 ～ 1986；**図 3·10**）により、生物に必要な最小限の遺伝子のセットとして定義された。両親からそれぞれ DNA を受け継いでいる場合、ゲノムは各細胞に 2 セットずつ存在する。これまでに、ショウジョウバエ、**シロイヌナズナ**（*Arabidopsis thaliana*）、**線虫**（*Caenorhabditis elegans*）など、6800 以上の生物種についてゲノムの全塩基配列が解読され、2001 年には、私たちヒトのゲノム（**ヒトゲノム**）がすべて解読された。

ゲノムは、DNA の全塩基配列であるから、タンパク質の情報がある遺伝子としての意味をもつ塩基配列はそのうちのごくわずかである。ゲノム中での遺伝子の割合は、私たちヒトで約 1.5 %でしかない。

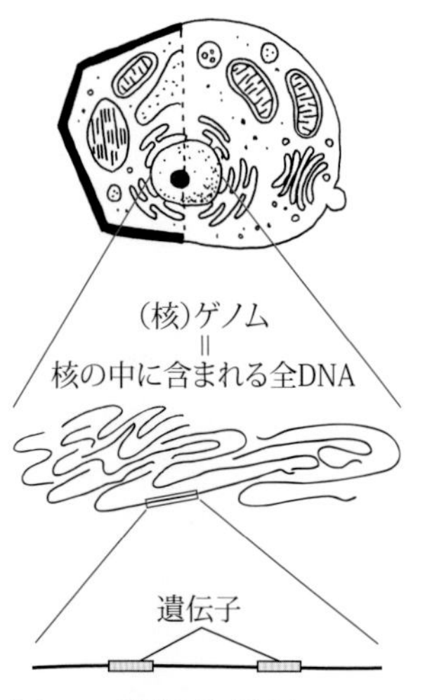


図3·9　遺伝子とゲノム
多くの生物では、ゲノムのうちタンパク質の情報をもつ遺伝子の割合はごくわずかである。

図3·10　木原　均

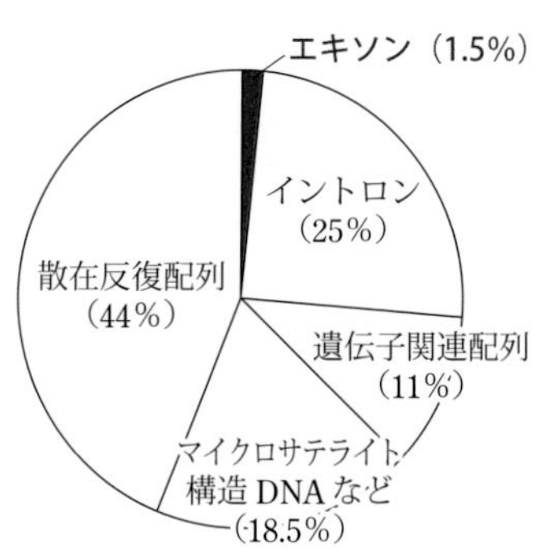


図 3·11　ヒトゲノムの構成

残りの 98 %強は、遺伝子間にある配列、イントロン（**3-6-2** 項参照）、タンパク質の情報をもたない RNA として転写される部分、テロメアなど様々な**反復配列**などから成り立っている（**図 3・11**）。

通常、細胞内の DNA は、**ヒストン**と呼ばれる塩基性の核タンパク質と複合体を形成している。ヒストンには H1、H2A、H2B、H3、H4 の 5 種類があり、H2A から H4 までの 4 種類が 2 個ずつ、計 8 個のヒストン（**ヒストン八量体**）がまとまって、それを DNA が 2 周ほどとりまいている。この構造を**ヌクレオソーム**という。

DNA 全体を見ると、このヌクレオソーム構造が数珠のように数多くつながり、これが幾重も重なるように巻きついた構造をしているのがわかる（**図 3・12**）。このような DNA とヒストンの複合体を**クロマチン**と呼び、これにより長大な DNA が核内にコンパクトに収納できるようになっている。またヒストン H1 は、ヌクレオソーム構造がらせん形に折り重なるのに必要なタンパク質である。

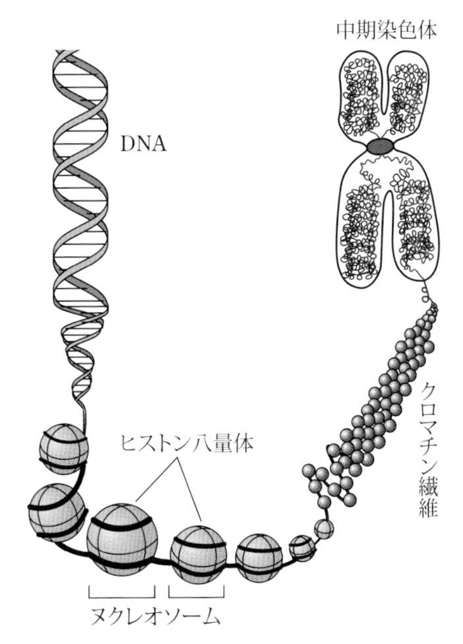


**図3・12**　染色体とヌクレオソームの構造

クロマチンは、細胞の核内ですべて同じような条件の下に、同じような格好で存在しているわけではない。クロマチンの構造は、遺伝子の発現と密接な関係にある。クロマチンの中には、遺伝子発現の活発な領域と、活発でない領域がある。前者を**ユークロマチン**、後者を**ヘテロクロマチン**といい、後者の方がより高度に凝縮されている。ヒストンの**アセチル化**や DNA の**メチル化**が、これらクロマチンの状態に関与している（**3-9-2** 項参照）。

クロマチンは、細胞分裂に先立って DNA が複製した後、高度に凝縮し、X 字型の物体を構築する。

**染色体**は、DNA とヒストンが結びついたクロマチンの 1 本全体を指す言葉であり、DNA 複製後に現れる光学顕微鏡で見えるほどにまで凝縮した染色体は、特に**中期染色体**と呼ばれる。ヒトの細胞 1 個には、それぞれが父親、母親に由来する一対の**常染色体**が 22 セットと、XY の**性染色体** 2 本の、合計 46 本の染色体が存在する（**図 3・13**）。このうち、常染色体はオスメスともに同数存在し、サイズが大きな順に 1 番、2 番という具合に 22 番まで番号がふられ、それぞれ 1 番染色体、2 番染色体などと呼ばれる。性染色体は、オスなら **X 染色体**と **Y 染色体**が 1 本ずつ、メスなら X 染色体が 2 本存在する。Y 染色体には**オス化遺伝子**（**男性化遺伝子**）と呼ばれる遺伝子が存在し、これらが発現することにより、胚の発生過程で、オスの性質を有するようになる。X 染色体には、DNA ポリメラーゼ $\alpha$ 遺伝子（**3-4** 節参照）など生存に必須な遺伝子が多数存在し、オスとメスで遺伝子発現量が異

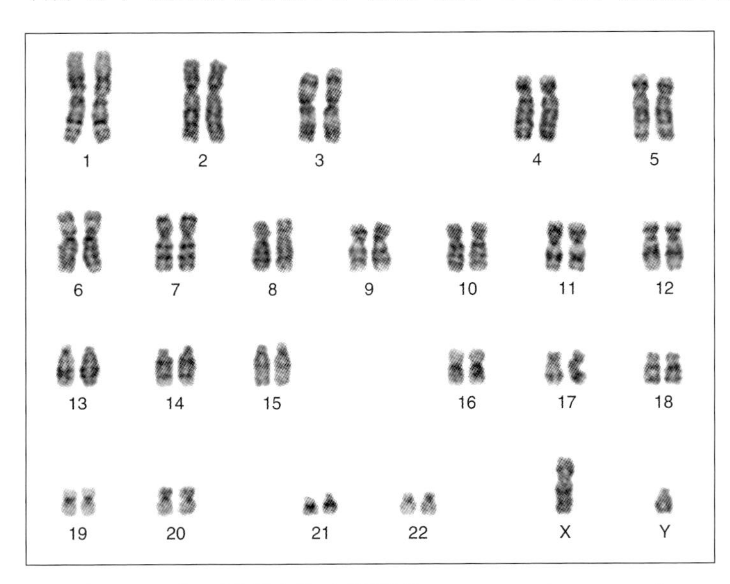


**図3・13**　ヒトの中期染色体（画像提供：imagenavi／gettyimages）
1〜22は常染色体、XYは性染色体（女性ではXXとなる）。

なることがないよう、メスのX染色体の一方を強制的にヘテロクロマチン化し、オスと遺伝子発現量を合わせる**補正**が行われる（**X染色体不活性化**）。ヘテロクロマチン化したX染色体は**バー小体**と呼ばれる。バー小体は早くから発見されており、これがX染色体であることを発見したのは**大野 乾**（1928～2000；**図3･14**）である。

図3･14　大野　乾

## ◆ 3-4　DNA複製 ◆◆◆◆◆

DNAが遺伝子の本体である以上、赤血球などの例外は除き、どの細胞にもDNAは存在しなければならない。遺伝子はタンパク質のアミノ酸配列を指定するもので、タンパク質がどの細胞にとっても重要であるからにほかならない。タンパク質の寿命は、個体や細胞のそれと比較して短く、細胞の中では常にタンパク質の新陳代謝が行われるため、タンパク質は遺伝子からつくられ続けなければならない。このため、DNAは細胞の分裂に先立って複製され、生じるそれぞれの細胞に受け継がれる。このしくみを**DNA複製**という。

DNA複製は、**半保存的複製**と呼ばれる方法によって行われる（**図3･15**）。半保存的の意味は、二重らせん構造を形成しているDNAが1本ずつにわかれ、このそれぞれを鋳型として新しいDNAが合成されることから、できあがった二本鎖DNAのうち一方は鋳型（旧）、もう一方が新しく合成されたもの（新）であることに由来する。この半保存的複製のしくみは1958年に、アメリカの**メセルソン**（M. S. Meselson, 1930～）と**スタール**（F. W. Stahl, 1929～）により明らかにされた。彼らが行った実験は、今日「メセルソンとスタールの実験」として高校の教科書でも紹介される、分子生物学史上もっとも美しい実験として知られる。

すでに扱ったように、DNAには**5′→3′**の方向性があり、逆の方向を向いた2本のDNA鎖が抱き合って、DNA二本鎖を形成している（**3-2**節参照）。DNA複製の過程で新しいDNAを合成する**DNAポリメラーゼ**は、5′→3′の方向にしかDNAを合成できない。したがって、二本鎖のうち一方は、二本鎖の開裂に従ってDNAを合成できるが、もう一方は逆向きに、短いDNAを断片的に合成しなければならない(**図3･16**)。前者のDNAを**リーディング鎖**(**先行鎖**)、後者のDNAを**ラギング鎖**（**遅延鎖**）という。DNAは、ヌクレオチドが鎖のように並んだものという意味で、**DNA鎖**と呼ばれることが多い。

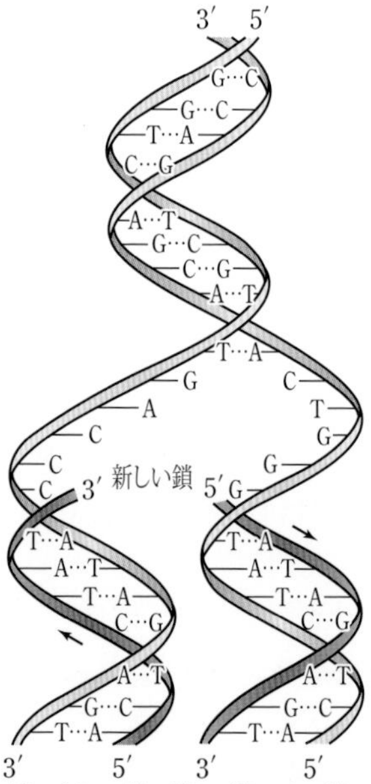

ここでは真核生物のDNA複製メカニズムを扱う。**複製開始点**は、ヒトの場合1個の核あたり4万箇所程度存在すると考えられている。DNA複製に先立ち、複製開始点には、DNA二本鎖を解きほぐす**DNAヘリカーゼ**やDNAポリメラーゼなど様々な複製関連タンパク質が集合する。**MCM**と呼ばれるタンパク質複合体がDNAヘリカーゼとしての役割をもつ。このヘリカーゼがATPを加水分解して得られるエネルギーを使ってDNA二本鎖を開裂させると、DNAポリメラーゼの一種である**DNAポリメラーゼα**に付随している**プライマーゼ**が、**プライマー**と呼ばれる短いRNA断片を、各一本鎖DNAを鋳型として、リーディング鎖、ラギング鎖の両方に合成する。なぜならDNAポリメラーゼは、鋳型の一本鎖DNAから直接新生DNAを合成することができないからである。これに対してRNAポリメラーゼは、一本鎖DNAを鋳型として直接RNAを合成できる。そのためRNAポリメラーゼの一種であるプライマーゼが、まずDNAポリメラーゼの

3′　5′
新しい鎖
3′　5′
3′　5′　3′　5′
古い鎖　新しい鎖　新しい鎖　古い鎖

図3･15　DNAの半保存的複製
矢印は新しい鎖の合成方向を示す。

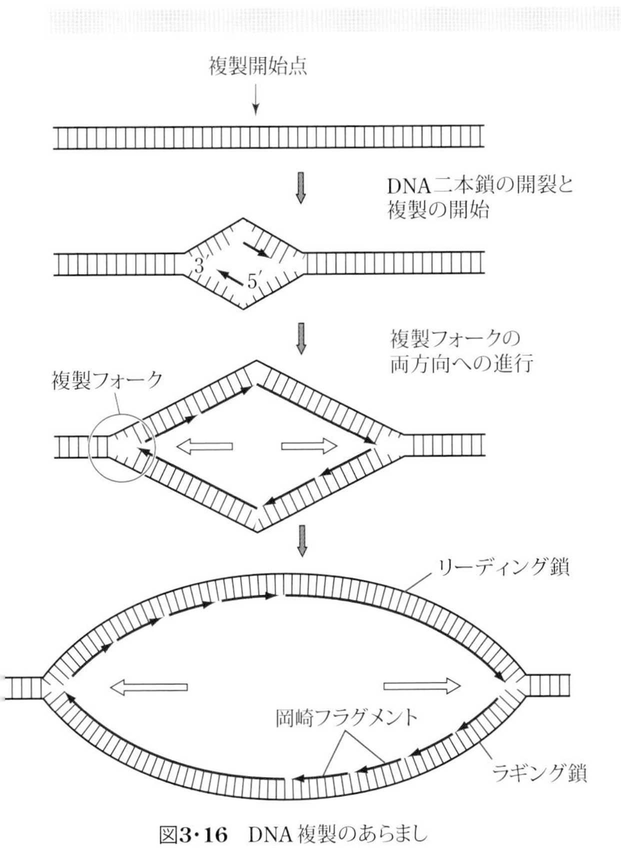


図3・16　DNA 複製のあらまし

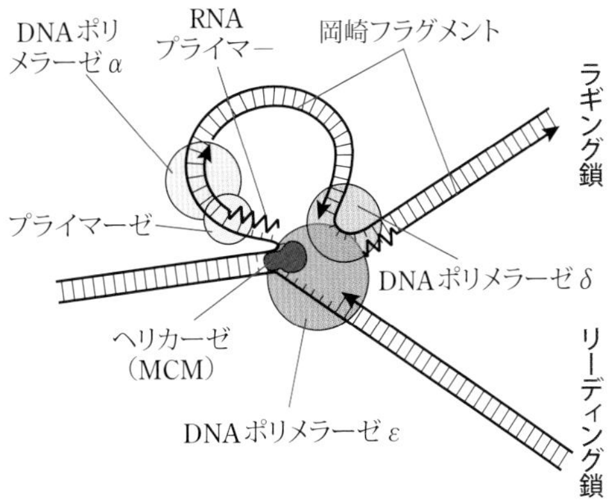

図3・17　真核生物のDNA複製

図3・18　岡崎令治

足場となるプライマーを合成する（**図 3・17**）。

リーディング鎖では、この RNA 断片の合成に続いて、短い DNA が DNA ポリメラーゼ α により合成された後、**DNA ポリメラーゼ ε** に切り替わり、二本鎖の開裂に従って DNA を合成していく。一方ラギング鎖では、やはり RNA 断片に続いて DNA ポリメラーゼ α により短い DNA が合成された後、**DNA ポリメラーゼ δ** に切り替わり、二本鎖の開裂とは逆の方向に、200 〜 300 塩基ほどの短鎖 DNA を合成する。この短鎖 DNA 断片を、発見者である**岡崎令治**（おかざきれいじ）（1930 〜 1975；**図 3・18**）の名を冠して**岡崎フラグメント**という。ラギング鎖ではこの岡崎フラグメントが不連続的に合成されていくことで、リーディング鎖ならびに二本鎖の開裂と整合性を保った DNA 合成が進行していく。

リーディング鎖、ラギング鎖の両鋳型鎖で起こる DNA 合成は、これら DNA ポリメラーゼ、プライマーゼ、MCM などのタンパク質が形成する一つの複合体によって行われる。このタンパク質複合体を**複製複合体**という。複製複合体は、**核マトリクス**などの核骨格に付着しており、複製される DNA の方が動いて複製が行われると考えられている。複製開始点は DNA 鎖の端ではなく中にあるため、複製が開始されると左右の両方向に向かって DNA が開裂していく。遠目に見ると DNA でできた小さな泡が大きくなっていくように見えるため、これを**複製バブル**と呼ぶ。DNA が開裂する部分は**複製フォーク**と呼ばれる（**図 3・16**）。

一方、原核生物の DNA は真核生物に比べて短く、環状であり、複製開始点は通常 1 か所である。また、原核生物の DNA を複製する DNA ポリメラーゼは **DNA ポリメラーゼⅢホロ酵素**と呼ばれ、リーディング鎖もラギング鎖も同じ種類の DNA ポリメラーゼが複製を行う。なお「**ホロ酵素**」とは元来、活性をもつために**補因子**と呼ばれる物質（非タンパク質）を必要とする酵素のことを指し、ホロ酵素から補因子が解離した状態のものを**アポ酵素**というが、DNA ポリメラーゼⅢの場合は、複数のサブユニットから成る「完全なる複合体」という意味で「ホロ酵素」と呼ばれている。

## ◆ 3-5　RNA ◆◆◆◆◆

RNAは、すべての生物と一部のウイルスで、ゲノムDNAから転写され、つくられる核酸である。ウイルスの中にはDNAをもたず、RNAをゲノムとしてもつものもいる（**9-8**節参照）。

RNAには、生体内での役割が異なる様々な“分子種”が存在する。これは、RNAはDNAのような二本鎖の構造をとらず、分子内で様々な二次構造、三次構造をとることと関係している（**3-2**節参照）。

**mRNA**（メッセンジャーRNA）は、真核生物では**RNAポリメラーゼⅡ**によってDNA（遺伝子）を鋳型として合成される分子である。その塩基配列は遺伝子のそれと同一（チミンがウラシルになっていることを除く）であり、この塩基配列情報がリボソームで翻訳され、アミノ酸の重合が行われてタンパク質が合成される（**図3・19**）。

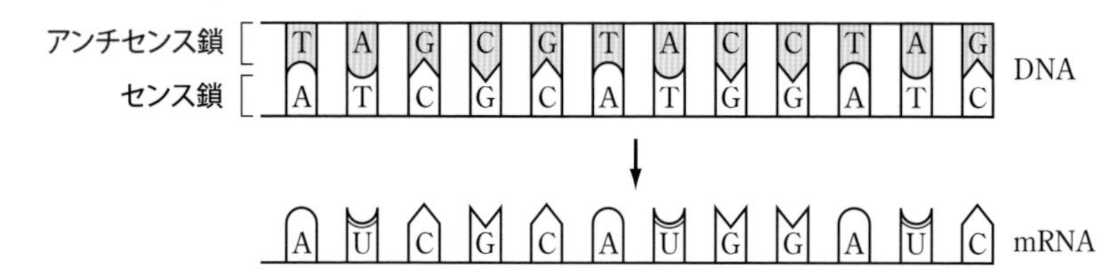


図3・19　mRNA
mRNAはDNAの二本鎖のうちアンチセンス鎖を鋳型として写し取られる。

**tRNA**（トランスファーRNA）は、タンパク質を合成しているリボソームにアミノ酸を運び、伸展しつつある**ポリペプチド鎖**にアミノ酸を受け渡す役割をもつRNAである（**図3・20**）。tRNAには、その3′末端にアミノ酸が一つ結合する（**アミノアシル化**）。tRNAをアミノアシル化する酵素を**アミノアシルtRNA合成酵素**といい、担当するアミノ酸が厳密に決まっているため、タンパク質を構成するアミノ酸の20種類と同様に、20種類（以上）存在する。ある1種類のtRNAは、1種類のアミノ酸にしか結合しない。リボソームは、このtRNAに結合したアミノ酸を使い、タンパク質を合成する。

**rRNA**（リボソームRNA）は、**リボソーム**の重要な構成因子であり、私たち真核細胞では、リボソームの**大サブユニット**に3種類（28S、5.8S、5S）、**小サブユニット**に1種類（18S）のrRNAが存在する。一方、原核細胞では、大サブユニットに2種類（5S、23S）、小サブユニットに1種類（16S）

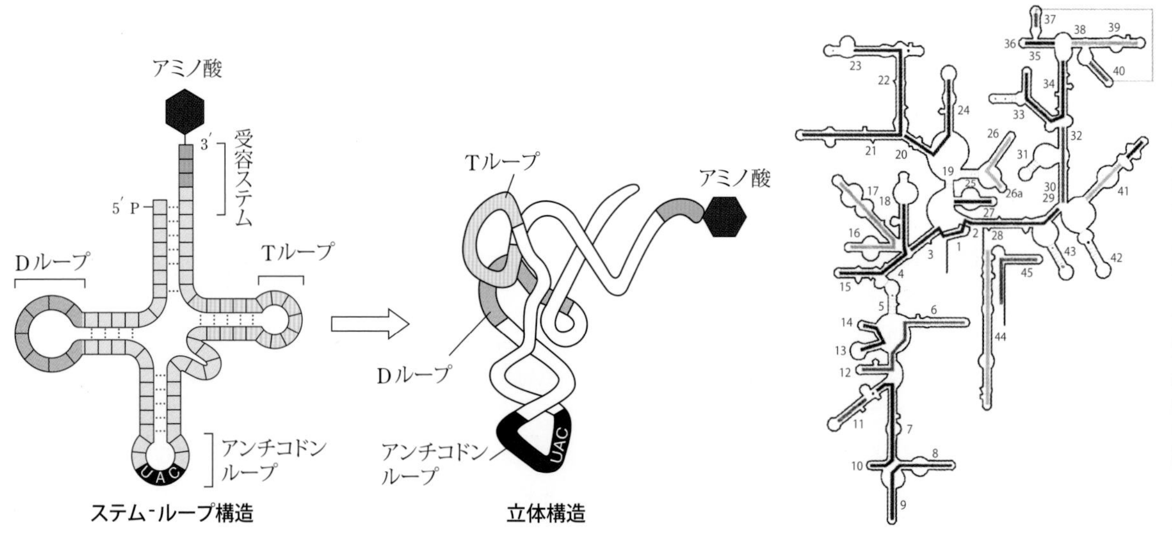


図3・20　tRNAの構造

図3・21　16S rRNA（Noller 2005より改変）

の rRNA が存在する（**図 3・21**）。一部の rRNA はリボザイム（後述）としてはたらき、アミノ酸とアミノ酸を結合させる**ペプチド転移反応**の触媒になる。また rRNA は、リボソームにおいて tRNA や mRNA の位置を決定し、効率のよいタンパク質合成の手助けをする。

20 世紀の末から 21 世紀にかけて、これら 3 種類の RNA 以外にも様々な RNA が細胞内で機能していることが明らかとなってきた。その大部分は**低分子 RNA** と呼ばれるもので、mRNA や rRNA よりもはるかに短い RNA 分子である。これら低分子 RNA は、遺伝子発現（**3-6-1** 項参照）や翻訳の調節など、生命現象に重要な機能を果たしていると考えられているが、まだその全体像に関しては多くの謎が残っている。**miRNA**（**マイクロ RNA**）、**siRNA**（**低分子干渉 RNA**）などが知られており、これらは 20 塩基程度と非常に短い RNA で、それと相補的な塩基配列をもつ mRNA に結合し、分解を促進することで、遺伝子発現を調節することが知られている。これを **RNA 干渉**といい、20 世紀末にアメリカの**ファイア**（A. Fire, 1959 〜）と**メロー**（C. Mello, 1960 〜）により発見された（**図 3・22**）。

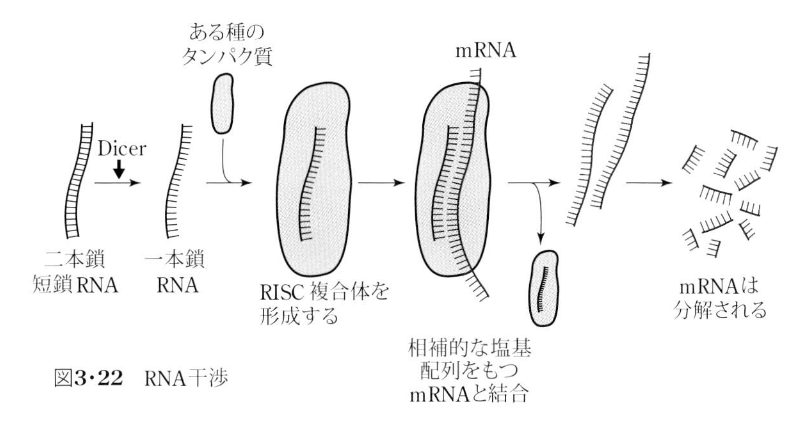


**図3・22** RNA干渉

また、ゲノム中でタンパク質や RNA（tRNA、rRNA など）を指定する遺伝子の部分は、全体の数％であり、それ以外の部分はほとんど何の意味もない「ジャンク」であると考えられていた。しかし、2005 年、**林崎良英**（はやしざきよしひで）（1957 〜）らによりマウスゲノムの 70 ％が RNA に転写されていることが明らかになった。

このように、タンパク質の情報をもっていない（タンパク質をコードしない）RNA のことを、rRNA や tRNA も含めて**ノンコーディング RNA** といい、上述の miRNA、siRNA のほかに、スプライシングに関与する **snRNA**（核内低分子 RNA）、生殖細胞においてトランスポゾンを抑制する **piRNA** など、様々な RNA が存在し、それぞれ重要な機能を司っていることが明らかとなっている。

1982 年、アメリカの**チェック**（T. R. Cech, 1947 〜）が、翌年にはアメリカの**アルトマン**（S. Altman, 1939 〜）が、それぞれ別個に酵素のはたらきをもつ RNA を発見した。それまで、酵素としてのはたらきはタンパク質以外にはないと考え

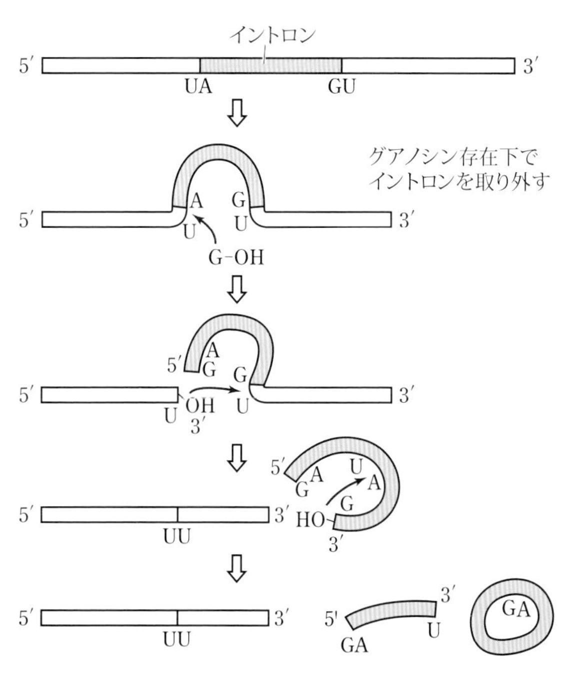


**図3・23** リボザイムによる自己スプライシング
（柳川 1994より改変）

られていたため（**2-8-1** 項参照）、この発見はその後の RNA 研究に大きな進歩をもたらした。その後、数多くの“RNA 酵素”が発見され、酵素としてのはたらきは RNA の重要な機能の一つであることが明らかとなった。こうした RNA 酵素を総称して**リボザイム**という（**図 3・23**）。

チェックが発見したリボザイムは、**自己スプライシング**を起こすことができる RNA であった。通常の mRNA のスプライシング（**3-6-2** 項参照）は、**スプライソソーム**と呼ばれる、タンパク質と低分子 RNA からできた特殊な装置によって行われる。チェックは、繊毛虫類**テトラヒメナ**（*Tetrahymena thermophila*）から、そのスプライシングを自分自身の酵素活性により起こすことのできる RNA（rRNA）を発見した。一方、アルトマンが発見したリボザイムは tRNA のプロセッシング（**3-6-2** 項参照）に関与するリボヌクレアーゼ P であった。

現在までに知られている生体内に存在するリボザイムは、リン酸ジエステルのエステル転移反応を触媒し、RNA のプロセッシングに関与するものがほとんどである。またリボソームを構成する rRNA も、タンパク質合成反応を触媒するリボザイムである。一方、人工的にリボザイムをつくり出す試みも世界中で行われており、RNA ポリメラーゼとしての活性をもつもの、RNA にリン酸基を転移するキナーゼとしての活性をもつものなどが合成されている。

## ◆ 3-6　遺伝情報の流れ ◆◆◆◆◆

### ◆ 3-6-1　セントラルドグマ ◆◆◆◆◆

2001 年に完了したヒトゲノムプロジェクトにより、ヒトが有する遺伝子は 2 万から 3 万種類程度であることがわかった。この膨大な種類の遺伝子は、すべてがいつもタンパク質をつくり出しているわけではない。どの細胞でも、常にタンパク質をつくっている遺伝子を**ハウスキーピング遺伝子**といい、すべての細胞に共通な構造の維持や、タンパク質合成や代謝といったすべての細胞に共通の活動に関わるタンパク質をつくり出している。一方、普段はタンパク質をつくっていないが、何かことがあるとタンパク質をつくるような遺伝子や、細胞の種類によってタンパク質をつくる遺伝子も存在する。

遺伝子の情報は、タンパク質（や RNA）をつくるための設計図であり、また生物の発生プログラムとしての役割をもっている。この設計図の通りに家を建て、プログラムの通りに発生させていくために、遺伝子からタンパク質がつくられることを遺伝子の**発現**（**遺伝子発現**）という。遺伝子の発現には二つの重要なステップがある。一つは、DNA の塩基配列（遺伝子）と同じ塩基配列をもった RNA（mRNA）を合成するステップで、これを**転写**という。そしてもう一つは、合成された mRNA が細胞質に無数に存在するリボソームにたどりつき、そこで mRNA の塩基配列の指定どおりにアミノ酸が連結され、タンパク質がつくり出されるステップで、これを**翻訳**という（**図 3・24**）。

こうしたしくみに代表される、複製され受け継がれるのは DNA であり、DNA 上の遺伝情報をもとに RNA がつくられ、その情報をもとにタンパク質がつくられるという遺伝情報の

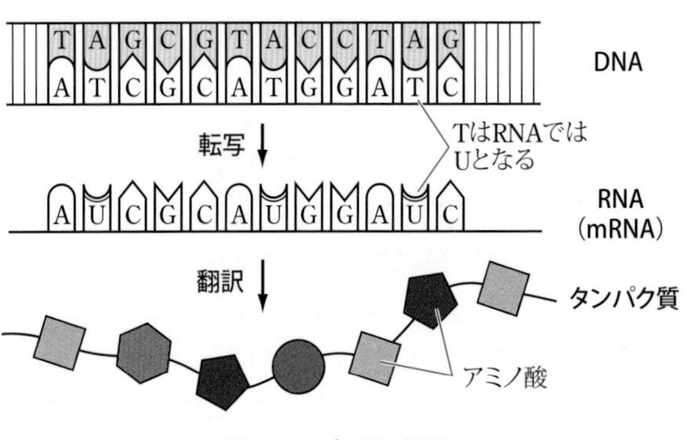


**図3・24**　転写と翻訳

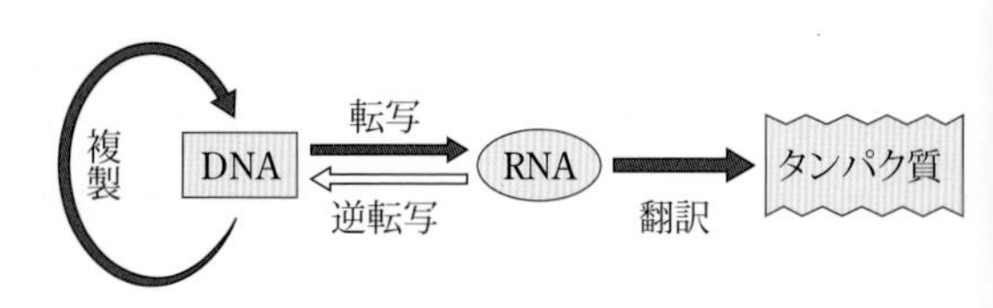


**図3・25**　セントラルドグマ

流れは、原核生物からヒトに至るすべての生物に共通のしくみであるため、中心的な定理という意味で、これを生命の**セントラルドグマ**（分子遺伝学のセントラルドグマ）と呼ぶ（**図 3·25**）。この概念は、DNA 二重らせん構造の発見者である**クリック**（**1-5-6** 項参照）により提唱された。

### 3-6-2 転 写

**転写**は、DNA の遺伝情報が **RNA ポリメラーゼ**によって、RNA の塩基配列として読み取られて合成される過程である（**図 3·26**）。真核生物には RNA ポリメラーゼⅠ、RNA ポリメラーゼⅡ、RNA ポリメラーゼⅢという 3 種類の RNA ポリメラーゼが存在することが知られている。タンパク質の設計図である遺伝子から mRNA を合成するのは、このうち **RNA ポリメラーゼⅡ**である。RNA ポリメラーゼⅡは、5′ → 3′ の方向に RNA を合成し、合成された RNA は**メッセンジャー RNA（mRNA）前駆体**と呼ばれる。遺伝情報は通常、二本鎖になっている DNA のどちらか一方の鎖に存在する。その DNA 鎖を**センス鎖**という（**図 3·19**）。mRNA 前駆体は、センス鎖ではなく、その相補的なもう一方の DNA 鎖（**アンチセンス鎖**）を鋳型として合成されるため、mRNA 前駆体の塩基配列はセンス鎖、つまり遺伝子の塩基配列と、チミンがウラシルに変化している以外、まったく同じになる。

タンパク質の設計図である遺伝子は、mRNA 前駆体として転写される部分と、その転写を調節する部分に分けられる。後者を**転写調節領域**といい、転写に先立って様々な**基本転写因子**や転写調節因子が結合し、RNA ポリメラーゼによる転写の開始をコントロールしている。転写開始点に近い転写調節領域は**プロモーター**と呼ばれ、この領域に基本転写因子と RNA ポリメラーゼが結合することで、転写が開始される（**3-9-2** 項参照）。また、私たち真核生物にはプロモーターのほか、同一 DNA 分子内ではあるが転写開始点からやや離れた位置に**エンハンサー**や**サイレンサー**と呼ばれる塩基配列が存在し、転写を調節している（**図 3·27**）。

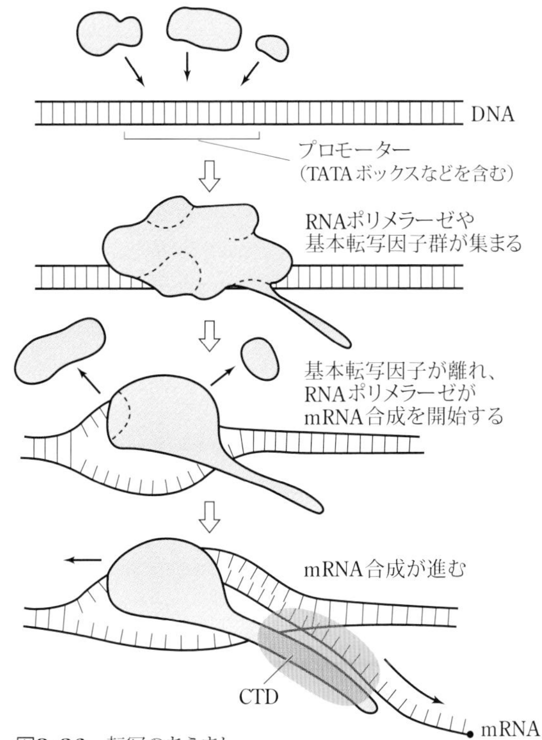


**図3·26** 転写のあらまし
桃色の部分でスプライシングなどの重要なプロセッシングが起こる。CTD：C-terminal domain。

RNA ポリメラーゼⅡによって合成された mRNA 前駆体は、様々な修飾を受けた上で、完成した mRNA となる。まず、転写された mRNA の 5′ 末端に、7- メチルグアニル酸が付加される。これを mRNA の **5′キャップ構造**という。また、転写された mRNA の 3′ 末端には、**ポリアデニル酸**（ポリ A）が、ポリ A ポリメラーゼによって 200 塩基から 300 塩基にもわたって付加される。

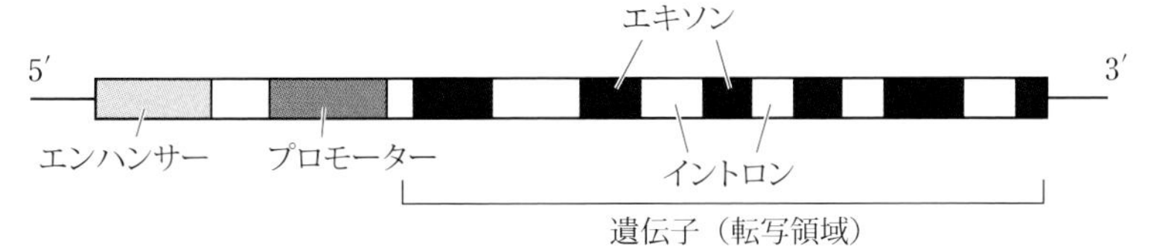


**図3·27** 遺伝子の構造
エンハンサーなどは遺伝子の上流にあるとは限らず、下流やイントロン内にある場合もある。

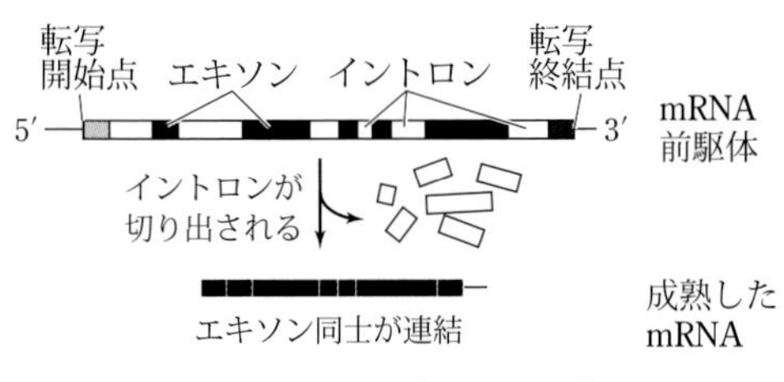

図 3･28　スプライシング

これを**ポリ A テイル**という。

私たち真核生物の DNA 上では、遺伝子は、実際には介在配列（**イントロン**）と呼ばれる、アミノ酸配列を指定していない塩基配列によっていくつかに分断されている。分断されたそれぞれの遺伝子断片を**エキソン**という。mRNA 前駆体は、このエキソンとイントロンが両方含まれている状態である。したがって mRNA 前駆体は、合成されたてのそのままの状態ではタンパク質合成に供することができない。そのため mRNA 前駆体は合成された後、イントロン部分が取り除かれる。このイントロン除去のしくみを**スプライシング**という（**図 3･28**）。スプライシングを経てエキソン同士が連結されてはじめて、アミノ酸配列を指定している情報がすべてつながり、リボソームで翻訳されることができるようになる。なお、原核生物にはイントロンが存在しないため、転写された mRNA はスプライシングを経ることなく、翻訳に回される。

スプライシングの中には、単にイントロン部分だけではなく、エキソン部分も一緒に取り除かれる場合がある。エキソンはアミノ酸配列情報を含むため、それが取り除かれるとできあがるタンパク質の形や性質が大きく変わる。これを**選択的スプライシング**といい、一つの遺伝子から複数の種類のタンパク質をつくるしくみとして、生物界に普遍的に存在している。

このように、合成されたての mRNA 前駆体が様々なしくみによって成熟した mRNA となる過程を**プロセッシング**という。

mRNA に転写された遺伝情報は、mRNA の段階で時折改変される場合がある。遺伝子が mRNA に転写された後、ウラシル（U）がところどころに挿入されたり、アデニン（A）がイノシン（I）に変換されたり、またシトシン（C）がウラシル（U）に変換されたりする。その結果、翻訳段階で読み取られるコドンの種類が変化するので、生じるアミノ酸配列が変わり、タンパク質の構造や機能が変化する。このような、転写後に mRNA の塩基配列を変化させるしくみを **RNA エディティング**（**RNA 編集**）という（**図 3･29**）。寄生虫の一種であるトリパノソーマという原生生物において最初に報告され、それ以降、私たちヒトに至る幅広い生物種に備わっているしくみであると考えられているが、その生物学的意義や役割に関する詳細は、まだよくわかっていない。

成熟した mRNA は、実際にリボソームでタンパク質合成の情報元となる前に、それがきちんとしたものであるか、それがリボソームで翻訳されてもきちんとしたタンパク質が合成されるかどうかチェックされる。このしくみを **RNA サーベイランス**（RNA の品質管理）という。主にリボソームで行われる RNA サーベイランスでは、正常なタンパク質ができないと判断された mRNA（たとえば終止コドン（**3-6-3** 項参照）が、RNA ポリメラーゼの読み取り違いなどによって、タンパク質の読み取り枠の最後ではなく、途中にできてしまった mRNA など）は分解される。正常な mRNA だけが品質管理に合格し、本格的なタンパク質合成に供される（**図 3･30**）。

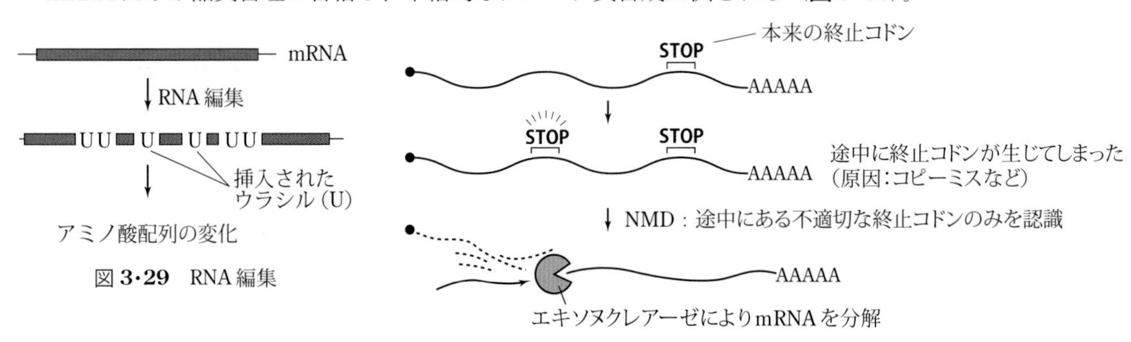

図 3･29　RNA 編集

図3･30　mRNAの品質管理の例
NMD：Nonsense-mediated mRNA Decay（ナンセンス変異依存mRNA分解機構）

### 3-6-3　翻　訳

遺伝子である DNA と、その転写産物である RNA は核酸であり、タンパク質ではない。核酸はヌクレオチド（それは結局のところ塩基）の重合体であり、タンパク質はアミノ酸の重合体である。言ってみれば“言語”が違うのである。したがって、mRNA に転写された遺伝情報をもとにして、リボソームでアミノ酸が重合され、タンパク質がつくられる過程を**翻訳**という（**図 3･31**）。

翻訳とは、塩基配列情報を、アミノ酸配列情報に変換するしくみのことである。その変換にはある一定の法則がある。地球上の全生物に共通のこの法則は、**遺伝暗号**というしくみによって成り立っている。遺伝暗号のしくみは、アメリカの**ニーレンバーグ**（M. W. Nirenberg, 1927 ～ 2010）、**コラナ**（H. G. Khorana, 1922 ～ 2011）らによって明らかにされた。

mRNA は、**コドン**と呼ばれる連続した 3 個の塩基配列で、1 個の特定のアミノ酸を指定（**コード**）している。また、特定のアミノ酸をコードするコドンは、1 種類から 6 種類まで、様々である。たとえば、ACU というコドンはトレオニンをコードし、AGU というコドンはセリンをコードする。こうしたコドンとアミノ酸の対応関係が遺伝暗号である。たとえば、ACUAGUUAUUCG という塩基配列は、トレオニン―セリン―チロシン―セリンというアミノ酸配列へと翻訳される。リボソームにおけるアミノ酸への翻訳は、必ずある決まったコドンから開始される。これを**開始コドン**とい

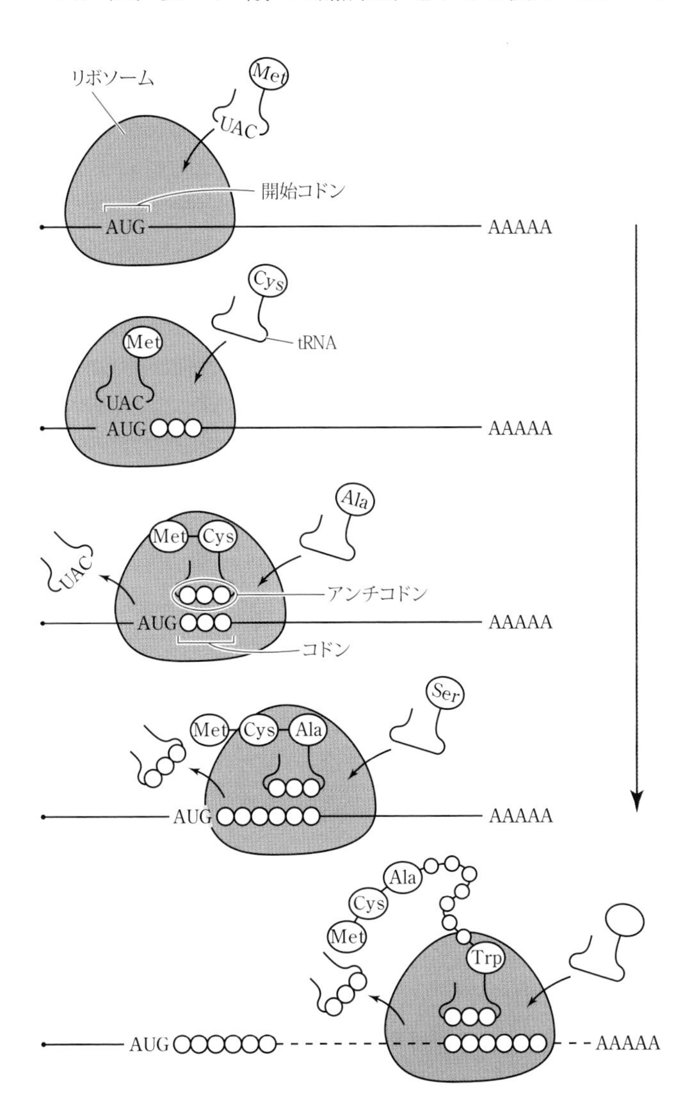


図3･31　翻訳のあらまし

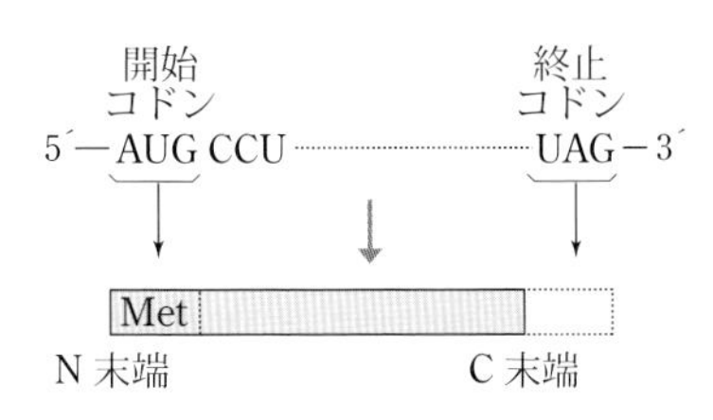


図 3･32　開始コドンと終止コドン
開始コドンは必ずメチオニン（Met）をコードする AUG である。終止コドンはどのアミノ酸も指定していないので、その直前で翻訳は止まる。

| 1番目 | 2番目 U | 2番目 C | 2番目 A | 2番目 G | 3番目 |
|---|---|---|---|---|---|
| U | Phe | Ser | Tyr | Cys | U |
| U | Phe | Ser | Tyr | Cys | C |
| U | Leu | Ser | × | × | A |
| U | Leu | Ser | × | Trp | G |
| C | Leu | Pro | His | Arg | U |
| C | Leu | Pro | His | Arg | C |
| C | Leu | Pro | Gln | Arg | A |
| C | Leu | Pro | Gln | Arg | G |
| A | Ile | Thr | Asn | Ser | U |
| A | Ile | Thr | Asn | Ser | C |
| A | Ile | Thr | Lys | Arg | A |
| A | Met | Thr | Lys | Arg | G |
| G | Val | Ala | Asp | Gly | U |
| G | Val | Ala | Asp | Gly | C |
| G | Val | Ala | Glu | Gly | A |
| G | Val | Ala | Glu | Gly | G |

× は終止コドン。

図 3･33　真核生物の核におけるコドン表（普遍遺伝暗号）

い、**メチオニン**をコードするAUGである。また、なかにはどのアミノ酸もコードしていないコドンもあり、このコドンをリボソームが読み取ると翻訳がそこで終了する。このようなコドンを**終止コドン**という（**図3･32**）。

遺伝暗号には、全生物に共通な**普遍遺伝暗号**と、一部の生物や一部のミトコンドリアなどに見られる、普遍遺伝暗号とは異なる暗号である**非普遍遺伝暗号**がある。普遍遺伝暗号を一覧にした表をコドン表という（**図3･33**）。

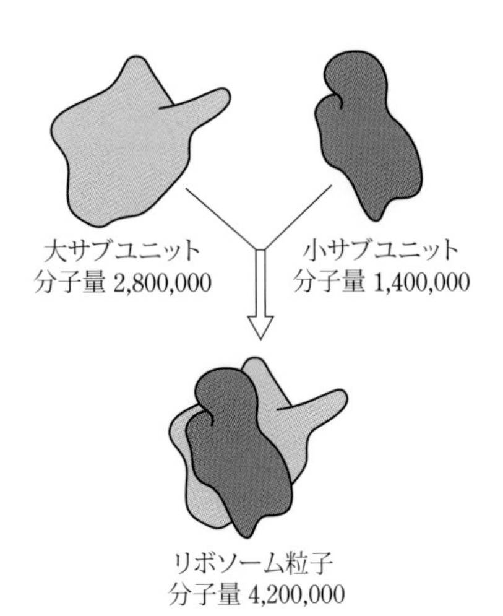


**図3･34**　真核生物のリボソームの構造
大サブユニットは3種類のrRNAと50種類のリボソームタンパク質、小サブユニットは1種類のrRNAと33種類のリボソームタンパク質より成る。

成熟したmRNAは、核から**核膜孔**を通過して細胞質に入る。タンパク質合成装置である**リボソーム**は、**大サブユニット**と**小サブユニット**から構成されるが、この二つのサブユニットは普段は別々に存在している（**図3･34**）。細胞質にmRNAが到達すると、この二つのサブユニットがmRNA上に集合し、開始複合体と呼ばれる構造をとる。mRNA上をリボソームが移動し、**開始コドン**を発見すると、そこからタンパク質の翻訳がスタートする。

リボソームは、多くのリボソームタンパク質と**rRNA**から成る巨大な複合体である。リボソームにアミノ酸を運んでくるのが**tRNA**である。tRNAにはmRNAのコドンに対応した数十種類のものがあり、それぞれコドンに対応したアミノ酸をその3′末端に結合させている。アミノ酸をtRNAに結合させるのが、**アミノアシルtRNA合成酵素**である。

tRNAは、mRNA上のコドンと相補的に結合しうる**アンチコドン**と呼ばれる連続した3塩基をもつ（**3-5**節参照）。リボソームに入り込んだtRNAは、アンチコドンを介してmRNAのコドンを認識し、コドン—アンチコドン間に生じる水素結合によって緩く結合する（**図3･31**）。

リボソームを構成するrRNAの一部には、tRNAが運んできたアミノ酸同士をつなげる酵素活性である**ペプチド転移活性**があり、これによってアミノ酸同士がつながる。リボソームはmRNA上を移動していくため、これに伴ってtRNAにより運ばれてきたアミノ酸がコドンの通りに順番につながり、タンパク質が合成されていく。翻訳が、どのアミノ酸もコードしていない終止コドンにまで到達すると、**翻訳終結因子**の作用によって翻訳が停止し、合成されたポリペプチド鎖はリボソームから放たれ、適切に折り畳まれてタンパク質となる。

なお、タンパク質（ポリペプチド鎖）のうち、端のアミノ酸がアミノ基を遊離させている側を**N末端**、カルボキシ基を遊離させている側を**C末端**といい、タンパク質はN末端→C末端の方向で合成される。

一部のウイルスが宿主細胞のリボソームで起こす現象に、**リボソーム・フレームシフト**と呼ばれるものがある。これは、mRNA上をリボソームがマイナス側やプラス側に1塩基分ずれることにより、コドンの読み枠が変化してつくられるタンパク質が変わるしくみである。これによって一つの遺伝子から二つ以上のタンパク質をつくることができる。新型コロナウイルス（**7-4-1**項参照）などが、このしくみを使ってタンパク質を合成していることが知られている。

## ◆ 3-7　タンパク質のフォールディングと輸送 ◆◆◆◆◆

リボソームで合成されたポリペプチド鎖は、適切な立体構造に折り畳まれる。この過程を**フォールディング**という。

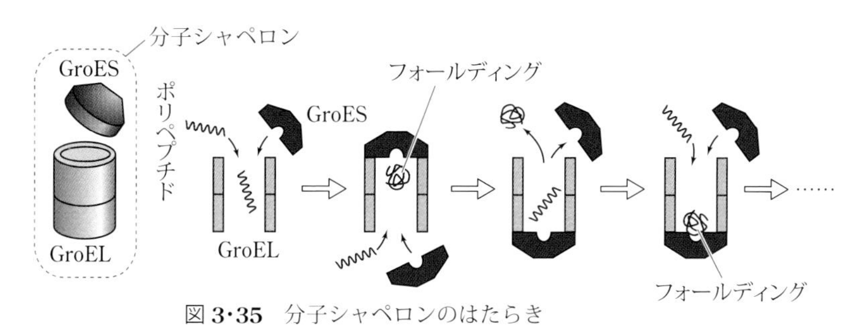


図 **3·35**　分子シャペロンのはたらき

アメリカの**アンフィンゼン**（C. B. Anfinsen, 1916 ～ 1995）は、リボヌクレアーゼを変性剤で変性させた後に変性剤を取り除き、再び元の構造に戻すという明快な実験により、タンパク質の立体構造はアミノ酸の配列順序により自動的に決まるという説を提唱した。これは**アンフィンゼンのドグマ**と呼ばれるが、実際の細胞内では、多くのポリペプチド鎖は**分子シャペロン**（シャペロンとは“介添え役”の意）と呼ばれるタンパク質のはたらきによって、フォールディングを受けることが知られている。**熱ショックタンパク質**などのように、何らかのストレスが原因で発現するタンパク質は、分子シャペロンとしての性質をもつ。熱により変性したタンパク質を元の形に戻したり、変性しないよう保護したりするはたらきがある（**図 3·35**）。

合成されたタンパク質のうち、細胞の外ではたらくタンパク質（**分泌性タンパク質**）は、小胞体、ゴルジ体を経由して細胞外へ分泌される（**2-2** 節参照）。分泌性タンパク質の N 末端のアミノ酸配列は**分泌シグナル**となっており、合成されるとまもなくシグナル認識粒子（signal recognition particle : SRP）を介して小胞体の膜へ取り付く。リボソームで合成されている途中から小胞体膜へと取り付くので、分泌性タンパク質を合成しているリボソームは、小胞体の表面に存在することになり、**粗面小胞体**が形成される（**図 3·36**）。これに対して、細胞質ではたらくタンパク質を合成するリボソームは、小胞体に取り付くことなく、遊離したままでタンパク質を合成する。合成された分泌性タンパク質は小胞体の内腔へと放出され、そこで糖鎖の付加が行われ、分泌される準備が整う。分泌性タンパク質はその後、小胞体膜から出芽する小胞（**輸送小胞**）に包まれてゴルジ体へと運ばれ、そこでさらに糖鎖による修飾がなされた後、ゴルジ体からちぎれるように生じる小胞（**分泌小胞**）に包まれる。この小胞は、細胞膜と融合し、分泌性タンパク質は細胞外へと放出される（**図 2·4** 参照）。

つくられた細胞の細胞膜に埋め込まれ、そこではたらくタンパク質を**膜貫通型タンパク質**という（**図 3·37**）。分泌性タンパク質と同様、それを合成しつつあるリボソームは小胞体に取り付くが、膜貫通型タンパク質の場合は小胞体の内腔へは放出されず、小胞体の脂質二重層に埋

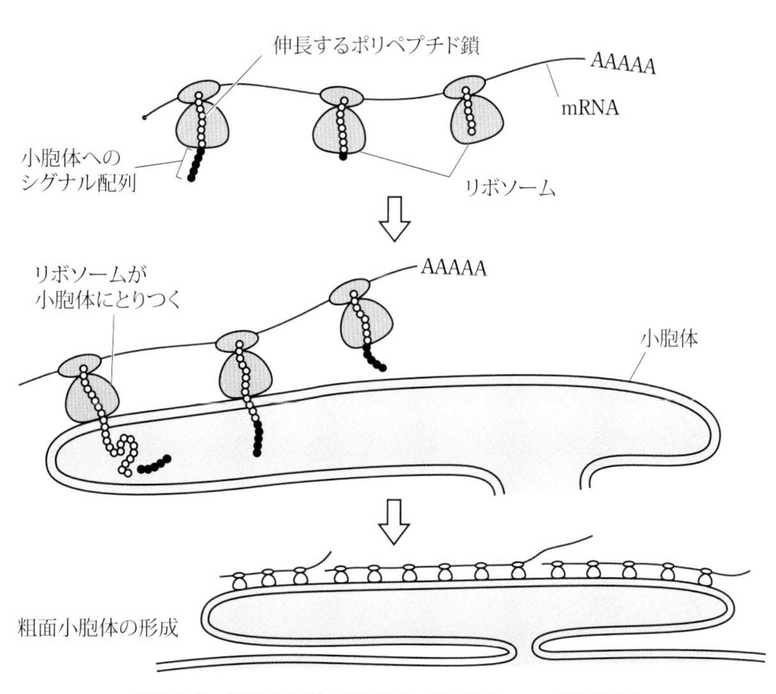


図**3·36**　粗面小胞体の形成（Lodishほか 2005より改変）

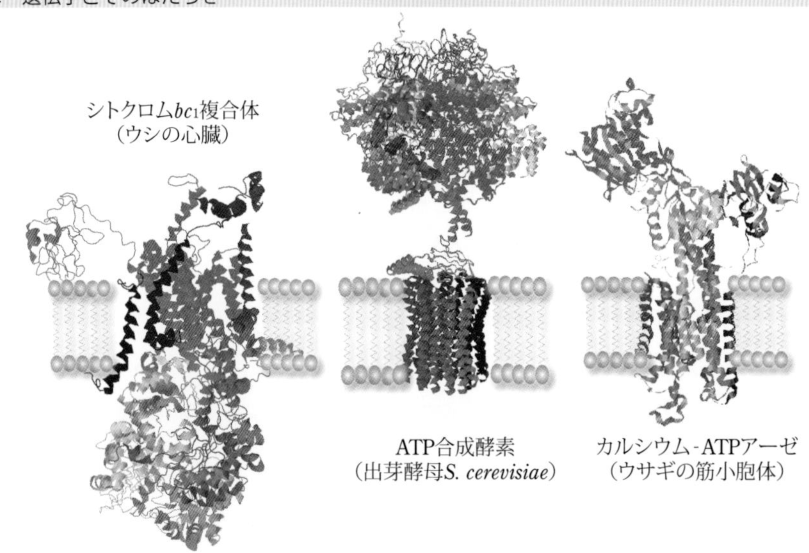


**図3・37**　膜貫通型タンパク質の例（Protein Data Bankより作図。画像提供：東京理科大学・鞆 達也）

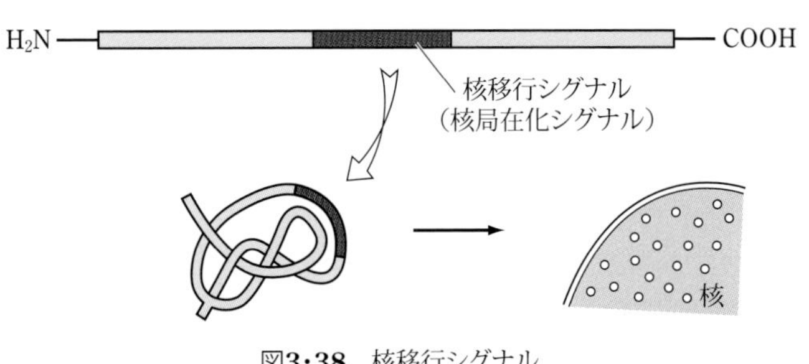


**図3・38**　核移行シグナル

め込まれ、出芽する小胞とともにゴルジ体へと運ばれ、さらに細胞膜へと運ばれる。

合成されるタンパク質のうち、ミトコンドリアや葉緑体などの細胞小器官ではたらくタンパク質のN末端には、分泌性タンパク質などと同様、その目的の細胞小器官へと移行するための**シグナルペプチド**がついている。そのため、リボソームで合成された後、それぞれの目的の細胞小器官へと移行し、そこでそれぞれの機能を発揮することができる。また、核内ではたらくタンパク質には**核移行シグナル**があり、これによって核内へと適切に輸送される（**図3・38**）。核移行シグナルの位置は、タンパク質内のいずれでもよい。

## ◆ 3-8　遺伝情報の変化 ◆◆◆◆◆

### 3-8-1　突然変異

これまで扱ってきたように、DNAの塩基配列として存在する遺伝情報は、生命現象に重要なはたらきをするタンパク質やRNAをつくるもとになる設計図であるから、DNAが複製されて細胞の世代が交代しても変化することはないが、まれに変化することもある。DNAの塩基配列の変化は、DNA複製時に生じる、**DNAポリメラーゼ**による**複製エラー**に起因するものや、紫外線や化学物質などによる**DNA損傷**に起因するものがあり、塩基配列の永続的な変化をもたらす。これを**突然変異**という（**図3・39**）。よく、ゴジラやガメラなどが「突然変異で生まれた」と言われるが、ゴジラが生まれたことと突然変異は同義ではなく、DNAの突然変異が積み重なり、その結果ゴジラが生まれ

|  |  |
|---|---|
| TAGCGTACCTAG<br>ATCGCATGGATC | 野生型 |
| TAGTGTACCTAG<br>ATCACATGGATC | 置換 |
| TAG←GTACCTAG<br>ATC←CATGGATC | 欠失 |
| TAGCCGTACCTAG<br>ATCGGCATGGATC | 挿入 |
| TAGTACGCCTAG<br>ATCATGCGGATC | 逆位 |

**図3・39**　突然変異の種類

たというのが正確な理解である。

DNA複製時に生じるDNAポリメラーゼによる複製エラーは、**一塩基置換**をもたらすことがほとんどである。一度のDNA複製では、多くの複製エラーが生じると考えられているが、そのほとんどはDNA複製中もしくは複製後に**DNA修復**機構により修復される。DNAポリメラーゼに付随する**エキソヌクレアーゼ**は、複製エラーが生じた直後にはたらいてこれを修復する。**ミスマッチ修復機構**は、鋳型がAに対してCが入っているなどの、複製後の**ミスマッチ塩基対**を認識し、これを除去する。しかしながら、複製エラーの中にはまれにこれら修復機構でも修復されない場合があり、塩基対がミスマッチのまま次のDNA複製が行われることにより、一対の塩基対が別の塩基対に置換した状態が生じる。こうして突然変異となる。また、DNA複製時にまれに生じる**複製スリップ**などにより、単数もしくは複数の塩基対が新たに加わってしまう**挿入**や、その逆になくなってしまう**欠失**などの突然変異が生じることもある（**図3・39**）。

紫外線は、DNAに直接当たることでこれに損傷を与える。損傷のほとんどは、チミン同士が並んでいる部分に**チミンダイマー**と呼ばれる構造をつくってしまうものである。これは、チミン同士が共有結合を形成し、二量体となってしまうもので、チミンダイマーが修復されないままDNA複製が起こると、TTの塩基配列と本来塩基対を形成するはずのAAではなく、別の塩基配列が対合してしまう場合がある。何らかの有害な化学物質がDNAに結合した場合も、やはり本来の正常な塩基対が形成されないままDNA複製が進行する場合もある。通常、こうしたDNA損傷を乗り越えて正常な複製を行うDNAポリメラーゼ（**損傷乗り越えDNAポリメラーゼ**）があるため、突然変異の発生は抑えられているが、これらが正常にはたらかない先天性異常では、突然変異の頻度が高まり、時には発がんを引き起こすことが知られている。

突然変異には、以上述べたような置換、挿入、欠失以外にも、ある長さの塩基配列が逆向きに変化してしまう**逆位**、染色体の別の場所に移動したりする**転移**などもある。さらに、減数分裂時に染色体が正常に分配されないことによる染色体数の異常も、突然変異に含まれる（**8-4-1**項参照）。

これらの突然変異のうち、最もリスクが少ないのは一対の塩基対のみが別の塩基対に入れ替わる置換であるように思われるが、突然変異がタンパク質のアミノ酸配列をコードする遺伝子（エキソン）部分に生じた場合には、重篤（じゅうとく）な影響が出る場合がある。すなわち突然変異によってアミノ酸をコードするコドンが変化し、別のアミノ酸をコードするコドンに変化する場合であり、このような置換を**非同義置換**という。非同義置換がタンパク質の機能に重要な役割を果たすアミノ酸に生じた場合、時にそれは重篤な病気をもたらしたり、時には致死的となる場合がある。**鎌状赤血球症**は、こうした非同義置換を起こした**ヘモグロビン**をもつヒトに発症する。この病気は、ヘモグロビンの二つのポリペプチド鎖（α鎖とβ鎖）のうちβ鎖の6番目のアミノ酸（グルタミン酸）をコードする**βグロビン遺伝子**のコドンに一塩基置換が生じることで、そのアミノ酸がバリンへと変化し、ヘモグロビン全体の形に影響を及ぼすことにより、赤血球が鎌状に変化する遺伝病である（**図3・40**）。

一方、コドン表（**図3・33**参照）からわかる遺伝暗号の性質上、コドンが変化してもアミノ酸が変化しない場合もあり、こうした置換を**同義置換**といい、その細胞もしくは個体に表現型上の変化は現れない。

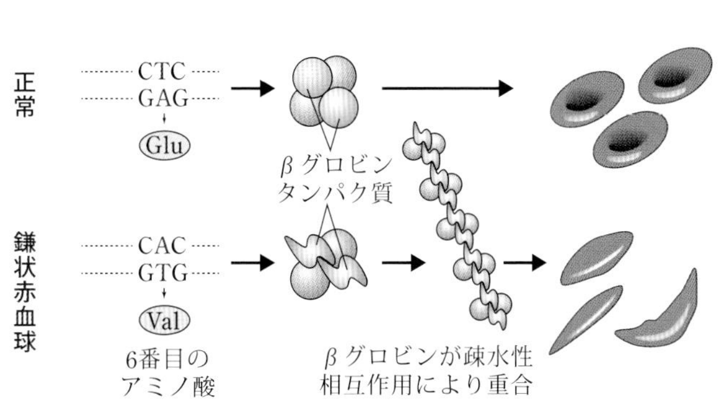


図**3・40**　鎌状赤血球症の発症メカニズム

### 3-8-2　DNA 多型

同じ種の各個体がもつDNAの塩基配列はどれも同じであると思いがちだが、実際には、同じ種であっても個体が違えば、DNAの塩基配列にもわずかな違いが存在する。たとえば、私たちヒトの場合、およそ30億塩基対もの長さがあるDNAのうち、2000塩基に1塩基の割合で、個体差（個人差）が存在することが明らかとなっている。このように、同一種の個体同士でDNAの塩基配列に違いが存在することを**DNA多型**という。このDNA多型のうちよく知られているのが一塩基多型とVNTR多型である。

**一塩基多型**とは、DNAの塩基配列のうち特定の一塩基が、個体ごとに異なるもので、その英語（single nucleotide polymorphism）の頭文字をとって**SNP**（スニップ）と呼ばれる。その塩基に関して、全個体の1％以上で異なる塩基が見られる場合、SNPとみなされるが、1％未満の場合はSNPとはみなされず、単なる突然変異とみなされる。SNPも、最初は突然変異により生じたと考えられる。したがって、ある個体（の生殖細胞）に生じた突然変異が、遺伝的浮動（**8-4-2**項参照）などの原因により偶然に集団内に広まり、全個体の1％以上の個体がもつようになったものがSNPであると考えてよい。

最もよく知られたSNPとして、耳垢（みみあか）の型を決める遺伝子である***ABCC11*遺伝子**に存在するSNPと、アルコールを分解する経路に関わる遺伝子である***ALDH*遺伝子**に存在するSNPが挙げられる（**図3・41**）。*ABCC11*遺伝子のある塩基がAである人とGである人で、耳垢の型が違うことが知られている。両親由来の二つの*ABCC11*遺伝子のうち両方ともAの場合は、指定されるアミノ酸はアルギニンとなり、耳垢は乾いたタイプとなる。どちらか一方がGもしくは両方ともGの場合、指定されるアミノ酸はグリシンとなり、耳垢は湿ったタイプとなる。*ALDH*遺伝子は、二日酔い物質として知られる**アセトアルデヒド**を分解する酵素の遺伝子であり、その中にあるSNPが、この酵素の活・不活に関わっていることが知られており、「活」の人は酒に強く、「不活」の人は酒に弱いとされている。

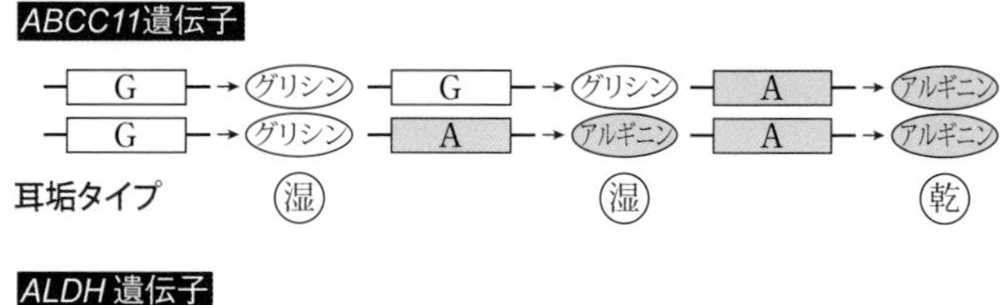


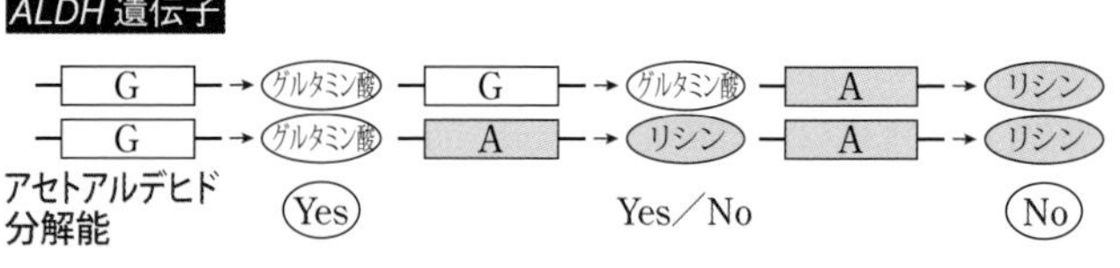


**図3・41**　SNP

一方**VNTR多型**は、ゲノム中にはある一定の長さの塩基配列が何度も繰り返されている場所があり、その繰り返しの数が個体によって異なるもの（variable number of tandem repeat）である。VNTRは、数塩基から数十塩基程度の塩基配列が繰り返されるものであるが、数塩基程度の非常に短い塩基配列が繰り返される場合、**STR**（short tandem repeat）と呼ばれる。こうした繰り返し配列は、タンパク質をコードする遺伝子領域以外の部分に存在することがほとんどであり、繰り返しの数が個人によって異なることから、**DNA鑑定**の対象ともなっている（**図3・42**）。またこの場合、指紋と同様の効果を発揮することから、このこともしくは繰り返し配列を用いて個人を特定する技術のことを**DNA指紋**（**DNAフィンガープリンティング**）と呼ぶ。DNA指紋は、1985年にイギリスの**ジェフリーズ**（Sir A. Jeffreys, 1950～）により初めて報告された。

母　子　父親候補 1　2　3

繰り返し配列を意味するバンド

**図3・42**　VNTR多型とDNA鑑定
子がもつバンドと同じ位置にあるバンドをもつ1番が父親であることがわかる。

以上のように、DNA 多型は個人の体質を決めたり、個人を特定するなどの技術に利用できたりするものであるが、時には病気に関係するものもある。とりわけ近年では、心筋梗塞(こうそく)や脳梗塞、糖尿病などの生活習慣病（**7-4-2** 項参照）のリスクを高める SNP の存在が示されるようになってきており、**遺伝子診断**の対象ともなっている。

## 3-9 細胞応答と遺伝子発現の調節

### 3-9-1 細胞内情報伝達

細胞は、外界からの刺激に応じて遺伝子発現を変化させる。多細胞生物の細胞は、強固な結合（**細胞間接着**）によって互いに結びついているが、化学物質をやり取りすることにより、離れた細胞同士でも情報を伝達し合うメカニズムを発達させており、これを**細胞間情報伝達**という。**サイトカイン**は、細胞間情報伝達を担うタンパク質で、これを分泌する細胞と、受け取る細胞との間で情報のやり取りが行われる。免疫応答で T 細胞などが分泌する**インターロイキン**は、サイトカインの一種である（**5-7-1** 項参照）。

こうしたサイトカインや**ホルモン**（**5-10** 節参照）は、標的となる細胞の細胞膜に存在するタンパク質でできた**受容体**（**レセプター**）に結合する。するとその情報が細胞内部を伝わり核まで到達し、その結果、細胞はこうした刺激に反応するために遺伝子発現を促進したり、抑制したりする。このような、外界からの情報が細胞内で伝達されていく現象を**細胞内情報伝達**という（**図 3･43**）。

ある受容体では、サイトカインやペプチドホルモンなどが結合すると、受容体の構造が変化し、細胞膜直下に存在する **G タンパク質**が活性化される。不活性化状態の G タンパク質は **GDP**（グア

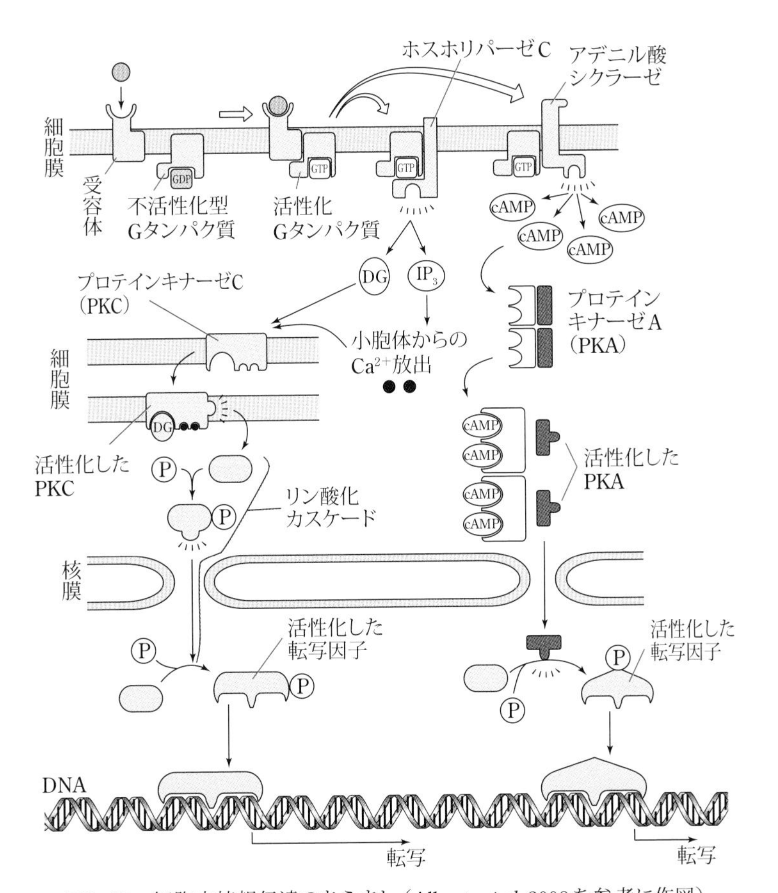


図3･43 細胞内情報伝達のあらまし（Alberts *et al.* 2008を参考に作図）

ノシン二リン酸）と結合しているが、受容体の構造が変化するとGDPは細胞内の**GTP**（グアノシン三リン酸）と交換され、GTP結合型になったGタンパク質は活性化される。活性化されたGタンパク質は、細胞膜に存在する**アデニル酸シクラーゼ**や**ホスホリパーゼC**などの酵素を活性化し、**セカンドメッセンジャー**である**cAMP**（サイクリックAMP）や**ジアシルグリセロール**などを産生するようはたらく。セカンドメッセンジャーは、細胞外からの情報を二次的に細胞内部へと伝える情報伝達物質である。こうしたセカンドメッセンジャーは、細胞内でさらに別のタンパク質にはたらきかけ、そのタンパク質の構造や機能を変化させる。cAMPは**プロテインキナーゼA**、ジアシルグリセロールは**プロテインキナーゼC**をそれぞれ活性化する。プロテインキナーゼCは、**西塚泰美**（にしづかやすとみ）（1932～2004；**図3･44**）により発見された酵素である。**キナーゼ**とはタンパク質をリン酸化する酵素の総称であり、細胞内情報伝達におけるタンパク質機能の変化には、タンパク質のセリン、トレオニン残基などがリン酸化される**タンパク質リン酸化反応**が関与する（**2-10-1**項参照）。さらに、リン酸化を受けたタンパク質が活性化され、また別のタンパク質をリン酸化するという反応の連鎖が起こる。これを**リン酸化カスケード**という。こうして情報が最終的に核にまで到達し、遺伝子発現を調節するタンパク質（**転写因子**）を活性化する。

**図3･44**　西塚泰美

### 3-9-2　遺伝子発現の調節

遺伝子発現の調節は、**プロモーター**、**エンハンサー**、**サイレンサー**などのDNA領域を介して行われる（**3-6-2**項参照）。プロモーターは**基本転写因子**、**RNAポリメラーゼ**が結合する部位であり、エンハンサーには**アクチベーター**と呼ばれる遺伝子発現調節タンパク質が結合する。エンハンサーに結合したアクチベーターが、**メディエーター**と呼ばれるタンパク質複合体を介してプロモーター上の基本転写因子と相互作用することがきっかけとなり、転写開始複合体の構造が変わり、基本転写因子群がプロモーターから引き離されると同時に、RNAポリメラーゼによる転写が開始される（**3-6-2**項参照）。この過程を**プロモーター・クリアランス**という。こうした調節は、サイレンサーを介した遺伝子発現の抑制でも行われる。

遺伝子発現の調節は、こうしたプロモーターレベルの転写反応調節のみならず、**クロマチン**全体の構造の変化を通じても起こる。クロマチンには転写が活発に行われている**ユークロマチン**と、転写が活発でなくクロマチンが凝縮した状態となった**ヘテロクロマチン**が存在するが（**3-3**節参照）、ユークロマチンの中でも、転写がさらに活発な部分とそうでない部分がある。ユークロマチンの構造は常に**凝縮**と**脱凝縮**を繰り返しており、これが転写を促進したり抑制したりする。こうしたクロマチンの動的変換を**クロマチン・リモデリング**という（**図3･45**）。クロマチンが凝縮すると、転写因子やRNAポリメラーゼがプロモーターに結合できず、転写は起こらない。

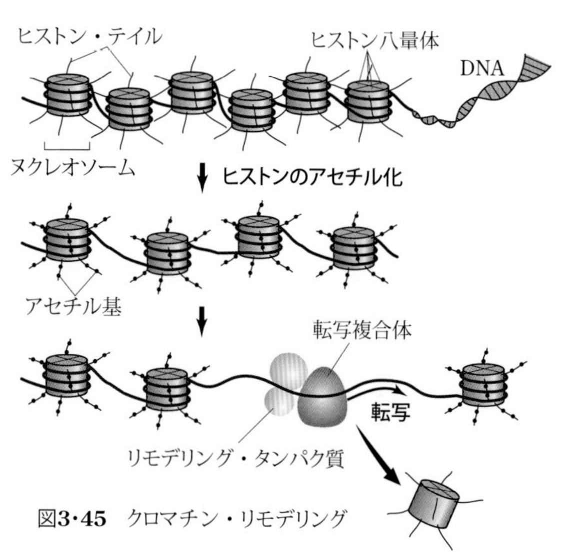


**図3･45**　クロマチン・リモデリング

クロマチン・リモデリングには、DNA

や**ヒストン**に起こる様々な**化学修飾**が関わっている。DNAには、シトシンにメチル基が結合する**メチル化**が起こり、ヒストンにはその一部（ヒストン・テイル）にアセチル基が結合する**アセチル化**が起こるが、DNAのメチル化は、その部分のクロマチンの凝縮を引き起こし、その結果転写は抑制される。ヒストンのアセチル化は、その部分のクロマチンの脱凝縮を引き起こし、転写は促進される。一方、ヒストンの**脱アセチル化**はクロマチンの凝縮を引き起こし、転写は抑制される。ヒストンにはこの他にも、メチル化、リン酸基が結合するリン酸化、SUMO（small ubiquitin-related modifier）と呼ばれる化合物が結合するSUMO化などの修飾が起こり、それぞれが凝縮、脱凝縮などのクロマチン・リモデリングを引き起こすことが知られている。このように、ヒストンがどのように修飾されるかによって、どのような結果がもたらされるかが徐々に明らかになりつつある。ヒストンの修飾のパターンとその結果とが一対一の法則によって成り立っていることから、こうしたしくみを遺伝暗号（ジェネティック・コード）になぞらえて**ヒストン・コード**という（**図3·46**）。

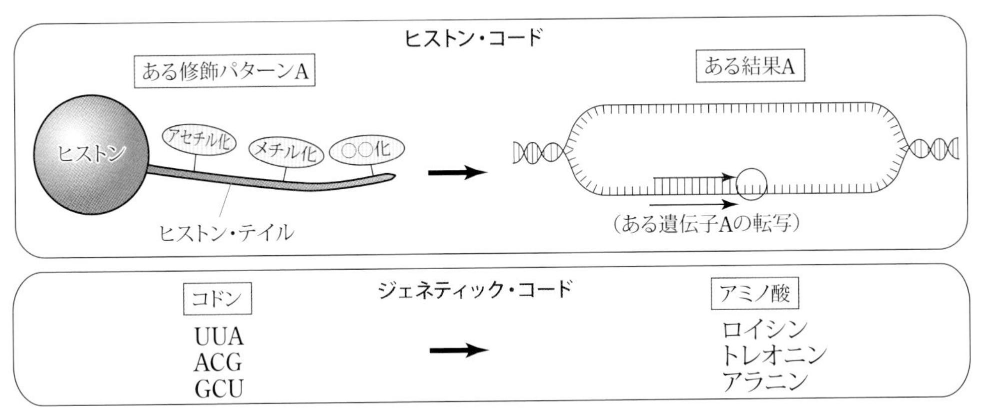


**図3·46**　ヒストン・コード

DNAやヒストンに生じるこうした化学修飾は、DNAが複製され、細胞が分裂した後も、子孫の細胞へと受け継がれていくことが知られている。たとえば、ある細胞で生じたDNAメチル化やヒストンのアセチル化のパターンが、DNAの複製後もそのまま引き継がれる。化学修飾のパターンが細胞ごとに異なることにより、それぞれの細胞の種類ごとに発現する遺伝子の違いを生み、細胞の分化が決められていく。すなわちこのしくみが存在することが、個体発生の過程で、いったんある細胞に分化した細胞が、分裂後もその性質をそのまま引き継ぎ、組織や器官が形成されていく理由である（**4-4-3**項、**4-4-4**項参照）。このように、化学修飾などDNAの塩基配列以外の要因が世代を超えて細胞から細胞へ受け継がれていく現象を、DNAの塩基配列におけるそれをジェネティクス（遺伝学）と呼ぶのに対し、**エピジェネティクス**（後成的遺伝学）という。エピジェネティクスは、発生における遺伝子発現の調節に重要で、次章で扱うホメオティック遺伝子など（**4-4-4**項参照）の発現にも関わっている。

## コラム　遺伝子組換え作物

遺伝子を試験管内で直接操作し、時には改変しながら有用なタンパク質や遺伝子組換え生物などをつくり出す技術に関する学問を**遺伝子工学**という。その代表的技術が**遺伝子組換え技術**である。コーンバーグ（**1-5-7** 項参照）により試験管内DNA合成が可能となり、制限酵素やPCRなどの遺伝子工学技術、岡田善雄（**2-2-2** 項参照）による細胞融合などの細胞工学的技術が発展したことで、遺伝子組換えは農業、医療、製薬などの分野で広く用いられるようになった。遺伝子組換え技術の産物としての**遺伝子組換え作物**は、ヒトが改変してつくり出した生物の代表である。原初以来の農耕は、自然環境に合わせて様々な作物を人為的に交配し、ヒトにとって都合のいい作物を作出する**品種改良**によって徐々に発展してきた。この品種改良を、遺伝子を直接改変することで達成したのが遺伝子組換え作物であると言える。

遺伝子組換え作物には、その目的に応じて**耐病性**、**害虫抵抗性**、**除草剤耐性**など様々な性質を持ったものがある。米国ではかなり広く普及しているが、日本などでは消費者の間で広く認知されているとはいえず、普及はしていない。むしろ、遺伝子組換え作物であるか否かを食品に表示するしないなどを巡（めぐ）り、社会問題化する傾向にある。遺伝子組換え作物は、**アグロバクテリウム法**と呼ばれる方法を用いて作出されることが一般的である（**図3･47**）。**アグロバクテリウム**は**土壌細菌**の一種で、植物細胞に感染し、自身がもつ**プラスミド**（環状DNA）中の**T-DNA**というDNAを植物細胞に組み込む性質をもつ。これを利用し、細胞に導入したい遺伝子AをT-DNAと置き換えたアグロバクテリウムをつくり、これを植物体の元になる**プロトプラスト**と呼ばれる細胞壁を取り除いた細胞に感染させる。これを組織培養により増殖させ、植物体をつくれば、全身の細胞が遺伝子Aをもつ遺伝子組換え作物をつくることができる。

なお現在では、遺伝子組換えに代わる新たな技術として**ゲノム編集**が開発されている（**1-5-7** 項参照）。

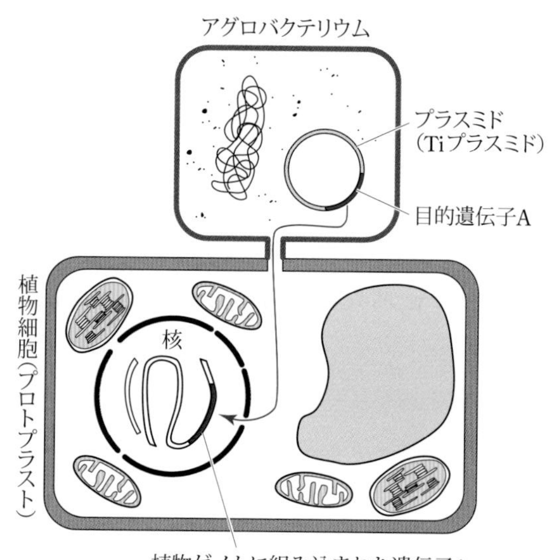


**図3･47**　アグロバクテリウム法

# 4　動物の生殖と発生

生物の三大条件の一つが「自立した自己複製ができること」であったことを思い出してほしい。自己複製とは、自分と同じ個体をつくることだが、言うなれば「生殖」である。生物が生きるということは、ひとえに生殖の成功に向かって努力することであると言えるほど、生殖という行為は生物にとって重要なのである。

生殖の成功は、新たな世代の細胞もしくは個体を生みだす。生殖の成功により生じた受精卵は、複雑な過程を経て次世代の個体へと発生していく。果たして生物はどのようにして生殖を行い、そして発生するのだろうか。

本章では、私たちヒトを含めた動物の、生殖と発生メカニズムを扱う。



## 4-1　生殖と遺伝的多様性

### 4-1-1　無性生殖と有性生殖

**多細胞生物**の体を構成する細胞を**体細胞**といい、この細胞は次世代形成には携わらない。次世代形成に携わるのは特殊な細胞であり、これを**生殖細胞**という（**図4･1**）。ネオ・ダーウィニズムの流れをつくったドイツの**ワイスマン**（**1-5-5** 項参照）は、親から子への物質的連続性という観点で、子が親に似るのは、生殖細胞中の**ジャームプラズム**（**生殖質**）によるからであり、生殖細胞以外の体の細胞は、生殖質を伝えるための道具に過ぎないと考え、体細胞と生殖細胞を明確に区別した。体細胞と生殖細胞の役割を進化的に考察すると、この 2 種類の細胞に明快な差が存在するのは確かである。

動物、植物を通じて、**有性生殖**を行うほぼすべての生物は、その 1 個の個体あるいは別々の個体の中に役割の異なる生殖細胞を有している。生殖細胞の最終的な形は、**減数分裂**という特別な細胞分裂を行うことによってつくられた、2 種類の**配偶子**である。一方が卵（**雌性配偶子**）で、もう一方が精子（**雄性配偶子**）である。

**性**とは、細胞同士が接着することにより、遺伝子の組み合わせが変化するしくみである。遺伝子の組み合わせを変えるためには二つの細胞の接着が必要であり、私たち動物は卵と精子の合体、すなわち**受精**という形でこれを行っている。この定義では、**単細胞生物**における細胞同士の接着も、性というしくみに含まれる。

通常、単細胞生物は**無性生殖**と呼ばれる方法で子孫を増やす。これは、生殖用の特別な細胞をつくらず、**分裂**や**出芽**によって子孫を増やす方法である。多くのバクテリアや原生動物は無性生殖を行い、通常**二分裂**によって増えるが、なかには一度に多数の細胞に分裂する**複分裂**を起こすものもいる。

これに対し、多細胞生物は通常、雌雄の配偶子を用いる**有性生殖**を行う。

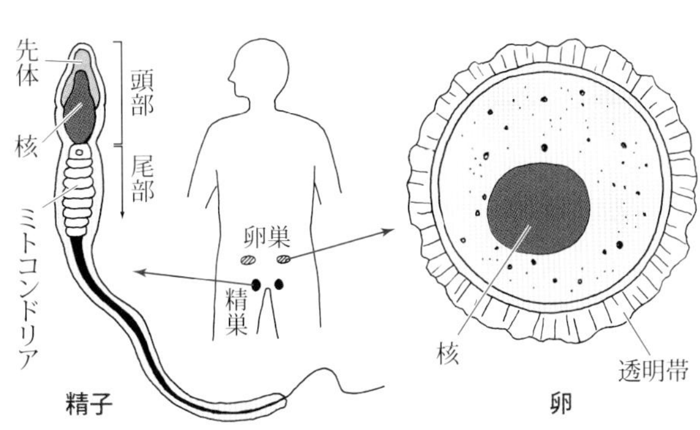


図4･1　ヒトの配偶子

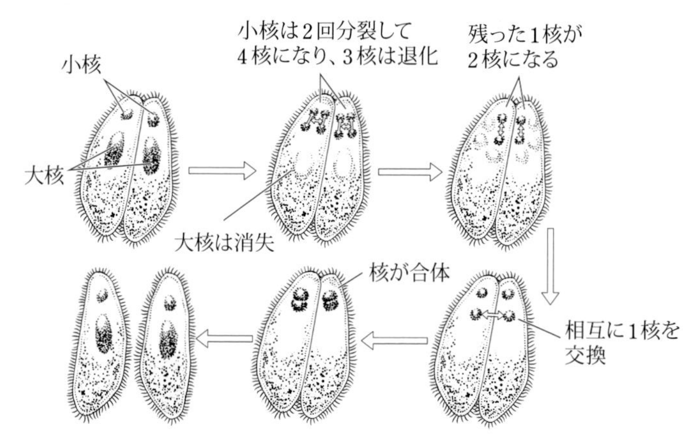


図4·2　ゾウリムシの接合

単細胞生物の中には、分裂以外の局面で性のしくみを利用するものもいる。たとえば、原生動物の一種である**繊毛虫類**（ゾウリムシの仲間）は、ある特定の状態（飢餓状態など）に陥ると、性の違う2個の細胞同士が**接合**し、核の一部を交換しあうことが知られている（**図4·2**）。この場合の性のことを**接合型**と呼ぶ。酵母にも接合型があり、**出芽酵母**（*Saccharomyces cerevisiae*）では$\alpha$型と$a$型に分けられる。

### 4-1-2　減数分裂による多様性の創出

私たちの体を構成する細胞のうち、生殖細胞以外のものが体細胞である。体細胞には、父親から受け継いだゲノム（**3-3**節参照）と母親から受け継いだゲノムが両方存在している。こうした状態を**複相**といい、ゲノムの1セットを「$n$」で表し、「$2n$」と表記する。一方、配偶子（卵と精子）には体細胞とは異なり、ゲノムが1セットしか存在しない。これを**単相**といい、「$n$」と表記する。このように、その細胞にゲノムが何セット存在するかを表したものを**核相**という。

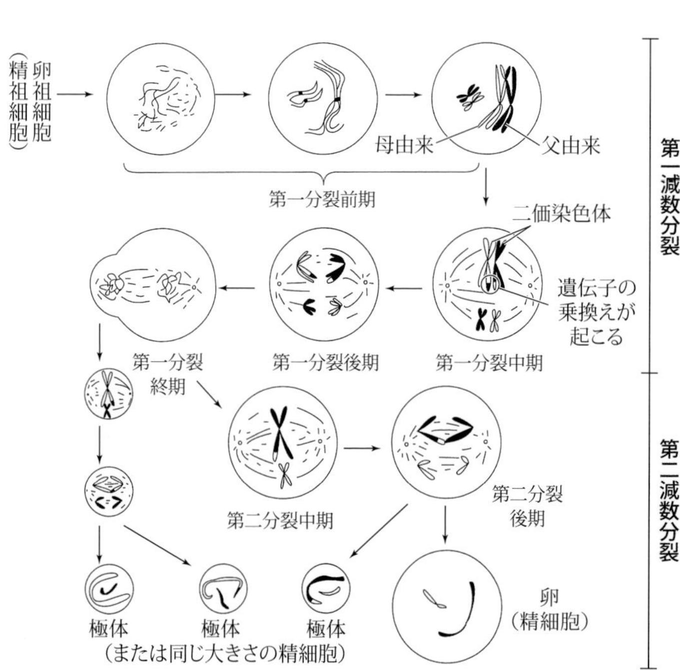


図4·3　減数分裂のあらまし

生殖細胞のうち、配偶子を形成することになる初期の細胞（動物における卵祖細胞、精祖細胞や、植物における胚嚢母細胞や花粉母細胞など）の核相は$2n$だが、配偶子の核相は$n$である。体細胞に見られる通常の細胞分裂は、$2n$の細胞から$2n$の細胞ができるが、配偶子の形成過程においては、$2n$の細胞から$n$の細胞がつくられる。この特殊な細胞分裂を**減数分裂**という（**図4·3**）。

これから減数分裂を行おうとする$2n$の細胞のDNAが複製され、核相が$2n$から$4n$となると、この$4n$の細胞はそのまま第一減数分裂期に入る。**第一減数分裂**では、DNAが凝縮して染色体になった後、細胞の赤道面に染色体が整列する。このとき、両親由来の2本ずつの染色体（**相同染色体**）が**対合**し、**二価染色体**が形成される。このとき、2本の染色体の間で**乗換え**が生じ、その一部が交換される。染色体が両極に引っ張られ、$2n$ の細胞が2個生じて第一減数分裂は終了する。細胞は引き続き**第二減数分裂**期に入り、染色体はそのまま、複製することなく両極へと引っ張られ、$n$ の細胞が2個（合わせて4個）生じる。第一減数分裂時において染色体の乗換えが起こることにより、生じる4個の $n$ の細胞の染色体の遺伝子組成は、最初の $2n$ 細胞のものとは異なることになる。

減数分裂では、染色体ごとに、父親由来、母親由来のどちらの染色体が配偶子に受け継がれるかが異なるため、遺伝的多様性が生じる。たとえば、ある精子Aがつくられる際、1、3、4、5、8、9番染色体は父親由来のものが、2、6、7、10番染色体は母親由来のものが受け継がれるが、精子Bでは1、4、5、6番染色体が父親由来、その他は母親由来のものが受け継がれるという具合に、つくられる配偶子ごとに違いが生じる。ヒトの常染色体は1番から22番まであるため、染色体の組合せは $2^{22}$ 種類存在することになる。こうして生じる多様性に加えて、上記の乗換えによる多様性も生じるため、有性生殖ではきわめて高い遺伝的多様性が生まれる。

## 4-2　性の決定

### 4-2-1　性決定の方法

ヒトを含む多くの動物では、受精の瞬間から、オスになるかメスになるかが決まる。

哺乳類や鳥類など多くの動物では、性は2本ある**性染色体**によって決定される。1900年代前半に、アメリカの**モンゴメリ**（T. H. Montgomery, 1873 ～ 1912）ならびに**サットン**（**1-5-4** 項参照）によって、コオロギの染色体の中に、対にならない1本の染色体があることが見出された。これが性染色体である。

ヒトやマウスなどの哺乳類やショウジョウバエでは、**X染色体**と**Y染色体**の2種類の性染色体が性を決定し、X染色体とY染色体が1本ずつある（XY）とオスになり、X染色体だけが2本存在する（XX）とメスになる。ある種のネズミや**トノサマバッタ**（*Locusta migratoria*）ではY染色体がなく、X染色体が1本だけ存在する（XO）とオスになり、XXがメスになる（**図4･4**）。**トゲネズミ**と呼ばれる南西諸島に生息する哺乳類は、奇妙な性染色体構成をしていることが知られている。沖縄本島にいるトゲネズミは、ヒトと同様XX／XY型の性染色体をもっているが、徳之島に生息するトゲネズミと奄美大島のトゲネズミにはY染色体がなく、オスメス共にXOとなっている。彼らの性決定メカニズムはよくわかっていない。一方、**ニワトリ**（*Gallus gallus*）や**カイコガ**（*Bombyx mori*）などでは、**Z染色体**と**W染色体**の2種類の性染色体が性を決定する。この場合、ZZがオスとなり、ZWがメスとなる。

| | | |
|---|---|---|
| XY型 | XX → メス<br>XY → オス | ほとんどの哺乳類<br>キイロショウジョウバエ　など |
| XO型 | XX → メス<br>X　→ オス | ハタネズミ<br>トノサマバッタ<br>スズムシ　など |
| ZW型 | ZW → メス<br>ZZ → オス | 鳥類<br>カイコガ　など |
| ZO型 | Z　→ メス<br>ZZ → オス | ミノガ<br>トビケラ　など |

図 **4･4**　性染色体による性決定

このように多くの動物では性は染色体、すなわち遺伝子によって決められているが、環境によって性が決定される動物も存在する。ある種のワニやカメでは、卵が置かれた環境、たとえば卵が孵化する温度によって、オスになるかメスになるかが決まる場合がある。また、ボネリムシという海産無脊椎動物の一種などは、生まれたばかりの幼生はまだ性が決まっておらず、この幼生を単独で発生させるとメスになり、ほかの幼生と一緒に発生し、メスとなった幼生の体に吸着するとオスになる。

ヒトなどの哺乳類では、Y染色体をもつものがオスとなる。Y染色体には**オス化遺伝子**と呼ばれる遺伝子が存在し、その発現によって胎児はオスになる。Y染色体をもった胎児の生殖巣で、Y染色体上にのみ存在する ***SRY*遺伝子**（sex-determining region of the Y）が発現すると、SRYタンパク質が、19番染色体上に存在する ***MIS*遺伝子**と呼ばれる遺伝子の転写を活性化する。MISとは、**ミュラー管退化因子**のことで、**ミュラー管**とは、胎児期のメスにおいて形成される、将来卵管、子宮、膣へと分化していく管である。Y染色体が存在すると、*MIS*遺伝子の転写が活性化され、合成されたミュラー管退化因子がミュラー管を退化させることでメスになる道を閉ざし、オスが生じる（**図4･5**）。

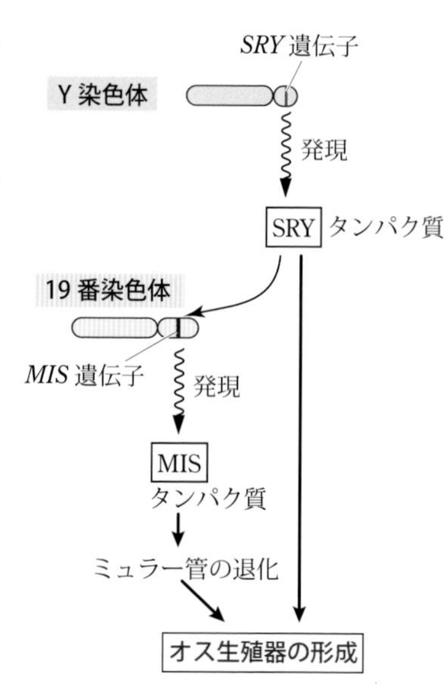


図**4･5**　オス化遺伝子の役割

### 4-2-2　配偶子形成

ベルギーの**ファン・ベネーデン**（E. van Beneden, 1846～1910）は1877年、体細胞の染色体数が生殖の過程で減数され、その後元に戻ることを、ウマの小腸に寄生する回虫を用いて初めて示した。この「減数」の過程こそが、現在でいう**減数分裂**である。動物の減数分裂は、一次卵母細胞もしくは一次精母細胞に起こる過程であるが、その様子は両者で異なる。ここでは、私たちヒトの**配偶子形成**について扱う。

**卵巣**では、雌性配偶子の形成過程である**卵形成**が起こる（**図4･6**）。卵形成は胎児の段階からすでに始まっている。この頃、**原始生殖細胞**が卵巣へと移行し、そこで**卵祖細胞**（**卵原細胞**）になる。卵祖細胞は細胞分裂を繰り返し、200万個もの生殖細胞をつくり出すが、このうち一部の細胞は**一次卵母細胞**となり、第一減数分裂を始める。しかし、思春期までは分裂を完了せず、停止した状態となる。一次卵母細胞は**卵胞細胞**に取り囲まれ、**原始卵胞**を形成する。これら卵祖細胞、一次卵母細胞のうち、思春期までに残るのはおよそ4万個程度である。

思春期になると、**性腺刺激ホルモン**の影響で原始卵胞が**一次卵胞**へと成長する。一次卵胞では、一次卵母細胞が**透明帯**と呼ばれる糖タンパク質の層と多数の**顆粒細胞**によって囲まれている。これがさらに成長して**二次卵胞**になると、最も内側の顆粒細胞層は透明帯と融合して**放線冠**となり、また**卵胞腔**という卵胞液で満たされた隙間ができるようになる。二次卵胞は最終的に成熟し、**成熟卵**

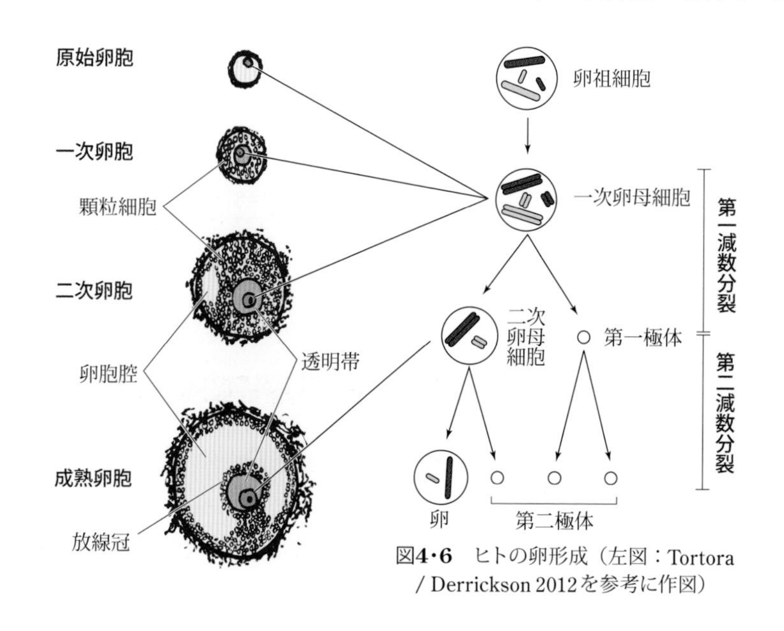


図**4･6**　ヒトの卵形成（左図：Tortora / Derrickson 2012を参考に作図）

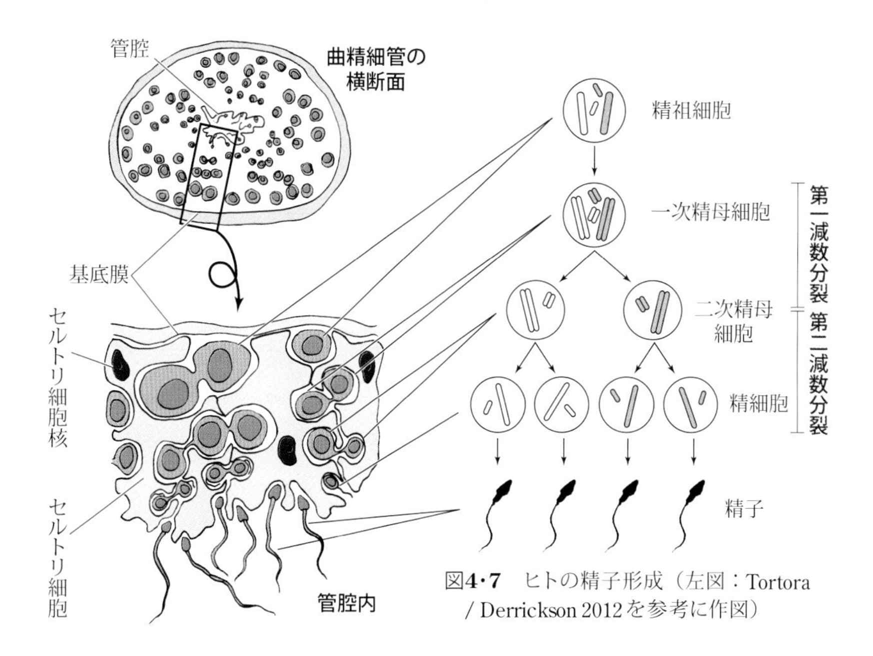


**図4・7** ヒトの精子形成（左図：Tortora / Derrickson 2012を参考に作図）

**胞**となる。この頃、停止していた**第一減数分裂**が再開される。

一次卵母細胞に起こる減数分裂は、分裂後の 2 個の細胞の形態が大きく異なる**不等分裂**である。すなわち、一次卵母細胞が第一減数分裂を行うと、一次卵母細胞とほぼ同じ大きさの**二次卵母細胞**と、それに比べてきわめて小さくほとんど核のみからなる**第一極体**にわかれる。続けて二次卵母細胞が**第二減数分裂**を行い、卵母細胞のほとんどの細胞質を受け継ぐ**卵**と、きわめて小さい**第二極体**にわかれるが、この第二減数分裂は、染色体が中央に並ぶ中期の段階で一時停止を起こすので、二次卵母細胞は完全に卵にはならない。第一極体と第二極体は、その後、退化する。成熟卵胞はやがて破裂し、二次卵母細胞が卵管につながる**卵管采**へと排出される（**4-3-2** 項参照）。これを**排卵**という。二次卵母細胞の第二減数分裂が再開されるのは、**卵管**内で**受精**が起こってからである。思春期までに残っていた 4 万個のうち、女性の一生で二次卵母細胞にまで成熟して排卵されるのはわずか 400 個である。

一方、**精巣**では、雄性配偶子の形成過程である**精子形成**が起こる（**図 4・7**）。胎児の頃、原始生殖細胞が精巣へと移行し、そこで**精祖細胞**（**精原細胞**）になるが、思春期まではそのままの状態で休止状態となる。思春期になると、精巣の内部にある**曲精細管**で精子形成がスタートする。曲精細管の基底膜に沿って存在する精祖細胞は、分裂して**一次精母細胞**となる。一次精母細胞に起こる第一減数分裂は、一次卵母細胞に起こる第一減数分裂とは異なり、**均等分裂**である。したがって、1 個の一次精母細胞から 2 個の**二次精母細胞**が形成され、さらに第二減数分裂によって 4 個の**精細胞**が形成される。その後精細胞は、一連の分化過程を経て、細胞質をほとんど含まず、核、ミトコンドリア、鞭毛を備えた**精子**へと成熟する。曲精細管の内腔は、**セルトリ細胞**と呼ばれる大きな細胞が密着結合した関門によって覆われており、精祖細胞から始まる一連の精子形成過程は、このセルトリ細胞の間を縫うようにして、曲精細管の基底膜から内腔に向かって起こる。成熟した精子は、セルトリ細胞との連絡から離れ、曲精細管の管腔内へと解き放たれる。

## 4-3 生殖行動と受精

### 4-3-1 動物の生殖行動

オスとメスの性をもつ生物の、その生涯における最大の目的は、精子と卵を出会わせ、次世代の

図4・8　タンチョウ（*Grus japonensis*）の求愛ディスプレイ（画像提供：越智伸二）
オスとメスが向かいあい、飛び跳ねて鳴き交わしをする。

子をつくることである。精子と卵が合体、二つのゲノムが混ぜ合わされる過程が**受精**である。生物は、受精効率を上げるよう試行錯誤しながら進化してきたとも言える。

動物では、卵と精子が出会うために、それを保有する個体同士が何らかの方法で体を寄せ合う必要がある。体を寄せ合い、お互いの生殖器を組み合わせる行動を**交尾**（**性交**）という。動物たちはそのための方法を、オスからメスへの求愛行動などの行動パターンとして進化させた。多くの脊椎動物には、その行動パターンの一つとして**ディスプレイ**という方法がある（**図4・8**）。ディスプレイには**威嚇**（いかく）を目的としたものや**求愛**を目的としたものなど、種によって、あるいは状況によって様々なものがある。そのいずれも相手に自分を評価させることで何らかの利益を得ようとする行動である。**求愛ディスプレイ**では、クジャクの求愛に代表されるように体の彩色の豊かさを誇示したり、ダンスでメスを惹（ひ）き付けたりといった異性間でのコミュニケーションをはかり、交尾を達成しようとする。また威嚇のディスプレイでは、競争相手となるオスを排除することで、メスとの交尾の機会をより多く得ようとする。ある種の生物は、**フェロモン**という化学物質を分泌し、利用する。とくに昆虫類において**性フェロモン**の研究は進んでいる（**図4・9**）。性フェロモンには、オスが生産してメスを惹き付けるものと、メスが生産してオスを惹き付けるものがある。ヒトではその戦略はとりわけ多様に分化しており、高度に発達した発声、あるいは手紙、電子メールといった方法でコミュニケーションを行い、様々な精神的肉体的アプローチによって異性の興味を惹き付ける。

海や川など、水中生活をする動物のほとんどは、卵と精子を水中に放出し（これを**放卵**、**放精**という）、水中で出会わせる**体外受精**を行う（**図4・10右**）。ヒトのように陸上生活をする動物では、**交尾**によってお互いの生殖器を組み合わせ、精子を直接メスの体内に送り込む**体内受精**を行う（**図4・10左**）。鳥類などではオスとメスがお互いの生殖孔を密着させ、精子をメスの体内に移送するが、

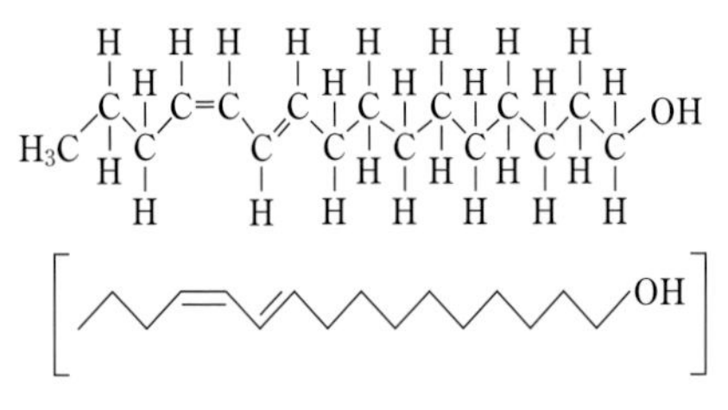


図4・9　カイコの性フェロモン（ボンビコール）

図4・10　体内受精（左）と体外受精（右）

哺乳類などではオスが発達した交尾器（**陰茎**）をもっており、これをメスの体内に挿入して精子を移送する。極端な場合では、**ビワアンコウ**（*Ceratias holboelli*）の仲間のようにオスの体がメスの体に同化してしまい、その中の精子がメスの体内に入って受精する場合もある。こうした体内受精には、受精効率の向上、陸上における精子の乾燥を防ぐなどの意義があると考えられている。

### 4-3-2　ヒトの性と生殖

オスとメスの生殖器そのものの特徴を**一次性徴**という。ヒトの場合、およそ10歳前後までは生殖器は子どもの状態のままである。10歳前後になると、オス、メスともに、ホルモンによる体の変化が生じ始め、生殖器はやがて生殖可能なレベルにまで発達を始める。これを**二次性徴**という。ヒトでは二次性徴が始まり、生殖が可能になる時期を**思春期**という。

思春期は、小学校5年生くらいから高校生くらいまでにあたり、身体的あるいは精神的に子どもから大人へと移行する時期である。この頃、ヒトはオス、メスともに体が発育し、いわゆる大人らしい体つきとなる。とりわけ生殖に関わる器官（**生殖器**）の発達が起こる。

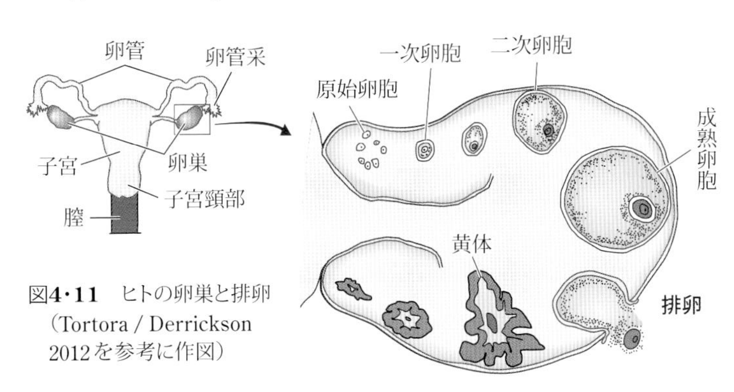

図4・11　ヒトの卵巣と排卵（Tortora / Derrickson 2012を参考に作図）

メスでは**卵巣**が発達する（**図4・11**）。発達した卵巣からは**エストロゲン**が分泌され、**子宮**や**膣**の発達、**乳房**における**乳管**の発達を促す。また脳下垂体前葉（**5-10**節参照）からは**プロラクチン**が放出され、乳腺の発育促進を引き起こす。発達した卵巣の中では、**卵胞**がおよそ28日周期で成熟し、卵が卵巣から**卵管**の入り口にある**卵管采**（さい）へと排出される**排卵**が起こるようになる（**4-2-2**項参照）。卵胞は、**卵細胞**（正確には**一次卵母細胞**）とそれを取り囲む**顆粒細胞**などから成り（**4-2-2**項参照）、**黄体形成ホルモン**（LH）の急激な大量分泌（**LHサージ**）により、一次卵母細胞は減数分裂により**二次卵母細胞**となり、排卵が起こる。排卵のあと、卵胞の残りの部分は**黄体**へと変化する。黄体からは**プロゲステロン**が分泌され、**子宮内膜**を受精卵着床に向けた状態にする。しかし、卵が受精せず、妊娠が成立しない場合には黄体は退縮し、エストロゲンやプロゲステロンの血中濃度が低下する。これらホルモン濃度の低下が、受精卵着床の準備状態にあった子宮内膜内の血管の破れと内膜の剥奪を引き起こし、血液と共に子宮外に排出される。これが**月経**である。この一連の流れは周期的に起こるため、これを**性周期**といい、**基礎体温**を測定することで知ることができる。

一方、オスでは**精巣**が発達する（**図4・12**）。発達した精巣からは**アンドロゲン**が分泌され、**陰茎**（**ペニス**）などの外生殖器の発達や筋肉の発達など、いわゆる男らしい体がつくられる。発達した精巣では**精子**が盛んにつくられる。また、性的な刺激により陰茎が**勃起**（ぼっき）するようになり、さらに性感が高まり、性的絶頂（**オーガズム**）を迎えると、精子が陰茎から射出される**射精**が起こる。射精されるのは、正確には精子を大量に含む液体であ

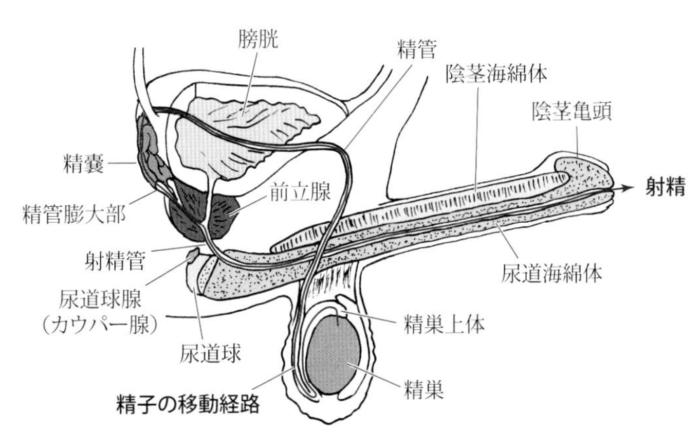

図4・12　ヒトの精巣と射精（Tortora / Derrickson 2012を参考に作図）

る**精液**である。精液は、**精嚢**、**前立腺**、**尿道球腺**からの分泌物、そして精子から成る。1回に射精される2～6 mlの精液中には、およそ1億5000万～数億個もの精子が含まれる。射精は、**精管膨大部**や前立腺の平滑筋が断続的に収縮することにより起こり、大きな快感が伴うが、射精後は急激に性感がしずまり、勃起は解消される。脳下垂体前葉から放出されるプロラクチンが、射精前後の性感の急激な変化に関係しており、射精後にプロラクチンの血中濃度が上昇することが、陰茎の勃起解消を引き起こす。

思春期になると、オスとメスは**交尾**（ヒトの場合、**性交**という）により**受精**し、**妊娠**することが可能となる。通常、オスが勃起した陰茎をメスの膣に挿入し、その際の刺激によって射精が起こる。メスの膣内に放出された精液は、**子宮頸部**の手前にあるくぼみに**精液プール**をつくり、メスがオーガズムに達すると、子宮や膣がリズミカルに収縮し、子宮内部が引圧となって、精子が効率よく子宮頸管に吸い込まれていく。子宮頸部から子宮内を通過して、卵管内を移動中の卵（二次卵母細胞）へと到達し、受精が起こる。射精から受精までは7時間ほどかかる。

### 4-3-3　受　精

哺乳類では、射精された直後の精子には、**受精能**が存在しない。精子の頭部の先端には**先体**と呼ばれるキャップのような構造があり、この中に受精時に必要な酵素が貯蔵されているが、この先体を、**前立腺**から分泌される糖タンパク質の層が保護しているためだ。この糖タンパク質の層は、射精後、メスの体内を精子が泳いで卵にまで到達する間に分解され、そこで初めて先体が露出し、受精能への道筋が開かれる。

二次卵母細胞は、排卵後卵管中をゆっくりと子宮方面へ移動する。二次卵母細胞は**透明帯**と、**放線冠**と呼ばれる顆粒細胞層によって厚く覆われている。精子は、鞭毛運動によって子宮頸部、子宮を経由して、数分後には卵の近くにまで到達することができるが、この二次卵母細胞を厚く覆う層を突破するため、先体に含まれる酵素を使う必要がある。そうして、これらの層を突破し、二次卵母細胞に到達して受精が成功するのに7時間もの時間がかかるのである。

卵に到達した精子は、尾部を激しく動かしながら、放線冠に侵入し、さらに透明帯に侵入する。この際、先体内の酵素が分泌され、その作用によって放線冠を貫通して透明帯へと至る。透明帯には精子を受容するレセプターが存在し、これと精子が結合することにより**先体反応**が起こり、先体内の酵素によって透明帯が消化され、ついに精子は二次卵母細胞と融合する（**図4・13**）。この一連の過程を、**受精能獲得**という。精子と融合した二次卵母細胞は即座に脱分極し、カルシウムイオンを放出することにより、精子を受容するレセプターが不活性化し、透明帯が硬化して、他の精子の侵入を防ぐ。

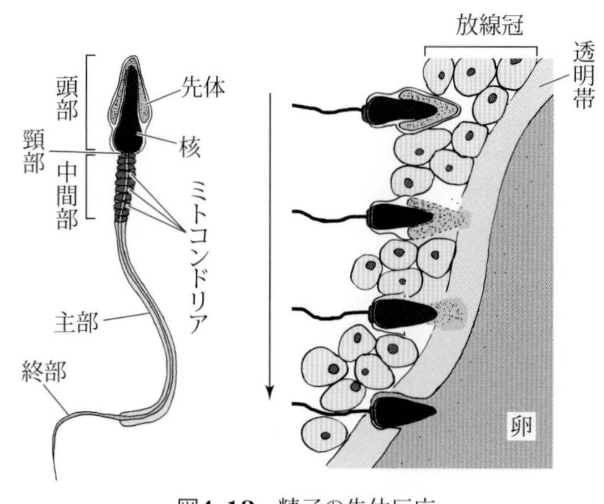


図4・13　精子の先体反応

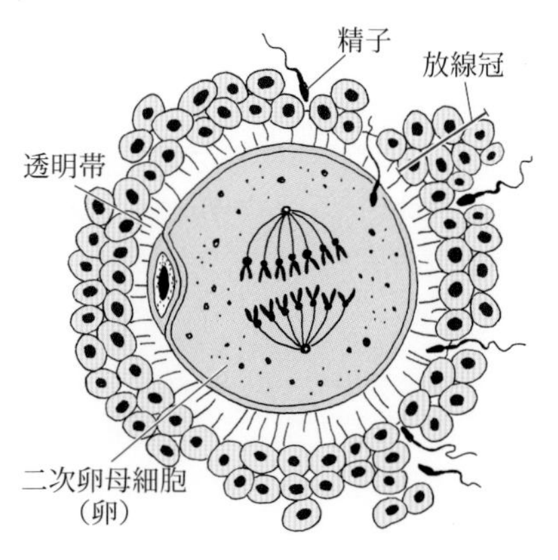


図4・14　受精の瞬間（Tortora 2006を参考に作図）

精子が二次卵母細胞と融合し、精子の核が細胞内に入ると、二次卵母細胞は**第二減数分裂**の続きを行い、完了させて成熟した**卵**と**第二極体**をつくる（**図 4·14**）。精子の核は**雄性前核**、卵の核は**雌性前核**を形成し、その後両核は融合して二倍体の核となる。この時点で一連の受精過程は終了し、**接合子**としての**受精卵**が形成される。

### 4-3-4　ゲノム・インプリンティング

有性生殖生物の中には、メスのゲノムだけを用いて卵から直接発生する（すなわち精子を必要としない）**単為生殖**を行う生物がいる。社会性昆虫の中には、単為生殖により労働カストの個体をつくり出すものもいるし（**4-5-1** 項参照）、爬(は)虫類の一種**アレチハシリトカゲ**（*Cnemidophorus uniparens*）にはオスの個体が存在せず、メスが単為生殖により子をつくる。しかし、私たち哺乳類では、卵と精子が合体し、受精が成立しないと発生が進行しないメカニズムが備わっている。それは、精子に由来する染色体か、卵に由来する染色体かで、遺伝子発現が異なる調節を受けるメカニズムであり、これを**ゲノム・インプリンティング**（ゲノム刷りこみ）という。発生に重要な遺伝子のいくつかがこの調節を受けている。たとえば、発生に遺伝子 A、遺伝子 B の両方が必要であるという場合、遺伝子 A は精子に由来する染色体でのみ発現し、遺伝子 B は卵に由来する染色体でのみ発現するよう調節を受けていると、受精が成立しなければ発生は進行しない。哺乳類では、この遺伝子 A、遺伝子 B に該当するものとして、それぞれ ***Igf2* 遺伝子**（インスリン様成長因子 2 遺伝子）、ならびに機能があまりわかっていない ***H19* 遺伝子**がある。

この遺伝子発現調節には、DNA のメチル化などのエピジェネティックな発現制御メカニズム（**3-9-2** 項参照）が関わっていることが知られている。

## 4-4　動物の発生

### 4-4-1　ウニの発生

配偶子同士が接合してできた**接合子**である**受精卵**が、複雑な過程を経て 1 個の新しい多細胞体になっていく過程を**発生**といい、その初期の過程を**胚(はい)発生**という。単細胞である受精卵から始まる初期の細胞分裂のことを**卵割**といい、卵割によって生じる 1 個 1 個の細胞を**割球**という。割球は、一度分裂した後、そのサイズを増大させることなくすぐに次の分裂へと進むため、卵割は、胚全体の大きさは変わらず、1 個 1 個の割球がどんどん小さくなっていくという具合に進行する。

ドイツの生物学者**ドリーシュ**（H. A. E. Driesch, 1867 ～ 1941）は、**ウニ**の受精卵が 2 細胞期に達した時、その 2 個の割球を分離して、それぞれから完全なウニの幼生が発生することを明らかにし、また 4 細胞期に達した時にも、それぞれの割球から完全なウニの幼生が発生することを明らかにした。このことは、発生初期の段階では、そ

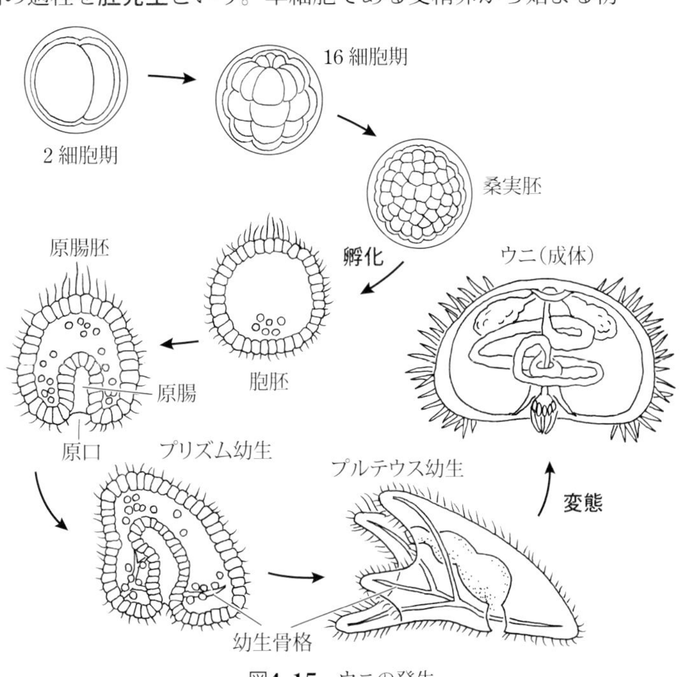

図4·15　ウニの発生

れぞれの割球にはまだ完全な生物の個体をつくり得る能力が存在していることを示している。そうしてできる個体はお互いにクローンであるため、ドリーシュは世界で初めてクローン動物をつくったことになる（**1-5-7** 項参照）。ドリーシュの研究は、その後、多くの発生学者に影響を与え、ウニ卵は発生の研究に不可欠なものとなった。

ウニでは、卵割により多数の割球でできた**桑実胚**に達した後、細胞が胚の表面に並び、その中が空間（**卵割腔**）となった**胞胚**になる（**図 4･15**）。つぎに、この胞胚の植物極側の細胞層が徐々に陥没してやがて**原口**と**原腸**がつくられ、**原腸胚**（**嚢胚**）が形成される。原腸胚から、それぞれの細胞層が徐々に機能形態の異なる細胞へと分化（**4-4-3** 項参照）して**プリズム幼生**となり、続いて左右相称の**プルテウス幼生**（エキノプルテウス）となる。この時期の幼生はすでにカルシウム性の**幼生骨格**を有している。プルテウス幼生はやがて変態し、消化管や体腔嚢をもつ中央部分のみが成体となり、放射相称のウニとなる。

### ◆ 4-4-2　ヒトの発生と誕生

ヒトは、メスの**子宮**の中で発生する。受精後 1 日で割球 2 個から構成される **2 細胞期**、受精後 2 日で **4 細胞期**を経て卵割が進み、受精後 4 日目で**桑実胚**が形成される（**図 4･16**）。この段階まで、胚の大きさはほぼ受精卵と同じ大きさのまま留まっているが、桑実胚の細胞数は、**卵管**から子宮に向かって移動するにつれ、徐々に数を増し、サイズも大きくなっていく。なお、特異的な遺伝子異常の危険性がある場合、体外受精後の 6 細胞期から 8 細胞期にある胚から取り出した 1 個の細胞を用いて、**着床前遺伝子診断**が行われることがある。

子宮に達した桑実胚は、やがて胚盤胞腔という空間に液体が充満したボールのような構造である**胚盤胞**となり、このときの細胞数は数百に達している。胚盤胞では、それぞれの割球が再配列し、**内細胞塊**と**栄養膜**が形成される（**図 4･16**）。内細胞塊はやがて**胎児**へと成長していく部分であり、栄養膜は**胎盤**を形成していくところである。受精後 6 日目に、胚盤胞は子宮内膜に**着床**し、やがて子宮内膜内部へともぐりこんでいく。着床をもって、**妊娠**が成立したとみなされる。

栄養膜は、受精後 8 日目頃には胚盤胞と子宮内膜の間で、細胞と細胞の結合が明瞭ではない**栄養膜合胞体層**と、細胞と細胞の結合が明瞭な**栄養膜細胞層**の二層に分かれる。栄養膜合胞体層から分

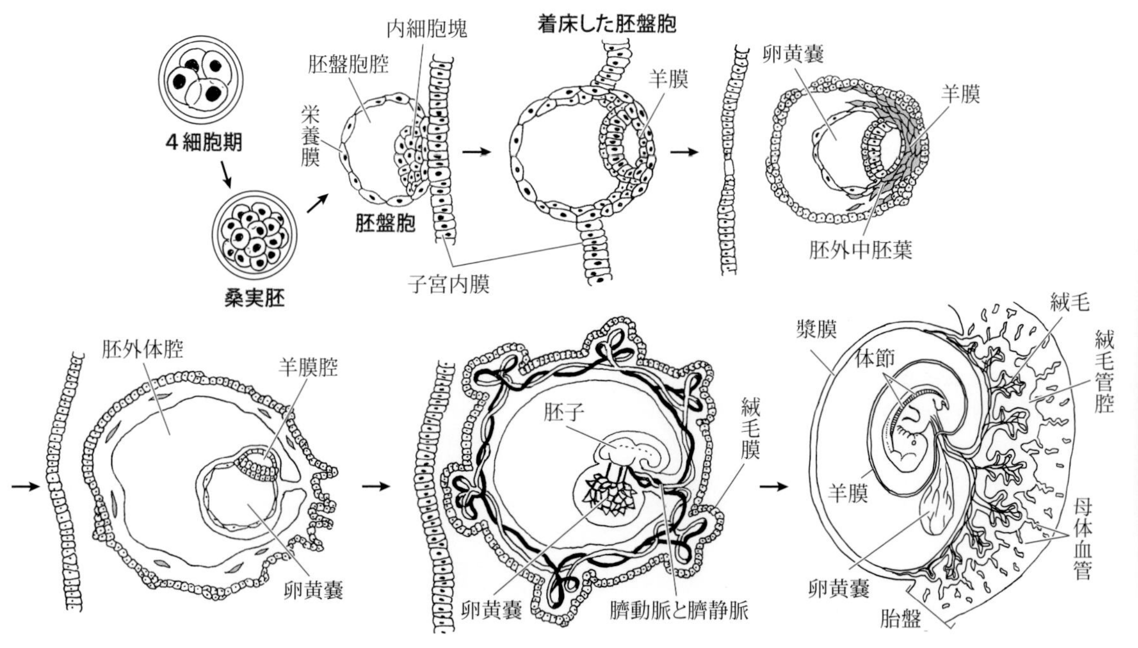


図**4･16**　人間の発生その1：発生初期（Tortora 2006、レーヴンほか 2007を参考に作図）

泌される子宮内膜を消化する酵素の作用により、胚盤胞は徐々に子宮内膜内部へと侵入していく。この二つの層は、やがて協同して胎盤の最も重要な構造物である**絨毛膜**を形成していく。

受精後約 12 日目には胚盤胞はすっかり子宮内膜の内側へ入り込み、**卵黄嚢**、**羊膜**、羊膜腔、胚盤葉、そして**胚外中胚葉**が形成される（**図 4・16**）。卵黄嚢は、子宮胎盤循環系ができあがるまで、**胚子**に栄養を供給するという重要な役割があり、さらに卵黄嚢は発生初期の造血機能を司り、原始生殖細胞をつくり、さらに胃や腸を形成する部分となる。

受精後約 15 日目（発生第 3 週初期）から第 3 週の終わりまでには**神経板**の形成が始まって、やがて**神経胚**が形成される。神経板はやがて**神経ヒダ**を形成し、それに挟まれた**神経溝**という窪みからやがて**神経管**がつくられる（**図 4・17**）。この頃、胚子の内部に胚内体腔が生じ、将来臓器と体壁になる部分を分離する。また**血管形成**が、卵黄嚢や絨毛膜中の胚外中胚葉で始まる。第 3 週の終わりには、毛細血管が絨毛膜中で発達をはじめ、胎盤の形成が始まる。

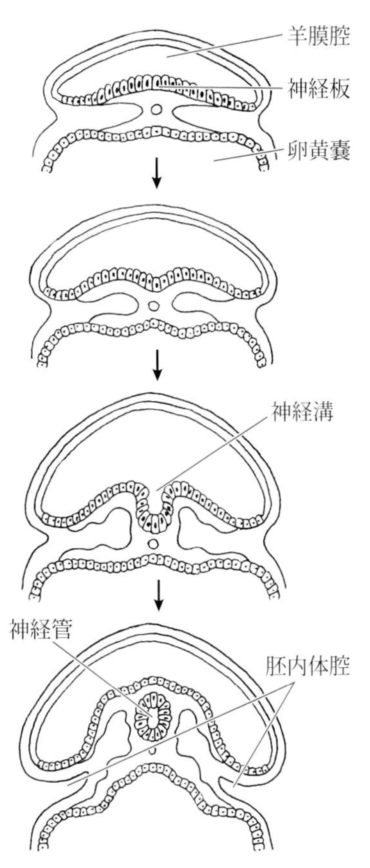


図**4・17** 人間の発生その 2：神経胚の形成（Tortora 2006を参考に作図）

第 4 週に入ると、いよいよ体の各器官が具体的につくられる**器官形成**が始まる。卵黄嚢の一部が胚子の中に取り込まれ、**原始腸管**が形成されて、前腸、中腸、後腸へ分化する。また後腸の最終部が排泄腔と呼ばれる空間として伸びていき、第 7 週ごろに肛門として開口する。また**体節**と**神経管**が発達し、全部で 5 対の**咽頭弓**が形成される。将来の内耳となる耳板、眼となる水晶体板が出現する。第 5 週になると脳の発達が進み、第 6 週の終わりまでには頭部ならびに四肢の発達が進む。心臓が 4 室となり、指が形成され始める。眼は開き、耳介が現れる。

ヒトの発生では、発生第 8 週以前を**胚子期**、発生第 9 週以降を**胎児期**にわける（**図 4・18**）。胚子期の平均サイズは、1 ～ 4 週で 0.6 cm、5 ～ 8 週で 3 cm 程度であるが、胎児期が始まると、9 ～ 12 週で胎児の大きさはおよそ 2 倍になり、7.5 cm 程度にまで成長する。胎児期には、胚子期で発達をはじめた諸器官、諸組織がさらに成熟する。13 週以降になると下肢が伸び、見た目が胎児らしくなる。14 ～ 18 週の間は、一般的に**羊水穿刺**による**出生前診断**が行われる時期である。

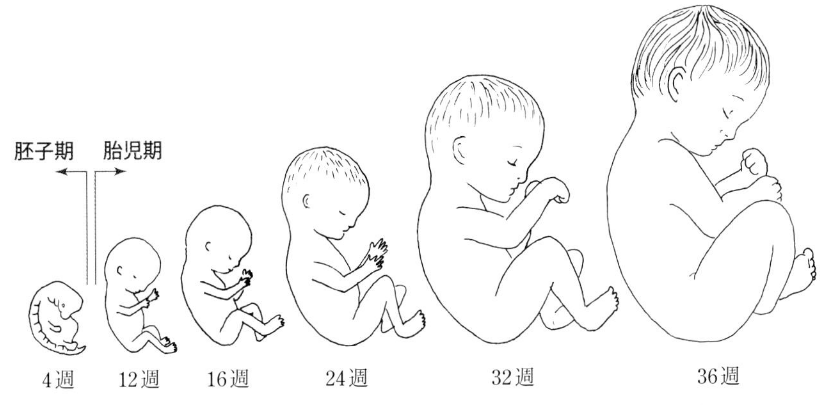


図**4・18** 人間の発生その 3：胎児期（Tortora 2006を参考に作図）

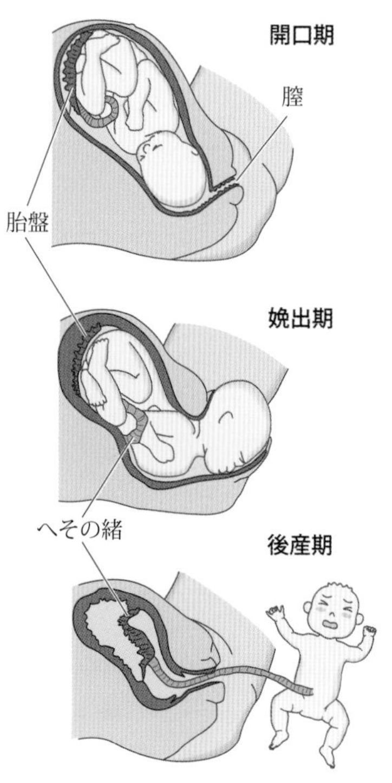


図4・19 ヒトの誕生（Tortora / Derrickson 2012を参考に作図）

17 ～ 20 週で胎児のサイズは 25 ～ 30 cm 程度にまで大きくなり、**産毛**が生え始め、母親は**胎動**を感じることができるようになる。21 週を過ぎると体重の増加が顕著となり、26 週を過ぎると目が開くようになり、足の指には爪（つめ）が生え始める。この頃の胎児は、中枢神経系と肺の発達により、たとえ**未熟児**として生まれても、集中的な治療により生存が可能である。30 ～ 34 週になると、子宮内での胎児の向きが頭部を下に向ける形にほぼ固定され、33 週以降では、未熟児として生まれても生存することができるようになる。38 週までには、胎児の腹囲が頭囲を上回るほどにまで成長し、体脂肪が体全体の 16 %程度にまで増え、男児の場合は**精巣下降**が完成し、陰嚢の中におさまる。

**分娩**（ぶんべん）（真分娩）は、胎児が子宮から膣を経由して外へ出される過程である。子宮の定時的な収縮が、上部から下部へ向かって起こり、胎児を排出する。分娩は、子宮の収縮の開始から子宮頸管が最大に開くまでの**開口期**、子宮頸管の最大の開口から胎児の娩出までの**娩出期**、胎児の娩出から胎盤が排出されるまでの**後産期**に大きく分けられる（**図 4・19**）。後産期には、子宮の強い収縮によって胎盤が排出されるのと同時に、切断された血管を強い収縮によって閉じ、出血を最小限に抑える役割がある。

誕生した新生児には、激変した環境に適応するための劇的な変化が、呼吸器系と循環器系で生じる。胎児の肺はまだ部分的に**羊水**に満たされ、空気は含んでいない**虚脱**状態にある。出生時には母親からの酸素供給が止まるため、新生児の血液は一時的に二酸化炭素濃度が高くなる。これが新生児の延髄にある**呼吸中枢**を刺激し、自発的な呼吸が始まる。最初の呼吸は、まだ肺が空気を含んでいないため活発に起こり、これによって新生児は**産声**を上げて泣く。

胎児は、**胎児循環**と呼ばれる特別な血液循環システムをもっている（**図 4・20**）。肺は使わず、胎盤からへその緒を通じて酸素や栄養の供給を受けるからである。胎児循環では、酸素を豊富に含んだ血液はへその緒を通る**臍静脈**（さい）から胎児の体内へと入り、体の各所をめぐって、**臍動脈**から胎盤へと戻っていく。出生後の血液循環と構造的に異なるのは、酸素を豊富に含んだ血液と、末梢をめぐった酸素が少ない血液が混じり合うしくみがあることである。混じり合いは、肝臓のあたりで臍静脈と下大静脈が合流する部分で起こる。右心房に入った血液は、出生後は右心室を経由して肺に通じる肺動脈に入るはずが、肺がまだ機能していないために、肺動脈

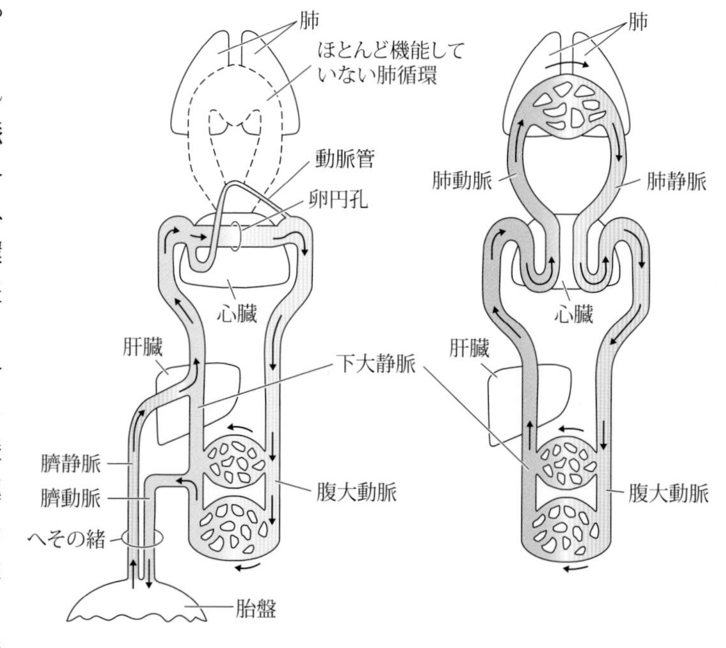


図4・20 胎児循環（左）と出生後の循環（右）

だけではなく、右心房と左心房の壁に開いた**卵円孔**という穴を通じて、直接左心房へと入る。さらに肺動脈からは、大動脈への近道である**動脈管**と呼ばれる血管が出ている。臍動脈、臍静脈、動脈管などは、出生時に閉鎖され、それぞれ痕跡として残るが、特に劇的に変化するのは心臓と肺を結ぶ肺循環である。新生児が最初の空気を吸い込むことにより、肺が大きくふくらみ、血液供給量が増加すると、肺から心臓へと戻る際の血圧が上昇し、左心房の圧力が上がる。これがきっかけとなり、卵円孔が左心室側の弁によってふさがれ、これが閉鎖される。これにより、右心室→右心房→肺動脈という循環経路、ならびに肺静脈→左心房→左心室という循環経路が完成する。

### 4-4-3　動物の発生と胚葉

受精卵が卵割を繰り返す胚発生の初期の段階では、細胞は単に分裂を繰り返すだけであるが、ある程度発生が進むと、細胞によって異なる形態をとったり、異なる分裂の仕方をしたりし始め、やがて細胞によって異なる機能を発揮し始める。このように、特定の機能を発揮していなかった細胞（本章コラム参照）が、その細胞に特有の機能をもち、特有の形態をもつようになる過程を**細胞分化**（あるいは単に**分化**）という（**図 4・21**）。複数の分化した細胞が集まり、その機能的な連関によってある特定の機能を発揮した集合体のことを**組織**といい、その組織はさらに別の組織と連携して、ある一定の目的をもった**器官**を形成する（**1-2** 節参照）。私たちの体には多くの組織があり、そこから形成される複数の器官によって、1 個の多細胞体が維持されている。

できあがったそれぞれの組織が、胚発生の段階で、胚のどの部分に由来するかを表すのに、内胚葉、外胚葉、中胚葉という用語が使われる（**図 4・22**）。

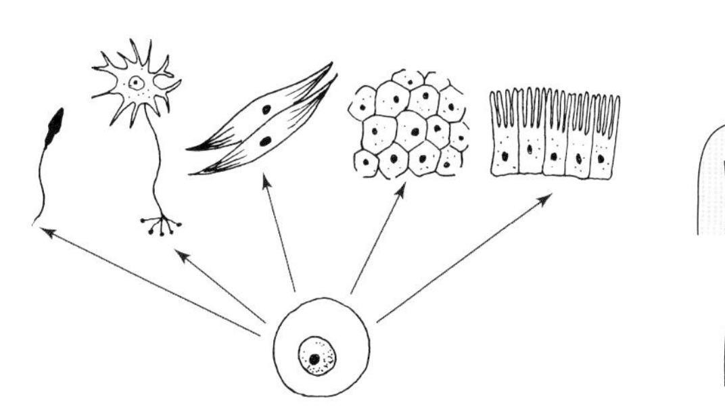

図**4・21**　細胞分化

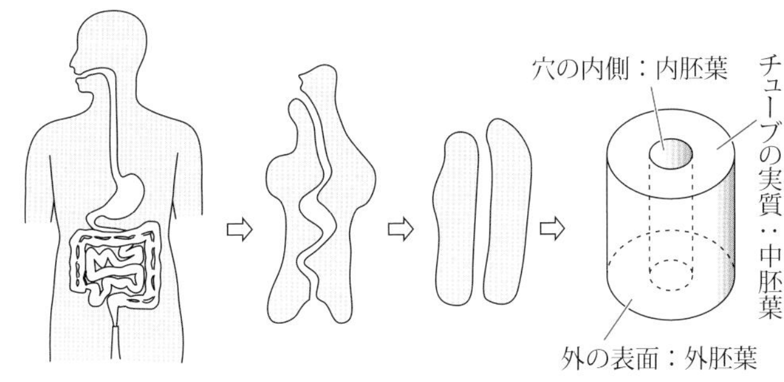


図**4・22**　胚葉のイメージ

**内胚葉**に由来するのは、私たちの体を口から肛門まで貫く消化器官のうち、その内腔を覆う**上皮組織**である。胞胚から原腸が形成されるとき、胞胚の一部が陥入して奥へと奥へと長い管が形成される（**4-4-1** 項参照）。このとき、内側に入っていった細胞は消化酵素を分泌するように分化していく。この細胞たちが内胚葉を形成し、消化管へと分化する。

**外胚葉**に由来するのは、私たちの体の表面を覆う部分と、**神経組織**である。これらは、原腸が形成された際に内胚葉にはならなかった残りの部分、すなわち胚の表面を覆う部分に由来する。そしてそのまま、外胚葉性の細胞群は、私たちの体表面を形づくる皮膚、ならびに神経板を経由して神経管を形成し、神経組織へと分化する。

**中胚葉**に由来するのは、**筋組織**や**結合組織**を中心とする、私たちの体の「内部」に存在する組織である。脊椎動物や棘(きょく)皮(ひ)動物などの新口動物（**9-7-2** 項参照）では、原腸胚において内胚葉と外胚葉の中間に生じる空隙（**原体腔**）に、この二つの胚葉を結びつけ、支えるように新たな細胞が生じる。これが結合組織となる中胚葉の細胞群である。「内部」というのは、消化管の内部をいうのではなく、表面を覆う皮膚と消化管との間に存在する、外界とは接触することのない体の中身のことである。

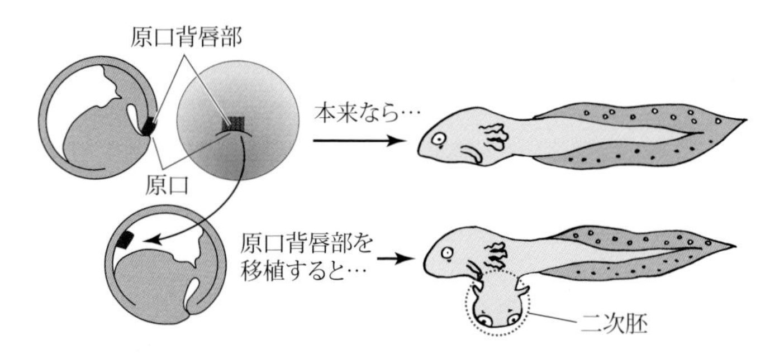


図4・23　シュペーマンの実験

動物の胚発生では、体の基本的な構造がつくられていく。とりわけ脊椎動物の胚発生において重要な役割を果たしているものに**形成体（オーガナイザー）**がある。形成体とは、未分化な胚の細胞に対し、神経管や体節などの組織や器官をつくらせて、全体として調和のとれた胚をつくるためにはたらく領域のことである。**シュペーマン**（**1-5-3** 項参照）がこの概念を提唱した際の、**イモリ**胚の**原口背唇部**が形成体の代表的事例である（**図 4・23**）。異なる性質の細胞や組織が隣接する際、一方の細胞や組織が、もう一方の細胞や組織にはたらきかけ、その発生運命を変更したり決定したりする現象を**誘導**という。誘導は、一方の細胞や組織から放出される因子が、もう一方の細胞や組織にはたらきかけることによって起こると考えられている。

いくつかの組織が集まって、ある目的をもった**器官**が形成される（第 **5** 章参照）。食べ物を分解し、それを体の中に吸収するために**消化器官**が形成され、老廃物を除去するために**泌尿器官**が形成される。また、皮膚も一つの器官であり、上皮組織である表皮と結合組織である真皮、そしてその真皮に張り巡らされている神経組織などから成り立っている。それぞれの器官は、たいていの場合、複数の器官が集まって**器官系**を形成する。器官系はある一定の機能をもつ。たとえば、胃、腸、肝臓、すい臓は、それぞれが消化器官であり、そのどれもが消化という一つの機能、目的をもつ。これら消化という目的をもった器官が集まり、**消化器系**と呼ばれる器官系を形成する（**2-9** 節参照）。こうした器官の形成は、言ってみれば**誘導の連鎖**によって引き起こされると言える。

### 4-4-4　発生に必要な遺伝子群

動物の発生では、**未分化**の状態の細胞の塊から徐々に細胞が分化し、誘導の連鎖を伴いながら、特徴的な形態をもった組織や器官が体の決まった部分で形成されていくが、こうした組織や器官の形成は、ある特定の遺伝子が発現することが引き金となる。これらの現象がよく研究されているのが**ショウジョウバエ**である。

ショウジョウバエの受精卵は、産卵時にはすでに、どちらが**腹側**となり、どちらが**背側**となるかが決定されている。産みだされた卵（以降、「胚」という）は、**ビコイド（bicoid）遺伝子**と呼ばれる遺伝子が発現して合成された**ビコイドタンパク質**が、将来頭部が形成される前方に濃く蓄積される**濃度勾配**が生じる（**図 4・24**）。この状態の卵では、細胞質は分裂せず核だけが分裂を繰り返し、**多核体**と呼ばれる状態となった後、核が多核体の表面へと移動し、そこで細胞質が区切られた状態となる。すなわち、胚が一層の細胞でぐるっと覆われた状態であり、この時期が胞胚である。この時点で、胚の前方に存在する細胞にはビコイドタンパク質の量が多く、後方に存在する細胞にはビコイドタンパク質

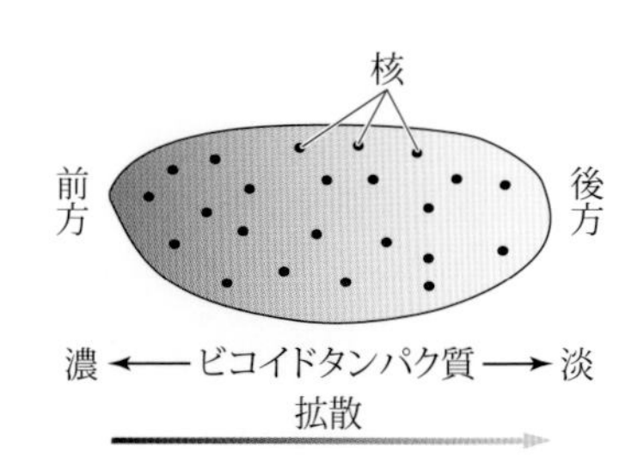


図4・24　ビコイドタンパク質の濃度分布
胚の前方でつくられたビコイドタンパク質は後方へ拡散していく。

の量が少ないという状態となり、これによってショウジョウバエ胚のどちらが前（頭部側）でどちらが後（尾部側）かの**前後軸**が決定される。またビコイドタンパク質の他にも、**ナノス**（Nanos）、**ハンチバック**（Hunchback）という名のタンパク質も濃度勾配をもち、前後軸の決定に関与する。ナノスタンパク質は、ビコイドタンパク質とは逆に、胚の後方における濃度が高くなる。このように、胚の前後軸などの位置情報を濃度勾配により与える分子を**モルフォゲン**という。

胞胚の時期になると、表面の各細胞で、異なる遺伝子が発現し始め、徐々に細かい体の各部が決定され始める。この遺伝子を**分節遺伝子**といい、**ギャップ**（gap）**遺伝子**、**ペアルール**（pair-rule）**遺伝子**、**セグメントポラリティ**（segment polarity）**遺伝子**の三つのグループに分けられる（**図4·25**）。ギャップ遺伝子は、ビコイドタンパク質の量によって発現するかしないかが決まり、ペアルール遺伝子は、ギャップ遺伝子の発現の状態によってどこで発現するかが決まり、さらにセグメントポラリティ遺伝子は、ペアルール遺伝子の発現の状態によってどこで発現するかが決まる。セグメントポラリティ遺伝子が発現すると、胚の前後軸に沿って 14 本の帯状の構造が見られるようになる。この 14 本の帯状の構造を**擬体節**といい、続いて形成される体節の基本となる。要するに、胞胚期以降は、こうした分節遺伝子の発現パターンの違いにより、胚の前後軸に沿って、将来頭部、胸部、腹部を形成する体節が順番通りに並ぶように形成されていくのである。

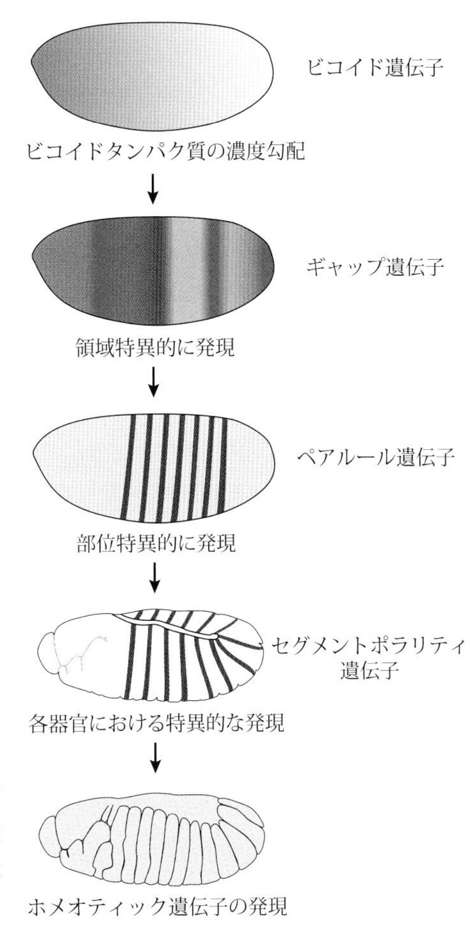


**図4·25**　分節遺伝子

それぞれの体節が頭部、胸部、腹部になるためには、**ホメオティック遺伝子**と呼ばれる調節遺伝子が発現する必要がある。ホメオティック遺伝子（以降、*Hox* **遺伝子**）群は、ショウジョウバエの 3 番染色体上に存在し、八つの遺伝子が含まれ、それぞれが、ホメオドメインという 60 残基のアミノ酸部分をコードする共通領域をもつ（**図4·26**）。この八つのうち、頭部から胸部の形成にかかわる *Hox* 遺伝子群を**アンテナペディア複合体**、胸部から腹部の形成にかかわる *Hox* 遺伝子群をバ

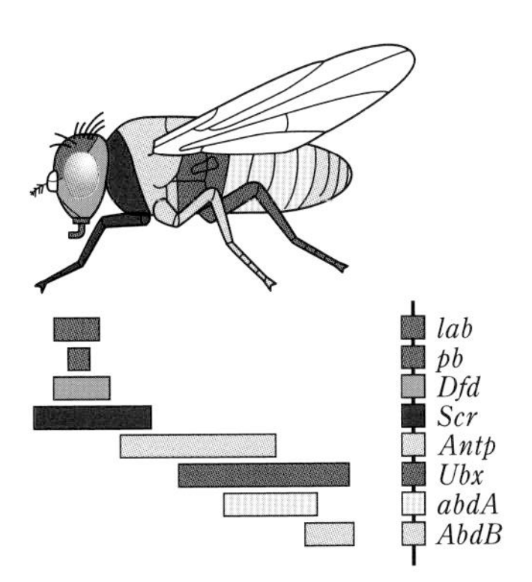


**図4·26**　ショウジョウバエの*Hox*遺伝子と染色体上の配列（Alberts ほか 2010 を参考に作図）

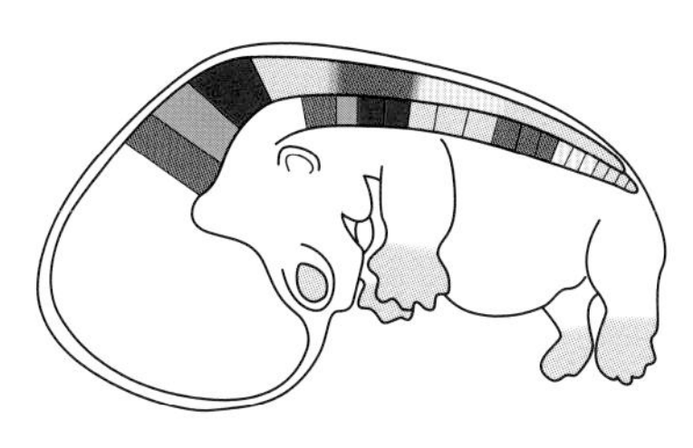

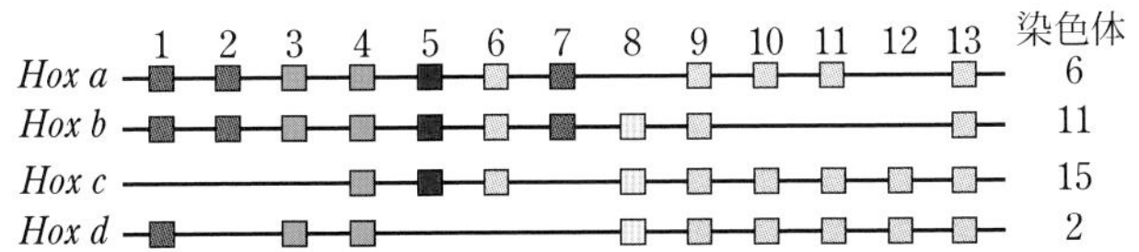


**図4·27**　哺乳類の *Hox* 遺伝子と染色体上の配列（Alberts ほか 2010 を参考に作図）

**イソラックス複合体**という。どの *Hox* 遺伝子が発現するかによってどの部分ができるかが決まっており、面白いことに *Hox* 遺伝子群は、その発現が関与する頭部から腹部までの各部分の並び方と同じ並び方で、染色体上に並んでいる（**図4･26**）。

ヒトを含めた哺乳類の *Hox* 遺伝子群は、4本の染色体のそれぞれに13種類の遺伝子が位置しており、この13種類を合わせて**クラスター**と呼ぶ（**図4･27**）。ただし、四つあるクラスターのそれぞれに、13種類の遺伝子のすべてがあるわけではない。たとえば、6番染色体にあるクラスターでは8番目と12番目の *Hox* 遺伝子がなく、15番染色体にあるクラスターでは1番から3番までと7番の *Hox* 遺伝子が存在しない。哺乳類の場合も、*Hox* 遺伝子の発現は発生初期に見られる体節（**原体節**）の形成に関わっており、各体節から発生する脊椎骨、四肢の指、その他の筋組織などの発生に関わっている。

## 4-5　子の世話

### 4-5-1　動物の社会と子育て

ヒトでは、新生児は自力で生きていくことはできないし、立って歩くこともできない。自力で生きていくことができるようになるまでの間、親は**子育て**（**子の世話**、**保育**）を行わなければならない。子育てとは、生物学上は、子の生存率を向上させるために行われる親の**行動**や**投資**であるとみなされる（**10-4-2** 項参照）。

動物の中で社会性の高い種では、ある一定の秩序のもとで、少なくとも一部で統一的な行動をとるような集合体を形成するものがある。このような集合体を**群れ**といい、それが形成する秩序を**群れ社会**という（**図4･28**）。昆虫などの節足動物や、魚類や鳥類、哺乳類などの脊椎動物に多く見られる。

**図4･28**　ライオン（*Panthera leo*）の群れ（プライド）

多くの哺乳類は、群れ社会をつくっている。広い草原に生息し、集団で狩りを行うイヌ科やネコ科の動物や、**ニホンジカ**（*Cervus nippon*）などの草食性の有蹄類の多く、またコウモリなどの翼手類、そして霊長類の多くは群れ社会をつくることが知られている。動物たちが群れ社会を形成する利点には、①**天敵**から身を守りやすくなる、②群れで行う**採食行動**は単独で行うよりも有利となる、③群れの構成個体同士の相互刺激により**適応度**が増す、といったものが挙げられる。③に関しては、たとえば**コウモリ**は単独でいるよりも、群れとなって集団でいた方が体温を維持するのにエネルギー消費量が少なくてすむ。

群れ社会の形成に不可欠な要素として、メンバー間での様々な**コミュニケーション**と、群れ社会内でのメンバー間の**順位**の成立が挙げられる。コミュニケーションは、音声や匂いなどを主とするが、ときに具体的な行動として現れる。**グルーミング**（毛づくろい、あるいは羽づくろい）は、鳥類から哺乳類まで幅広く知られている（**図4･29**）。グルーミングには、仲間同士の連帯感の確認の意味もあるが、順位の低い者（弱い者）が順位の高い者（強い者）に対して行うなど、個体間での

図4･29　ニホンザル（*Macaca fuscata*）のグルーミング
（画像提供：嵐山モンキーパーク いわたやま）

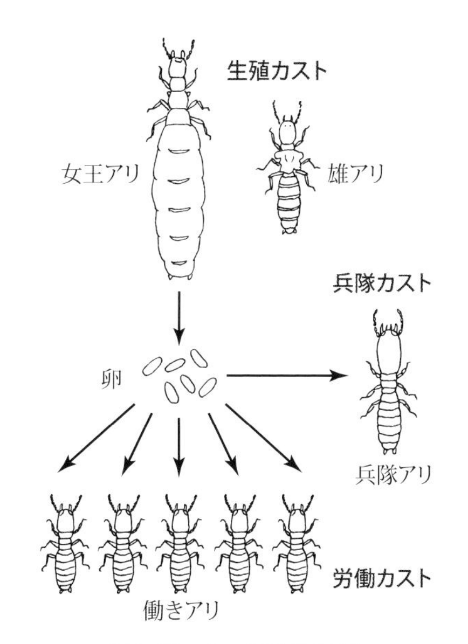


図4･30　シロアリのカスト

順位の確認の意味もある。

**シロアリ**、**アリ**、**スズメバチ**など、集団生活を営み、その集団の中で役割分担などが発達した統一的な行動をとる昆虫を**社会性昆虫**という。社会性昆虫に見られる分業体制を**カスト**（階級）といい、生殖カスト、労働カスト、兵隊カストなどに分かれる（**図4･30**）。アリ社会では、生殖カストは女王アリと雄アリ、労働カストは働きアリ、兵隊カストは兵隊アリという具合に区別されており、雄アリ以外はすべてメスである。

アメリカの**ウィルソン**（E. O. Wilson, 1929 ～）が定義したように、ほんとうの社会性（**真社会性**）とは、次の三つの要件を満たす社会を指す。すなわち、①両親以外に、子育てを専門とする個体が存在すること、②社会の中で2世代以上の世代が共存（重複）していること、そして③生殖を行わない個体が存在すること、の三点である。この定義で考えると、人間社会は①ならび③が当てはまるかどうか微妙であり、真社会性とは言えない可能性が高い。この定義にあてはまる生物としては、シロアリや**ミツバチ**などの社会性昆虫のほか、哺乳類においては唯一、**ハダカデバネズミ**（*Heterocephalus glaber*）が真社会性であることが知られている（**図4･31**）。

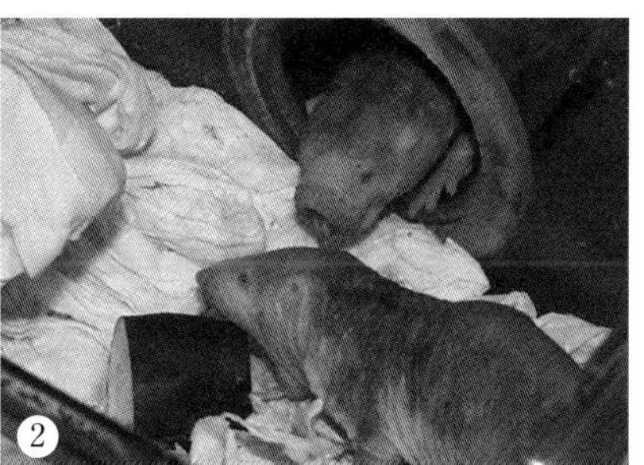


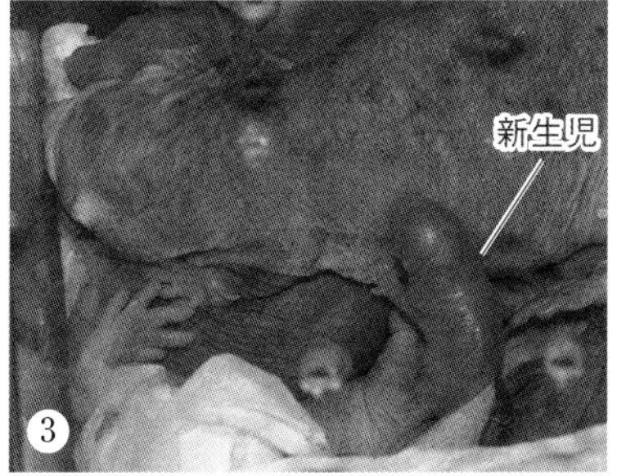


図4･31　ハダカデバネズミ（画像提供：埼玉県こども動物自然公園）
1：鼻から出ているように見える切歯。
2：餌のサツマイモを食べる。
3：女王と新生児。

多くの動物にとって親の使命とは、いかにして卵を守るかである。親が卵を守る行動は、多くの種で知られている。軟体動物の**タコ**では、メスが飲まず食わずで卵を守り続け、子ダコが孵化すると安心したかのように死ぬという、美談のような話がよく知られている。卵から子が孵化した後、子を養育することを親が行うようになるのは、一部の魚類を除き、社会性昆虫などの昆虫類や脊椎動物が誕生してからである。

安定したすみやすい場所に生きる生物は、寿命が延びることが多くなる。その結果、子の成熟が遅れ、親が面倒を見る期間が増える。1回に多くの子を産むのではなく、何回かにわたって少しずつ子を産む**多数回繁殖**でも、子を保護する方がその生存には有利となる。逆に、ストレスが多く、厳しい環境に生息する場合も、親が子を保護する方が生存に有利となる。

社会性昆虫における子育てはよく知られるが、社会性をもたない節足動物などでも、子育てを行う種が知られている。一部の**クモ**類では、メスがその腹部に**養育嚢**をもち、その内側や外側周辺に、孵化したばかりの幼生をくっつけて保護することが知られている。また甲虫の一つ**ハネカクシ**科のある種では、親が幼虫を穴の中で保護し、その穴の中に食料となる藻類などを備蓄して幼虫に与える子育て行動が見られる。魚類ではおよそ10数%の種で卵の保護が行われ、稚魚を養育することは少ない。魚類の子育ての場合、メスよりオスが行う場合が多い。**イトヨ**（*Gasterosteus aculeatus*）のオスは、自分がつくった巣にメスに卵を産ませ、体外受精に及んだ後、卵の養育に専念する。また、稚魚が孵化した後もその保護を行う。また、**タツノオトシゴ**（*Hippocampus coronatus*）のオスは、腹部に特殊な**育児嚢**をもち、メスがその中に卵を産み、卵はオスの育児嚢の中で孵化する（**図4･32**）。稚魚はしばらくの間育児嚢の中ですごした後、オスの‘出産行動’により海中へと飛び出す。

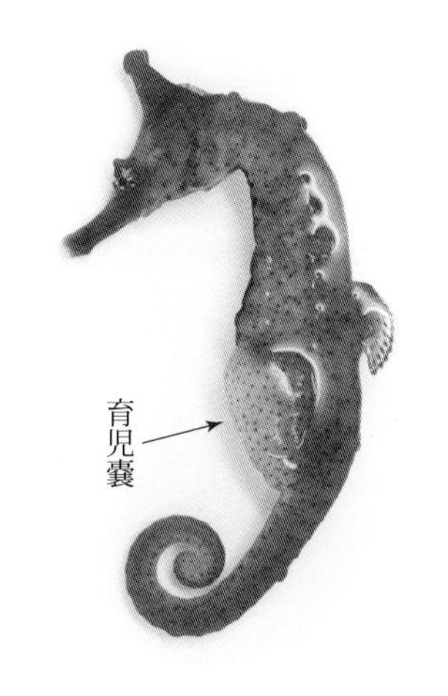


**図4･32**　タツノオトシゴの育児嚢（画像提供：千葉県立中央博物館分館海の博物館　川瀬裕司）

鳥類では、その90％以上の種で、オスとメスが共同で子育てに関わることが知られている。これには鳥類が生息する環境が大きく関わっている。すなわち、餌の確保と捕食者からの防衛を両立させ、さらに同種からの攻撃、なわばりの防衛などの問題を抱えながら子育てを行わなければならない環境に置かれたとき、一方の親のみで子育てを行うより、両方の親が共同して子育てを行う方が明らかに有利だからである。

### 4-5-2　哺乳類の授乳

哺乳類は、子をメスが**母乳**（**乳汁**）によって養育する**授乳**という特別なシステムをもっているため、ほとんどの種において、子育てはもっぱらメスが行う（**図4･33**）。これには、オスは乳をつくれないという生理的理由以外に、オスがメスと共同して子育てをすることが、それほどメス単独での子育てに比べて有利にならないという理由が挙げられる。ほとんどの哺乳類は、メス単独でも十分子育てが可能である。なかには、**プレーリーハタネズミ**（*Microtus ochrogaster*）などのように、オスが積極的に子育てに参加するものや、**コヨーテ**（*Canis latrans*）などのように、両親以外の個体が**ヘルパー**として子育てに参加するものもおり、これを**共同繁殖**という。なお、こうしたヘルパーは、哺乳類に限らず鳥類などでも見られる。

**図4･33**　母乳によるヒトの子育て

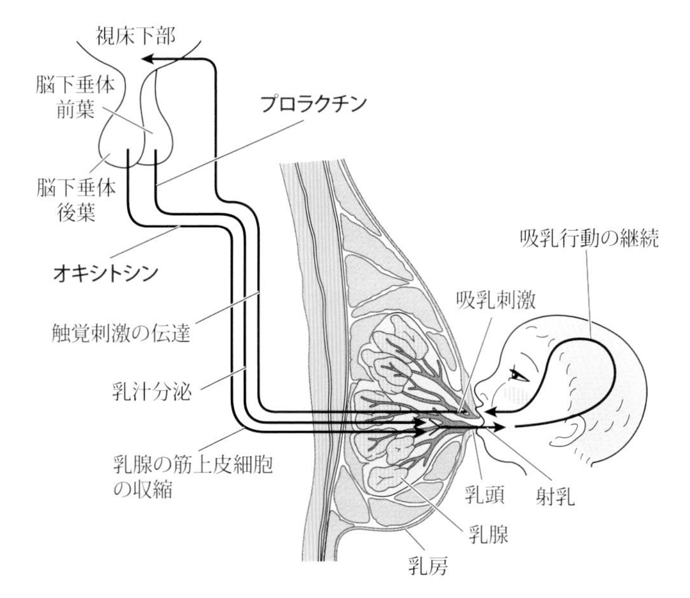


図4･34　ヒトの乳汁分泌（Tortora / Derrickson 2012を参考に作図）

ここでは、私たちヒトを例として、哺乳類による授乳のしくみを扱う。母親の**乳腺**から母乳が分泌されることを**乳汁分泌**という。乳汁には様々な栄養分や細胞などが含まれており、**新生児**（**乳児**）の成長に重要である。

乳汁には、数種類の白血球が含まれており、乳児の**免疫系**（**5-7**節参照）を補完している。乳汁に含まれる**好中球**と**マクロファージ**は貪食細胞として知られ、乳児の腸管内に侵入したバクテリアなどの微生物を貪食し、これらのバクテリアが乳児に及ぼす悪影響を排除する。乳汁に含まれる**B細胞**は、こうしたバクテリアなどに対する**抗体**を産生する（**5-7-1**項参照）。

乳汁に含まれる種々の栄養素は、乳児の栄養を補給する。脂肪酸、乳糖、アミノ酸、ミネラル（鉄分を含む）、ビタミンを大量に含み、未発達の乳児の消化器でも十分に消化、吸収できる。乳汁は**ビタミン$B_{12}$結合タンパク質**を含んでおり、ビタミン$B_{12}$の吸収を助ける。また乳児の免疫系を補完する白血球以外の成分も豊富に存在する。乳汁に存在するIgA（Ig：immunoglobulin，**5-7-1**項参照）は、乳児の腸管内で微生物に対する免疫応答に関与し、**インターフェロン**は白血球の免疫作用を促進するはたらきをもつ。このように、乳汁中には乳児の成長に欠かせない多くの栄養分や細胞が含まれており、母乳栄養を受けた子は、アレルギーや心臓病、糖尿病など多くの病気の**罹患率**（りかん）が、母乳栄養を受けていない子よりも低くなる傾向にある。

母親の**乳汁分泌**は、**脳下垂体前葉**から分泌される**プロラクチン**というホルモンにより制御を受けている（**4-3-2**項参照）。乳児が乳を吸う（**吸乳**行動）と、その神経刺激が母親の脳の**視床下部**（**5-10**節参照）へと伝わる。視床下部からはプロラクチン放出ホルモンが分泌され、これが脳下垂体前葉にはたらきかけ、プロラクチンが放出される。一方、**脳下垂体後葉**（**5-10**節参照）からは**オキシトシン**が分泌され、乳房中の乳腺にはたらきかけて乳が出る**射乳**を促す（図4･34）。

1
2
3
4
5
6
7
8
9
10

## iPS細胞のよりよい応用に向けて

山中伸弥（**1-5-7**項参照）により作製された**iPS細胞**は、体のどの細胞にも分化させることができる万能細胞として、とりわけ**再生医療**や**難病**メカニズム研究の分野での応用が期待されている。**ES細胞**とは異なり倫理的問題も少なく、特にES細胞のような技術的難しさもそれほどなく（ただし、効率面では課題が残る）、何よりも自分自身の**体細胞**からつくられることから、拒絶反応の心配のない「自分だけの」臓器の再生、遺伝的背景を伴う「自分だけの」難病のメカニズム解明に大きな力が発揮されると考えられている。事実、すでにいくつかの難病メカニズム解明のためにiPS細胞が研究現場で利用され始めている。

このように、iPS細胞は利点ばかりがあるように思われるが、その成立メカニズムは未だによく解明されているわけではなく、また体細胞を用いる場合、そのゲノムに蓄積していると考えられる**突然変異**の存在を無視することができないという点で､克服すべき課題は多い。**3-8-1**項で扱ったように、細胞分裂に伴う**DNA複製**過程では、往々にして**複製エラー**が生じ、その修復が不完全である場合には突然変異を引き起こす。ヒトの細胞において、一度のDNA複製でどれだけの突然変異が残るかについてはよくわかっていないが、生化学的データから考えて、受精卵の時から数え切れないくらいのDNA複製を繰り返してきた体細胞には、何らかの突然変異は存在すると考えた方がよい（**図4･35**）。したがって、iPS細胞をつくる際に気をつけるべきは、なるべく突然変異が生じる機会を減らすこと、すなわち**細胞分裂経験回数**が少ない体細胞を用いてiPS細胞を作成することだろう。そのためには、出生直後に自身の体細胞を取り分けておく何らかの体細胞バンクのようなものを整備する必要がある。

iPS細胞やES細胞をいかにうまく使いこなすかは、臨床応用だけでなく、**体細胞遺伝学**に関する基礎研究の充実と、こうした社会的コンセンサスの創出にかかっていると言えるだろう。

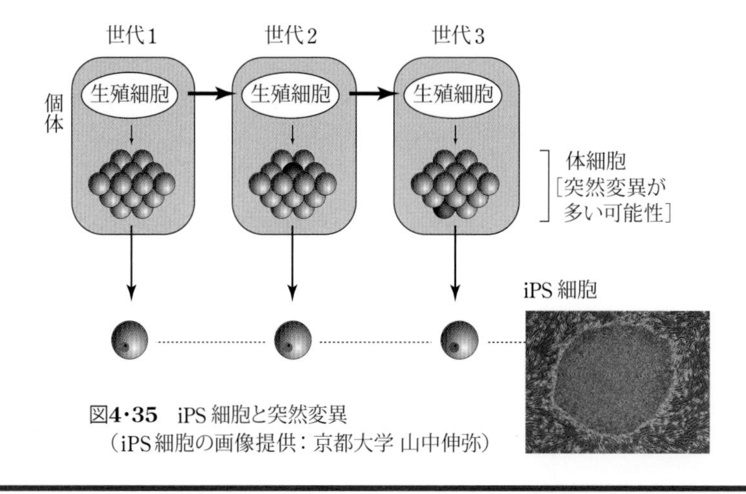


図**4･35**　iPS細胞と突然変異
（iPS細胞の画像提供：京都大学 山中伸弥）

# 5 ヒト（動物）の器官とそのはたらき

発生した動物は、与えられた寿命を生きる。生きて、次世代を残すために生殖し、やがて死ぬ。それまでの期間、動物は、環境から与えられる様々な影響を受けながらこれに適切に応答しつつ、体内環境を一定の状態に維持することが求められる。果たして動物は、どのようなしくみを利用して環境への応答を行い、体内環境を維持しているのだろうか。

本章では、私たち動物がどのような器官をもち、その器官をどのように利用しているのかについて、すでに第**2**章で扱った消化器系（消化管）と第**4**章で扱った生殖器系以外の器官・器官系の構造、機能と体内環境維持のためのしくみを扱う。



## 5-1 皮膚と外皮系

私たちの体では、細胞の増殖が毎日のように繰り返されている。皮膚の細胞は、基底層に存在する基底細胞が新しい細胞をつくり出し、徐々に皮膚の表面の方に形態を変えながら移動して、最後には垢となって脱落していく。この周期（**ターンオーバー**）はおよそ28日から56日である。

私たちの体を覆う**皮膚**と、そこに存在する毛、汗腺、爪などの皮膚付属器、感覚受容器を含めて**外皮系**という。外皮系は、私たちの体の構造の**維持**、体の**保護**、**体温調節**、**排泄と吸収**、**ビタミンD合成**、環境から与えられる適刺激（**5-11**節参照）に対する感覚情報を受け止め、神経系へとその情報を伝達するなどといった、動物の**体内環境**を維持する非常に重要な役割がある。

外皮系は、外側から表皮、真皮、**皮下組織**という層構造を呈している。すなわち皮膚とは、表皮、真皮、ならびに皮下組織を合わせていう言葉である。成人の皮膚の面積はおよそ2 $m^2$ にもなり、その重量は体重のおよそ16％にもなる、まさに人体で最大の器官である（**図5・1**）。

**表皮**は、角化扁平上皮細胞を中心とした**角質層**を表に、顆粒層、**ケラチノサイト**を中心とした**有棘層**、**幹細胞**を含む**基底層**という重層構造を呈している。基底層では、細胞分裂が活発に行われ、新しいケラチノサイトが幹細胞から次々につくられている。ケラチノサイトは徐々に角質層に向かっていくが、その過程で**角化**していく。基底層には**メラニン顆粒**を含む**メラニン細胞**や、触覚を感知する**メルケル細胞**などがある。有棘層は、角化していないケラチノサイトが充満している層で、皮膚に侵入したバクテリアに反応して免疫応答を引き起こす**ランゲルハンス細胞**（膵臓のランゲル

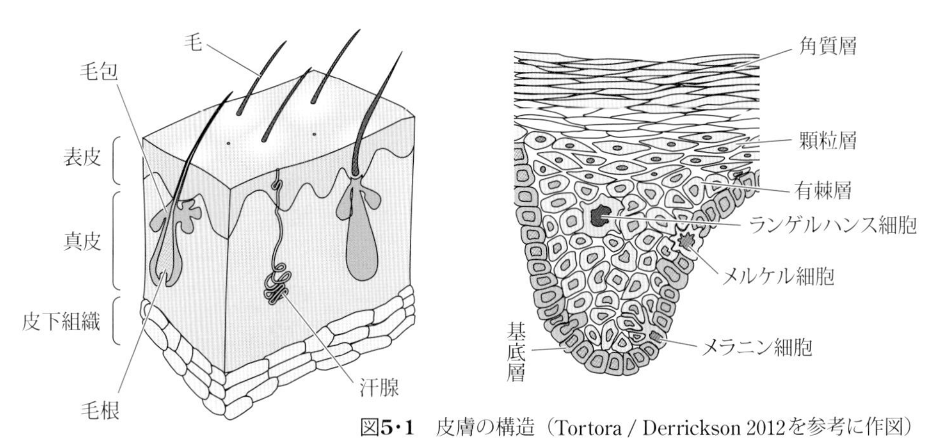


図**5・1**　皮膚の構造（Tortora / Derrickson 2012を参考に作図）

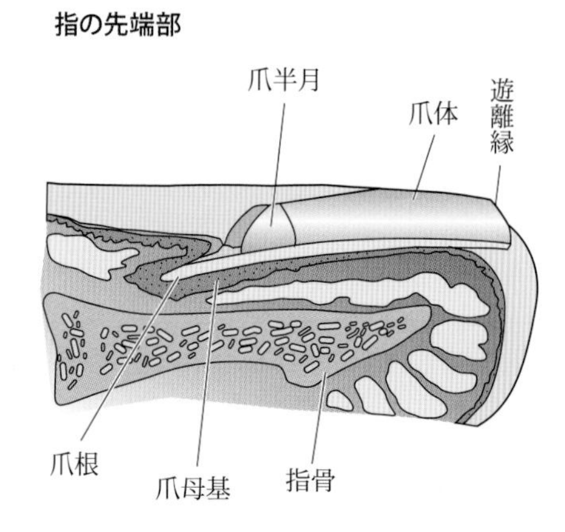


図5･2　毛（左）と爪（右）の構造（Tortora / Derrickson 2012を参考に作図）

ハンス島とは異なる）もある。皮膚の最表面の角質層は、25から30層程度の扁平なケラチノサイト（すでに死んでいる）から成る。ケラチノサイトは絶えずはがれ落ち続けており、それを補充するケラチノサイトが内側より絶えず上がってきている。角質層の死んだケラチノサイトの細胞内は、構造タンパク質の一種**ケラチン**で充満している。

**真皮**は、**コラーゲン**、**エラスチン**などを主体とする結合組織から構成されており、皮膚のもつ弾力性、伸張性に関わっている。毛細血管や汗腺、毛根などの組織が多く存在する。

毛、爪、および汗腺などを含む皮膚腺は、**皮膚付属器**と呼ばれる（**図5･2**）。

**毛**は、私たちが通常“毛”と呼んでいる**毛幹**と、その根元にある**毛根**よりなる。これらは同心円状に配列した**髄質**、**皮質**、**毛小皮**（キューティクル）という三つの層から構成されている。毛根には毛細血管に接して**毛母細胞**が存在する**毛母基**という基底層が存在し、常に細胞分裂を繰り返しているが、毛幹を構成する細胞はすでに死んだ細胞である。毛には**成長期**、**退行期**、**休止期**があり、このうち毛母細胞が分裂するのは成長期である。頭髪は、成長期は2～6年、退行期は2～3週間、休止期は3か月であり、休止期を過ぎると再び成長期に入る。

**爪**（つめ）は、角化した表皮細胞が、非常に高密度に集まって硬い板を形成した器官であり、物をつかんだり扱ったりする場合に重要となる。私たちが通常“爪”と呼んでいる**爪体**（そうたい）と、私たちが通常“爪を切る”という場合に切られる先端部分である**遊離縁**、そして根元にある**爪根**よりなる。爪の根元に見える三日月状の部分は**爪半月**という。爪のもとになる**爪母細胞**は、爪根のすぐ下部にある**爪母基**に存在し、常に細胞分裂を繰り返している。

**皮膚腺**には、毛の根元へとつながっている**脂腺**、汗を出す**汗腺**、外耳の汗腺が変化した**耳道腺**がある。このうち汗腺には、**エクリン汗腺**と**アポクリン汗腺**があり、分布場所や分泌物、機能などが異なる。エクリン汗腺は**体温調節**に関与し、全身の皮膚のほとんどに見られるが、アポクリン汗腺は脇の下や股などにあり、精神的なストレスにより発汗する。アポクリン汗腺から出る汗は本来は無臭だが、その周囲にあるバクテリアにより化学的な変化を起こすことで、いわゆる**体臭**が出る。

## ◆ 5-2　心臓と循環器系 ◆◆◆◆◆

**循環（器）系**とは、血液またはリンパ液により、摂取した栄養分や体内での代謝産物などを体の各組織、各器官へと流通させる脈管系のことである。血液では、酸素および二酸化炭素の運搬を行う。無脊椎（むせきつい）動物では血管系がその役割を担い、私たち脊椎動物では**血管系**と**リンパ系**がこれを担う。

動物の血管系は、開放血管系と閉鎖血管系に大別される（**図5･3**）。**開放血管系**は、主に昆虫などの節足動物に見られるもので、血管が各組織において‘開いて’いるため、血液は血管から各組織の間に存在する不規則な空間を流れ、その後再び血管に入って心臓へと戻る。

一方、**閉鎖血管系**は、私たちヒトを含めた脊椎動物に典型的に見られるもので、血管はどの臓器においても‘開いて’おらず、血液は常に血管の中を通り、組織の空隙に染み出ていくことはない。

血管は、主に**動脈**、細動脈、**毛細血管**、細静脈、そして**静脈**の5種類に分けられる。動脈は、心臓から押し出された血液が各組織へと送られる際に通る、太く弾力性に富む血管であり、やがて体の各領域へ枝分かれして細動脈と呼ばれる細い血管になる。細動脈は各組織に入るとさらに細く、赤血球がようやく一個通れるくらいの管、毛細血管へと分枝していく。毛細血管の壁は非常にうすく、ほぼ一層の内皮細胞と基底膜のみであるため、血液と組織との間での物質交換が可能である。

毛細血管は再び集まって細静脈となり、さらにこれらが集まって太い静脈となり、血液を再び心臓へと戻す。図に示したのは、ヒトの血管系（**循環路**）である（**図5·4**）。

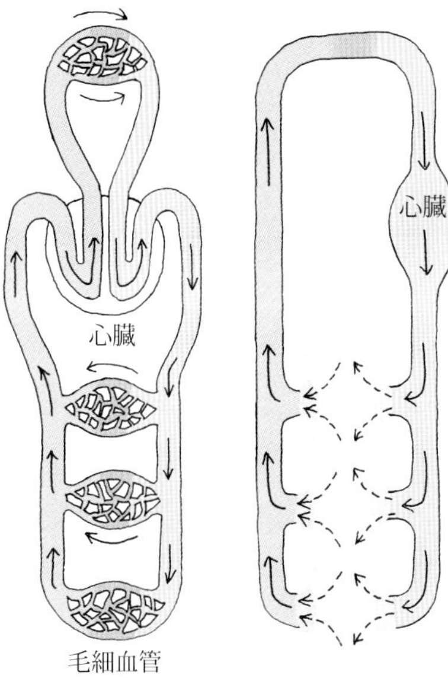

閉鎖血管系　開放血管系

心臓　心臓

毛細血管

**図5·3**　開放血管系と閉鎖血管系
開放血管系（右）では、血液は動脈から各組織中へと染み出し、静脈へと戻る。

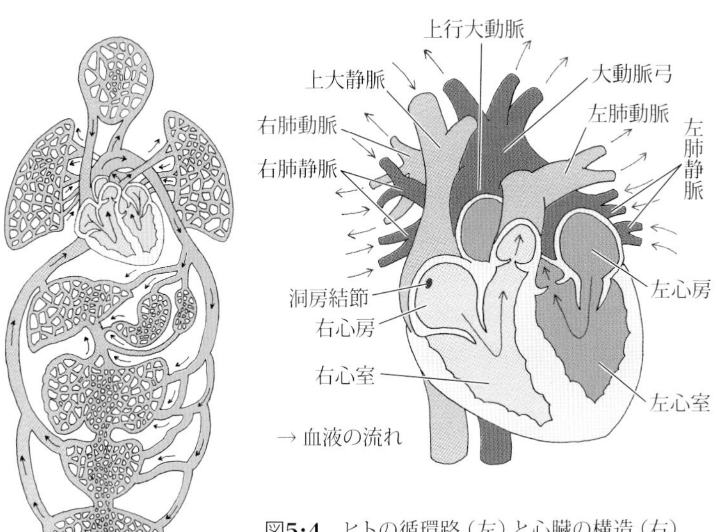


**図5·4**　ヒトの循環路（左）と心臓の構造（右）
（Tortora 2006を参考に作図）

生物の進化をたどっていくと、ヒトのもつ**心臓**の祖先は、血管の一部がやや太くなり、リズミカルに拍動して血液に流れをつくり出すという簡単な構造に過ぎなかった。それが様々な進化の過程を経て、「ポンプ」の仕様も複雑化し、現在の心臓が誕生したと考えられる。

脊椎動物のうち鳥類と哺乳類の心臓は、四つの‘部屋’からできている。上部に存在する二つの‘部屋’を**心房**、下部に存在する二つの大きな‘部屋’を**心室**といい、それぞれ**左心房**と**右心房**、**左心室**と**右心室**より成る。血液は、左心室から勢いよく大動脈へと押し出され、各組織を経由した後、**大静脈**から右心房へと流れてくる。右心房の血液は、**三尖弁**を通って右心室へと流れ、そこから**肺動脈**へと押し出される。肺を経由してガス交換された血液は、**肺静脈**を通って左心房へと戻り、**僧帽弁**（**二尖弁**）を通って左心室へと流れ、再び勢いよく**大動脈**へと押し出される。この血液の流れを作り出すため、心臓は規則的に**拍動**する。脊椎動物のうち両生類と爬虫類は、基本的には二つの心房と一つの心室からなり、魚類は一つの心房と一つの心室から成る。

心臓の拍動は、**心筋**と呼ばれる筋肉が発達した**心筋細胞**がもつ、規則正しい律動的な運動によってもたらされる。心筋細胞が無数に集まって心臓を形成し、心臓全体を協調性をもって拍動させるために、心筋細胞を同調させる必要がある。その役割を担うのが**洞房結節**と呼ばれる特殊な部分であり、上大静脈と右心房の境目あたりに存在している。この部分が最初に興奮し、電気的刺激がおよそ0.22秒かかって心臓全体へと伝わることにより、心臓全体が1個のポンプとなることで、統一的な拍動を可能にしている。

心筋に酸素と栄養分を供給する血管を**冠状動脈**といい、上行大動脈から分枝し、さらに心臓全体を包み込むようにいくつかの分枝へと分かれている。冠状動脈に流れた血液は心筋の毛細血管を経由し、**冠状静脈**を介して右心房へと流れる。冠状動脈に部分的に**閉塞**が起き、血流が減少すると**心筋虚血**と呼ばれる状態が引き起こされる。心筋虚血は、**狭心症**の原因である。一方、冠状動脈が完全に閉塞すると、その先の心筋に血液が供給されず、心筋は壊死する。これが**心筋梗塞**である（**7-4-2**項参照）。

## ◆　5-3　肺と呼吸器系　◆◆◆◆◆

循環器系とセットになり、体に新鮮な酸素を供給するために必要な器官系が**呼吸器系**である（**図5･5**）。呼吸器系は、その多くを占める肺と、気管支、気管、喉頭、咽頭、そして鼻腔から構成されているが、ここでは気管、気管支、肺について扱う。

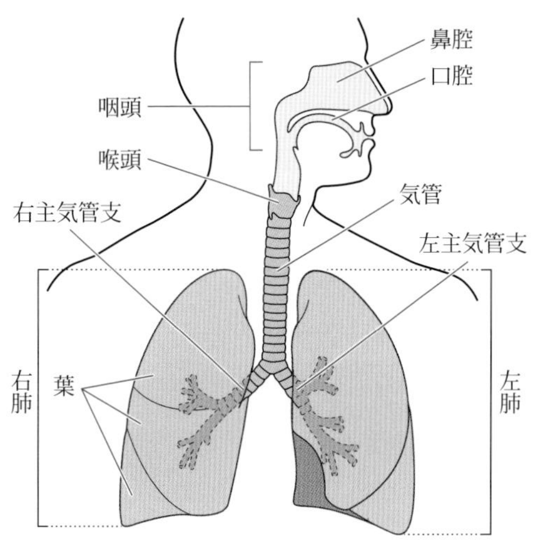


図5･5　ヒトの呼吸器系

**気管**は、その名の通り空気の通り道であり、**喉頭**の下部から長さおよそ 12 cm ほどの管である。食道よりも前方（腹側）に位置している。気管の主な構成組織は**軟骨**を主体とする結合組織であり、内側から粘膜、粘膜下組織、硝子軟骨、結合組織からなる外膜により構成されている。

**気管支**は、気管の最下部から左右二つに分かれ、それぞれ**左主気管支**、**右主気管支**という。それぞれの気管支は、さらに二次気管支、三次気管支、細気管支という具合に枝分かれを続け、最後に終末細気管支に分岐して終わる。この気管支が、左右の肺の内部を隙間なく網羅している。気管支が二つに分かれる部分の直下に、左右非対称の**心臓**が存在するため、左右の気管支の分枝の仕方はやや異なる。

**肺**は、胸腔内に存在する左右対になった臓器である。それぞれの肺は、**胸膜**という二重の膜で覆われて保護されている。心臓が存在するため、左右の肺の形は若干異なる。

**右肺**は、**裂**と呼ばれる区切りによって、三つの**葉**に分かれ、**左肺**は二つの葉に分かれている。葉はさらに**小葉**と呼ばれる細かい区切りに分かれる。一つ一つの小葉は、結合組織によって囲まれて

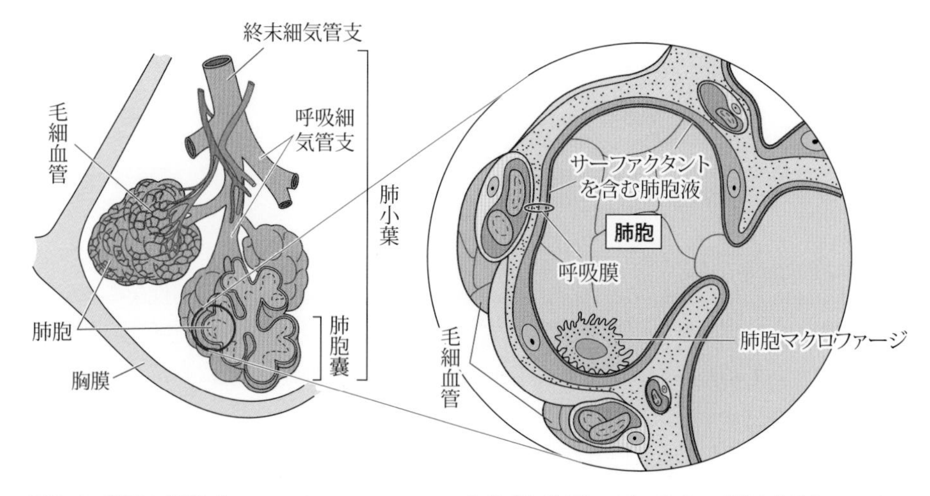


図5･6　肺胞の構造（Tortora / Derrickson 2012を参考に作図）。図ではリンパ管は省略している。

おり、それぞれ1本ずつのリンパ管、細動脈、細静脈、**終末細気管支**が存在する。小葉内では、終末細気管支はさらに小さな**呼吸細気管支**に分岐し、その先端にブドウの房のような構造をした**肺胞嚢**（のう）がある。

肺胞嚢を構成する一つ一つの小部屋が**肺胞**であり、ここが**ガス交換**の場である（**図5･6**）。1個の肺胞は、数個の**肺胞細胞**からできており、肺胞の内側の表面は**サーファクタント**（**界面活性物質**）を含む**肺胞液**が覆っている。サーファクタントは、肺胞液の**表面張力**を低下させるため、表面張力によって肺胞が縮む**虚脱**が起こらないようにしている。肺胞には毛細血管が巻きついており、その境目を**呼吸膜**という。この膜を通じて、酸素と二酸化炭素のガス交換が行われる。肺胞では、全身の各組織から戻り、右心室から肺動脈、細動脈を経た二酸化炭素を多く含む血液が毛細血管へと流れ込んでくる。肺胞で二酸化炭素を排出し、酸素を豊富に取り入れた血液は、毛細血管から細静脈を経て肺静脈から心臓の左心房へと流れ込む。

## 5-4　腎臓と泌尿器系

物質代謝の基本の一つは、古くなった物質を捨て、新しい物質を外から取り入れて、自分の体に組み込むことである。ヒトの場合、体中の37兆とも言われる数の細胞から出た老廃物を、一元的に処理して排出するしくみがある。それが**腎泌尿器**と呼ばれる器官であり、腎臓や尿管、膀胱（ぼうこう）などが含まれ、これらをまとめて**腎泌尿器系**という。

**腎臓**は、赤っぽい色をしたソラマメのような形をした臓器であり、背中の後ろ側に2個存在している。外側の**皮質**と内側の**髄質**から成り、**腎動脈**と**腎静脈**が髄質側から皮質側へと通っている。腎臓は、**ネフロン**と呼ばれる機能単位がおよそ100万個ほど集まっている。個々のネフロンは、**腎小体**（**マルピーギ小体**）と**細尿管**（**尿細管**）から成る。腎小体は皮質に、細尿管は髄質に存在している（**図5･7**）。なお、腎小体の別名（マルピーギ小体）は、イタリアの**マルピーギ**（**1-5-3**項参照）に因んでいる。

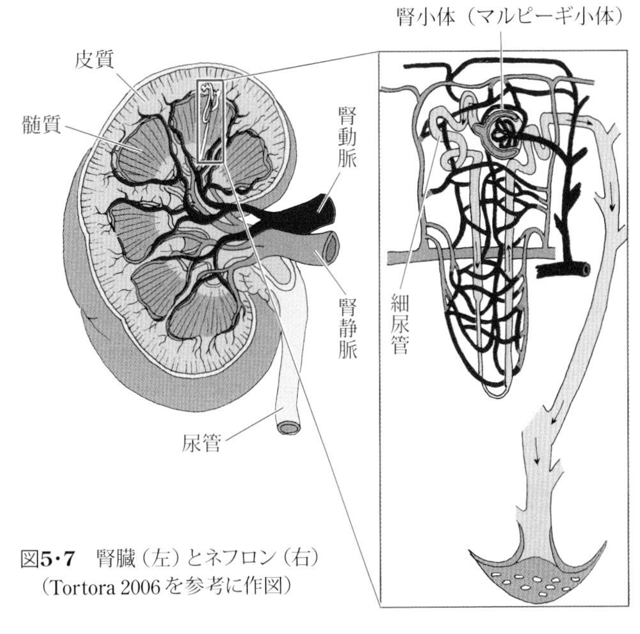

図5･7　腎臓（左）とネフロン（右）
（Tortora 2006を参考に作図）

腎小体は、毛細血管網からなる**糸球体**と、それを取り囲むように存在する**糸球体嚢**（のう）（**ボーマン嚢**）から構成され、ここで**尿産生**の最初のステップである、水分およびタンパク質を除く大部分の溶質のろ過が行われる。ボーマン嚢は、イギリスの**ボー**

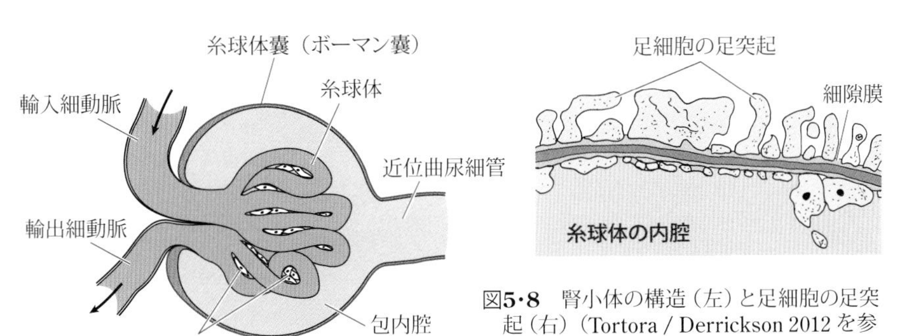

図5･8　腎小体の構造（左）と足細胞の足突起（右）（Tortora / Derrickson 2012を参考に作図）

**マン**（Sir W. Bowman, 1816 ～ 1892）によって 1842 年に発見された。糸球体の表面には、**足細胞**（タコ足細胞）と呼ばれる非常に多くの突起をもった特殊な細胞が密にはりつき、これが糸球体の毛細血管内皮細胞を包み込んでいる（**図 5･8**）。足細胞の突起（**足突起**）同士の隙間には**細隙膜**と呼ばれる薄い膜が存在し、アルブミンなどサイズの大きなタンパク質は通さず、水、グルコース、アミノ酸など小さい分子のみを通す。また、糸球体には**メサンギウム細胞**という収縮能力がある細胞が存在し、それによりろ過を調節している。ボーマン嚢へとろ過された**原尿**（水、グルコース、アミノ酸、無機塩類を含む）は細尿管を流れていくが、細尿管には毛細血管が縦横無尽に絡まりあっており、ろ過された水や上記物質が細尿管を流れていく間に、再び毛細血管へと**再吸収**される。このとき、再吸収されなかった尿素（肝臓でつくられる）など細尿管中に残った老廃物は、やがて濃縮されて**尿**となり、**尿管**（**輸尿管**）を経て膀胱に溜められた後、**尿道**から体外へと排泄（はいせつ）される。

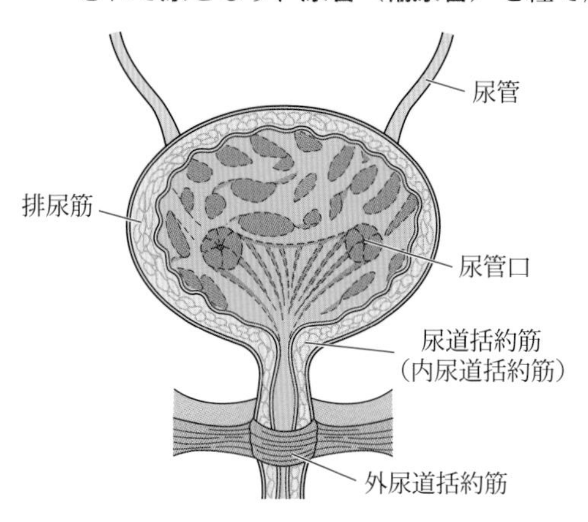


図5･9　膀胱と尿道の構造（Tortora / Derrickson 2012を参考に作図）

**膀胱**は、尿が貯留すると大きく拡張する袋状の器官であり、内側から粘膜、平滑筋でできた筋層、外膜の三層構造を呈している。膀胱から尿が排出される**排尿**は、尿の貯留による膀胱内圧の上昇が仙髄にある**排尿中枢**を刺激し、それが**排尿筋**の収縮と**尿道括約筋**の弛緩（しかん）を引き起こすことによって起こる（**図 5･9**）。

水以外の尿の成分としては、最も含有量の多い（2 %）**尿素**をはじめ、タンパク質の分解産物である**クレアチニン**、尿酸、そしてナトリウムなどの無機成分がある。クレアチニンは腎小体でろ過された後も再吸収されず、尿中に排泄される。そのため、血中のクレアチニン量は、腎臓の機能が正常であるかどうかの指標となっている。正常な大人の1日の尿量はおよそ1～2リットルである。

このように、腎臓は血液中の老廃物を除去し、体内環境を一定に保つために重要なはたらきを担っているため、腎臓の機能が低下もしくは失われた人は、定期的に**人工透析**を行うことで、血液から老廃物を除去する必要が生じる。透析とは、半透膜（**2-2-2** 項参照）を利用して、高分子や低分子を含む溶液から低分子のみを除去する操作をいう。

なお、腎臓の上部には**副腎**と呼ばれる器官があるが、これは内分泌系に属する器官である（**5-10** 節で扱う）。

## ◆ 5-5 肝　臓 ◆◆◆◆◆

**肝臓**は、消化器系（**2-9** 節参照）に含まれる器官であるが、実際には食物の消化というよりもむしろ、消化されて血液内に吸収された物質の代謝、解毒などの作用を行う（**図 5･10**）。肝臓はおよそ 1.4 kg あり、ヒトの体内では（皮膚を除いて）最大の臓器である。その発生にあたり、まず十二指腸部から膨出するようにして生じ、それが分岐を繰り返して腺（せん）状の器官として成長する。

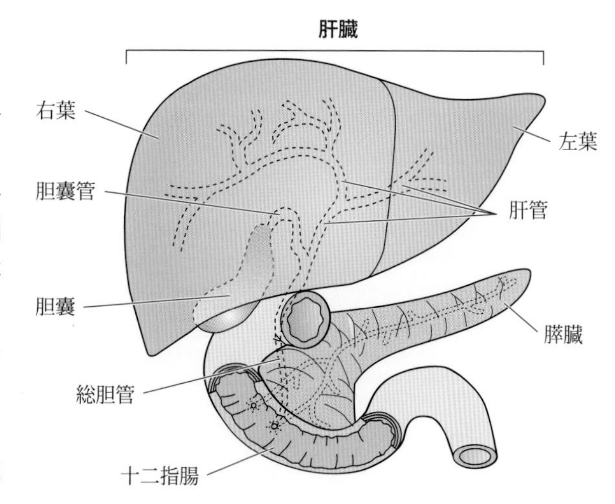


図5･10　肝臓の構造（Tortora / Derrickson 2012を参考に作図）

ヒトの肝臓はおよそ 3000 億個もの**肝細胞**からできており、ある一定の数の肝細胞が集

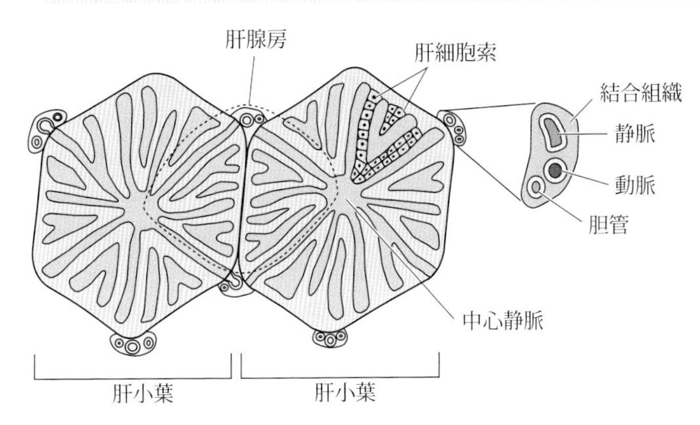


図5・11 肝小葉の構造（Tortora / Derrickson 2012を参考に作図）

まって直径1 mmほどの**肝小葉**と呼ばれる単位を形成する。肝小葉と肝小葉の間は**小葉間結合組織**によって結び付けられている（**図5・11**）。さらに肝小葉は、肝細胞が索状に並んだ**肝細胞索**から成る。肝臓には、小腸の静脈からつながっている**肝門脈**と、心臓からつながっている**肝動脈**という2種類の血管があり、肝小葉の周囲からその内部へと入り込んでいる。それぞれの肝細胞は、小腸で吸収された肝門脈に含まれる栄養物質を受け取り、様々な代謝活動を行っている。なお最近では、隣り合った肝小葉の一部から成る**肝腺房**という単位も、肝臓の機能的・構造的単位であると考えられている。

肝臓は、1日あたり1リットル弱もの**胆汁**を分泌している。胆汁は、肝細胞で産生され、肝小葉の中に存在する**毛細胆管**に出された後、**胆管**を経て**肝管**に合流し、**胆嚢**で貯蔵される。胆汁は、食事後のホルモン性の刺激によって**総胆管**を経て十二指腸内に分泌される。胆汁に含まれる**胆汁酸**の作用により、脂肪の消化吸収が促進される（**2-9-2**項参照）。

肝臓には、私たちの体を維持するための様々な機能があり、その多くは物質の代謝である。肝臓は、**血糖値**の調節に重要な役割を果たしている。血糖値が低下すると、蓄えてある**グリコーゲン**を分解し、血中に**グルコース**を放出する。血糖値が上昇すると、余分なグルコースをグリコーゲンとして貯蔵する。必要に応じて**糖新生**を行い、アミノ酸や乳酸などからグルコースをつくり出す。肝臓は、ある種のトリグリセリドを貯蔵する。また、脂肪酸やコレステロールなどを体細胞へと送り出したり体細胞から戻したりする際に必要な**リポタンパク質**を合成する。

**解毒**作用も肝臓の重要な機能である。肝臓は、アルコールなどの物質を解毒し、またペニシリンなど多くの薬剤を胆汁中に排泄する。つまり胆汁は、解毒した物質の排泄先であるとともに、脂肪の消化吸収を助けるという一石二鳥の役割をもつ。

## 5-6 膵臓と脾臓

**膵臓**（すいぞう）は、胃の後ろ側に存在する長さ12～15 cmほどの臓器で、ホルモンを分泌する内分泌器官であると同時に、1日あたり1.2～1.5リットルもの**膵液**を分泌する外分泌器官でもある（**図5・12**）。

内分泌器官としての膵臓は、膵臓中に散在する**ランゲルハンス島**と呼ばれる細胞の集団が、その機能を一手に握っている（**5-10**節参照）。ランゲルハンス島は、1869年にドイツの**ランゲルハンス**（P. Langerhans, 1847～1888）によって初めて記載され、この名がついた。**A細胞**（α細胞）、**B細胞**（β細胞）、**D細胞**（δ細胞）という3種類の細

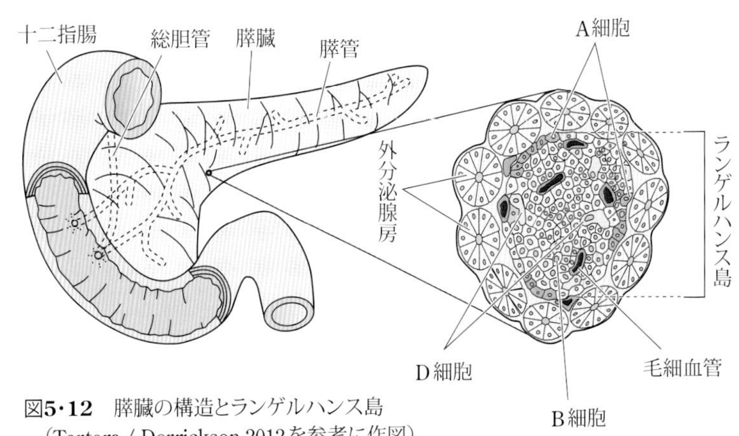


図5・12 膵臓の構造とランゲルハンス島（Tortora / Derrickson 2012を参考に作図）

1 2 3 4 5 6 7 8 9 10

胞から成り、A 細胞からは**グルカゴン**、B 細胞からは**インスリン**がそれぞれ分泌され、D 細胞からは**ソマトスタチン**が分泌される。A 細胞から分泌されるグルカゴンは血糖値を上げるはたらきをし、B 細胞から分泌されるインスリンは逆に血糖値を下げるはたらきをする。D 細胞から分泌されるソマトスタチンは、A 細胞と B 細胞にはたらいてグルカゴンとインスリンの分泌を抑制する。

外分泌器官としての膵臓は、ランゲルハンス島以外の部分が機能を司っている。これらの組織からつくられた**膵液**は、十二指腸の粘膜から分泌されるホルモンである**セクレチン**（**2-9-2** 項参照）の刺激を受けて**膵液分泌細胞**から分泌され、**膵管**を通って十二指腸内へと押し出される。膵液中には**重炭酸イオン**（$HCO_3^-$）が含まれているため、膵液は強度のアルカリ性を呈しており、胃から十二指腸へと送り込まれてきた酸性の消化物を中和する。膵液には**トリプシン**、**キモトリプシン**、エラスターゼなどのタンパク質分解酵素や、膵リパーゼ、アミラーゼ、ヌクレアーゼなど脂肪や炭水化物、核酸を分解する酵素が含まれている（**2-9-2** 項参照）。

**脾臓**（ひぞう）は、胃の背側の左に存在する卵型、紡錘型をした長さ 12 cm 程度の小さな臓器だが、リンパ系器官としては最大である。脾門と呼ばれるゲートを通じて脾動脈、脾静脈、輸出リンパ管が出入りしている。脾臓には、血液中の老朽化した赤血球をトラップし、マクロファージによって除去する機能があるが、リンパ球などをつくり全身に供給する機能、細胞性免疫の主要器官としての機能など、免疫に関わる様々で複雑な機能が存在する。

## ◆ 5-7　免疫系 ◆◆◆◆◆

### 5-7-1　免疫のしくみ

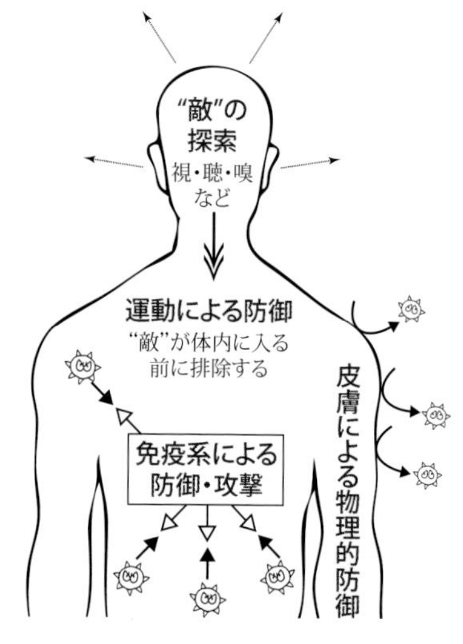

図5･13　生体防御

生物は、様々な異物に取り囲まれて生きているが、私たちが異物の影響を即座には受けず、またすぐに病気にならないのは、体が異物を排除するしくみをもっているからである。このような、生物がもっている生体を守るしくみを**生体防御**という（**図 5･13**）。

異物とは、言ってみれば自分自身を構成する細胞や物質（自己）とは異なるものであり、非自己である。この、**自己と非自己**を識別する能力こそ、高度に発達した**免疫系**のもつ最大の特徴であると言える（**図 5･14**）。この「自己と非自己の認識」の概念は、ドイツの**エールリヒ**（P. Ehrlich, 1854 ～ 1915）により 1900 年に提唱されたものである。

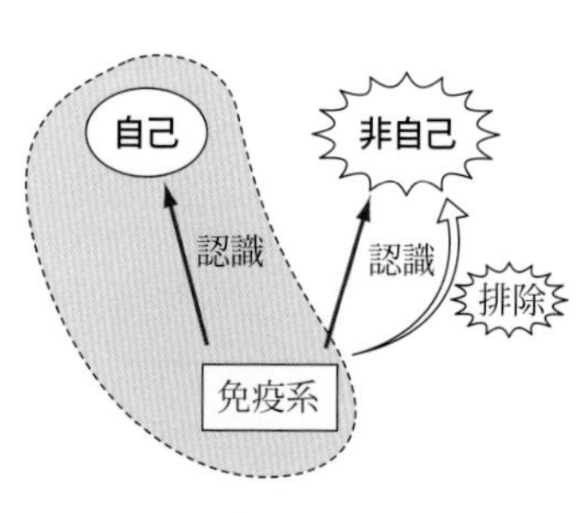

図5･14　自己と非自己の認識

免疫系は、哺乳類や鳥類で高度に発達しているが、その萌芽は無脊椎動物にも見られる。無脊椎動物がもっている原始的な生体防御反応と、それに由来する免疫反応は、外から侵入してくる異物を、言わば無差別的に攻撃するものである。**自然免疫**（**先天性免疫**）は、生物が本来もっているこうした非特異的な免疫反応の総称であり、**食細胞**、**ナチュラルキラー細胞**と呼ばれる免疫細胞がこれを担っている。これに対し**獲得免疫**（**後天性免疫**）は、各個体が後天的に獲得する、異物（**抗原**）のそれぞれに対して特異的に反応する免疫のことをいう。獲得免疫は、個体が誕生した後、どのような種類の抗原と接触するかによって、その様相が異なってくるものである。

獲得免疫の主役は**抗体**である。抗体は、**免疫グロブリン**と呼ばれるタンパク質の一種である（**2-8-3** 項参照）。免疫グロブリン（Ig）には IgG、IgM、IgA、IgD、IgE の 5 種類のものがあり、通常抗体として作用するのは **IgG** である（**図 5・15**）。抗体は、4 個のサブユニットからなるタンパク質である。2 個の **L 鎖**（**軽鎖**）と 2 個の **H 鎖**（**重鎖**）から成り、このそれぞれが**ジスルフィド結合**と呼ばれる非常に強固な結合によって結び付けられた構造をしている。抗体は、**可変領域**と**定常領域**という二つの領域に大きくわけられる。定常領域のアミノ酸配列は、どの抗体もすべて同じであるが、可変領域のアミノ酸配列は、抗体ごとに異なり、この部位が抗原と結合する。また、**石坂公成**（1925 ～ 2018）により発見された IgE は、**マスト細胞**と呼ばれる細胞表面に結合し、**アレルギー反応**に関わることで知られる。

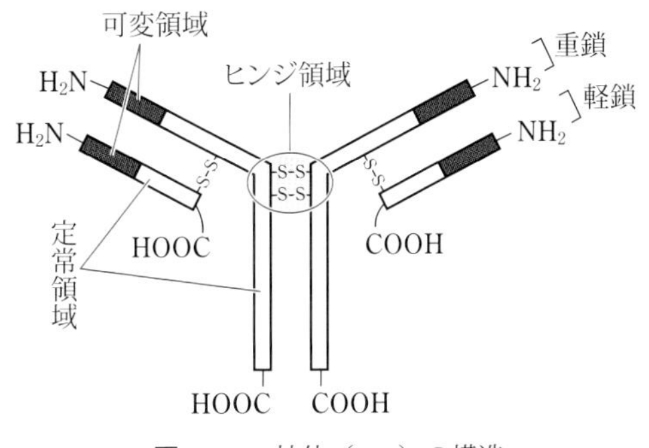


**図5・15**　抗体（IgG）の構造

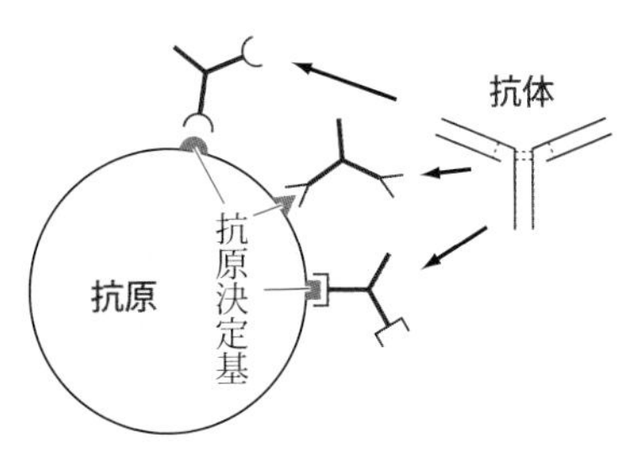


**図5・16**　抗原決定基と抗体
抗体の種類（抗原結合部位の形）によって結合しうる抗原決定基は異なる。

体内に何らかの抗原が侵入した後、リンパ球の一種である **B 細胞**が活性化し、**抗体産生細胞**（プラズマ細胞）となる。抗体は、この抗体産生細胞によって産生される。抗原になりうる物質は、タンパク質、多糖類、核酸といった比較的大きな分子である。バクテリアが体内に侵入した場合、その細胞表面に存在するタンパク質などを抗原として抗体がつくられる。バクテリアの表面には、抗原となりうるタンパク質が複数存在しているので、1 種類のバクテリアに対し、たいてい複数種類の抗体がつくられる。この、抗原となりうるタンパク質の中で実際に抗体が結合する部分を**抗原決定基**という（**図 5・16**）。また、抗体の可変領域は、一生の間に侵入し得るすべての抗原に対する**抗原結合部位**をつくり出すレパートリーを備えており、これは B 細胞が成熟する際に抗体遺伝子の**組換え**が起こるためである。抗体産生がクローナルに起こることを最初に提唱したのはデンマークの**イエルネ**（N. K. Jerne, 1911 ～ 1994）である。この理論は**モノクローナル抗体**（本章コラム参照）の開発につながり、さらにこの理論を裏づける抗体遺伝子の多様化メカニズムは、1982 年に**利根川 進**（1939 ～）によって解明された（**図 5・17**）。

抗体が抗原と出会って特異的に結合すると（**抗原抗体反応**）、これらは大きな複合体になって凝集し、白血球などの**食細胞**によって**貪食**され、破壊される。食細胞による食作用は、ロシアの**メチニコフ**（E. Metchnikoff, 1845 ～ 1916）が最初に発見し、後の免疫学の発展に大きく貢献した現象である。

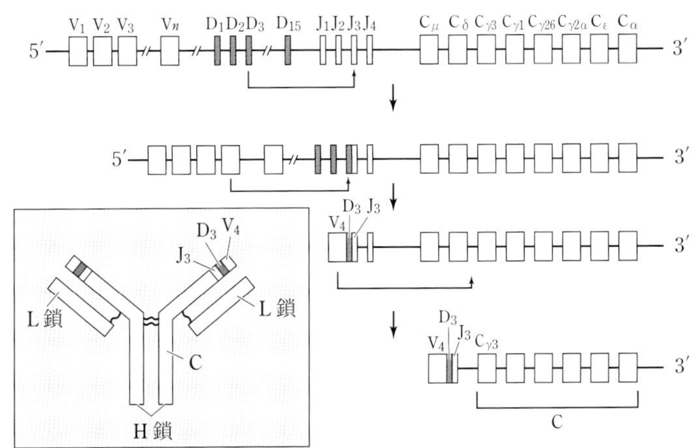


**図5・17**　利根川 進と抗体遺伝子（H鎖）の組換え（小山・大沢 2004より改変）
H鎖、L鎖の遺伝子は組換えにより生じ、多様性が生じる。

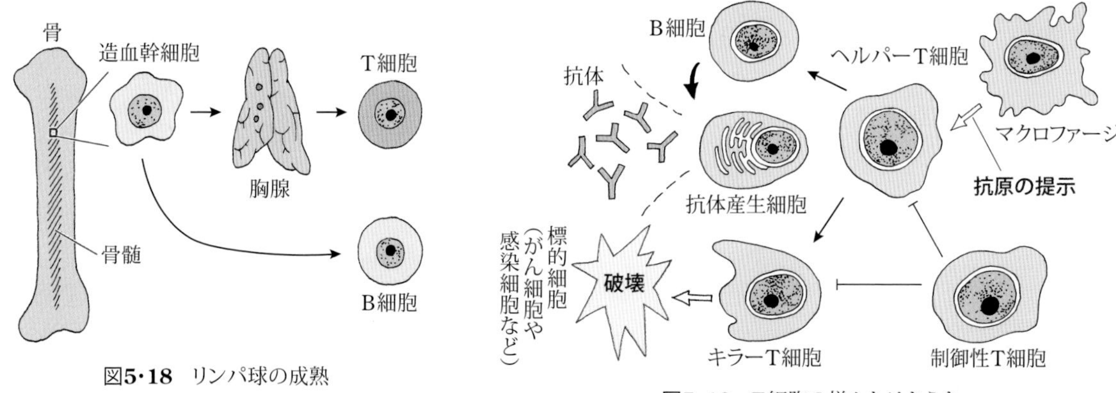


図5･18　リンパ球の成熟

図5･19　T細胞の様々なはたらき

免疫担当細胞には様々なものがあるが、その中でもとりわけ重要な細胞がリンパ球である。

**リンパ球**は無顆粒白血球と呼ばれる**白血球**の仲間であり、骨髄に存在する**造血幹細胞**から分化する。造血幹細胞が分裂増殖した初期の細胞のうち一部のものは、心臓の上部に覆いかぶさるようにして存在する臓器である**胸腺**へ移動し、そこで成熟したリンパ球となる（**図5･18**）。これを**T細胞**という。胸腺へ移動せず、骨髄中で成熟すると、そのリンパ球はB細胞となる。鳥類では、B細胞は**ファブリキウス嚢**と呼ばれる臓器に移行し、そこで成熟する。また、同じ造血幹細胞からは、赤血球やマクロファージなどの細胞も分化する。

T細胞は、全リンパ球の70％を占め、免疫反応に対して指令的な役目、あるいは直接的な役目を果たす（**図5･19**）。**ヘルパーT細胞**は、B細胞による抗体産生や、キラーT細胞の活性化を助け、また**キラーT細胞**（**細胞傷害性T細胞**）は、**T細胞抗原受容体**を介して抗原特異的に、標的細胞に対して**アポトーシス**（第**7**章コラム参照）を引き起こし、これを死に至らしめる。**制御性T細胞**は、免疫反応を抑制し、自己反応性T細胞などの活動を抑えるはたらきをもつ。

抗原となるバクテリアなどが侵入すると、まず**マクロファージ**や**樹状細胞**などの細胞がこれを貪食し、内部で分解して抗原となる部分を細胞表面に提示する。これを**抗原提示**という。提示された抗原をヘルパーT細胞が認識し、**インターロイキン**などの活性化物質を放出する。インターロイキンは他のT細胞やB細胞に対してはたらきかけ、免疫応答を活性化したり抑制したりする。抗原提示はB細胞に対しても成されるため、その抗原に特異的に対応するT細胞、B細胞が協調して活性化し、免疫応答が引き起こされる。

### 5-7-2　免疫に関わる病気

私たちの体の表面には**常在細菌**と呼ばれる微生物がつねに付着しているし、空気中にも多くの微生物が浮遊している。何らかの原因で免疫系が正常にはたらかない場合、正常であったときには決して罹（かか）らないと思われる病気に罹ることがある。それが、こうした微生物の感染あるいは異常な増殖によるものであった場合、これを**日和見感染**（ひよりみかんせん）という。

免疫系がどういうときに衰弱するかは個人個人によって異なり、病態によっても異なる。一般的には、免疫力の低下の原因としてがん、エイズ、肝不全、糖尿病、薬剤の使用、そして老化などが挙げられる。

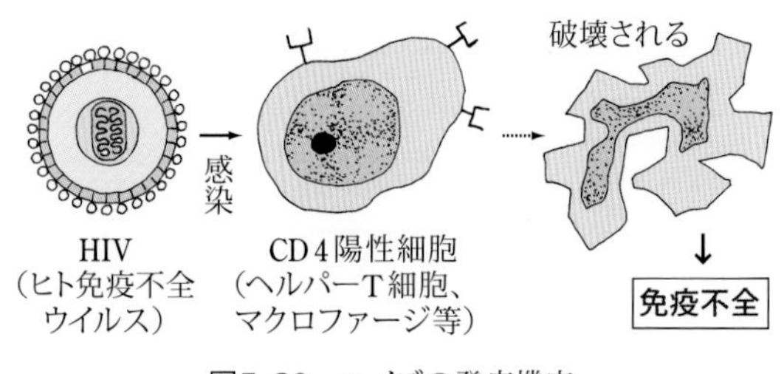


図5･20　エイズの発症機序

免疫系が何らかの原因によって低下し、日和見感染に罹りやすくなった状態を**免疫不全症候群**といい、先天性のものと後天性のものがある。後天性免疫不全症候群の代表が**エイズ**であり、**HIV感**

**染症**の末期症状である。**HIV（ヒト免疫不全ウイルス；9-8**節参照）は、血液や精液などを通してヒトに感染すると、免疫系の指令塔とも言えるヘルパーT細胞など、**CD4**という細胞表面受容体をもつ免疫細胞に感染し、これを破壊する（**図5･20**）。

**自己免疫疾患**と呼ばれる一群の免疫疾患は、臓器特異的自己免疫疾患と、全身性免疫疾患の二種に大別される。これはその名の通り、免疫系が自分自身を異物、すなわち「非自己」と認識してしまうことにより引き起こされる病気であり、その原因はまだよくわかっていない。**膠原病**（こうげん）は、何らかの自己免疫反応のため、全身に分布している結合組織を中心に炎症が生じ、その結果、多臓器が障害される病気の総称である。

### 5-7-3 免疫器官

ヒトで免疫に携わる主な器官系は、**リンパ系**である。リンパ系は、リンパ（液）、リンパ管、胸腺やリンパ節などのリンパ組織、そして赤色骨髄より成る。リンパ系には、免疫応答だけでなく、脂質の輸送などの役割もあるが、ここでは免疫系としてのリンパ系に絞って扱う。

**リンパ液**は、リンパ管内を流れる無色透明もしくは白色の液体で、**リンパ球**ならびに**リンパ漿**（しょう）からなる。**リンパ管**は、毛細リンパ管とリンパ管より構成され、全身に張り巡（めぐ）らされている。

リンパ管のところどころには**リンパ節**が存在する（**図5･21**）。ヒトには、およそ600個のリンパ節がある。リンパ節は**被膜**と呼ばれる結合組織で覆われ、その内側に髄質、皮質が存在している。リンパ節にリンパ液が流れ込むリンパ管を**輸入リンパ管**といい、出ていくものを**輸出リンパ管**という。皮質は外側と内側の二つに分けることができ、外側皮質にはB細胞の集団が、内側皮質にはT細胞や樹状細胞が多く存在する。外側皮質では、B細胞が抗原に対して反応し、抗体産生細胞や**記憶細胞**になる。内側皮質では、樹状細胞によるT細胞への抗原提示が起こる。

**胸腺**は、心臓の上部にある器官で、**胸腺小葉**を構成単位とする（**図5･22**）。胸腺は二つの葉に分かれ、それぞれが被膜に覆われている。それぞれの胸腺小葉は、外側の**皮質**と、内側の**髄質**より成る。皮質には多数のT細胞が存在し、**赤色骨髄**から移行してきた未熟T細胞のうち、自己を認識せず、非自己のみ認識して攻撃するT細胞が選択されている。このT細胞の選択は、自己を認識することができる細胞のみを選択する**正の選択**と、自己を攻撃しない細胞のみを選択する**負の選択**から成る。この選択は、皮質に存在する多数の長い突起を有する**上皮細胞**によって成される。髄質には、そうして選別された成熟T細胞（全体のおよそ2％程度にすぎない）が存在する。

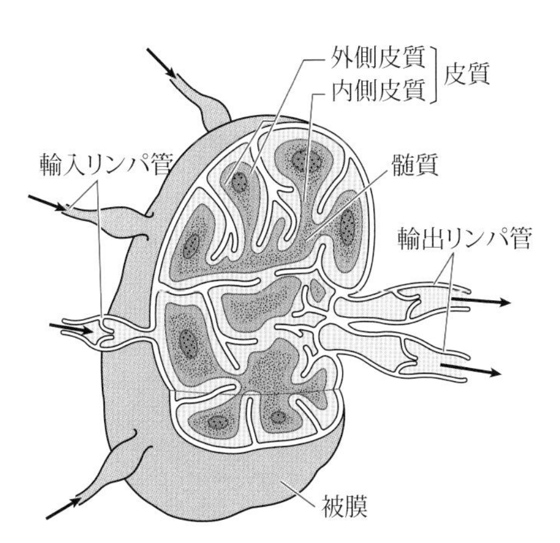


図5･21 リンパ節の構造（Tortora / Derrickson 2012を参考に作図）

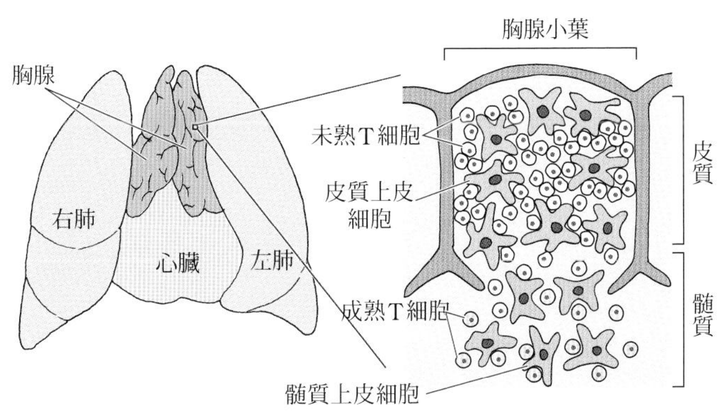


図5･22 胸腺の構造（Tortora 2006、Murphyほか 2010を参考に作図）

## ◆ 5-8　骨格系 ◆◆◆◆◆

動物の体を構成する組織は、**上皮組織**、**結合組織**、**筋組織**、そして**神経組織**の四つに大別される（**4-4-3** 項参照）。私たちの**骨格系**をつくり上げている**骨組織**は、この四つのうち、細胞や組織をお互いにつなぎ合わせたり、これらを支持したりする結合組織に分類される。

骨組織は、ほかの結合組織と同様に、細胞が密に存在しているのではなく、細胞と細胞の間が広く、その間が**細胞外基質**によって埋められている。骨組織の細胞外基質の 50 %は結晶化したミネラル塩（リン酸カルシウムならびに炭酸カルシウム）であり、25 %が水、残りの 25 %が**膠原線維**である（**図 5·23**）。

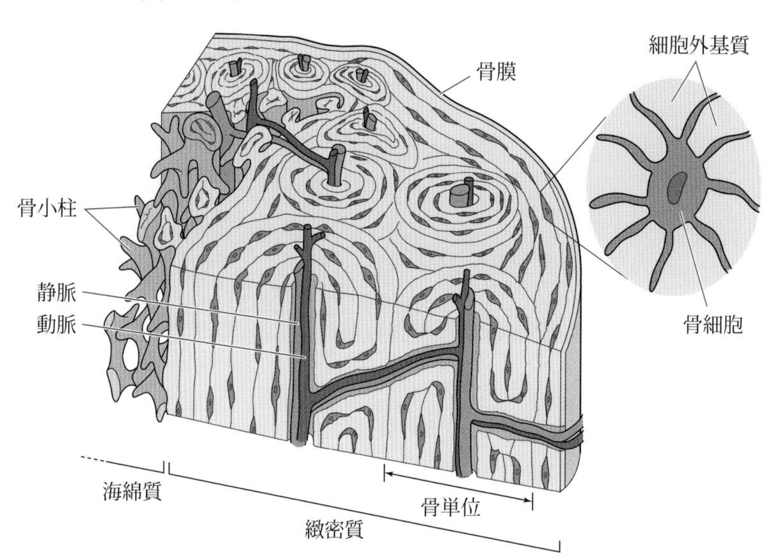


図**5·23**　骨組織の構造（Tortora / Derrickson 2012を参考に作図）
図ではリンパ管は省略している。

骨組織にはいくつかの特殊な細胞が分布している。骨組織に存在する細胞には、骨形成細胞、**骨芽細胞**、**骨細胞**、**破骨細胞**の 4 種類がある。骨形成細胞は骨芽細胞へと分化する前の未分化細胞であり、骨芽細胞は骨をつくる。骨をつくった骨芽細胞は骨細胞となって骨組織を維持する。破骨細胞は骨組織を破壊し、骨代謝のバランスを保つ**多核細胞**の一つである。骨組織の役割は、体の構造の**支持**、**内臓の保護**、**運動の補助**、カルシウムとリンを中心とした**ミネラルの貯蔵と放出**、骨髄による**血球の産生**（**造血**）など、多岐にわたっている。

骨は、**緻密質**と**海綿質**という二つの領域に大別される。緻密質とは、組織の隙間がほとんどなく、非常に強い部分である。骨の表面を覆う**骨膜**の直下はほぼ例外なく緻密質である。緻密質は、**骨単位**と呼ばれる、血管とリンパ管を中心に同心円状に骨細胞が配置した柱状構造がいくつも合わさってつくられている。これに対して海綿質とは、骨単位が見られない領域で、不規則な**骨小柱**が縦横に走り、隙間が目立つ領域である。血液細胞をつくる造血を行う**赤色骨髄**は、海綿質の中に見られる。

骨の形は様々である。幅より長さの方が大きく、1 本の骨幹と複数の骨端からできている骨を**長骨**という。長骨は、よくイヌが好きなイメージで語られる最も一般的なホネの形であり、腕や足の骨（上腕骨、尺骨、橈骨、大腿骨など）がこれにあたる。長さと幅の大きさが等しく、ほぼ正方形のような形をしている骨を**短骨**といい、手首や足首の骨（手根骨、足根骨）が挙げられる。**扁平骨**はその名の通り扁平な形をした骨で、頭蓋、胸骨、肩甲骨などがその代表的なものである。**不規則骨**はその名の通り複雑な形をした骨で、脊柱を構成する椎骨などがある。**種子骨**は、膝にある膝蓋骨のように、特定の腱の中に存在する骨で、関節など大きな力がかかる部分に存在する。

ヒトの成人の骨格は、206 個の骨からできており、**軸骨格**と**付属肢骨格**に大別される（**図 5·24**）。軸骨格とは、頭から尻までの胴体を支える軸となる骨格であり、**頭蓋**、**脊柱**、**胸骨**、**肋骨**などがこれに含まれ、全部で 80 個ある。一方、付属肢骨格とは、2 本の足と 2 本の手を支える骨格であり、**鎖骨**、**肩甲骨**、腕と手の骨（**上肢骨**）、**骨盤**のうち**下肢帯**、そして足の骨（**下肢骨**）が

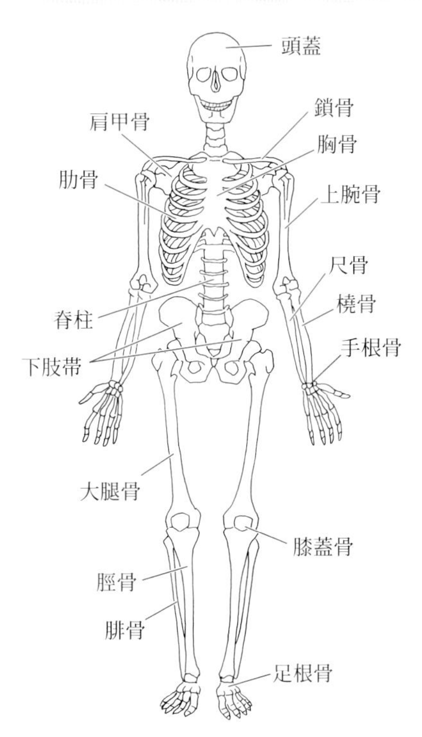


図5・24 ヒトの骨格系（Tortora 2006を参考に作図）

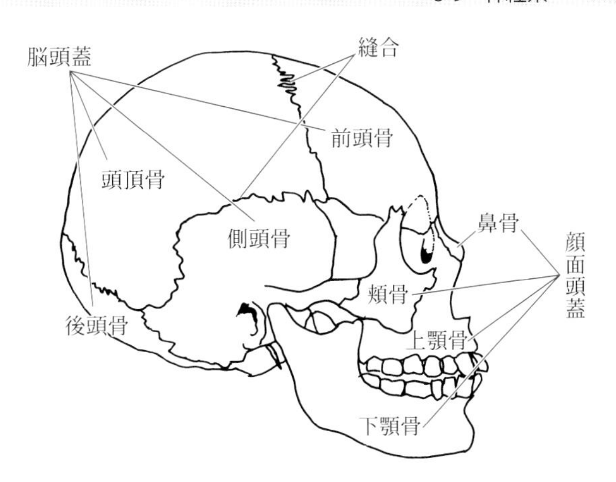


図5・25 ヒトの頭蓋の構造（Tortora / Derrickson 2012を参考に作図）

これに含まれ、全部で126個ある。

ヒトの骨格がほかの四肢動物、あるいは**チンパンジー**（*Pan troglodytes*）などと異なる最も顕著な特徴は、すらりとS字型にカーブして垂直に立ち上がった脊柱と、大型化した頭蓋、腹部臓器を下から支える受け皿のように大きく広がった骨盤にあると言える。これは、ヒトが**直立二足歩行**を常に行うようになるとともに生じた変化であると考えられる（**8-3-5**項参照）。

**頭蓋**は22個の骨からなり、**脳頭蓋**と**顔面頭蓋**に分けられる。脳頭蓋は、1個の**前頭骨**、2個の**側頭骨**、2個の**頭頂骨**、1個の**後頭骨**などから成る（**図5・25**）。これらの骨は、出生時には骨化していない**間葉組織**（**泉門**）によってゆるくつながれているが、出生後、これらは徐々に骨化し、**縫合**と呼ばれる連結構造によってつながれる。最初から頭蓋骨がつながっていないのは、胎児が産道を通って生まれる際に頭蓋の形を変化させせることができるためであり、また幼児期の急激な脳の増大に対応できるためであると考えられている。

## 5-9 神経系

### 5-9-1 動物の神経系

神経系の基本単位は**神経細胞**（**ニューロン**）である。神経細胞には、他の体細胞とは異なる顕著な特徴がいくつか存在する。神経細胞は、二つの大きく目立つ部分からできている（**図5・26**）。神経細胞の本体である**細胞体**と、その細胞体から長く伸びた突起である**軸索**である。細胞体からは多数の突起が出ており、これを**樹状突起**という。軸索は、神経細胞の興奮を、その軸索の先に存在する別の神経細胞や各組織に伝える役割をもつ。このように神経細胞は細長い線維のような構造をしていることから、軸索とその周囲に存在する細胞は**神経線維**と呼ばれる。

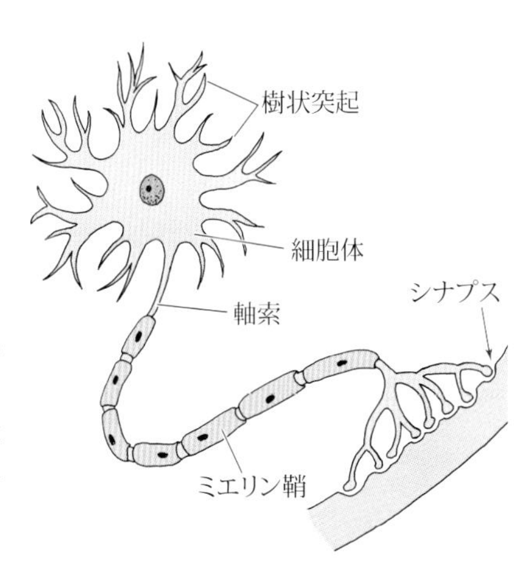


図5・26 神経細胞

神経線維の軸索の先端は、隣の神経線維の細胞体と接している。このつなぎ目部分のことを**シナプス**という（**図5・27**）。シナプスでは、軸索の先端と隣の細胞の細胞体は、ぴたりと接着しているわけではなく、ある一定の隙間（すきま）が空いている。これを**シナプス間隙**（かんげき）といい、この間隙を介して**神経伝達物質**の受け渡しが行われる。

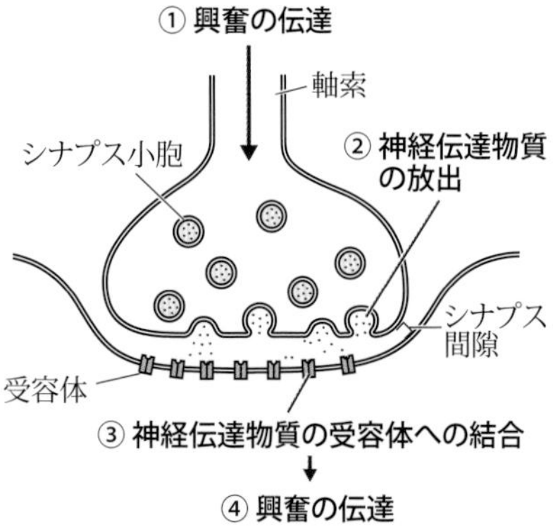

図5・27　シナプスの構造

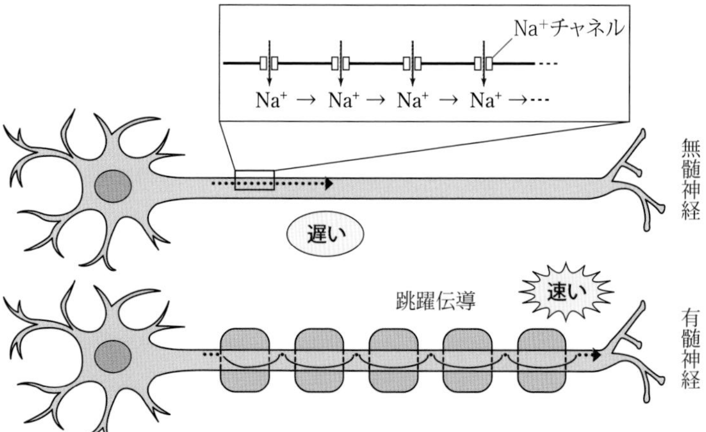

図5・28　有髄神経と無髄神経

神経細胞の最大の機能は、**興奮**をシナプスを介して隣の神経細胞の細胞体に伝達することである。その興奮は、細胞体から長い軸索を経由して、ほとんど瞬時に伝達される。

神経細胞の興奮は、**活動電位**という名前で呼ばれる。細胞には、細胞膜の内と外で、ナトリウムイオン（$Na^+$）とカリウムイオン（$K^+$）の濃度差によって決められる電位の差、すなわち**膜電位**が存在している。細胞が興奮していないときの電位を**静止電位**という。細胞が興奮すると、この膜電位が、静止電位のときは負（マイナス）であったものが正（プラス）へと逆転する。これが活動電位である。このとき、細胞膜上の$Na^+$チャネルが一瞬開くことで、$Na^+$が細胞内に流入し、電位がプラスへと変化する。この活動電位の影響によって隣の$Na^+$チャネルが開き、そこでも$Na^+$が流入する。この反応が連鎖的に次々に生じることで、活動電位が軸索上を移動していく。活動電位は、$K^+$チャネルが開いて$K^+$が細胞膜の内から外へと流入することで相殺され、$Na^+$-$K^+$ポンプのはたらきでイオンの濃度差が再び元に戻ることで消滅し、静止電位へと戻る。

神経細胞の軸索の多くは、**シュワン細胞**ならびに**オリゴデンドログリア**という細胞が何重にも巻き付いた**髄鞘**（ずいしょう）（**ミエリン鞘**）でほぼ完全に覆われており、それぞれのミエリン鞘の間の隙間にわずかに露出した軸索が存在している（**図 5・28**）。このような神経線維を**有髄神経線維**という。ミエリン鞘はすぐれた絶縁体であるため、活動電位はミエリン鞘とミエリン鞘の隙間（**ランヴィエ絞輪**）を飛ぶようにして一気に伝達される。これを**跳躍伝導**という。一方、髄鞘が存在しない神経線維は**無髄神経線維**と呼ばれ、無脊椎動物の神経系は無髄神経線維でできている。

シナプスには**興奮性シナプス**と**抑制性シナプス**の 2 種類がある。興奮性シナプスは、伝達する相手の神経細胞に対して活動電位を生じさせ、抑制性シナプスは、相手の神経細胞に対して活動電位を抑制させる。

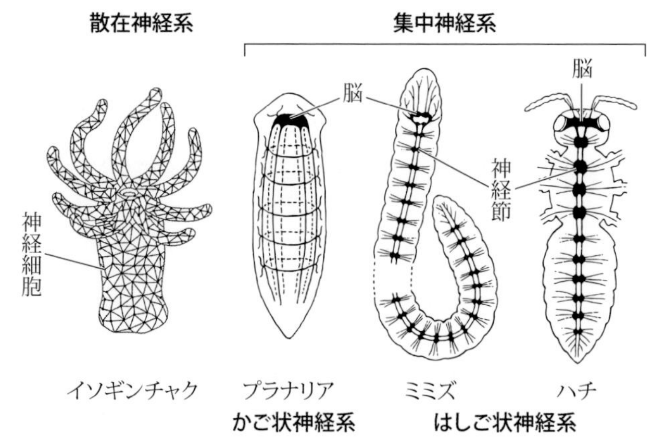


図5・29　散在神経系と集中神経系の例

動物の神経系の中では、**イソギンチャク**などの刺胞（しほう）動物（**9-7-1** 項参照）に見られる散在神経系が最も原始的なものである。**散在神経系**は、神経細胞が体全体に一見無秩序に散らばった状態で存在している。やがてその中から、神経細胞が一箇所に集まって全体の統合を司るシステムが進化して、**集中神経系**が生まれた（**図 5・29**）。

**プラナリア**などの扁形（へんけい）動物、環形動物、そして昆虫などの節足動物（**9-7-1** 項参照）の集中神経系は、ある一定の構造（はしご段のような）をとって整列した神経細胞のところどころに、やや神経細胞が密に集中した箇所（神経節）がある程度のものである。神経細胞の集中化が進行し、より全体を統合する役目に特化した神経細胞の集まりが、**脳**という器官へと進化したのが私たち脊椎動物である。

脳ならびに脊髄を**中枢神経系**という（**図 5·30**）。これに対し、中枢神経系と体の各臓器、各組織を結んでいる神経系を**末梢神経系**という。中枢神経系と末梢神経系は、神経細胞のシナプスによる連結により、常に密接に情報の伝達を行っている。

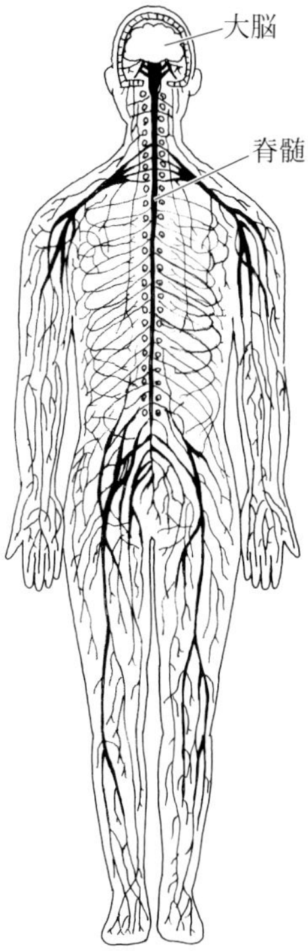

図5·30　ヒトの神経系（Tortora 2006を参考に作図）

### 5-9-2　脳

ヒトの脳は、**大脳**、**間脳**、**中脳**、**小脳**、**橋**、**延髄**という六つの部分からできている（**図 5·31**）。これらのうち、本能、自律、情動などいわゆる生命維持に関わる重要な機能を司るのが間脳、中脳、橋、延髄であり、これらをまとめて**脳幹**という。脳幹を取り巻くようにして大脳の辺縁部に存在する、怒りや恐怖などの情動、生殖行動などの本能的な行動を司る部分を**大脳辺縁系**といい、大脳のうち**扁桃体**、**内嗅領皮質**、**中隔**、**帯状回**、**海馬傍回**が含まれる。

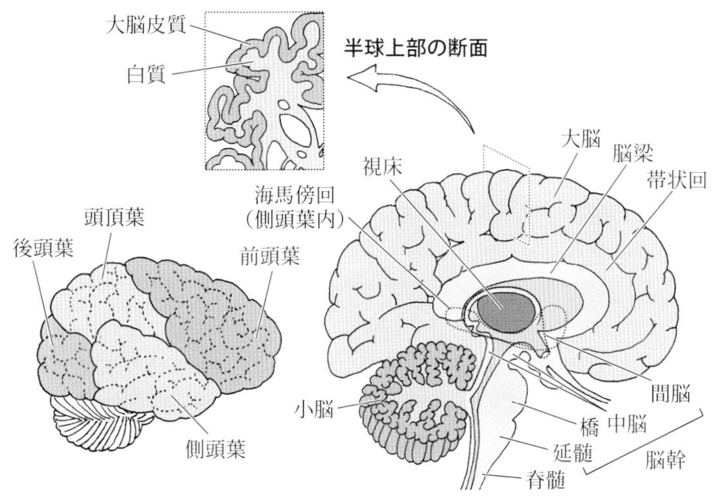


図5·31　ヒトの脳の構造（Tortora 2006を参考に作図）

脊椎動物の脳の進化の過程を見ると、**脳幹**や**大脳辺縁系**はそれほど大きくならず、学習、感情、意思などの高度な精神活動を司る**大脳**が顕著に大きくなっていく。そして類人猿とヒトの脳の最大の違いは、大脳皮質のうち**新皮質**と呼ばれる部分の脳全体に占める割合が、ヒトでは極端に大きくなっていることであり、さらに**前頭葉**と呼ばれる「おでこ」にあたる部分の新皮質が極度に発達していることである。

**大脳**は、**大脳半球**と呼ばれる左右半分ずつからできている。大脳半球は、神経細胞の細胞体が集まった**大脳皮質**と呼ばれる外層の灰白質と、神経線維からできている内部の**大脳髄質**（白質）からできている。ヒトの場合、大脳表面を占める大脳皮質が**新皮質**であり、間脳近辺にある大脳皮質を**古皮質**、**原皮質**という。ヒトの大脳皮質には、何十億個ものニューロンがある。大脳半球は、四つの葉に分けることができ、それぞれが存在する位置から**前頭葉**、**頭頂葉**、**側頭葉**、そして**後頭葉**と呼ばれる。大脳半球の深部には**大脳基底核**と呼ばれる部位があり、骨格筋の運動などを調節する。左右の大脳半球は**脳梁**と呼ばれるニューロンの軸索の太い束によって連結されている。

**新皮質**は、その機能によっていくつかの**野**に区分される（**図 5·32**）。脳の機能を基準として脳の領域分け、すなわち詳細な**脳地図**の作成を最初に行ったのは、カナダの脳外科医**ペンフィールド**（W. G. Penfield, 1891 ～ 1976）である。**感覚野**は、様々な感覚情報を受け取って解釈する部分であ

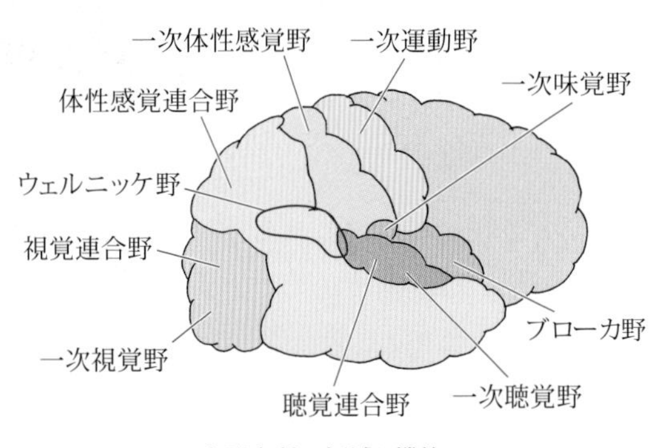


**図5･32**　ヒトの大脳皮質の領域と機能
ただし、ブローカ野とウェルニッケ野はほとんどのヒトで左大脳半球にある。（Tortora 2006を参考に作図）

り、主に大脳半球の後ろ半分に存在する。一次体性感覚野、一次視覚野、一次聴覚野、一次味覚野などがある。**運動野**は、運動の開始を司る部分である。一次運動野は頭頂葉の中央付近にあり、特定の筋肉の随意運動を制御する。フランスの**ブローカ**（P. P. Broca, 1824 ～ 1880）により見出された**ブローカ野**は前頭葉の外側溝近くにあり、喉頭、咽頭、口の筋肉の動きを通じて、言語の発語を司る。ドイツの**ウェルニッケ**（C. Wernicke, 1848 ～ 1905）により見出された**ウェルニッケ野**は側頭葉の上部にあり、見聞きした言語の理解や言語の選択を司る。したがって、ブローカ野とウェルニッケ野は**言語中枢**として知られる。**連合野**は、感覚野や運動野を含む広い領域にまたがり、記憶、理性、意思、知性、判断といった複雑な統御を行う。体性感覚連合野、視覚連合野、聴覚連合野などがある。左右の大脳半球は、ほぼ対称的な構造をしているが、その機能にはいくつかの違いがあり、これを**大脳半球の機能分化**と呼ぶ。

**大脳辺縁系**には、生殖などの欲求や感情などの情動を司る中枢がある。とりわけよく知られているのが**海馬**（**傍回**）であり、新皮質の連合野と密接な関係にあり、**長期記憶**に関わっていると考えられている。

**脳梁**は、左右の脳を連絡する太い神経線維の帯で、互いの信号を伝達する重要な部分である。アメリカの**スペリー**（R. W. Sperry, 1913 ～ 1994）は、てんかん患者の治療の一環として行われることがある脳梁の切断を利用した**分離脳**研究を行い、ある条件下では、左右の大脳半球が異なる思考や意思をもつことを示した。

**間脳**は、**視床**、**視床上部**ならびに**視床下部**よりなる。視床は、感覚情報や小脳からの運動制御に関わる情報を大脳へと中継する役割をもつ。視床下部は、自律神経の中枢、ならびに脳下垂体のホルモン分泌調節器官としてはたらくとともに、性行動、怒り、恐怖などの情動や摂食行動などのコントロールを行っている。いわゆる**満腹中枢**が存在するのも視床下部である（**図 5･33**）。また視床上部には**松果体**が含まれる。松果体からは**生物時計**に関わるホルモンである**メラトニン**が分泌される。

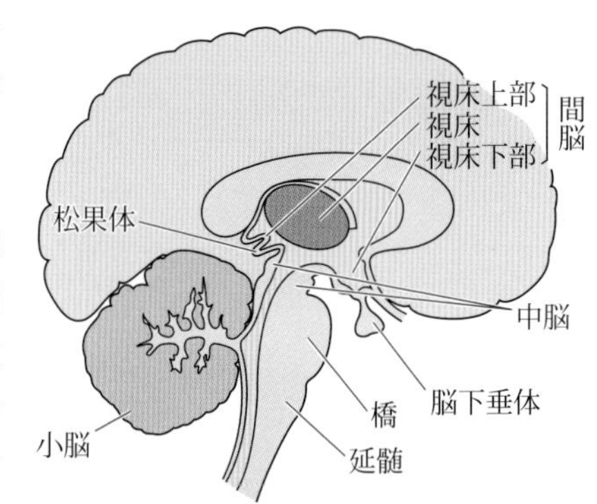


**図5･33**　ヒトの間脳と中脳（Tortora / Derrickson 2012を参考に作図）

**中脳**は、間脳と橋の中間に位置し、視覚刺激や聴覚刺激に反応した頭部や眼球などの動き、瞳孔の大きさなどを制御する役割をもつ。また、大きな音などに驚いた時の頭部、眼球、体幹の突発的な動きを制御する**驚愕**（きょうがく）**中枢**が存在する。

**小脳**は、大脳と中脳・橋・延髄とで挟み込まれるように後頭部に位置し、骨格筋の収縮、姿勢と平衡を制御する役割をもつ。大脳皮質の運動野が司る運動を調節し、正常な状態に維持する重要な役割である。

**橋**は、中脳の下部に位置し、大脳皮質の連合野からの運動情報を小脳へと中継する役割をもつとともに、**呼吸中枢**が存在する。

**延髄**は、橋の下部に位置し、脊髄へとつながっている。心臓の拍動の頻度（心拍数）や血管の太さを調節する**心臓血管中枢**や、橋とともに正常呼吸リズムを調節する呼吸中枢を担っている。また、嘔吐を制御する**嘔吐中枢**、嚥下を制御する**嚥下中枢**などもある。

近年、大脳皮質には**ミラーニューロン**と呼ばれる神経細胞が存在することが明らかとなった。ミラーニューロンとは、自分だけでなく他人の行動などを見ることでも活動する神経細胞であり、これによって他人の行動や感じていることを共有し、知ることができると考えられている。この神経細胞は、運動野、ブローカ野、感覚野など、複数の脳領域で発見されている。

### 5-9-3　脊　髄

**脊髄**は、**脊椎骨**（または**椎骨**）の内部を走る中枢神経であり、延髄から下方に**脊柱**の中を伸びている。輪切りにすると、前後に少し扁平になった円柱状であり、ヒトでは第2腰椎あたり（いわゆる「腰」のやや上あたり）まで延びている。ヒトの場合、脊髄からは31対の、体の各部位と脊髄とを連絡する神経である**脊髄神経**が、等間隔に、左右それぞれ2か所から**根**と呼ばれる神経線維の束を起点として出ている（**図5･34**）。この根はさらに、より細い神経線維の束である**根糸**に分かれ、この根糸が脊髄と脊髄神経とをつないでいる。脊髄神経は、多数の神経線維からなる神経束がさらに複数本束ねられ、複数本の血管を合わせて**神経上膜**に覆われた構造をしており、脊椎骨から外に出ると数本の枝に分かれ、さらに細かく枝分かれして、**正中神経**、**肋間神経**、**大腿神経**、**坐骨神経**などの神経へと枝分かれしていく。

大脳が、外側に細胞体の集合である灰白質（皮質）、内側に神経線維の束である白質（髄質）から構成されているのに対して、脊髄を輪切りにすると、内側に細胞体の集合である灰白質、外側に神経線維の束である白質が存在している。

脊髄には、手足や胴体などから得られた感覚を大脳へと伝える通路があり、これを**感覚性伝導路**という。筋肉や皮膚、内臓などの**感覚受容器**からの情報は、根のうち**後根**（**背根**）と呼ばれる背中側にある根を通って脊髄へと至る。脊髄には、大脳から伝えられる運動などのシグナルを末梢へと伝える通路もあり、これを**運動性伝導路**という。大脳からの情報は根のうち**前根**（**腹根**）と呼ばれる腹側にある根を通って筋肉などの効果器へと伝えられる。

末梢神経が、大脳から直接枝分かれして出ておらず、脊髄を経由して出ている理由は、脊髄が神経上の情報を伝達するだけでなく、**情報の統合**を行っている重要な中枢だからである。感覚受容器からは、常に体内外の情報が脊髄を経由して中枢神経系へと伝えられているが、感覚受容器からの情報のすべてが脊髄を通って脳へと伝わるわけではなく、中には脊髄のみを経由して効果器へと情報が伝わる場合もある。指先が熱いものに触れた際、無意識のうちに手を引っ込めるという反応が起こることは誰でも経験があるだろう。このような反応を**反射**といい、大脳を介さず、脊髄のみを経由して起こる反応である。この時の反応経路を**反射弓**といい、感覚受容器→感覚神経→介在ニューロン→運動神経→効果器という経路でシグナルが伝わる。**介在ニューロン**とは、感覚神経細胞などの入力ニューロンと、運動神経細胞などの出力ニューロンとの間を介在するニューロンのことを言い、脊髄内

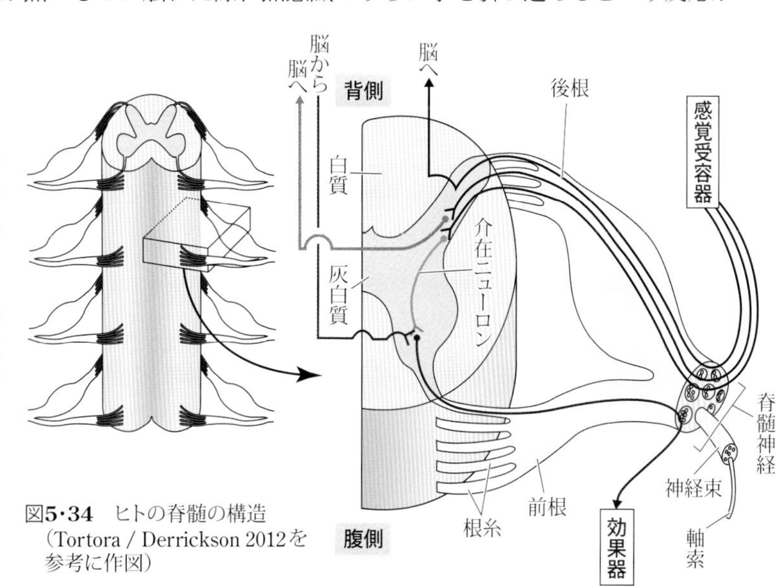


図5･34　ヒトの脊髄の構造
（Tortora / Derrickson 2012を参考に作図）

に存在する（**図 5・34**）。こうした複雑なネットワークにより、脊髄は瞬時に様々な情報処理を行い、熱いものが触れてもやけどをしないよう、素早く筋肉を動かすことができるのである。

なお、反射には、熱いものに触れた場合の逃避的な反射である**屈筋反射**のほかに、膝の腱を金づちで叩いた際に膝が伸びるように反応する**膝蓋腱反射**（しつがいけん）のような**伸長反射**などもある。

### 5-9-4　自律神経系

私たち生物が生きていくためには、体内環境を維持し、恒常性を保つことが重要であるが、その

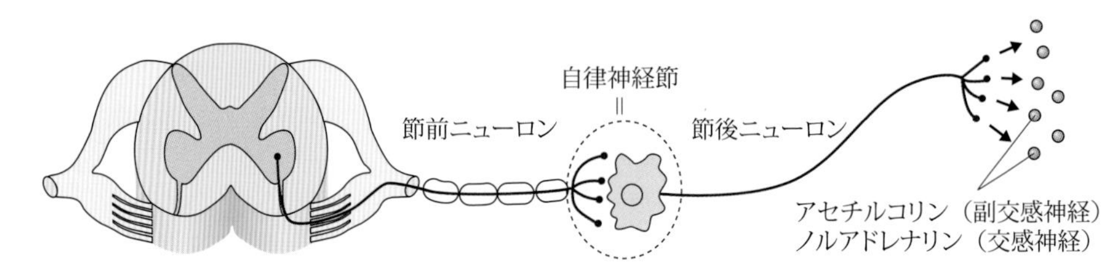


図**5・35**　自律神経のしくみ

ために重要な役割を果たす神経系が、**自律神経系**である（**図 5・35**）。

自律神経系は、脳の中にある**間脳**と呼ばれる部分から、体の各器官、臓器、組織へと信号を伝える神経系である。間脳は、大きく視床と視床下部に分けられるが（**5-9-2** 項参照）、このうちとりわけ**視床下部**は自律神経系の中枢として機能する重要な領域である。

**自律神経**は、交感神経と副交感神経に大別される。

**交感神経**は、胸部と腹部の脊髄から、**自律神経節**と呼ばれる神経細胞の細胞体の集合した部分まで伸びる交感神経**節前ニューロン**と、自律神経節から末梢組織へと伸びる交感神経**節後ニューロン**が直列につながっている。一方、**副交感神経**は、中脳、延髄、ならびに脊髄下部の仙髄から自律神経節にまで伸び、さらにそこから末梢まで直列につながった、副交感神経節前ニューロンと、副交感神経節後ニューロンよりなる。それぞれ、節前ニューロンは有髄神経だが、節後ニューロンは無髄である（**5-9-1** 項参照）。

交感神経と副交感神経は、どちらかがプラスにはたらけば、もう一方はマイナスにはたらくようになるという具合に、互いに反対の作用をもつ。たとえば、心臓の拍動を促進する方向にはたらくのが交感神経で、抑制する方向にはたらくのが副交感神経である。両神経のはたらきのバランスが、体内環境の維持に重要となる。

これらのニューロンからは化学物質が放出され、それが刺激となって様々な応答が引き起こされる。節前ニューロンの末端からは、交感神経および副交感神経で、共に**アセチルコリン**と呼ばれる化学物質が放出される。すべての節後ニューロンはアセチルコリンを受け取ることで活性化され、活性化された副交感神経節後ニューロンは、アセチルコリンを効果器の細胞で放出する。一方、活性化された交感神経節後ニューロンでは、汗腺を支配するものはアセチルコリンを放出するが、そのほかのほとんどでは**ノルアドレナリン**を放出する。

## 5-10　内分泌系

体内環境の維持には、自律神経系のはたらきのほか、**ホルモン**と呼ばれる化学物質も重要である。ホルモンには多くの種類があり、それぞれある特定の細胞から分泌される。分泌されたホルモンは、循環器系を通して全身へと運ばれ、**標的器官**（**標的細胞**）にはたらく。このような、ホルモンにより体内環境を維持するしくみの全体を**内分泌系**という（**図 5・36**）。

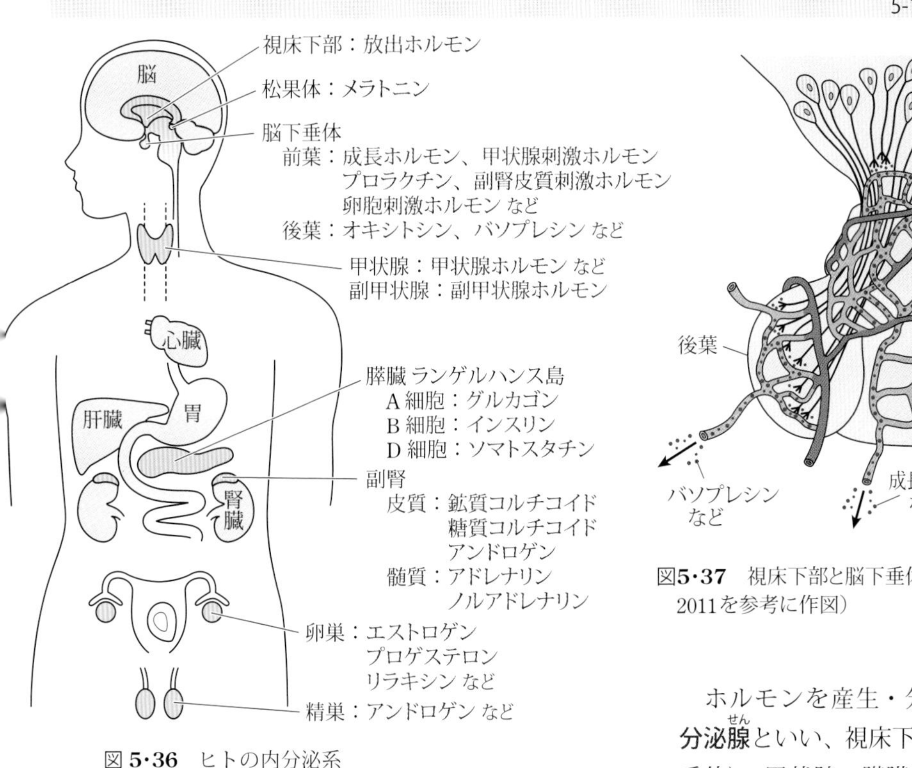


図 **5·36** ヒトの内分泌系
内分泌腺と分泌されるホルモン（赤字）を示す。



図**5·37** 視床下部と脳下垂体の構造（Sadava *et al.* 2011を参考に作図）

ホルモンを産生・分泌する器官を**内分泌腺**といい、視床下部、脳下垂体（下垂体）、甲状腺、膵臓のランゲルハンス島、副腎などがある。

**視床下部**には、脳下垂体と呼ばれる小さな器官が垂れ下がるように付随しており、視床下部からはこの脳下垂体のホルモン分泌を促進する**放出ホルモン**が分泌される。

**脳下垂体**は、発生由来の異なる二つの組織、**脳下垂体後葉**と**脳下垂体前葉**に分かれた、直径 1 cm 程度の器官であり、視床下部と直接つながっている（**図 5·37**）。脳下垂体後葉には、視床下部に細胞体が存在する**神経分泌細胞**の軸索が伸びており、その末端は毛細血管につながっている。**バソプレシン**というホルモンは、視床下部でつくられ、この神経分泌細胞を通じて脳下垂体後葉で毛細血管中に放出される。一方、脳下垂体前葉には神経分泌細胞の軸索は伸びず、脳下垂体前葉から伸びて脳下垂体と視床下部をつなぐ**漏斗**と呼ばれる茎状の構造内部にまで入り込んだ毛細血管内に、**脳下垂体前葉ホルモン**の放出を刺激するホルモンが分泌される。その刺激により、**成長ホルモン**、**甲状腺刺激ホルモン**、**副腎皮質刺激ホルモン**などの脳下垂体前葉ホルモンの分泌が促される。

**甲状腺**は、喉の部分の気管を前から包み込むように存在する内分泌器官である。脳下垂体前葉から分泌された甲状腺刺激ホルモンは、甲状腺にはたらきかけて**チロキシン**（**サイロキシン**）などの**甲状腺ホルモン**を分泌する。このホルモンはほぼ全身の細胞に作用し、その代謝率を上げ、成長を促進する重要なはたらきをする。甲状腺に存在する**甲状腺濾胞細胞**は、甲状腺ホルモンの原料となる**ヨウ化物イオン**を血液中から取り込むため、甲状腺のヨウ化物濃度は極端に高い。したがって、ヨウ素の放射性同位元素が体内に入ると、容易に甲状腺に蓄積するため、**甲状腺がん**の原因となる。福島第一原発の事故で放射性ヨウ素が問題になった理由である。

脳下垂体前葉ホルモンの一つ**副腎皮質刺激ホルモン**は、腎臓の上部に存在する副腎のうち**副腎皮質**にはたらきかけ、糖質コルチコイドの放出をうながす。**副腎**は、由来の違う副腎皮質と**副腎髄質**から成る。**糖質コルチコイド**は、グルコース（血糖）の恒常性に影響し、タンパク質や脂質からの糖新生、グリコーゲンの分解などを促進して血糖値を上げるはたらきをするほか、抗炎症作用、免疫抑制作用など多彩な作用をもつ。一方、副腎皮質からは**鉱質コルチコイド**も放出され、体内の無機塩類の恒常性を調節する。

| 分泌腺 | ホルモン | 作用の代表例 |
|---|---|---|
| **視床下部** | 脳下垂体前葉を調節する五つの放出ホルモン・二つの抑制ホルモン | |
| **脳下垂体　後葉**（視床下部より） | オキシトシン | 子宮と乳腺の収縮を促進 |
| | バソプレシン | 腎臓の水保持（抗利尿） |
| **前葉** | 成長ホルモン | 成長（とくに骨）の促進 |
| | プロラクチン | 乳汁の産生・分泌の促進 |
| | 卵胞刺激ホルモン | 卵・精子の形成を促進 |
| | 黄体形成ホルモン | 卵巣・精巣の機能を促進 |
| | 甲状腺刺激ホルモン | 甲状腺ホルモン分泌を促進 |
| | 副腎皮質刺激ホルモン | 糖質コルチコイド分泌を促進 |
| **松果体** | メラトニン | 生物時計に関与 |
| **甲状腺** | 甲状腺ホルモン | 代謝の促進 |
| | カルシトニン | 血中 Ca$^{2+}$濃度の低下 |
| **副甲状腺** | 副甲状腺ホルモン | 血中 Ca$^{2+}$濃度の上昇 |
| **膵臓　A 細胞** | グルカゴン | 血糖値の上昇 |
| **B 細胞** | インスリン | 血糖値の低下 |
| **副腎　髄質** | アドレナリン、ノルアドレナリン | 血糖値の上昇、代謝の促進 |
| **皮質** | 糖質コルチコイド | 血糖値上昇、抗炎症、免疫抑制 |
| | 鉱質コルチコイド | 腎臓の Na$^+$再吸収と K$^+$排出 |
| **精巣** | アンドロゲン | 精子形成の維持、男性二次性徴 |
| **卵巣** | エストロゲン | 子宮内膜の発達、女性二次性徴 |
| | プロゲステロン | 子宮内膜の発達 |

図 **5·38**　ホルモン産生器官とホルモンの機能

副腎髄質は、**交感神経節**が変化したもので、自律神経系と協調し、**アドレナリン**および**ノルアドレナリン**を分泌する。アドレナリンは血糖値を上げ､心拍数を上げるはたらきをするホルモンで、1895 年に発見された後、1901 年に高峰譲吉（1854 ～ 1922）により単離され、結晶化された。

**膵臓ランゲルハンス島**については、すでに **5-6** 節で扱ったように、A 細胞が**グルカゴン**を、B 細胞が**インスリン**を分泌する。両ホルモンとも**血糖値**を調節するホルモンであり、自律神経系と協調してこれらの調節を行っている。血糖値が高くなると、それが**視床下部**により感知され、**副交感神経**を通して B 細胞を刺激し、インスリンを放出するよう促す。インスリンは各細胞の**グルコース取り込み**を促進し、グルコースからの脂肪合成や、**グリコーゲン合成**を促進するため、血糖値は低下する。また血糖値が低くなると、これも視床下部により感知され、**交感神経**を通して A 細胞を刺激し、グルカゴンを放出するよう促す。グルカゴンは肝臓での**グリコーゲン分解**を促すため、血糖値が上昇する（**図 5·38**）。

**精巣**、**卵巣**から分泌されるホルモンについては **4-3-2** 項で扱った。

## ◆ 5-11　感覚受容器 ◆◆◆◆◆

動物は、常に体内外から様々な刺激を受けて生きている。そうした刺激を受け止める器官を**感覚受容器**（**受容器**、あるいは**感覚器**）という。ヒトの場合、感覚受容器は**眼**、**耳**、**鼻**、**舌**、**皮膚**であり、これらの感覚受容器で受け止めることのできる刺激を**適刺激**という。たとえば、眼を感覚受容器とする適刺激は光であり、耳を感覚受容器とする適刺激は音波や体の傾きなどである。こうした適刺激を感覚受容器が受けると、私たちはその刺激を**感覚**として捉えることができる。感覚には､**視覚**、**聴覚**、**平衡覚**、**嗅覚**、**味覚**、**触覚**、**痛覚**などがある。

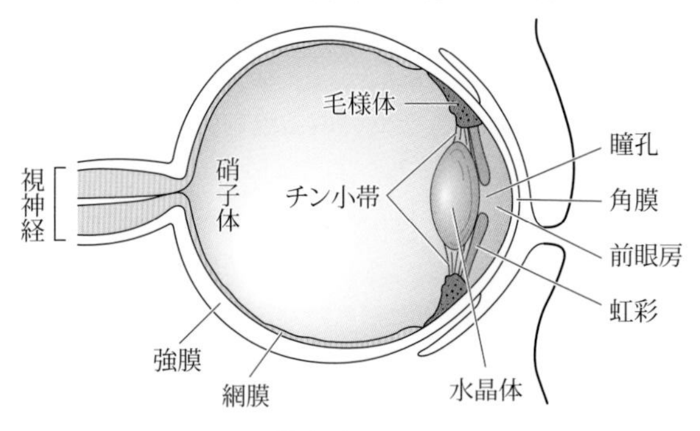


図**5·39**　ヒトの眼の構造（Tortora / Derrickson 2012を参考に作図）

光刺激を受け取る感覚受容器は**眼**である（**図

5･39)。ヒトの眼は、前部は**角膜**に覆われ、体内にある眼のほとんどは**強膜**で覆われた球状構造を呈している。角膜の奥に、**虹彩**にいろどられた**瞳孔**が開いており、光はここから眼の内部に入り、カメラのレンズのような役割をもつ**水晶体**を通って眼のほとんどを占める**硝子体**を突き抜け、その奥に張られた**網膜**へとたどりつく。この角膜と水晶体のはたらきによって光は屈折し、網膜に像を結ばせることができる。網膜には**錐体細胞**と**桿体細胞**という2種類の**視細胞**がある。錐体細胞には、赤、青、緑の三原色の光をそれぞれ吸収する細胞があり、**フォトプシン**と呼ばれる**視物質**がその吸収を担う。一方、桿体細胞には**ロドプシン**と呼ばれる視物質があり、色の種類には関係なく光を吸収する。ロドプシンは、**ビタミンA**の一種である**レチナール**と**オプシン**タンパク質が結合したものである。

音波刺激を受け取る感覚受容器は**耳**である(**図5･40**)。ヒトの耳は、耳たぶ(耳介)と外耳道からなる**外耳**、鼓膜と耳小骨からなる**中耳**、そして半規管、前庭、蝸牛からなる**内耳**に分けることができる。**耳介**によって集められた音波は、**外耳道**を通り、その奥にある**鼓膜**を振動させる。この振動は**耳小骨(ツチ骨、キヌタ骨、アブミ骨)**によって増幅され、**蝸牛**の内部を満たす**リンパ液**へと伝えられる。蝸牛の内部にある**うずまき管**の中には、**基底膜**と呼ばれる、これもうずまき状をした膜があり、リンパ液の振動が基底膜の振動として伝わると、それがさらに基底膜にはりついている**コルチ器**の中にある**聴細胞**の**感覚毛**へと伝わる。その刺激が聴神経へと伝わり、聴覚を生じるのである。また、体の傾きや回転の刺激を受け取るのも耳の役割である。内耳の**前庭**の内部には、やはり感覚毛をもつ細胞があり、**平衡石(耳石)**を感覚毛の上に載せている。体の傾きによって平衡石が動くことで細胞が興奮し、**平衡神経(前庭神経)**へと伝わる。一方、**半規管**は、たがいに直交する3本のループ状の器官で、体が回転すると、その内部に存在する感覚毛がリンパ液によって揺れ、その刺激が平衡神経へと伝わる。

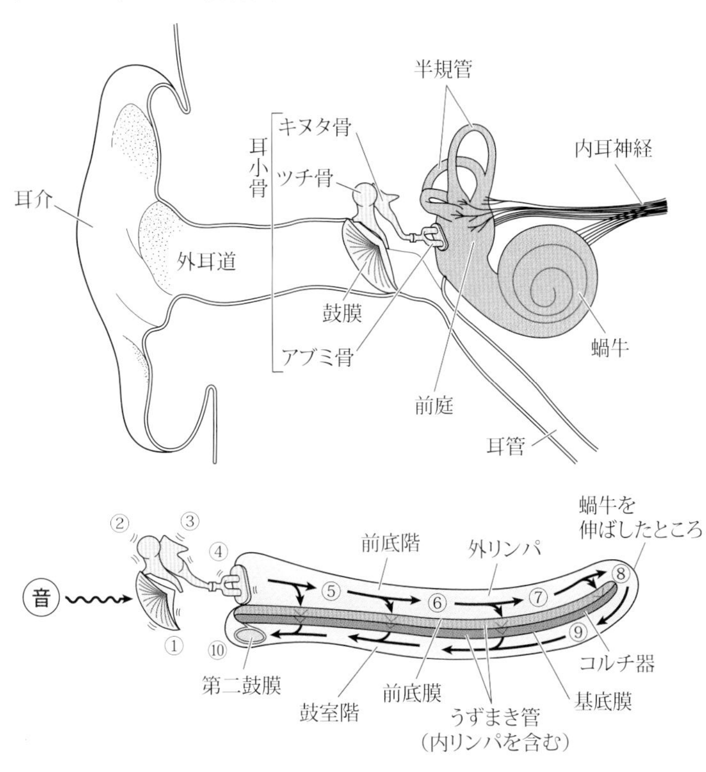


**図5･40**　ヒトの耳の構造(Tortora / Derrickson 2012を参考に作図)

空気中の化学物質の刺激を受け取る感覚受容器は**鼻**である(**図5･41**)。ヒトの鼻は、**外鼻**と**内鼻**に大きく分けられ、外鼻の下部に**外鼻孔**(鼻のあな)と呼ばれる二つの穴があいている。内鼻はさらに内部の空間である**鼻腔**と、その天井に張

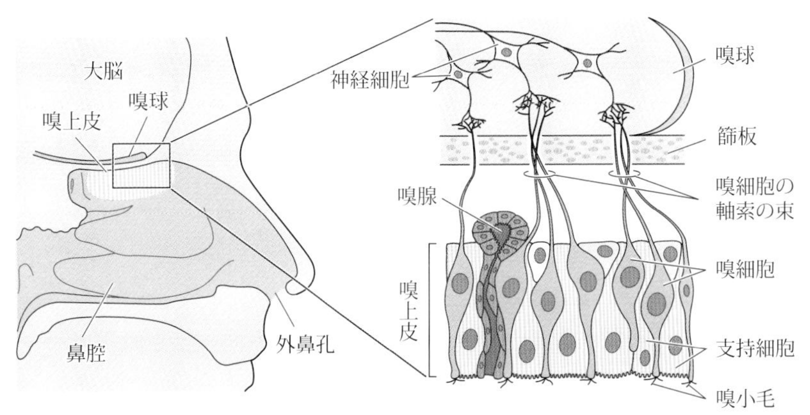


**図5･41**　ヒトの鼻の構造(Tortora / Derrickson 2012を参考に作図)

り付くように存在する**嗅上皮**などからなる。鼻腔は、**鼻中隔**によって左右に隔てられている。このうち、嗅覚をもたらすのは嗅上皮である。嗅上皮は、神経細胞の一種である**嗅細胞**ならびにその**支持細胞**、そして化学物質を溶解して嗅細胞の細胞電位を発生させるのに必要な液を分泌する**嗅腺**からなる。化学物質が嗅細胞上の受容体に結合すると、細胞内情報伝達系のはたらきによって $Na^+$ イオンが細胞に流れ込み、**膜電位**を発生させ、これが神経インパルスを発生させて、脳へと伝わる。

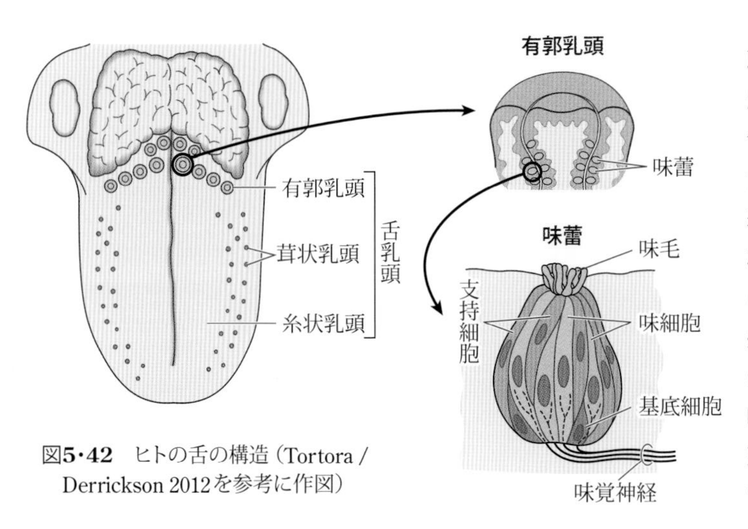


図5・42　ヒトの舌の構造（Tortora / Derrickson 2012を参考に作図）

液体中の化学物質の刺激を受け取る感覚受容器は**舌**である（**図5・42**）。ヒトの舌は、骨格筋を多く含む器官で、舌を前後左右に動かすための**外舌筋**が発達している。舌の表面は**舌乳頭**と呼ばれる無数の突起状の構造物で覆われている。舌乳頭には**有郭乳頭**、**茸状乳頭**、**葉状乳頭**、**糸状乳頭**があり、このうち有郭乳頭の内部に、味覚を生じる器官である**味蕾**がある。味蕾は、1個の有郭乳頭に100～300程度存在し、舌全体ではおよそ1万個（若年者）存在する。味蕾は、**味細胞**と、その支持細胞、**基底細胞**などから成る、文字通り蕾状の構造体である。味細胞の表面には**味毛**と呼ばれる毛があり、舌の表面に向かって突き出ている。唾液に溶けた化学物質がこの味毛上の受容体に結合すると、味細胞の膜電位が生じ、味細胞とシナプスでつながっている**味覚神経**へと伝わる。なお、味覚に甘味、苦味、旨味、塩味、酸味などがあるが、それぞれで味細胞の膜電位が発生するメカニズムが異なると考えられている。

接触、圧迫、振動の刺激を受けたり、かゆみ、くすぐったさを感じたりする感覚受容器は**皮膚**であり、その内部にある様々な小体である。皮膚は、**表皮**、**真皮**、**皮下組織**よりなり（**5-1**節参照）、触覚に関わる感覚受容器は表皮直下の真皮に存在する。接触の感覚は、**マイスネル小体**（**触覚小体**）と呼ばれる構造物が感覚受容器となっており、神経細胞の細胞体が集まり、それが結合組織で覆われた構造をしている。皮膚に接触刺激が加わると、マイスネル小体中の神経細胞が即座に反応し、触覚をもたらす。皮膚にはほかにも、圧覚やくすぐったさをもたらす**パチニ小体**（**層板小体**）がある。また、痛覚を生じる感覚受容器は、表皮と真皮の境界付近に根を貼った**侵害受容器**で、これは神経細胞の末端がそのまま存在する**自由神経終末**であり、体中の至るところに存在する。

## ◆ 5-12　筋　系 ◆◆◆◆◆

動物は、体内外からの刺激を感覚受容器で受け止め、その情報を中枢神経系で処理し、統合した上で、何らかの応答を行う。応答に際して用いられる運動器官などを**効果器**という。

効果器には、筋、線毛、分泌器官、**ホタル**などの**発光器官**、**デンキウナギ**（*Electrophorus electricus*）などの**発電器官**、魚類の体表などに存在する**色素胞**があるが、ヒトにおける主要な効果器は**筋**（**筋肉**）である（**図5・43**）。

**筋組織**は、四つに大別される動物の組織（上皮、結合、筋、神経）のうちの一つである。筋組織は、収縮性をもった**筋肉細胞**（**筋線維**）からできている。いわゆる「力こぶ」のように、骨格と骨格を結びつけるように存在し、個体の運動に関与する筋組織を**骨格筋**という。私たちが日頃食用に

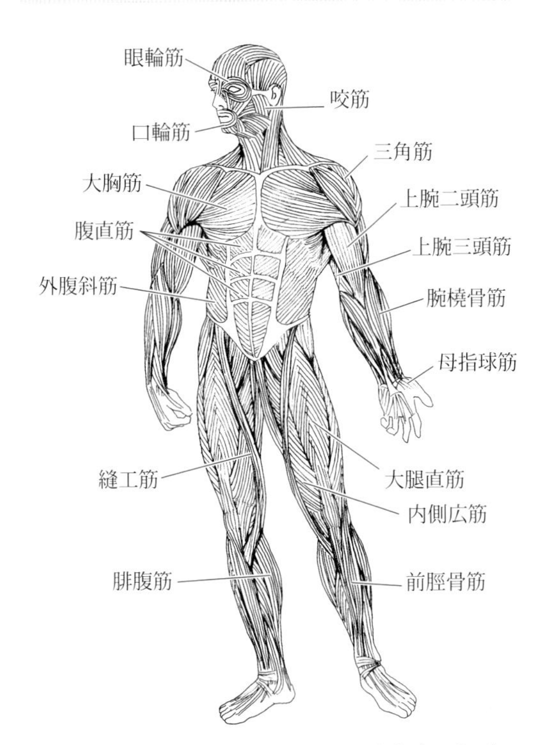


図5·43　ヒトの筋系（Tortora 2006を参考に作図）

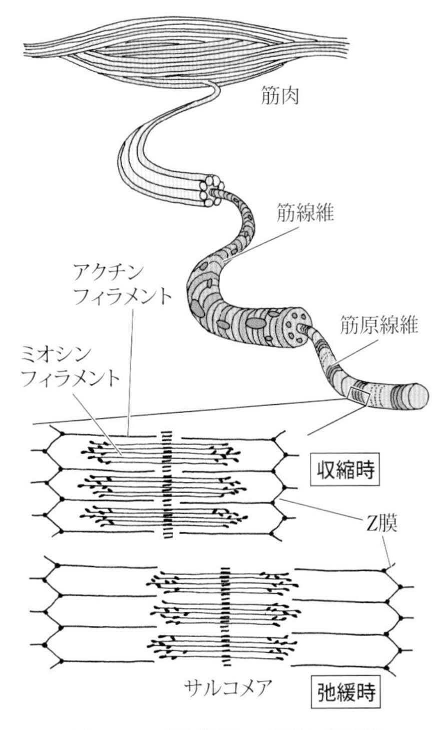


図5·44　筋原線維の構造と筋収縮

供する鶏肉や牛肉のほとんどは骨格筋である。「力こぶ」は、**上腕二頭筋**と呼ばれる筋肉で、収縮することで腕が曲がるので、こうした筋を**屈筋**という。一方、その反対側に存在する**上腕三頭筋**は、収縮することで腕が伸びるので、こうした筋を**伸筋**という。

骨格筋は、骨や皮膚などを牽引する**腱**に力を加えることで運動を引き起こすはたらきをもち、全身に張り巡らされている。ヒトの場合、顔面には**眼輪筋**、**咬筋**、**口輪筋**など、体幹には**大胸筋**、**腹直筋**、**広背筋**など、肩から腕にかけて**三角筋**、上腕二頭筋、上腕三頭筋、腕橈骨筋、母指球筋など、尻から足にかけて**大殿筋**、**大腿直筋**、腓腹筋などがある。

また、内臓のうち消化器官も筋組織によって支持されており、骨格筋とは違って私たちの意思とは関係なく、消化器官の蠕動運動（**2-9-1** 項参照）などを起こしている。このような**不随意運動**を起こす筋肉を**内臓筋**という。一方、心臓は**心筋**と呼ばれる組織からできており、心筋細胞が規則的に収縮することにより、心臓の拍動が起こる（**5-2** 節参照）。また、その形態的な特徴によって、骨格筋と心筋は**横紋筋**、内臓筋は**平滑筋**と呼ばれる種類に属する。

筋肉細胞の細胞質には、**筋原線維**と呼ばれるタンパク質でできた伸縮性の細い線維が充満している（**図 5·44**）。骨格筋や心筋を「横紋」筋と呼ぶ理由は、これらの筋肉を構成する筋原線維が、光学的に異なる性質をもつ**暗帯**と**明帯**とに分けられるためであり、そのため、巨視的には横紋となって見えるのである。筋原線維は、**アクチン**と**ミオシン**という細長いタンパク質の重合体（**アクチンフィラメント**と**ミオシンフィラメント**）が、お互いにスライドするように交互に存在しており、その基本単位を**サルコメア**という。サルコメアとサルコメアの間は、**Z 膜**と呼ばれる膜によって仕切られている。

筋肉は、**弛緩**と**収縮**を繰り返す。収縮の信号は、中枢神経から伝達される刺激であり、これが筋原線維を取り囲む**筋小胞体**からの $Ca^{2+}$ の放出を促す。アクチンフィラメントは、アクチンだけでなく、**トロポニン**、**トロポミオシン**というタンパク質も含んでおり、弛緩状態ではトロポミオシンがアクチンのミオシン結合部位を覆うように存在しているため、ミオシン分子がアクチンと結

1 2 3 4 5 6 7 8 9 10

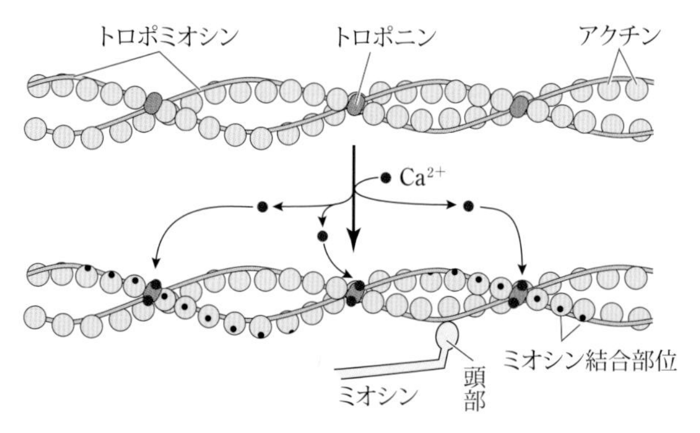


図5·45　アクチンとミオシンの相互作用

合しない。筋小胞体から$Ca^{2+}$が放出され、$Ca^{2+}$がトロポニンと結合すると、トロポニンがトロポミオシンをずらし、ミオシンとアクチンが結合できるようになる（**図5·45**）。

一方、ミオシン分子は、アクチンと結合する頭部に**ATP分解酵素**の活性があり、アクチンと結合したミオシンがATPを分解すると、頭部の角度が内側にずれ、それによってアクチンフィラメントが**滑り**（すべ）を起こす。再びATPがミオシン分子に結合すると、ミオシン頭部の角度が元に戻り、アクチンから離れる。この一連の流れが、非常に短い時間で繰り返し起こることで、あたかもミオシンフィラメントがアクチンフィラメントをぐっと引き寄せ、Z膜により近づこうとしている様子が見える。これが筋肉の収縮をもたらすのである。

ミオシンフィラメントとZ膜は、**タイチン**（**コネクチン**）というタンパク質によってつながれている。このタンパク質は**丸山工作**（まるやまこうさく）（1930 ～ 2003）によって発見されたもので、分子量がおよそ350万もあり、これまで知られているタンパク質の中で最も大きなものである。

## コラム　モノクローナル抗体

**モノクローナル抗体**とは、その名の通り、ある**抗体**の単一のクローンのことである（**図5·46**）。**5-7-1**項で扱ったように、**B細胞**が**抗体産生細胞**に分化して産生する抗体の**可変領域**は、一生の間に侵入し得るすべての抗原に対する**抗原結合部位**をつくり出すレパートリーを備えている。これは、B細胞が成熟する際に抗体遺伝子の**組換え**が起こるためである。バクテリアなどの異物には通常、複数の**抗原決定基**が存在するため、私たちの体の中でも、その複数の抗原決定基を認識するため複数種類の抗体が産生されるが、1個のB細胞（抗体産生細胞）がつくり出せる抗体は1種類である。すなわち一つのB細胞は1種類の抗原結合部位をもった抗体を無数につくるので、一つのB細胞からつくられる抗体は、モノクローナルである。

ドイツの**ケーラー**（G. J. F. Köhler, 1946 ～ 1995）と**ミルスタイン**（C. Milstein, 1927 ～ 2002）は1975年、このたった1個の抗体産生細胞に、**ミエローマ**というリンパ球系がん細胞を**細胞融合**（**2-2-2**項参照）させ、**ハイブリドーマ**をつくることで無限増殖能を獲得させ、これをクローニングする技術を開発し、1種類の抗体の単一なクローンを試験管内で大量につくらせることに成功した。

モノクローナル抗体は、1種類の抗原決定基のみを認識する特性から、生体や細胞に微量にしか存在しない物質を検出したり、これを精製するための担体に利用したりといった応用がなされるようになり、免疫学上の貢献のみならず、細胞生物学におけるタンパク質の機能解析や、がんをはじめとする各種病気の診断など、幅広い分野で実用化されている。

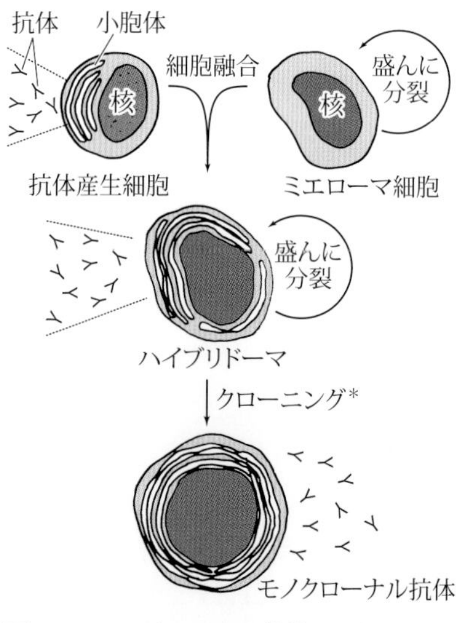


図5·46　モノクローナル抗体のしくみ
*1個のハイブリドーマに由来するクローンをつくる。

# 6 植物のしくみ

すでに扱ってきたように、私たち動物のほとんどは従属栄養生物であり、独立栄養生物である植物が生産した有機物に頼って生きている。生産者である植物の生物界における生態的地位は、私たちヒトの比ではない。すべての生物は、植物なしには生きていけないが、ヒトなしでも生きていける。植物の体の成り立ちやそのしくみを知ることは、生物学を学ぶ上で必要不可欠である。

本章では、第**2**章で扱った光合成のしくみを除き、特に繁栄している被子植物の体の成り立ち、生殖、発生、環境応答について扱う。

## 6-1 植物の体の成り立ち

植物のうち、生殖過程で**種子**（いわゆるタネ）をつける植物を**種子植物**という。身の回りに存在する植物のほとんどは、種子植物である。小学生の多くが育てた経験のあるアサガオをはじめとし、チューリップ、ヒアシンス、バラ、キク、アジサイなどは言うに及ばず、普段野菜として食べているキャベツ（*Brassica oleracea*）、ニンジン（*Daucus carota*）、ナス、トマトや、穀物であるイネ（*Oryza sativa*）、ムギ、トウモロコシはすべて種子植物である。また身近な自然である森林を構成するスギ（*Cryptomeria japonica*）、ヒノキ（*Chamaecyparis obtusa*）、シラカシ、クロマツも、日本の文化とは切っても切れない関係にあるサクラ（ソメイヨシノ；*Cerasus* × *yedoensis*）もまた、種子植物である。

種子植物には、胚珠（はいしゅ）が心皮で覆われ、種子が子房で覆われた**被子植物**（**6-2** 節も参照）と、胚珠が心皮で覆われない**裸子植物**がある。種子植物は**シダ植物**とともに維管束植物と呼ばれ、その基本的な構造は、根、茎、葉から成り立っている。一方、コケ類などは維管束をもたず、根、茎、葉の区別が不明瞭なことが多い。ここでは私たちに身近な維管束植物の構造について扱う。

植物の組織は、表皮系、維管束系、基本組織系に大別される。**表皮系**は、植物の表面を覆う表皮と、表皮細胞が変形した根毛などの毛、そして気孔などから構成される。**気孔**は、水分の**蒸散**やガス交換を行う、葉の裏表面に多く存在する穴であり、2 個の**孔辺細胞**によって形づくられている（**図 6·1**）。表皮の細胞の外側は厚いクチクラ層で覆われている場合があり、気孔以外の部分からの水分の蒸散を防いでいる。**根毛**は、根の表皮細胞から伸びた直径が数 $\mu$m から 10 数 $\mu$m という細い毛で、表面はクチクラで覆われず、地中の水分や栄養分を吸収する。根毛の細胞核は通常、その先端に近いところにある。

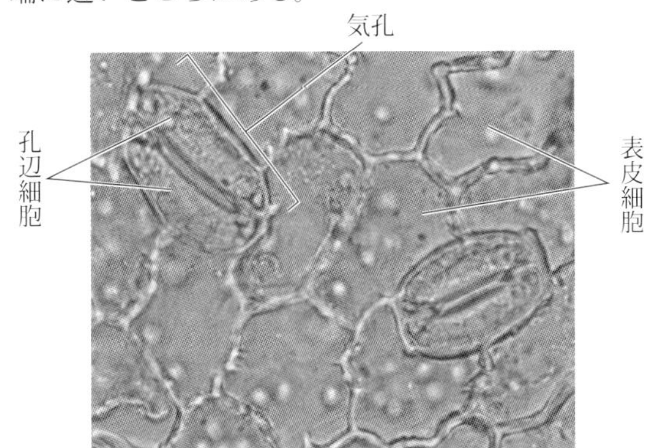

**図6·1** 被子植物の葉（裏側）の表皮細胞と気孔

**維管束（系）**は、植物体内での物質の移動と、植物体の支持を担う部分である（**図 6·2**）。維管束をもつシダ植物以上の進化段階の植物が**維管束植物**である。維管束は木部と篩部に分けられる。**木部**は、道管、仮道管、木部繊維、そして木部柔組織から構成され、水分を運ぶ役割をもつ。**道管**は、道管細胞同士の上下の隔壁がなくなることにより形成される長い管であり、言い換えれば死んだ細胞からできている。一方、**篩部**（しぶ）（師部）は、**篩管**、**伴細胞**、

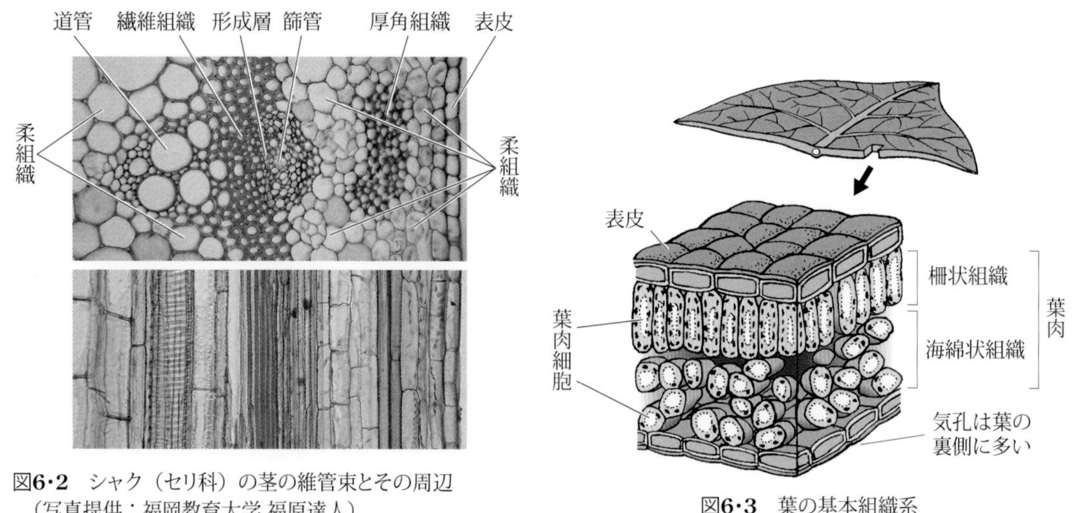


図6·2　シャク（セリ科）の茎の維管束とその周辺
（写真提供：福岡教育大学 福原達人）
上：横断面、下：縦断面。写真の右側が茎の外側にあたる。

図6·3　葉の基本組織系

篩部繊維、そして篩部柔組織から構成され、光合成により生産された有機物などを運ぶ役割をもつ。篩部の細胞は、道管のそれとは異なり、生きた細胞である。なお、クロマツ（*Pinus thunbergii*）などの裸子植物には道管、伴細胞などは存在せず、**仮道管**が存在する。被子植物には、維管束の分布パターンが異なるものがある。単子葉類では散在しているのに対し、かつて双子葉類と呼ばれていた（**9-6** 節参照）植物のほとんどでは環状に規則正しく並んでいる。その木部と篩部との間には細胞が活発に分裂する**形成層**が見られる。

表皮系と維管束系を除く部分が**基本組織系**である（**図 6·3**）。これには、同化組織、貯蔵組織、貯水組織など様々な組織が含まれる。葉の場合、表皮と葉脈を除く**葉肉**と呼ばれる部分がこれに当たり、**葉肉細胞**に存在する**葉緑体**によって**光合成**が活発に行われている。

植物の構造を組織ではなく器官としてみると、維管束植物のからだは根、茎、葉という器官に大別される。**根**は、植物体の支持と水分の吸収が主なはたらきの器官であり、陸上植物の進化に伴って発達したと考えられている（**図 6·4**）。根の先端は**根冠**と呼ばれ、それが覆う**根端分裂組織**では、根が発達し伸びるための細胞分裂が活発に行われている。先端から少し後方に、表皮細胞が変形した**根毛**がある。

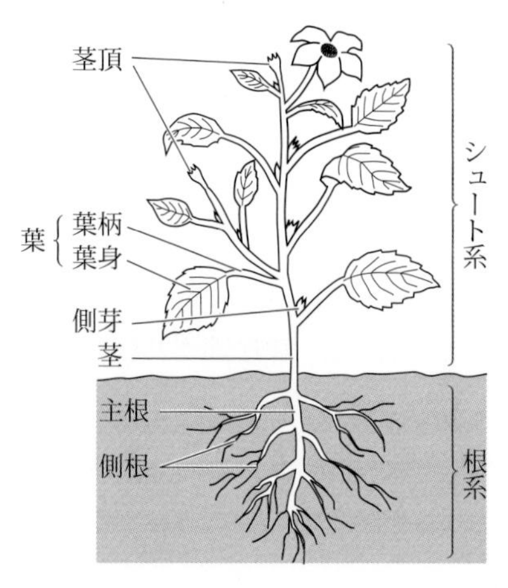


図6·4　植物の器官（Reece ほか 2013を参考に作図）

**茎**は、根とともに維管束植物における重要な器官であり、極性のある軸状構造を呈する。栄養物質の通過や植物体の支持などのはたらきをもつ。1 本の茎と、その周囲に葉が並んだ構造を**シュート**という。シュートの先端を**シュート頂**と呼び、そこでは活発な細胞分裂が行われ、新しいシュート、そして生殖器官（花）の形成が行われる。

**葉**は、維管束植物において茎に側生する扁平（へんぺい）な構造をした器官であり、発達した同化組織により光合成を行い、水分の蒸散、ガス交換といった活発な物質代謝を行う。**葉脈**は、葉の維管束系である。**葉肉**は、**柵（さく）状組織**と**海綿状組織**にわかれているのが一般的である（**図 6·3**）。また、葉は植物の種によって様々な形を有しており、分類学上も、きわめて重要な器官である。

## 6-2　植物の配偶子形成と受精

植物の有性生殖も、私たち動物と同じように小さい**雄性配偶子**と大きい**雌性配偶子**が接合することによって起こる（**4-1** 節参照）。

**花**は、被子植物の生殖器官としての役割をもち、配偶子形成の場である（**図 6･5**）。

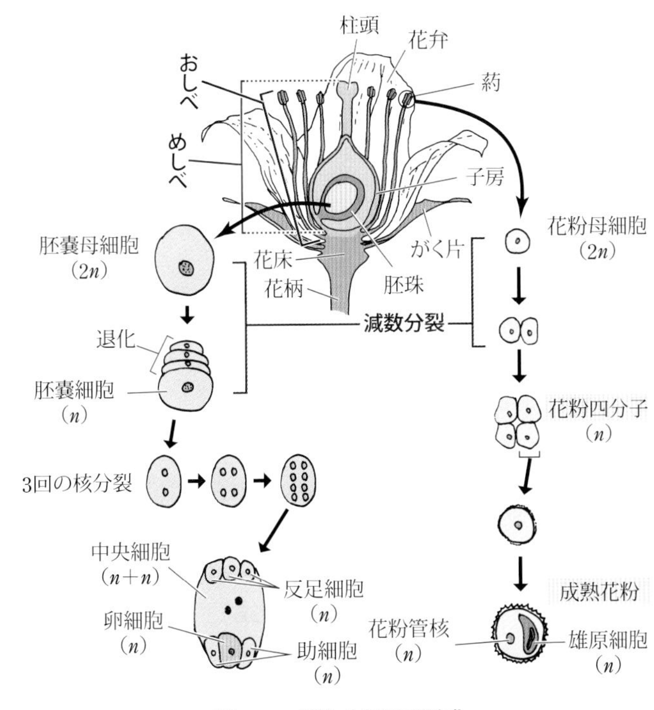


図 **6･5**　植物の配偶子形成

動物の卵に該当する植物の配偶子は、**胚嚢**（はいのう）中に存在する**卵細胞**であり、動物の精子に該当するのは、**おしべ**（**雄ずい**）の**葯**（やく）の中に存在する**花粉**が柱頭についた後、花粉管の中につくられる**精細胞**である。

若い**子房**の**胚珠**（はいしゅ）の中では、まず**胚嚢母細胞**（2*n*）が形成され、これが減数分裂を行って 4 個の細胞を形成する。このうちの 3 個は退化して、残りの 1 個のみが**胚嚢細胞**（*n*）となる。胚嚢細胞はその後、3 回の核分裂を起こして 8 個の核を生じた後、そのうちの 6 個の核は細胞膜によって互いに区切られ、**卵細胞**（1 個）、**助細胞**（2 個）、**反足細胞**（3 個）となる。残った 2 個の核は、そのまま胚嚢細胞の残った部分（**中央細胞**）の中央付近に位置するように並び、**極核**となる。

一方、若いおしべの葯の中では、多数の**花粉母細胞**（2*n*）が存在し、盛んに減数分裂を行ってそれぞれが 4 個の未熟な花粉の集合体（**花粉四分子**：*n*）を形成する。それぞれの未熟な**花粉**は、やがて成熟するに伴って核が分裂し、2 個の核から成る成熟した花粉となる。

花粉の中の 2 個の核のうちの一つは、それ自身が小さな細胞膜に覆われ、**雄原細胞**となる。もう 1 個の核は**花粉管核**である。

花粉が**めしべ**（**雌ずい**）の先にある**柱頭**に付着することを**受粉**という（**図 6･6**）。受粉が起こると、花粉から胚珠に向かって**花粉管**と呼ばれる細長い管が伸び始め、花粉管核と、雄原細胞が分裂して生じた 2 個の**精細胞**が花粉管の中を通って胚珠へと向かっていく。花粉管が胚嚢に達すると、2 個の**精細胞**のうちの 1 個と卵細胞が接合し、**受精**が成立して**受精卵**（2*n*）ができる。またこの時、2 個の助細胞のうちの 1 個は花粉管の侵入を受けて崩壊し、もう 1 個も受精の前後に消失する。

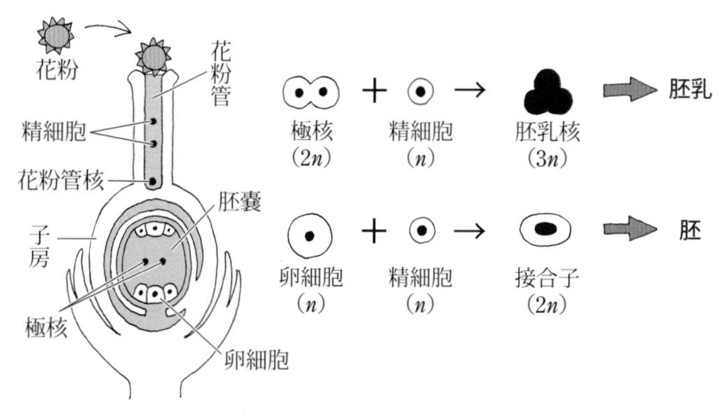


図6・6　受粉と重複受精
受精後、花粉管が伸び、2個の精細胞が子房中の胚嚢へと入っていく。

残った1個の精細胞は、2個の極核をもつ中央細胞と接合し、**胚乳核**（$3n$）が生じる。

こうして生じた受精卵は胚へ、中央細胞は胚乳へと変化していくが、この二つの細胞はともに精細胞との接合によって生じるため、受精が二つ起こるように見えることから、こうした受精のことを**重複受精**という。

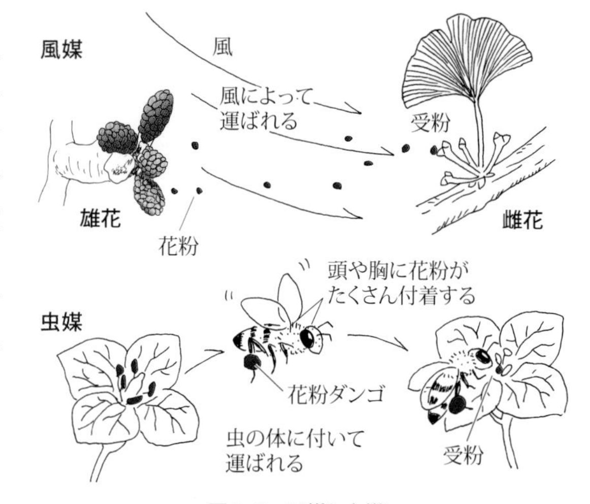


図6・7　風媒と虫媒

受粉に際し、体を動かし積極的に卵と精子を出会わせることができる動物と違い、体を移動させることができない植物がとった方法は、自然環境や動物を利用して柱頭に花粉を近付けることである（**図6・7**）。自然環境とは風や水である。ある植物は、花粉が風に乗ってとび、遠く離れためしべの柱頭に付着することで、受精の機会を得る。これを**風媒**といい、被子植物ではイネやトウモロコシなど、裸子植物ではスギやヒノキ、イチョウ（*Ginkgo biloba*）などがとりわけ有名である。またある種の植物は、昆虫や鳥などの動物を利用して花粉を運ばせるために花を発達させた。花に甘い蜜を仕込んでおけば、それをエサとする動物がやってくる。動物が蜜を吸っている間に花粉が動物の体につく。その動物が次に別の花へ行き、そこで蜜を吸っている間に花粉が柱頭に付着する。このような媒介を昆虫が行うものを**虫媒**といい、鳥が行うものを**鳥媒**という。

## ◆ 6-3　植物の初期発生 ◆◆◆◆◆

植物においても、受精卵から16細胞期までは、**頂端側**（茎の上方部分に成長していく側）から**基部側**（根に成長していく側）までの細胞に沿って、ショウジョウバエにおけるビコイドタンパク質（**4-4-4**項参照）のような、細胞の位置情報を伝える物質（オーキシンなど）が、**濃度勾配**を形成する。興味深いことに、32細胞期を過ぎたころまでは、この物質の濃度勾配が逆転することが知られており、これが基部側の細胞の**根**への分化を促す。このころには、頂端側の細胞は大きな球状の塊となっており、これを**球状胚**といい、球状胚から下に伸びる柄の部分を**胚柄**という（**図6・8**）。やがて胚の細胞は、ある程度分裂を続けた後、前表皮、頂端分裂組織、**子葉原基**、**前形成層**などの組織へと分化していく。

このうち**前表皮**は植物の外側を覆う**表皮**を形成し、**頂端分裂組織**は胚の完成後につくられる植物の体のすべて（茎、葉、根）をつくる。木部や篩部からなる内部輸送系（**維管束系**）もこれに由来する。なお、ある程度発生した胚は、**子葉**と呼ばれる1対もしくは1枚の小さな葉を形成し、茎や葉を形成する頂端分裂組織（シュート頂分裂組織）を取り囲む。

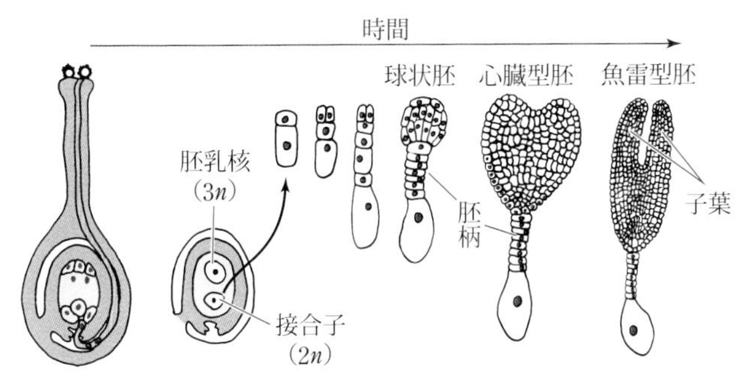

図6・8 植物の初期発生

被子植物を含めた維管束植物では、胚が完成した後の段階においては、すべての細胞が分裂するのではなく、縦に伸びた植物体の両方の端の細胞が分裂を繰り返すようになる。これが頂端分裂組織である。一方の端が根をつくり、もう一方の端は茎、葉、生殖器官を形成していく。

胚が成熟し、完成すると、外界の環境に応じて発生は**休眠期**に入る。つまりこの時期の胚を、私たちは「タネ」(**種子**) と称しているのである。この「タネ」が地面に落ち、あるいは私たちが畑に播き、温度や水分条件など、一定の条件が揃ったとき、胚は再び成長をはじめ、**胚乳**あるいは子葉に蓄えられた資源を栄養源としながら**発芽**を迎える。イネ科の植物に代表される、発芽に必要な養分を胚乳に蓄えた種子は**有胚乳種子**と呼ばれ、マメ科の植物に代表される、胚乳は発達せず、養分を子葉に蓄えた種子は**無胚乳種子**と呼ばれる。

## 6-4 植物の器官分化

植物の成長は、茎、葉、芽 (**側芽**) という三つの部分が一つの単位となって、これが繰り返されていくことによってなされる。葉が横に張り出すように形成される茎の位置を**節**といい、その葉の向軸側には側芽が形成される。このような植物の繰り返しの単位を**ファイトマー**といい、節と節の間の茎の部分を**節間**という (**図 6・9**)。ファイトマーの形は、同種の植物であっても環境が違えば異なることがあり、たとえば日陰で育った植物の節間の長さは、日の当たる場所で育ったものよりも短くなるなどの違いが出ることがある。

繰り返しになるが、植物の成長は、上下方向に行われ、上方向への成長は、シュートの頂上 (**シュート頂**) に存在する**頂端分裂組織**によって起こり、下方向への成長は、根の末端 (**根端**) に存在する頂端分裂組織によって起こる。前者を**シュート頂分裂組織**、後者を**根端分裂組織**という。

シュート頂分裂組織では、幹細胞が盛んに細胞分裂を繰り返して増殖し、茎の成長を担う。シュートの先端に存在する芽を**頂芽**といい、側芽と共存する場合は、頂芽の成長が優先される**頂芽優勢**が見られる。動物による食害などによって頂芽が失われると、側芽が成長する (**図 6・10**)。

シュート頂分裂組織の周辺部からは**葉の原基**がつくられ、成長に従って**葉**へと分化していく。葉

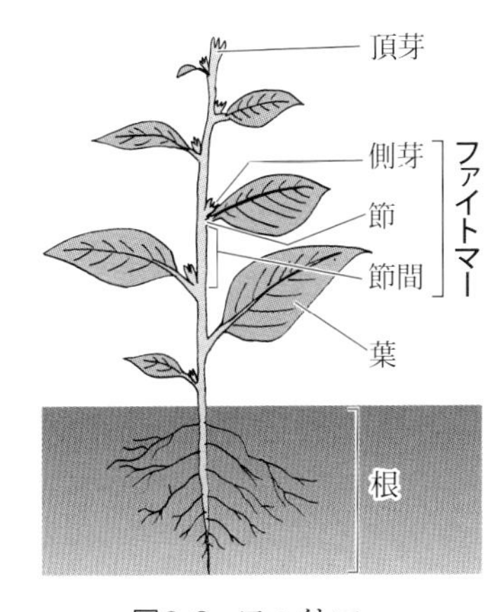

図6・9 ファイトマー

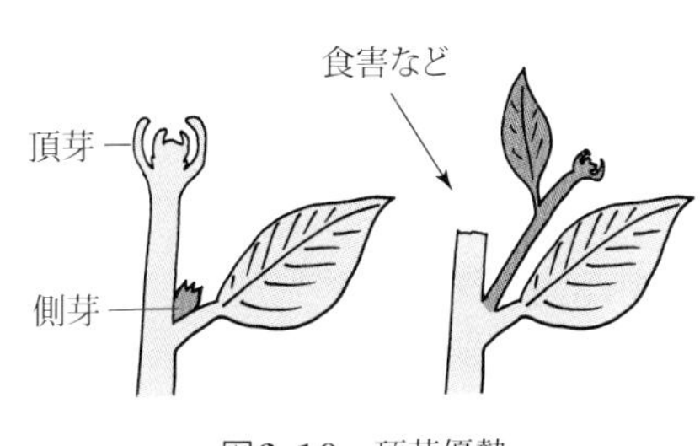

図6・10 頂芽優勢

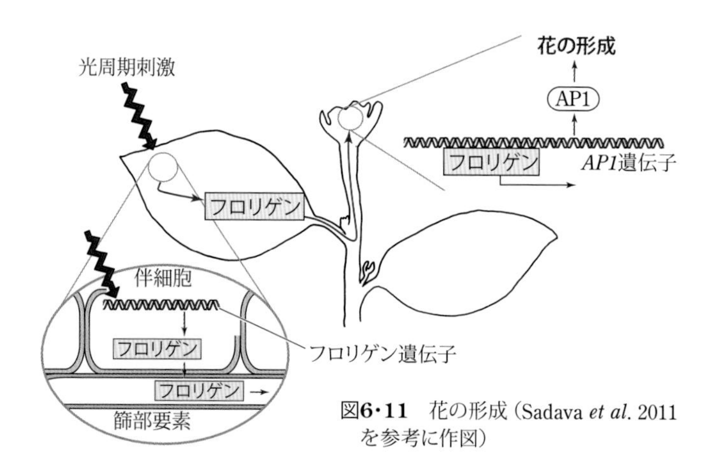


**図6・11**　花の形成（Sadava *et al.* 2011 を参考に作図）

の原基は成長に伴い、**葉身**、**葉柄**、**托葉**へと分化する。また、葉の原基が茎のどの部分に生じるかによって、葉の配列様式（**葉序**）が決定される。同じ節に、茎を取り囲むようにして複数の葉がつく様式を**輪生葉序**、一対の葉が反対側につく様式を**対生葉序**、節ごとに互い違いの方向に葉がつく様式を**互生葉序**という。

一方、シュート頂分裂組織が**花芽**に分化することによって、植物の生殖器官としての**花**の形成が始まる。葉の篩部**伴細胞**において発現する**フロリゲン**（**FT** タンパク質）がシュート頂分裂組織に到達すると、その作用により花を形成するための遺伝子（*AP1* 遺伝子）が発現し、花が形成される（**図6・11**）。

生物は、昼間と夜間の長さの影響を受けて様々な応答を起こす**光周性**をもつ。花芽の形成はそうした応答の一つであり、昼間の長さ（**日長**）や温度に依存する。日長が、ある決まった長さ以上になると花芽を形成するような植物を**長日植物**、逆にある決まった長さ以下になると花芽を形成するような植物を**短日植物**という。長日植物には、その性質上、春に花芽を形成する植物であるアブラナなどが含まれ、短日植物には、秋に花芽を形成する植物であるキクなどが含まれる。一方、花芽形成が日長に左右されない**中性植物**もある。また、花芽形成が温度によって影響を受ける現象もある。**春化**は、花芽の形成が、植物がある一定期間、0 度～ 10 度程度の低温環境にさらされることによって促進される現象であり、秋に種をまく**コムギ**の一品種において最初に発見されたものである。このコムギは、秋に発芽して、そのまま葉のみつくり続けて冬を越し、春になって花芽形成が起こる。この現象を人為的に起こすことを**春化処理**といい、花芽形成を早めるために行うものである。

花は、**花柄**、**がく片**、**花弁**（花びら）、**おしべ**、**めしべ**から成る（**図 6・5** 参照）。これらの配置を同心円状に表した図を**花式図**という。このうち、がく片、花弁、おしべ、めしべが形成される際、動物におけるホメオティック遺伝子（**4-4-4** 項参照）と同じしくみがはたらくことが知られている。このしくみを説明したモデルを、**シロイヌナズナ**で見出された突然変異をもたらす遺伝子のクラス名 A、B、C に因んで、**ABC モデル**という。この 3 タイプの遺伝子は、それぞれ決まった領域ではたらくため、それぞれの遺伝子の発現パターンが異なることにより、その領域ががく片になるか、花序になるか、おしべになるか、めしべになるかが決まる（**図 6・12**）。

花には、茎頂に単独で形成されるもの（チューリップなど）もあるが、いくつかの花が集まって**花序**を形成するものもある。花序には、ヒマワリ（*Helianthus annuus*）やタンポポのような、多数の花が集まって一つの花のような形になる**頭状花序**、サクラのように、短い軸に数本の柄がついた花が集まった形になる**散房花序**など、多くの種類のものがある。

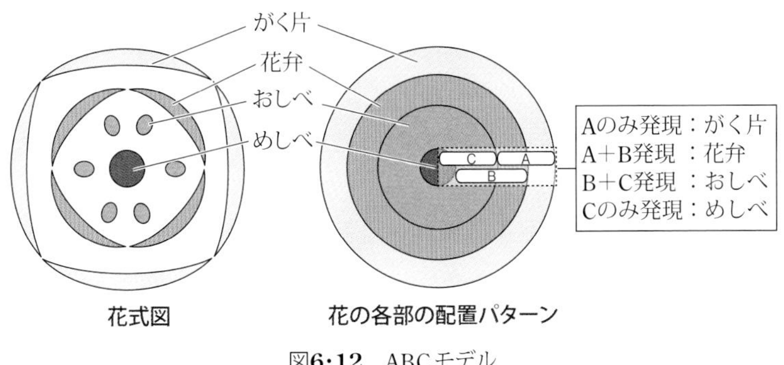


図**6・12**　ABC モデル

## 6-5　植物ホルモンと植物の環境応答

植物は動物のように移動することができないため、環境から受ける刺激に対して敏感に応答する高度なしくみが備わっている。すなわち、環境の変化に応じて、その形態や機能を変化させるしくみが備わっている。秋から冬にかけて種子を形成して成長を止め、春となり温暖な気候になってから発芽して成長するのは、その典型的な例である。こうした植物の体の変化には、**植物ホルモン**が重要な役割を果たしている（**図 6・13**）。

| 名称 | 主要な働き |
|---|---|
| オーキシン | 胚発生、軸形成、器官形成、屈性反応 |
| ジベレリン | 伸長成長、種子発芽の促進 |
| サイトカイニン | 茎葉部の分化、細胞分裂の促進 |
| アブシシン酸 | 種子形成、休眠、乾燥ストレス応答 |
| エチレン | 器官の成熟、脱離の促進 |
| ブラシノステロイド | 成長・分化全般の促進 |
| ジャスモン酸 | ストレス抵抗性反応 |

図 **6・13**　植物ホルモンの種類とはたらき

最初に発見され、現在でも植物の成長で最も重要なはたらきをもつ植物ホルモンがオーキシンである。アメリカの**ウェント**（F. W. Went, 1903 ～ 1990）が、寒天を用いた有名な実験で、**アベナ**（カラスムギ；*Avena fatua*）という植物に存在する成長物質を見出し、この物質がその後**オーキシン**と名付けられた。植物の茎や根は、上方および下方に成長を続けていくが、重力や光、物への接触など環境からの刺激に応じて様々な曲がり方（**屈曲**）をすることがある。植物が屈曲する性質のことを**屈性**といい、これにオーキシンが重要な役割をはたしている（**図 6・14**）。光があたることで屈性を示すことを**光屈性**という。オーキシンはシュート頂付近で合成されるが、一方から光をあたえると、オーキシンは光のあたらない側に移動してそこから下方へと移動していく。オーキシンには細胞の伸長や分裂を促進させるはたらきがあり、光のあたらない側の成長が促進されるため、植物の体は光の方向へと曲がる。

また、若い植物を水平に置くと、茎が重力に逆らって上方に曲がり、根が重力に順じて下方に曲がるなど、重力に応答して屈性を示すことを**重力屈性**といい、これにもオーキシンが関与している。一方、ブドウ科やウリ科

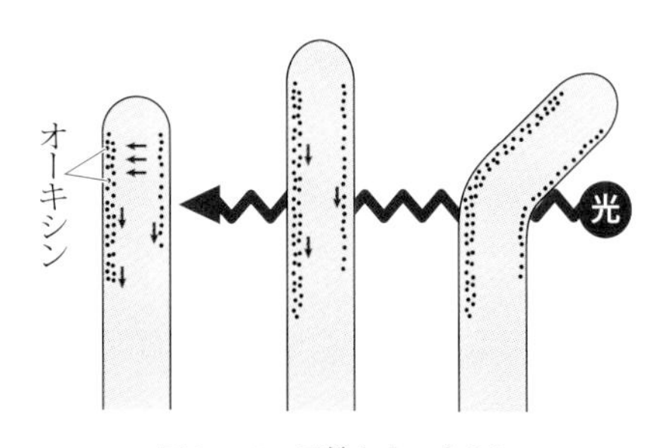


図**6・14**　屈性とオーキシン

の植物に見られる巻きひげのように、物に触れることとそれに向かって植物の器官が曲がることを**接触屈性**というが、そのメカニズムはまだ十分には解明されていない。オーキシンは、光屈性や重力屈性以外にも、子房や花托（花柄の先端で花器官を支えている部分）にはたらき、これらが元となる果実（イチゴなど）の成長を促進するはたらきもある。葉の原基をつくるのもオーキシンのはたらきである。

**アブシシン酸**（アブシジン酸）は、1965年、**大熊和彦**（おおくまかずひこ）（1927～2006）らが**ワタ**から単離し、構造決定をしたことで知られる植物ホルモンであり、植物のほとんどの組織や器官に分布する。**落葉**や種子の**休眠**、葉の水分欠乏に伴う**気孔の閉鎖**など、植物を乾燥から防いだり、寒さから防いだりするはたらきがある。アブシシン酸が細胞の受容体に結合すると、その細胞内で**アブシシン酸応答配列**（**ABRE**）をプロモーター領域（**3-6-2**項参照）にもつ遺伝子が発現し、それによって上記の様々な応答が起こると考えられている。気孔の開閉の場合、植物が乾燥環境に置かれると、葉でアブシシン酸が大量に合成される。アブシシン酸は、**孔辺細胞**の$K^+$**チャネル**を開き、細胞外へ$K^+$を放出させる。これにより、孔辺細胞の**浸透圧**が低下し、水分子が細胞外へ出ることで膨圧が低下し、気孔が閉じるしくみとなっている。

種子の発芽には、**ジベレリン**という植物ホルモンが関与する。ジベレリンは、**黒沢英一**（くろさわえいいち）（1894～1953；**図6･15**）によって1926年に、**イネ馬鹿苗病菌**（*Gibberella fujikuroi*）の培養液中から、イネを成長させる物質として発見された。後に植物体内からも見出され、現在までに40種類以上のジベレリンが報告されている。**オオムギ**（*Hordeum vulgare*）では、ジベレリンは種子のおかれた環境が発芽に適した環境になると胚で合成されはじめ、胚乳の外側にある**糊粉層**（こふん）の細胞の受容体に結合する。これにより、糊粉層の細胞内で**アミラーゼ**遺伝子が発現し、胚乳のデンプンが分解されて、種子への糖分の流入が活発となることで発芽が促される（**図6･16**）。ジベレリンには、アブシシン酸のはたらきと拮抗する効果もある。また、ジベレリンには子房の成長を促すはたらきもあり、**種なしブドウ**は、受粉前のブドウのつぼみをジベレリン水溶液につけることで、胚珠の成長なしに子房だけを成長させることでつくることができる。

ところで、光屈性という現象は、光の刺激によって植物の発生や分化が調節を受ける**光形態形成**の一種である。光形態形成には、光が照射されることで種子の発芽が起こる**光発芽**と呼ばれる現象もあり、シロイヌナズナ、レタスやタバコ（*Nicotiana tabacum*）などの植物はそうした種子をもつ。これを**光発芽種子**という。光発芽は、種子内に存在する光受容体である**フィトクロム**が、光の照射によって異なる型に変化することで、胚の細胞のジベレリンを活性化し、アブシシン酸を抑制することで発芽するしくみである。

図6･15　黒沢英一

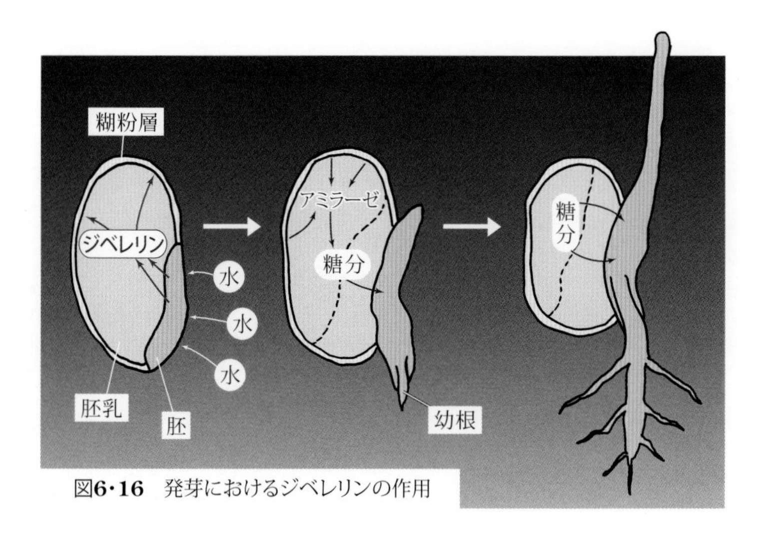

図6･16　発芽におけるジベレリンの作用

**サイトカイニン**は、葉や芽の休眠を打破したり、光合成色素であるクロロフィルの形成を促進したりするはたらきをもつ植物ホルモンであり、**カイネチン**がその主なものである。サイトカイニンとオーキシンは**頂芽優勢**（**6-4** 節参照）に関わっていると考えられており、通常は、茎頂で合成されたオーキシンが下方に移動し、サイトカイニンを抑制することで側芽の成長が抑えられているが、食害によって頂芽が失われるとその抑制がはずれ、サイトカイニンにより側芽の成長が促進されると考えられている（図 6･10）。また近年では、**ストリゴラクトン**と呼ばれる物質が根から芽に向けて逆流し、分枝を抑制することも知られている。

気体の**エチレン**には果実を成熟させるはたらきがあることが知られており、植物が生産するため、植物ホルモンの一つである（図 6･17）。エチレンは、成熟が開始される直前に大量に生産されるため、そうした果物と、また未成熟の果物を同じ場所に保存していると、後者の果物が早く成熟する。また、エチレンは**落葉広葉樹**が冬に葉を落とす時、葉柄の根元に形成される**離層**（この層を構成する細胞の細胞壁が分解されることで、葉が落ちる）の形成を促進させる作用ももつ。エチレンには他にも、茎や根の成長制御、花芽の形成の抑制などのはたらきもある。

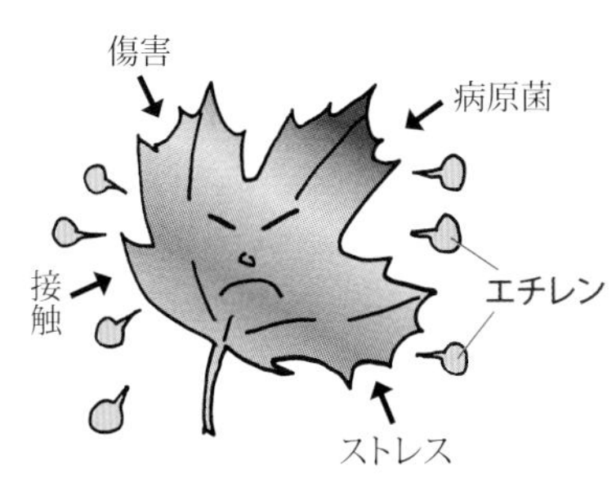


図6･17　エチレンは傷害や病原菌などによっても発生する。

**システミン**は、昆虫によって食害を受けた植物の細胞でつくられる植物ホルモンである。システミンは、植物体の様々な傷害応答に関わる**傷害ホルモン**の一種**ジャスモン酸**の合成を誘導する。ジャスモン酸は、動物のタンパク質分解酵素を阻害する物質（**プロテアーゼ・インヒビター**）の合成を促進するため、これを含む植物を食べた昆虫は、タンパク質の消化に支障をきたすと考えられている。また、マメ科植物の種子には、プロテアーゼ・インヒビターや**アミラーゼ・インヒビター**など、動物の消化酵素を阻害する物質が多く含まれていることが知られており、動物の食害に対する防御に関わると考えられている。

## コラム　ラフレシアとスマトラオオコンニャク

人々の興味を惹（ひ）きつけてやまない、スマトラ島の熱帯雨林に生息する謎の巨大花**ラフレシア・アーノルディ**（*Rafflesia arnoldii*；図 6･18）は、被子植物のうち真正双子葉類（**9-6** 節参照）に属するラフレシア科ラフレシア属の植物である。DNA 解析の結果、この巨大な花をつける植物は、じつは非常に小さい花をつけるポインセチアの仲間であることがわかった。ラフレシアは、その体のほとんどが花しかないという、きわめて特異な植物であり、どのように進化してきたのかについてはまだ多くの謎に包まれている。最近の研究では、ラフレシア属の植物が進化した後、その中でごく最近、アーノルディ種の花が大型化したと考えられている。光合成をしないため、ほかの植物（テトラスティグマ）に寄生してのみ生きられるという特徴も、研究者やアマチュア研究家を惹きつける魅力であろう。したがって、ラフレシアの本体（栄養体）は、宿主の組織内にわずかに存在する細胞列として生きている。

図6･18　ラフレシア･アーノルディの巨大な花（画像提供：東京大学 塚谷裕一）

一方、**スマトラオオコンニャク**（**ショクダイオオコンニャク**；*Amorphophallus titanum*）という同じくスマトラ島に生育する植物も、巨大で悪臭のする花をつける（図 6･19）。スマトラオオコンニャクは、同じく被子植物のうち単子葉類（**9-6**節参照）に属するサトイモ科コンニャク属の植物である。2010年夏、東京大学の小石川植物園で、この世界最大の花が開花した。開花期間中（たった数日）、じつに多くの人（1日だけで1万人以上）がこの花を見に小石川植物園を訪れたという。ただし、ラフレシアが単体の花であるのに対して、スマトラオオコンニャクの花は花序（**6-4**節参照）である。したがって、単体の花として、世界最大なのはラフレシア・アーノルディである。

世界最大の生物は、アメリカで生育する**セコイア**というスギの仲間の針葉樹である。これもまた、アメリカの国立公園の目玉植物として、人々の人気を博している。いったいなぜ、人々はこうした巨大な生物に魅せられるのだろう（第**8**章コラム参照）。

図**6·19**　スマトラオオコンニャク
（東京大学小石川植物園にて。
画像提供：東京大学 塚谷裕一）

# 7 老化・寿命とヒトの病気

多細胞生物である私たちヒトは、生まれて 80 年、90 年を経過すると、やがて死を迎えなければならない。死の訪れは、ほぼすべての多細胞生物に当てはまる事実である。それは果たして何ゆえであろうか。なぜ私たちは死ななければならないのだろうか。

ここで、老化、病気、死という、生物学的には一見ネガティブに見える現象にこそ、生物の根源的なしくみがあるということも知っておくべきであろう。

本章では、老化の原因に関するいくつかの生物学的現象とヒトの病気について概観した上で、死の生物学的意義について扱う。

## 7-1 老化の原因に関する五つの仮説

**老化**（**生物学的加齢**）という現象は、外見から判断すると、皮膚に皺がよる、体全体が小さくなる、歯が抜けるなど、誰が見ても明らかに判別できる状態として確かに存在することを私たちは感覚的に知っている。ところが、老化はどのようにして起こるのかと聞かれると、そのメカニズムはあまりにも複雑であり、とても一言で説明しきれるものではない。老化のメカニズムはまだよくわかっておらず、定説も存在していないのが現状である。

ただ、老化の原因と考えられるいくつかの事象に関しては、その分子レベルまでかなり詳細にわかっているものもある。ここでは、現在よく知られている老化の原因と考えられる五つの仮説について述べる。

第一は、**加齢**に伴い DNA に**突然変異**（**3-8-1** 項参照）が蓄積し、それが細胞の老化を引き起こすという仮説である。DNA には複製されるたびに**複製エラー**（**3-8-1** 項参照）が生じることが知られている。複製エラーのほとんどは修復されるが、100 %完全には修復されきらず、わずかに残ったものが突然変異として残る。さらに私たちは、紫外線や放射線、種々の化学物質などの有害物質に常にさらされているため、加齢とともに DNA の**損傷**が増えていく。これが老化の原因の一つではないかと考えられている（**図 7･1**）。

第二は、DNA が複製されるたびにテロメアが短くなっていく**テロメア短縮**が老化の原因であるという仮説である。これについては **7-2** 節で扱う。

第三は、体内で発生する**活性酸素**などの**フリーラジカル**が、細胞とその機能に悪影響をもたらし、老化を誘発しているとする仮説である。活性酸素には、$\cdot O_2$　$\cdot OH$　$H_2O_2$ といった分子種が存在し、いずれもきわめて高い反応性を有する分子である。活性酸素は、主にミトコンドリアにおいてグルコースが分解されて生じた電子が最終的に酸素へと受け渡される過程（**2-10-2** 項参照）において生じる。活性酸素には電子が余計に存在しているため、他の分子と反応しやすい。生じた活性酸素はミトコンドリアから外に出ると、DNA と反

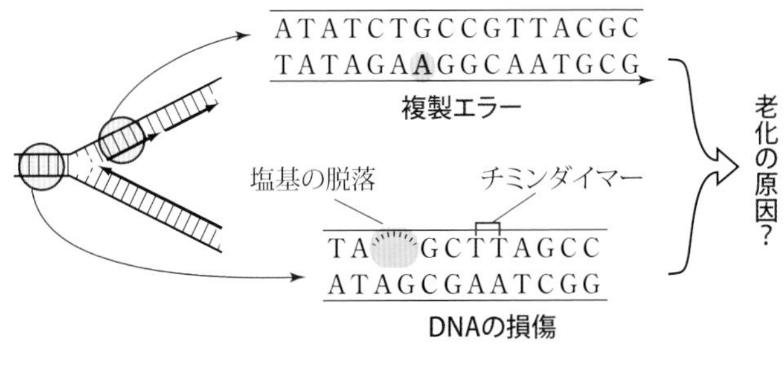


図7･1　複製エラーとDNA損傷

応して**酸化的損傷**を引き起こす。この仮説は、テロメア短縮などのようなあらかじめプログラムされた老化機構があるというものではなく、時間とともに偶然、使っている様々な“道具”が古くなって老化するという意味で、「**すりきれ仮説**」とも呼ばれる。

第四は、老化は遺伝子によってあらかじめプログラムされているとする仮説である。これについては **7-3** 節で扱う。

第五は、カテゴリーとしては第四の仮説に入る場合もあるが、免疫系の減退があらかじめプログラムされており、これが老化の原因であるとする仮説である。心臓のすぐ上に位置する**胸腺**(せん)という臓器は、免疫系の主要な細胞である **T 細胞**が成熟する臓器である（**5-7-3** 項参照）。T 細胞は、胸腺における成熟過程で選択されることにより、**自己**を認識せず、**非自己**のみを認識する成熟 T 細胞のみが各組織へと送られる。ところが、胸腺は免疫系にとって非常に大切な臓器であるにもかかわらず、加齢と共に徐々に退縮していき、壮年に達する頃には胸腺の髄質、皮質を含めたほとんどの組織が脂肪組織に置き換わる（**図 7･2**）。T 細胞の「選別機関」としての胸腺が退縮することで、自己免疫を引き起こす T 細胞の数が増え、それが臓器などを損傷することが、老化の原因の一つであると考えられている。

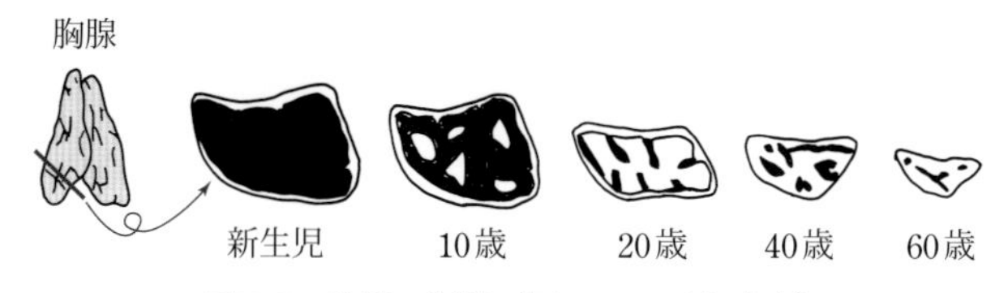


図**7･2**　胸腺の退縮（岡田 1990より改変）

## ◆ 7-2　テロメアと細胞分裂限界 ◆◆◆◆◆

ここでは、上記の仮説のうち、第二の仮説「テロメア短縮」について詳しく扱う。

1961 年、アメリカの**ヘイフリック**（L. Hayflick, 1928 ～；**図 7･3**）は、培養された正常なヒトの細胞（線維芽細胞）がある一定回数分裂するとそれ以上分裂することができなくなるという現象を発見した。これにより、体細胞ははじめから有限の寿命をもっていることが明らかとなった。これを正常体細胞の**分裂限界**といい、彼の名をとって「**ヘイフリック限界**」と呼ばれる。

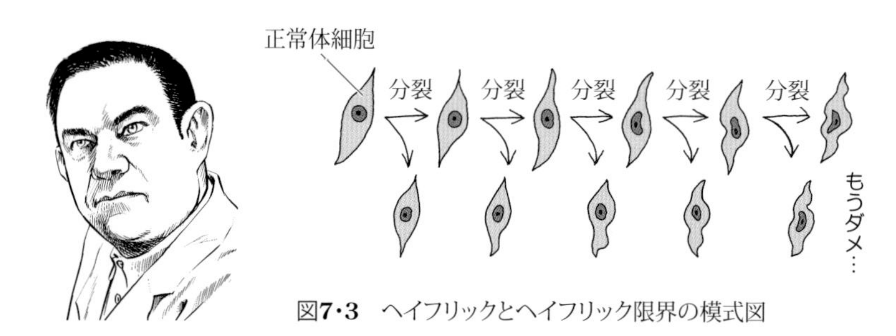


図**7･3**　ヘイフリックとヘイフリック限界の模式図

このヘイフリックが発見した培養細胞の分裂限界が、なぜ存在するのかについては諸説ある。そのうちの最も有力な説が、テロメアという染色体上の領域における「複製問題」である。

**テロメア**は、真核生物の染色体の両腕（**長腕**と**短腕**）それぞれの末端に位置する領域である（これに対して、染色体の中心付近にあり、長腕と短腕を分ける領域を**セントロメア**という）。テロメア DNA の塩基配列は**テロメア配列**と呼ばれる特殊な**反復配列**（繰り返し配列）となっている。テロメア配列は、私たち哺(ほ)乳類の場合、TTAGGG（相補鎖は CCCTAA）という 6 塩基からなる配列

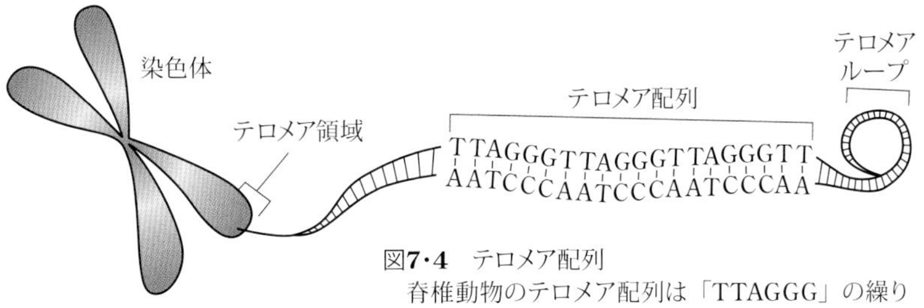

図7·4 テロメア配列
脊椎動物のテロメア配列は「TTAGGG」の繰り返し配列になっている。

が数百回も繰り返している（図7·4）。

真核生物のDNAは、バクテリアの環状DNAとは異なり、引き伸ばせば1本の線になる線状構造をとる。DNA複製は、二本鎖になっていたDNAが1本ずつに巻き戻され、それぞれ**リーディング鎖**、**ラギング鎖**として複製が行われる（**3-4**節参照）。リーディング鎖として複製されるDNA鎖は、順当に末端まで新生DNA鎖が合成されるのに対し、不連続的な**岡崎フラグメント**を合成するラギング鎖として複製されるDNA鎖は、**RNAプライマー**が合成され、それが除去された後、末端部分に合成されない部分が残ってしまうという問題が生じる。さらに、末端の岡崎フラグメント自身が、きっちりとテロメア末端から内側に向かって合成されるわけではなく、往々にしてテロメア末端からかなり内側に入ったところを起点として合成されるため、複製されない一本鎖DNA部分がかなり長く残ったままになる。このためテロメアは、DNAが複製されるたびに、すなわち細胞が1回分裂するたびに、およそ100塩基対ずつ短くなっていく。

この**テロメア短縮**が、ある閾値にまで到達すると、細胞はそれ以上分裂できなくなると考えられている。これが**テロメア末端複製問題**であり、体細胞にヘイフリック限界が存在する分子メカニズムであると考えられている（図7·5）。

一方、半永久的に分裂を繰り返すことのできる**がん細胞**の多くは、テロメア短縮を防ぐ酵素**テロメラーゼ**を発現している。テロメラーゼはアメリカの**ブラックバーン**（E. H. Blackburn, 1948～）、**グライダー**（C. W. Greider, 1961～）らによって1980年代に発見された酵素で、がん細胞だけではなく、多細胞生物の細胞群のなかで唯一不死性をもつ生殖細胞にも発現していることが知られている。テロメラーゼはRNAをサブユニット（**2-8-2**項参照）としてもつタンパク質で、このRNAはテロメア配列と相補的な塩基配列（CCCUAAをモチーフとする）をもっている。テロメラーゼはこのRNAを部分的にテロメア配列に対合させ、残りのRNA部分を鋳型としてテロメア配列を伸長させる**逆転写酵素**としてのはたらきをもつ。これを繰り返し行うことで、短縮したテロメア末端が伸長する（図7·6）。

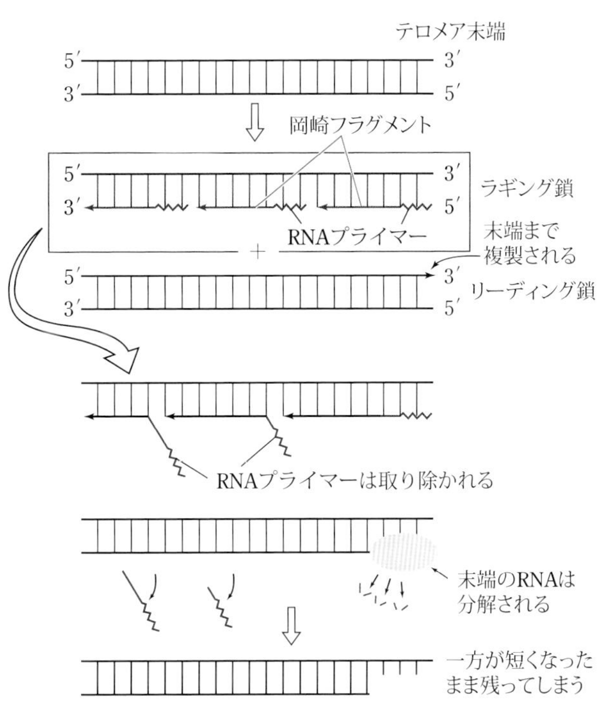

図7·5 テロメア末端複製問題

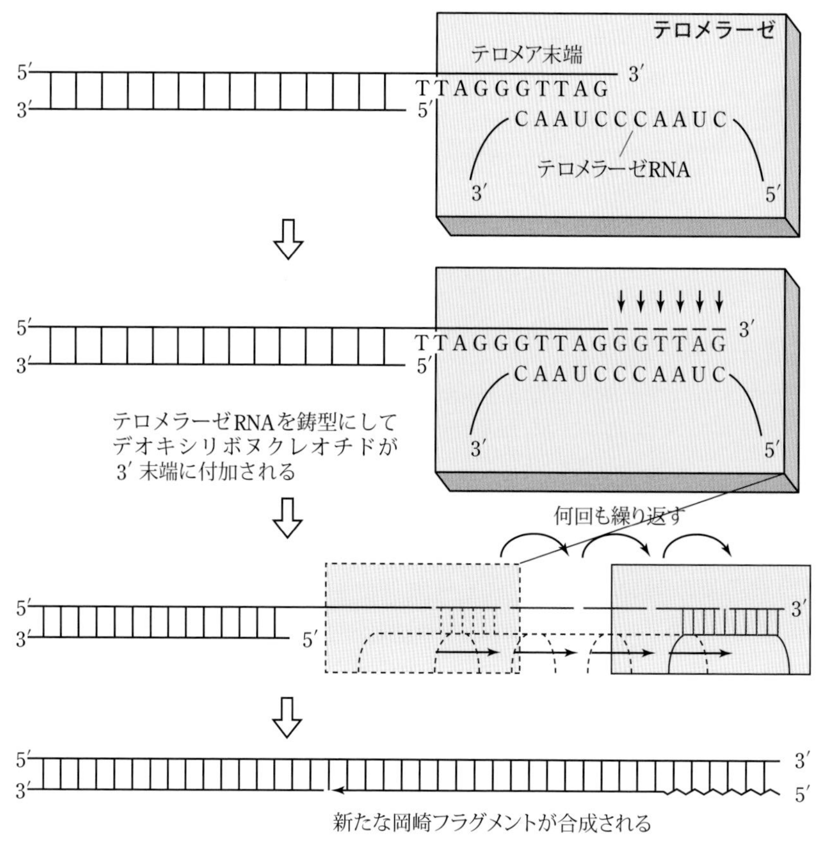


図7·6　テロメラーゼによるテロメア伸長メカニズム

## 7-3　寿命に関わる遺伝的要素

ここでは、上記仮説（**7-1** 節参照）のうち、第四の仮説について扱う。

ある種の常染色体性優性遺伝病に、乳幼児期で発育が遅延し、10代で低身長、禿頭（とくとう）、骨形成不全などの老人様変化を起こして死亡する、いわゆる**早老症**がある。**ハッチンソン・ギルフォード症候群**では、10歳までの間に、男性型脱毛、白内障、冠動脈疾患などの通常の老化に伴って増える現象や病気が起こる。**ウェルナー症候群**は、やはり低身長、白内障、白髪、糖尿病といった、通常の老化に伴って増える病気が20代にすでに出現するが、知能は正常である。ウェルナー症候群の原因遺伝子は現在までに突き止められており、***WRN*** **遺伝子**と命名された。この遺伝子は二本鎖DNAを巻き戻す**ヘリカーゼ**としての機能をもつタンパク質をコードすることが明らかとなっており、この遺伝子の変異によりDNA修復などの重要な機能が阻害され、老化が早まると考えられている。

老化は生物の発生過程の一部であるから病気には含まれないが、ウェルナー症候群のような事例は、遺伝子の異常により引き起こされるため病気の範疇（はんちゅう）に入る。遺伝子の異常が老化を早める場合があるのであれば、通常の老化にも遺伝子の作用が関わっていると考えるのは自然である。一方で、老化と深いつながりがある概念に**寿命**がある。寿命とは、個体の出生から死までの時間であり、自然な状態においてその生物が最も長く生きる時間を**最大寿命**という。ヒトの最大寿命はおよそ110年ほどである。理想的な状態は、この110年という長い時間をかけて老化し、やがて死を迎える状態であるということになる。興味深いことに、マウスやショウジョウバエ、線虫などの実験動物では、ある遺伝子に変異を起こすことで寿命が延びることが明らかとなっている。

私たち哺乳類の寿命に関係することが知られているものに *sirt1* 遺伝子（**サーチュイン遺伝子**）がある。この遺伝子がつくり出すタンパク質は酵素の一種で、**脱アセチル化酵素**の一つである。細胞が飢餓状態になると、補酵素の一つ NAD（**2-10-2** 項参照）レベルが上昇し、*sirt1* 遺伝子がヒストンを脱アセチル化し、遺伝子発現のパターンを変化させる（**3-9-2** 項参照）。この遺伝子発現の変化が飢餓状態を克服させ、寿命を維持させるのにつながると考えられている（**図 7･7**）。一方、**ショウジョウバエ**がもつ *Indy* 遺伝子（**インディ遺伝子**）は、その突然変異がショウジョウバエの寿命を約 2 倍に延ばすことが知られている。Indy とは “I am not dead yet” に由来する命名である。*Indy* 遺伝子がつくり出すタンパク質は、細胞膜に存在し、食物に由来する代謝産物を輸送する重要な役割を担っているため、この遺伝子の突然変異をもつショウジョウバエは、代謝エネルギーが減退し、その結果寿命が延びると考えられている。**カロリー制限**は、一般的に生物の寿命を延ばすことが知られているが、その理由はミトコンドリアにおける呼吸の際に副産物として生じる過酸化物が DNA を損傷する機会を減少させるからだと言われる。しかしながら、上記 *sirt1* 遺伝子のようなメカニズムも存在するため、寿命は、より複雑で入り組んだ遺伝子の相互作用により決まるのだと考えられる。また、*klotho* 遺伝子（**クロトー遺伝子**）は、その変異が動脈硬化、骨粗鬆症などを引き起こす遺伝子として知られており、**マウス**のほか、ヒトでも同定されている。

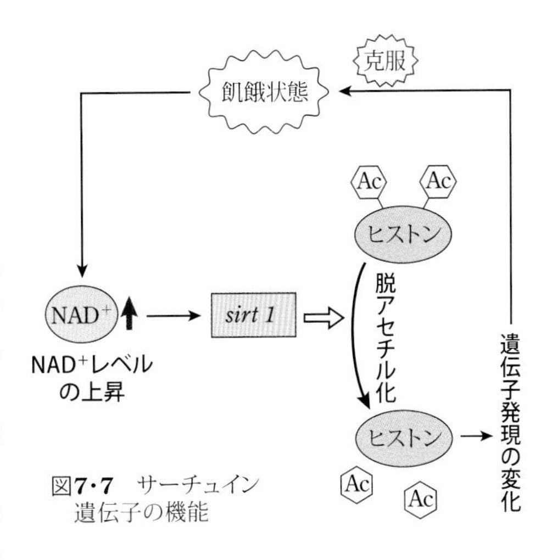


**図7･7**　サーチュイン遺伝子の機能

## 7-4　ヒトの病気

### 7-4-1　感染症

ヒトと病気は切っても切り離せない関係にある。生命科学が発展してきた背景には、すべての病気に打ち克つという人類最大の夢があり、目標があるからだろう。生物の基本単位である細胞の営み、遺伝子のはたらきを知ることで、病気がなぜ発生するのかを理解することができる。

ヒトの体には様々なバクテリアが共生している。大腸内に生息し、私たちの消化吸収の手助けをし、また逆に栄養をもらって生きる**腸内細菌**はその代表である。ヒトの腸内細菌は、1 グラムの腸内容物中に成人で $10^{11}$ ～ $10^{12}$ 個、すなわち 1000 億～ 1 兆個も生息していると言われており、糞便の体積の 1/3 ～ 1/2 を占める。また皮膚表面には、多くのバクテリアが常在細菌として存在し、有害なバクテリアが皮膚上で繁殖するのを防ぎ、私たちの免疫系の賦活化をもたらしている。このように、ヒトの一人一人は、多くの微生物が共存した一つの**生物群集**であるとも言える（**10-4-1** 項参照）。そうした中に、通常は私たちの生物群集の一員ではない、異なる微生物が入り込んでくると、それが原因で私たちの体が傷害を受け、病気を引き起こすことがある。こうした微生物が細胞や組織、個体に侵入して何らかの傷害を与えることを**感染**という。これら微生物が感染した生物に病気をもたらす性質あるいは能力のことを**病原性**といい、病原性をもつ微生物を**病原性微生物**という。

最も一般的な病原性微生物はバクテリア（細菌）であるが、他にもカビなどの**真菌**、マラリアなどの**原虫**、フィラリアなどの**蠕虫**も病原性微生物に含まれる。また、**ウイルス**は生物には含まれないが、私たちの細胞に感染して病気を引き起こすので、病原性をもった生命体であると言うことができる（**9-8** 節参照）。

これらの病原性微生物は、感染した個数が少なかったり、私たちの免疫系が正常に作用していれば体内で増殖するようなことはないが、一度に多くの微生物に感染したり、免疫系が弱くなっていたりすると、これが体内で増殖し、**感染症**を引き起こす。

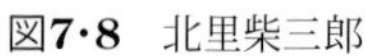

図**7·8**　北里柴三郎

図**7·9**　志賀 潔

多くのバクテリアは、感染後、増殖している場所や遠く離れた場所で細胞に何らかの傷害を与える毒素（**外毒素**）を分泌する。**コレラ**をもたらす**コレラ菌**（*Vibrio cholerae*）は、小腸の粘膜上で増殖し、強烈な下痢を引き起こすコレラ毒素を分泌する。コレラ毒素は二つのサブユニットからなるタンパク質で、これが**吸収上皮細胞**の細胞膜にある受容体と結合すると、細胞が応答し、吸収上皮細胞から腸管内へ $Na^{+}$ と水の大量分泌が起こる。これが大量の下痢と急激な脱水症状を引き起こす。**ジフテリア菌**（*Corynebacterium diphtheriae*）は、ジフテリア毒素遺伝子を保有するバクテリオファージ（**9-8** 節参照）が感染したもののみがジフテリア毒素を出し、咽頭の上皮細胞などに傷害を起こす。**ジフテリア**は、**北里柴三郎**（1853 ～ 1931；**図 7·8**）と**ベーリング**（E. A. von Behring, 1854 ～ 1917）による**血清療法**の開発により、予防が可能な病気となった。**志賀 潔**（1871 ～ 1957；**図 7·9**）によって発見された**赤痢菌**（*Shigella dysenteria*）は、非常に強力な病原性微生物で、わずか 10 個程度の赤痢菌が感染しただけで、**赤痢**を引き起こす場合がある。コレラ菌とは異なり、赤痢菌は小腸の一部である回腸ならびに大腸の吸収上皮細胞の内部にまで侵入し、その細胞質で増殖するので、感染された吸収上皮細胞はやがて死滅する。赤痢菌は、強力な外毒素である**志賀毒素**を分泌する。志賀毒素は、感染した細胞のリボソームのはたらきを抑え、タンパク質合成を阻害する（**3-6-3** 項参照）。

現在では、**黄色ブドウ球菌**（*Staphylococcus aureus*）による化膿性炎症、**化膿性連鎖球菌**（*Streptococcus pyogenes*）による産褥敗血症や猩紅熱、**B 型連鎖球菌**による髄膜炎、新生児肺炎、**百日咳菌**（*Bordetella pertussis*）による百日咳、**病原性大腸菌**による腸管病原性細菌感染症などがよく見られる。また、結核やペストなど、過去に大流行した病気はそれぞれ病原性バクテリアによってもたらされた感染症である。こうしたバクテリアの感染症の場合、現在では**抗生物質**の充実によって、そのほとんどは治癒する（**9-2** 節参照）。

細菌感染症とは異なり、**ウイルス**が原因となる病気には抗生物質は効力がない。抗生物質はバクテリアを殺せるが、それよりもはるかに小さく、その構造も異なるウイルスは殺せない。

かぜ（**普通感冒**）は、そのほとんどがウイルスの感染によるもので、**ライノウイルス**や**コロナウイルス**など、RNA をゲノムとしてもつ **RNA ウイルス**がその原因である（**9-8** 節参照）。ウイルスは構造が単純で、一部のウイルスは遺伝子に変異が入りやすいので、毎年のようにそのタイプが変化する。**インフルエンザ**を引き起こす**インフルエンザウイルス**がその典型である（**図 7·10**）。ウイルスによる病気は、ウイルス粒子表面の物質（タンパク質）を抗原とする抗体を体に産生させることである程度防ぐことができる。イギリスの**ジェンナー**（E. Jenner, 1749 ～ 1823）によって始められた**ワクチ**

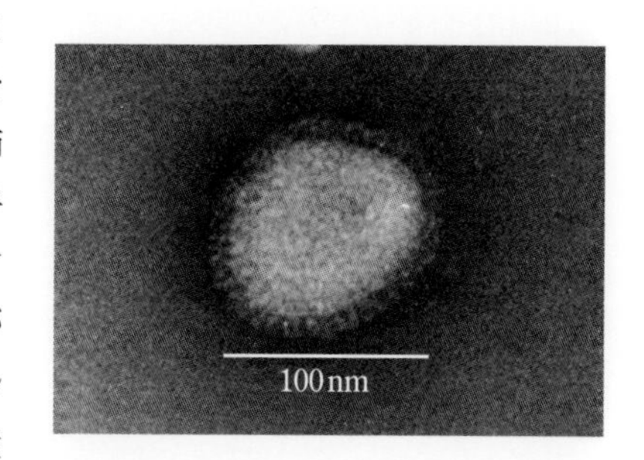


図**7·10**　インフルエンザウイルスの電子顕微鏡写真（画像提供：北海道立衛生研究所）

ンは、**天然痘**の予防法として広く普及し、これによって天然痘の原因である**天然痘ウイルス**（**痘瘡ウイルス**）は世界から根絶された。ワクチンは、無毒化したウイルスの断片をあらかじめ体に注射し、抗体を大量につくらせておくものである。ワクチンは、一般的なインフルエンザウイルスに対してもある程度効果がある。しかし、インフルエンザウイルスには、もともとウイルス粒子表面の2種類のタンパク質（ヘマグルチニンとノイラミニダーゼ）に複数のタイプがあり、その組合せで多様な抗原性をもったウイルスが存在しており、さらにRNAウイルスの特徴である突然変異の入りやすさも相まって、ワクチン製造とインフルエンザウイルスの変異との間で“いたちごっこ”が続いている。このほかにも、流行性下痢症を引き起こす**ノロウイルス**（ノーウォークウイルス）、流行性耳下腺炎（**おたふくかぜ**）を引き起こす**ムンプスウイルス**、**帯状疱疹**をもたらす**水痘 - 帯状疱疹ウイルス**、伝染性単核球症（キス病）をもたらす**エプスタイン・バーウイルス**（**EBウイルス**）など、多くのウイルスが感染症をもたらしている。また、21世紀に入ってから時々大きな流行を起こしているRNAウイルスに**コロナウイルス**がある。コロナウイルスは、普通感冒の原因ウイルスとしても知られているが、一部のコロナウイルスはこれまで何度かパンデミックを引き起こしてきた。特に2000年代初頭の**SARS（重症呼吸器症候群）コロナウイルス**、2010年代初頭の**MERS（中東呼吸器症候群）コロナウイルス**、そして2019年から2021年にかけて、人類史上最大規模のパンデミック（COVID-19）を引き起こしている**新型コロナウイルス**（**SARS-CoV-2**）がある。

バクテリアやウイルスだけでなく、真核単細胞生物である原生生物が感染することで起こる病気もある。**マラリア**は、**マラリア原虫**（*Plasmodium falciparum*）が赤血球内に感染し、その機能を阻害して貧血を引き起こす病気であり、感染した宿主は死に至る場合が多い（**図7・11**）。マラリア原虫は、**ハマダラカ**という蚊の一種を**媒介者**とし、その唾液腺中で有性生殖を行って**スポロゾイト**と呼ばれる細胞をつくる。この蚊がヒトの皮膚にとりつき血を吸う際に、スポロゾイトがヒトの血液中に入り、肝臓で増殖して**メロゾイト**と呼ばれる細胞となる。メロゾイトは赤血球内に入り込み、そこで再び増殖するとともに、次々に他の赤血球に入り込んでさらに増殖する。この増殖過程でメロゾイトは生殖母体と呼ばれる状態となり、他の蚊に吸われて生活環を繰り返す。**トリパノソーマ**

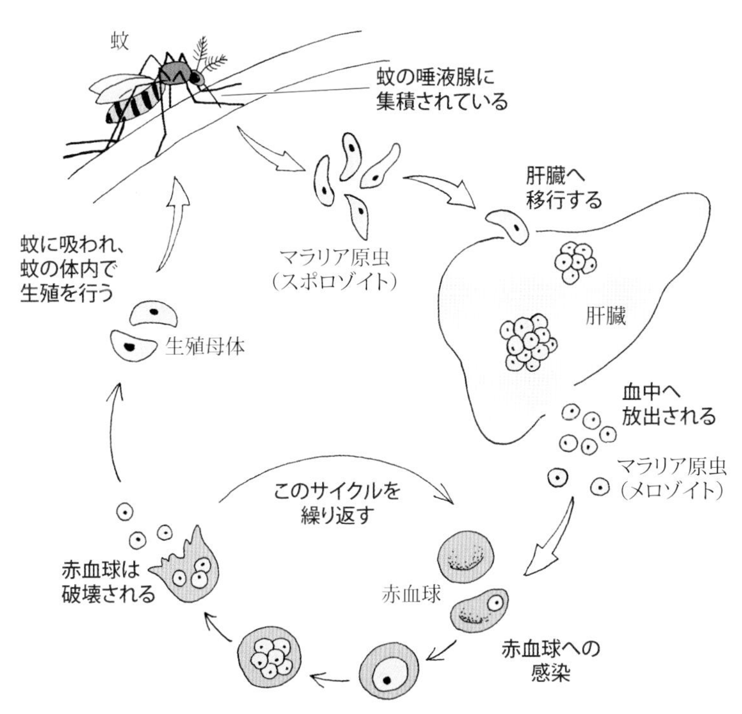


図**7・11**　マラリアの感染・発症機序

**症**は、マラリアと同じく熱帯地方に多く見られる感染症で「眠り病」とも呼ばれ、ツェツェバエを媒介者とする原生生物**トリパノソーマ**の一種（*Trypanosoma brucei*）が感染することにより引き起こされる。トリパノソーマが中枢神経系に入り込むことにより、全身の倦怠（けんたい）感や睡眠を引き起こす。このほかにも、**赤痢アメーバ**（*Entamoeba histolytica*）が感染することによる**アメーバ赤痢**などがある。

バクテリアや原生生物による感染症に対しては、各種の**抗生物質**などの治療薬が、その撲滅に効果を挙げている。イギリスの**フレミング**（A. Fleming, 1881 ～ 1955）によりアオカビから発見された**ペニシリン**は細菌感染症に対する治療薬となり、**大村 智**（おおむら さとし）（1935 ～；**図 7・12**）により発見されたイベルメクチンは寄生虫感染症に対する有効な治療薬となってきた。

**図7・12**　大村 智

### 7-4-2　生活習慣病

私たちが毎日摂取する栄養も、時には病気の原因となる。とりわけ、栄養のバランスを著しく欠く食事を長く続けることで、私たちの体には様々な異常が発生する。

**壊血病**は、大航海時代に船員たちが多く罹患（りかん）した病気として知られ、現在では**ビタミンC欠乏症**と呼ばれる。**ビタミンC**は還元力が強いため、生体内で起こる様々な酸化還元反応に関与している重要なビタミンである（**2-5**節参照）。私たちの体を支える結合組織（**4-4-3**項参照）の主成分であるタンパク質**コラーゲン**の合成には、ビタミンCが不可欠である。コラーゲンの構成アミノ酸のうち重要なものの一つである**ヒドロキシプロリン**がプロリンから合成される際にビタミンCが必要だからである。コラーゲンは、血管壁の構成成分であり、また骨格や血管の強化、細胞と細胞の間をしっかり固めるなど、私たちの体を維持する重要なはたらきがある。したがって、これが不足すると倦怠感とともに血管壁がもろくなり、出血が起こる。

**脚気**（かっけ）も、ビタミンC欠乏症と同様、現在では通常の食生活をしていればほとんど罹患することがない病気だが、栄養不足になりがちな時代には深刻な病気であった。ビタミンBには数種類のものがあり、まとめてビタミンB群と言われる。このうち**ビタミン$B_1$**は、グルコースを分解してエネルギーを取り出す過程で重要な役割を担っている。ビタミン$B_1$が不足すると、糖の代謝異常によって血中や筋肉などに乳酸やピルビン酸（**2-10-2**項参照）が蓄積し、神経機能や消化機能が衰え、多発性神経炎（脚気、**ビタミン$B_1$欠乏症**）が起こる。現在ビタミン$B_1$と呼ばれている物質を世界で初めて発見したのは、我が国を代表する農芸化学者**鈴木梅太郎**（すずき うめたろう）（1874 ～ 1943）である（**図 7・13**）。鈴木は、脚気はこの物質が不足することが原因であることをつきとめ、米糠（ぬか）から単離して**オリザニン**と命名した。

**図7・13**　鈴木梅太郎

現代の食物事情と病気とを結びつける場合、**生活習慣病**を挙げないわけにはいかない。現代日本人の三大死因のうち、脳血管障害と心臓疾患は、ともに現代日本人の食生活がその根本的な原因であると考えられている。

生活習慣病は、以前は**成人病**と呼ばれていたものである。成人病は、**高血圧**、**脂質異常症**（高脂血症）、**糖尿病**といった、おとな、とりわけ中年以上の人に多く発症する病気の総称であった。しかし、その人の生活の仕方、習慣などが根本的な原因となって発症すること、また近年では若年層、ときには少年期においてさえ見られることから、生活習慣病と呼ばれるようになった。

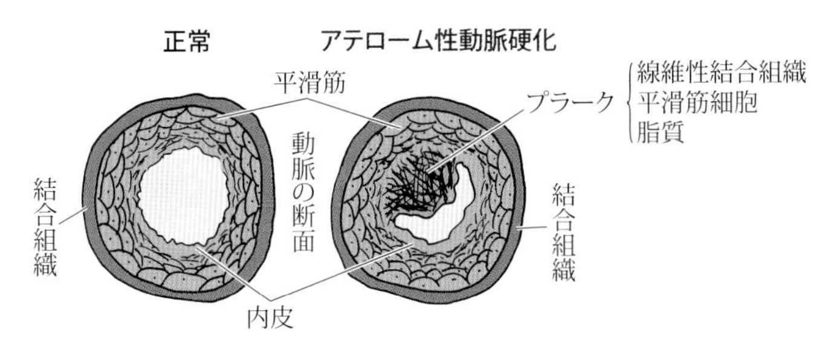


図7･14 アテローム性動脈硬化

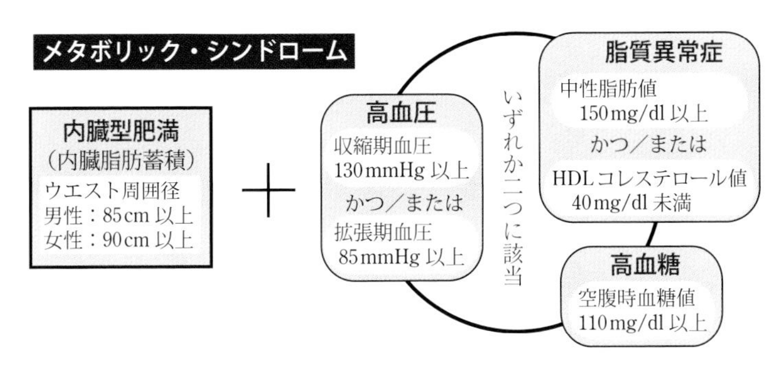


図 7･15 メタボリック・シンドロームの定義

生活習慣病を語る上で欠かせないのは、動脈硬化と呼ばれる状態である。**動脈硬化**は、動脈壁が何らかの原因によって厚くなり、その結果血管の弾力性の低下と動脈の血管内腔の狭小化をきたした状態を指す。この状態がさらに進み、動脈内腔の狭窄(きょうさく)や閉塞(へいそく)にまで発展し、**心筋梗塞**(こうそく)、**脳梗塞**などの発症リスクが高まった状態を**動脈硬化症**という。動脈硬化は、加齢、肥満、脂質異常症、糖尿病、高血圧などが原因となって生じる。このうち加齢に伴う動脈硬化は、酸化 **LDL コレステロール**が動脈の壁に沈着し、粥(かゆ)のようにどろどろしたアテロームが形成されてできる**アテローム性動脈硬化症**が非常に多い（図 7･14）。

近年では**肥満**と、高血圧や脂質異常症などを同時に発症している状態を**メタボリック・シンドローム**（**メタボリック症候群**）といい、とりわけ日本など先進諸国における社会問題になっている。ただし、メタボリック・シンドロームの基準となる肥満は**内臓型肥満**（内臓脂肪蓄積）であり、**皮下脂肪型肥満**とは区別される（図 7･15）。

動脈硬化を中心としたこれらの病態を総合的に発症する最大の要因は、その名の通り生活習慣にあり、とりわけ食生活と運動不足にあるとされる。食事の欧米化に伴う脂肪分を多く含んだ食事を摂取し、炭水化物を過多に摂って摂取カロリーが過剰になると、体に脂肪が蓄積する。脂肪が必要以上に多いと、血液中の中性脂肪やコレステロールが増え、**脂質異常症**を誘発する。かつては栄養不足による疾病(しっぺい)が目立っていたが、近年では栄養過多による疾病が目立ってきていると言える。

生活習慣病とは言え、その原因は生活習慣だけに求められるものではなく、近年では多くの生活習慣病で遺伝的素因が存在することが明らかとなってきている。

### 7-4-3 遺伝病

遺伝子異常により引き起こされる病気を、総称して**遺伝病**という。遺伝病には、たった一つの遺伝子異常が関係している**単一遺伝病**のほかに、複数の遺伝子異常が関係しているもの、また**染色体異常**が関係しているものがある。狭義の遺伝病は、親から子へと引き継がれる遺伝性の先天性疾患を指すが、広義の遺伝病は、上述した生活習慣病やがん（**7-4-4** 項参照）など、遺伝的要因により

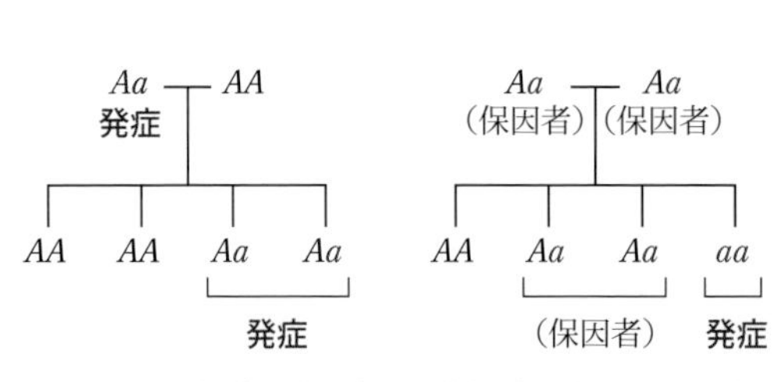


図7·16　優性遺伝病（左）と劣性遺伝病（右）の違い
*A*：正常遺伝子、*a*：異常遺伝子とした場合。

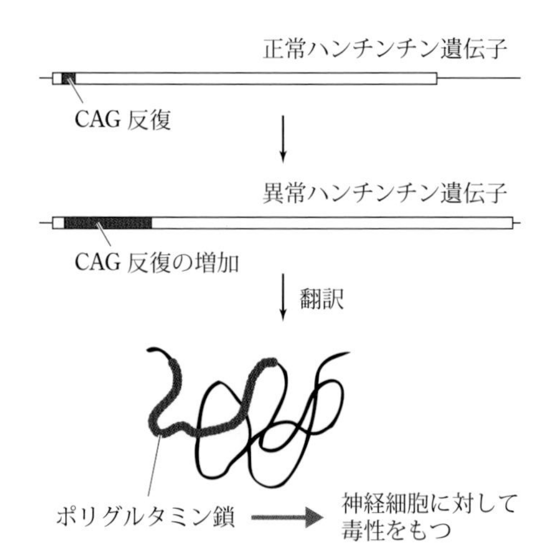


図 7·17　ハンチントン病の発症機序

引き起こされる病気の全体を指す。

遺伝子異常の遺伝子座がどの染色体にあるかによって**常染色体性**と**伴性**に大きく分けられる。伴性とは、遺伝子異常の遺伝子座が性染色体（**4-2-1** 項参照）に存在する場合である。さらに、その遺伝様式によって**優性**、**劣性**、共優性、半優性などに分類される（**図 7·16**）。両親から受け継いだ二つの相同な遺伝子のうち、一つに変異が入っただけで発症する場合が優性遺伝病であり、二つとも変異しなければ発症しないのが劣性遺伝病である。**血友病**は、その原因遺伝子が X 染色体に存在するため、この染色体を受け継いだ男性は必ず発症する（オスには X 染色体が 1 本しかないため）**伴性劣性遺伝**病である。血友病には A、B の二つのタイプがあり、血友病 A の原因遺伝子は、血液凝固にかかわる**血液凝固因子の第 VIII 因子**というタンパク質を、血友病 B の原因遺伝子は、同じく**第 IX 因子**というタンパク質を、それぞれコードする遺伝子であるため、これらの遺伝子が変異を起こしている血友病の患者は、血液凝固反応が正常にはたらかない。

神経細胞の異常によって引き起こされる様々な**神経疾患**の中には、遺伝子異常が関与しているものもある。**ハンチントン病**は、意思に反して手足や顔面が不規則に動いてしまう難病で、認知症や幻覚などの精神症状、人格障害なども発症する神経疾患である。ハンチントン病に代表される神経疾患では、ある遺伝子の CAG という 3 塩基配列が異常な反復を起こすことにより異常なタンパク質が神経細胞内に生じ、その結果神経細胞に異常をきたすと考えられている。CAG という 3 塩基は、アミノ酸の一つグルタミンをコードするコドンでもあるため、生じた異常タンパク質にはグルタミンの異常な繰り返しが認められる。こうした疾患を**ポリグルタミン病**という（**図 7·17**）。ハンチントン病の原因遺伝子はすでに同定されており、第 4 番染色体上にあるハンチンチン（Huntingtin）遺伝子である。原因遺伝子が常染色体上にあり、遺伝様式は**常染色体性優性遺伝**である。また、CAG 以外の繰り返し配列の異常も知られており、総称して**トリプレット・リピート病**という。

染色体異常は、常染色体異常と性染色体異常に大別される。いずれも、本来 2 本あるべき染色体が 3 本存在したり、本来 1 本しかない Y 染色体が 2 本あったりといった、染色体の数に関する異常が主である。とりわけよく見られる染色体異常が**トリソミー**と言われるもので、1 個の細胞に 2 本しかないはずの常染色体が何らかの原因によって 3 本ある異常である。13 番染色体、18 番染色体、21 番染色体に関するトリソミーがよく知られており、21 番染色体が 3 本存在する遺伝子異常は**ダウン症候群（21 トリソミー）**として知られている。また、本来両親のそれぞれから 1 本ずつ受け継がれるべき染色体が、一方の親のみから 2 本受け継がれる**片親性ダイソミー**と呼ばれる異常も知られている。

このほかにも、染色体の一部が欠損するなどの異常が見られることもある。

### 7-4-4 が ん

**がん**（**癌**）は、遺伝子異常による病気の中でも最も身近な病気である。現在の日本人の死因の第一位を占め、およそ30％の人ががんで亡くなっていると言われる。がんは、**体細胞**に生じた遺伝子異常（**突然変異**）が原因で発症する病気である。

がんは、古代ギリシャあるいはそれ以前の時代からすでに知られていたが、その原因については20世紀になるまで解明されず、がんの原因に関する諸説が珍説を含めて多く発表されてきた。ガレノス（**1-5-1** 項参照）は著書『腫瘍論』においてがんに関する考察を行ったが、彼の基本は体液説であり、がんは大量にできた黒胆汁が体内に鬱積することで生じるというものであった。19世紀に至るまで、あるいは20世紀に入ってもなお、様々な球菌ががんを形成するという説、胞子虫というある種の原生生物が寄生することでがんが起こるという説などが発表されていた。がん（cancer）の語源は、恐ろしい苦痛をその餌食に与え、これをむさぼり食う悪魔のカニ、シャンクル（ラテン語でcancer）である。こうした恐ろしい怪物のイメージは、細胞説の確立、**フィルヒョー**による細胞病理学の発展（**1-5-2** 項参照）、**山極勝三郎**（1863 ～ 1930；**図7・18**）らによる化学発がん実験の成功（後述）、**ラウス**（F. P. Rous, 1879 ～ 1970）によるウイルス発がんの発見（後述）などの知見により徐々に消滅し、やがて内なる細胞の反乱というイメージへと移り変わっていった。ちなみに、日本語の「癌」の語源は「岩」であると言われている。乳癌で触れることができるしこりが、岩のように硬かったことに由来すると言われる。

**図7・18** 山極勝三郎

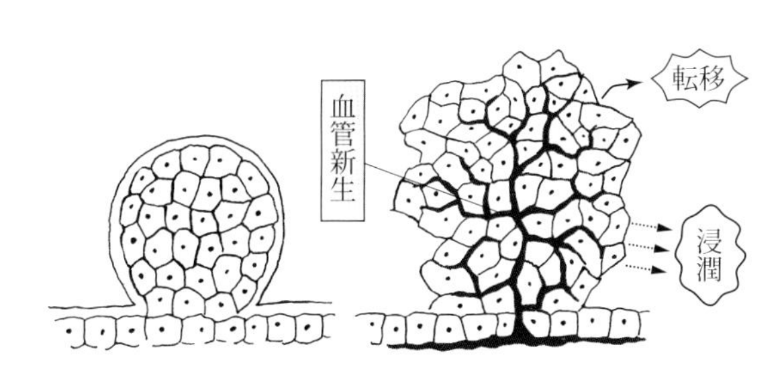


**図7・19** 良性腫瘍（左）と悪性腫瘍（右）

**腫瘍**とは、細胞の一部が異常に増殖を繰り返し、大きな塊を形成したものをいう。がんは腫瘍の一種であり、遺伝子変異が原因で発症する。しかしながら、すべての遺伝子異常ががん化に結びつくわけではない。その異常ががんに結びつくものと、そうでないものがある。腫瘍には**良性腫瘍**と**悪性腫瘍**があり、ポリープや脂肪腫のような良性腫瘍はいわゆる「がん」ではない（**図7・19**）。良性腫瘍の細胞の増殖は遅く、また周囲の組織に**浸潤**したり、遠くの臓器に**転移**したりすることはないので、簡単に取り除くことができ、そのために命を落とすことはない。

これに対し、細胞の増殖が速く、周囲の組織に浸潤し、また遠くへ転移したりする腫瘍は悪性腫瘍であり、「がん」とはこの悪性腫瘍のことを指す。

がんは、それがどのような細胞に由来するかにより、**癌腫**と**肉腫**に大別される。癌腫は、一般的に「○○癌（がん）」と呼ばれる病気で、皮膚、粘膜、臓器の表面の上皮組織から発生する。肺癌、大腸癌、胃癌、食道癌、膵臓癌などが含まれる。一方、肉腫は、上皮組織以外の細胞に由来するがんであり、骨肉腫、胃肉腫、リンパ腫、白血病などが含まれる。

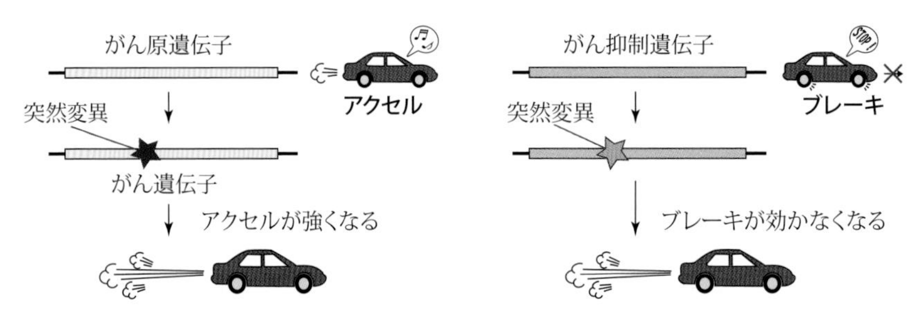


図7・20　がん遺伝子とがん抑制遺伝子

正常な細胞が**がん細胞**に変化する過程を細胞の**がん化**という。がん化は、単独または複数のある特定の遺伝子に生じた**突然変異**が主な原因であるが、そうした突然変異がなぜ起こるのかについては諸説ある。生物は環境との相互作用なしには生きることができない。そのため生物は、環境中に存在する様々な有害物質に常に晒(さら)されている。そのなかで、DNAに何らかの有害な作用を引き起こすものががん化の原因とされ、**紫外線**、タバコの煙や食物中に含まれる**発がん性物質**、**放射線**、そして体内でつくられる**活性酸素**などが、正常細胞のDNAに傷をつけることが主な原因と考えられている。このほかにも遺伝的な要因により、遺伝子に傷がつきやすい、あるいはその傷が残りやすいことも、原因となることがある。DNAの"傷"にも様々なものがあり、塩基同士の異常な結合、発がん物質の直接的なDNAへの結合、塩基の脱落などがある。突然変異によりがん化を促進するようになった遺伝子を**がん遺伝子**といい、***v-ras*** **遺伝子**、***v-myc*** **遺伝子**、***v-src*** **遺伝子**など、多くのものが知られている。突然変異によりがん遺伝子となる前の正常な状態を**がん原遺伝子**といい、*c-ras*、*c-myc*、*c-src*などと表記される。*ras*遺伝子がつくる**Rasタンパク質**はGタンパク質の一種として細胞内情報伝達に関わり（**3-9-1**項参照）、*myc*遺伝子がつくる**Mycタンパク質**は転写因子としてはたらく（**3-9-2**項参照）。一方、突然変異で機能を失うなどによりがん化が促進されるような遺伝子を**がん抑制遺伝子**といい、***p53*** **遺伝子**、***Rb*** **遺伝子**、*APC*遺伝子など、多くのものが知られている。*p53*遺伝子がつくる**p53タンパク質**は転写因子の一つで、「ゲノムの守護神」とも呼ばれ、がん細胞を**アポトーシス**に向かわせるなどの重要なはたらきがある（本章コラム参照）。*Rb*遺伝子がつくる**Rbタンパク質**は**細胞周期**を制御するタンパク質であり、CDKによりリン酸化されることにより細胞周期を調節する一角を担っている（**2-3-2**項参照）。がん遺伝子はがん化のアクセル、がん抑制遺伝子はがん化のブレーキとしてはたらくとも言える（**図7・20**）。

1911年、アメリカの**ラウス**（F. P. Rous, 1879～1970；**図7・21**）は、鳥に肉腫を引き起こす原因がウイルスであることを突き止めた。現在、**ラウス肉腫ウイルス**と呼ばれるウイルスがそれである。ラウス肉腫ウイルスが鳥の細胞に感染すると、その保有するがん遺伝子*v-src*のはたらきによって感染した細胞ががん化する。*v-src*遺伝子は、もともと正常細胞に存在するがん原遺伝子*c-src*の変異型である。その遺伝子産物**Srcタンパク質**はチロシンキナーゼとしてはたらき、細胞内情報伝達に重要なはたらきをもつが（**3-9-1**項参照）、その変異型である*v-src*遺伝子産物は、外からの細胞増殖刺激がないにもかかわらず核へと細胞増殖シグナルを伝えてしまうため、細胞は無制限の増殖を始めるようになる（**図7・22**）。

図7・21　ラウス

このほかにも、ウイルスが原因で様々な動物にがんが生じることがわかっている。人間のがんで、ウイルスが原因で発生するものは少ないが、EBウイルス（**7-4-1**項参照）によるバーキットリンパ腫や、**ヒトパピローマウイルス**による子宮頸部(けいぶ)癌などが知られている。

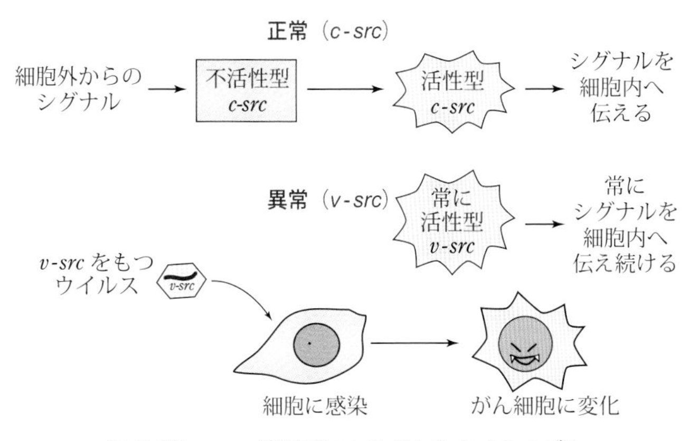


図 **7·22**　*v-src* 遺伝子によるがん化のメカニズム

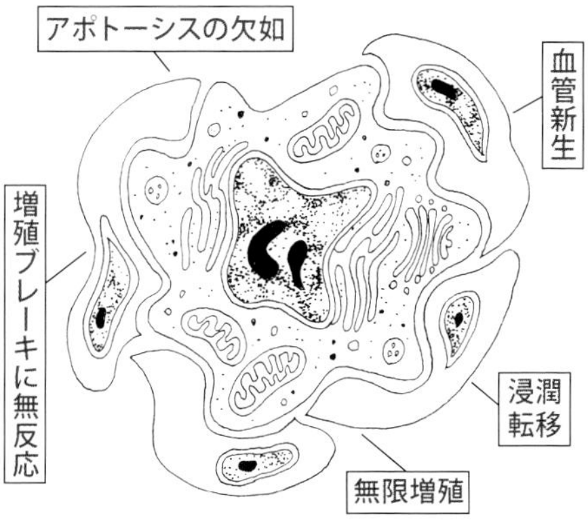

アポトーシスの欠如
血管新生
増殖ブレーキに無反応
浸潤転移
無限増殖

図**7·23**　がんの生物学的特徴

がんの原因としては、化学物質による **DNA 損傷**がよく知られている（**3-8-1** 項参照）。1915 年、**山極勝三郎**と**市川厚一**（いちかわこういち）（1888 ～ 1948）は、**ウサギ**の耳にコールタールを塗布し続ける実験により、世界で初めて人工的にがんをつくることに成功した。その後、化学物質が発がんにおいて**イニシエーター**、**プロモーター**としてはたらくことが徐々に理解されていった。

がんには正常組織にはない様々な生物学的特徴が存在することが知られている（**図 7·23**）。まず一つは、増殖シグナルが外部から伝えられなくても勝手に増殖することと、それによりもたらされる**無限増殖**の可能性である。第二に、増殖にブレーキをもたらすようなシグナルに対して無反応になっている。第三に、正常組織でしばしば見られる細胞の自殺、**アポトーシス**（本章コラム参照）を起こさなくなっている。第四に、**血管新生**を誘導して独自の血管をつくり出し、栄養補給を勝手に行って成長する。そして第五に、原発巣を飛び出して周囲の組織に浸潤し、血流などに乗って遠くの臓器に転移する。

こうした特徴を、一つの遺伝子異常だけで手に入れることは難しい。ほとんどのがんは、一つだけではなく、複数の遺伝子異常が関与し、これらの特徴を有するようになっていると考えられており、さらに染色体レベルの突然変異（**8-4-1** 項参照）や、最近では **miRNA**（**3-5** 節参照）発現異常、エピジェネティックな制御異常（**3-9-2** 項参照）などによっても発がんが引き起こされる場合も明らかになっている。

また、がん細胞が、免疫系から逃れるための戦略を編み出していることも明らかとなっている。**本庶 佑**（ほんじょ たすく）（1942 ～；**図 7·24**）は、リンパ球の一種 T 細胞の機能が抑制される際、T 細胞表面に PD-1 と呼ばれるタンパク質が発現し、多くのがん細胞がこの PD-1 と結合するタンパク質を細胞表面に発現して、T 細胞の機能を抑制していることを見出した。

図**7·24**　本庶 佑

## 死の生物学的意味

私たちに**死**が存在する理由を、生物学的に考えてみる。生物学の諸分野の多くは、生きている生物の体を対象として研究を行う学問である。しかし、死は必ずしも忌(い)むべきものとは限らない。死んだ生物の体を扱う学問もあるが、これは通常、解剖学や動物学など、その生物の体の構造や進化に関する研究を行う場合である。生体には、**プログラム細胞死**という現象がある。これは、ある段階であらかじめそれが起こるように予定されている細胞の死に方であり、そうした細胞が死ぬことによって、個体にとってはよい影響がもたらされる。このような、**壊死**とは異なる細胞死の形態学的特徴を示す言葉が**アポトーシス**である（**図 7･25**）。

アポトーシスは、1972 年にイギリスの**ケール**（J. F. R. Kerr）によって提唱された細胞の「死に方」である。まずはじめに核内のクロマチン凝縮（**3-3** 節参照）が始まり、やがて細胞全体が萎縮し、断片化する。こうした現象は、**自殺遺伝子**とも呼ばれるアポトーシス誘導遺伝子の作用によって起こる。そもそも、**落葉樹**が秋から冬にかけて葉を落とすのは、葉の根元の細胞を死なせ、葉を落とし、冬の乾燥から身を守るためであると考えられている。これがアポトーシス（離れて、落ちる）の語源となった。

一方、私たち多細胞生物個体そのものが死を迎える生物学的意味を考えると、まず地球という有限の環境収容力（**10-4-2** 項参照）をもつ場所で、生殖により子孫を残すにもかかわらず個体が死を迎えないのは不自然であることは自明の理である。多細胞化して巨大化した生物は、**生殖細胞**を中心に考えて、それを守り、次世代形成の責を果たした**体細胞**を死なせることで生存し続けることを選択したのである。生を全うするための「有益な死」という概念は、細胞レベルで生物というものを捉えることで、初めて理解できるものである。

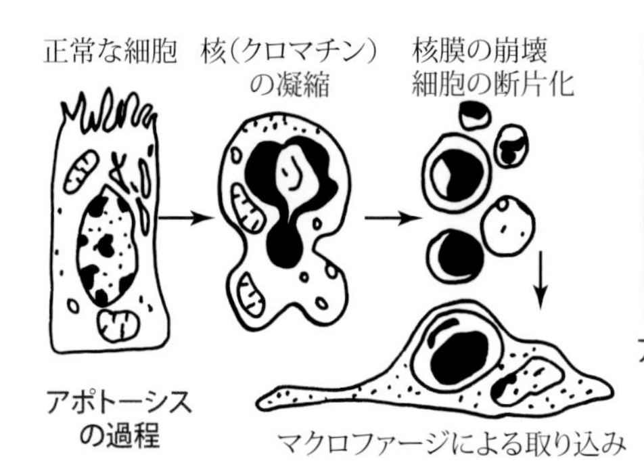


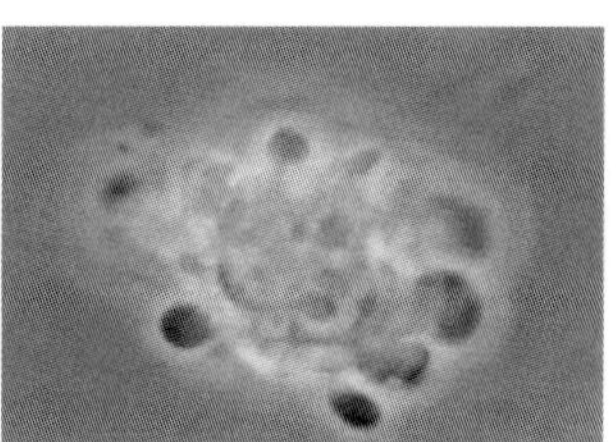


**図7･25**　アポトーシス（画像および資料提供：大阪大学 長田重一）

# 8 進化の歴史としくみ

生物の共通性の一つとして、すべての生物が、ある共通祖先から進化してきたことが挙げられる。現在の様相しか直接目にすることができない私たちにとって、過去の産物とも言える進化のしくみを研究するのはことのほか難しい。一昔前には、すべての生物は神をはじめとする何らかの創造主が作り出したという考えが広く信じられていた。しかし、ダーウィン以降、様々な科学的知見が蓄積し、化石やDNAに関する多くの状況証拠が、生物の進化をほぼ間違いないものとしているのは紛れもない事実だろう。

生物はどう進化し、そして私たちヒトはどうヒトになったのか。**ドブジャンスキー**（T. Dobzhansky, 1900 ～ 1975）が「生物学のすべての事象は進化の光に照らしてみなければ意味がない（Nothing in biology makes sense except in the light of evolution）」と述べたごとく、進化を知らずして、生物学を知ることはできない。

本章では、生物進化の道筋を概観しながら、そのしくみについて扱う。



## 8-1　進化と種

生物集団のもつ**遺伝的性質**（あるいは**形質**）が、時間を経るに従って変化していくことを**進化**という。

生物が進化することが明らかになったきっかけは様々だが、そのうち最も大きなものの一つが、現在の地球上に存在する様々な地層の中に残された、生物の**化石**の研究である。

生物の進化を考える上で、地球の歴史を数千万年から数億年の単位で複数に区切った概念がよく用いられる。これを**地質年代**（地質時代）といい、地球誕生後、最古の岩石あるいは地層が形成されてから現在までの期間のことを指す。大きな区切りの順に**代**、**紀**、**世**、**期**があり、現代は新生代第四紀完新世にあたる（**図8･1**）。最もよく知られる区切りは「紀」であろう。生物の化石が多く現れるようになるのは、今からおよそ5億4000万年前以降の地層であり、その最も古い時代を**カンブリア紀**という。それ以前の化石があまり出現しない時代が**先カンブリア紀**である。地球上の多細胞生物は、先カンブリア紀に現れ、徐々に形質を変えながら多様化し、現在に至ると考えられている。

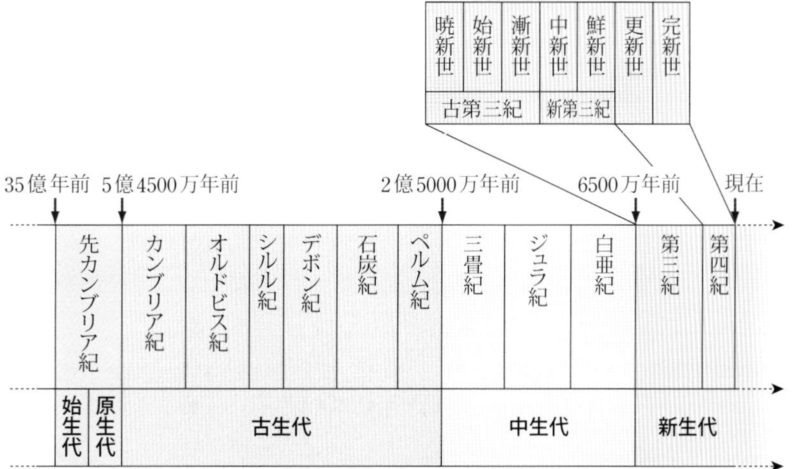


図8･1　地質年代

こうした地層に含まれる化石の中には、連続した地層から同じ系統の生物と思われる骨の化石が得られることがあり、その形を比較することで、その生物の進化がどのように起こったかを推測することが可能となる。たとえば、北アメリカに存在する新生代の地層には、初期から連続して形成されたものがあり、そこから発見されたウマの化石を年代を追って調べると、およそ 6000 万年前から現在に至る**ウマ**（*Equus caballus*）の足の進化の過程を推測することができる。5800 万年前のウマの祖先ヒラコテリウムの足の指の骨は明確に 4 本に分かれているが、現在に近づくに連れて 1 本を除く他の指が退化し、中指だけが発達して蹄となったことがうかがえる。このように化石をもとにした生物進化の道筋の研究が、古来の**進化学**において中心的な役割を果たしてきた。しかし現在では、分子生物学の発展と、遺伝子技術の発達に伴い（**1-5-7** 項参照）、DNA の塩基配列を解析し、その変化を基準にして生物進化の研究を行う**分子進化学**が、その中心になりつつある。

生物の進化とは、ある生物の 1 個体にのみ生じるものではなく、ある生物の個体が多数集まった生物集団のもつ遺伝的性質が時間を経るに従って変化することである。したがって、生物の進化を知るためには、そうした生物集団を一つのまとまりととらえ、そのまとまりの進化のありようを知ることが必要となる。このまとまりの一つが**種**である。種は、生物の進化のみならず、**生物分類学**において、生物の**分類**の基準となる最小単位であるが（**9-1** 節参照）、進化とは何かを考える上で、種とは何かを知ることは最も大切なことである。

ただ、種の定義は現在においても様々であり、何をもって種とみなすかについては現在も議論が続いている（**図 8･2**）。現在最も用いられている種の定義（種概念）は、**マイア**（E. Myer, 1904 ～ 2005）が提唱した**生物学的種概念**である。生物学的種概念においては、一般的にはお互いに交配を行い、子孫を残すことができ、共通した形質をもつ集団を種と定義する。たとえば、**ロバ**（*Equus asinus*）とウマは交配によって子を生むことができるが、その子は不妊であり生殖能力がないため、子孫を残すことはできない。したがって、生物学的種概念に則れば、ロバとウマは**別種**であるとみなされる。しかしながら、生物学的種概念のみに則って種を定義することは、この概念が交配を行わずに子孫を残す無性生殖生物には当てはまらないことから無理がある。そのため**形態学的種概念**、**生態学的種概念**、**系統学的種概念**などの他の種概念と併せて考えることが重要である。

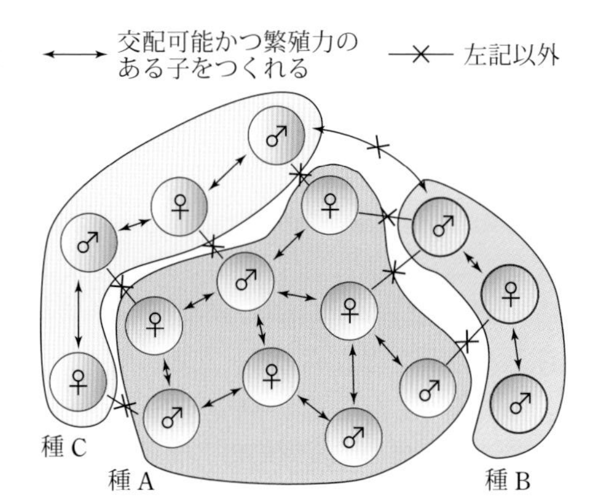

**図 8･2**　生物学的種概念

生物の進化は、そのレベルに応じて二つのものに分けられるが、その際に重要となる基準がこの種である。新たな種ができるほど大きなものではない形質（**3-1** 節参照）の小さな変化のように、種の中で変化が生じるような進化を**小進化**という。一例を挙げれば、ある種の熱帯魚において、異なる集団に由来する色の鮮やかさや尾鰭の長さなどが異なる 2 個体は、一見すると別種のように見えるが、実際には同じ種であるという場合、この種では小進化が起こったと見なすことができる。これに対して、ある種から新たな種が生じる**種分化**が起こったり、無脊椎動物から脊椎動物が進化したりといった、大きな変化が生じる進化を**大進化**という。通常、生物の進化としてイメージされるのは大進化の方である。

生物進化のメカニズムについては後述するとして、まずは地球上の生物がどのように進化してきたか、生命の起源にまで遡って、徐々に時代を現代へと近づけながら概観する。

## ◆ 8-2　生命の起源 ◆◆◆◆◆

生物はどうやってこの地球上に誕生したのだろうか。地球が、太陽系と共にこの宇宙に誕生したのは、今からおよそ45億年前のことである。少なくともそれから7億年経過した、今からおよそ38億年ほど前になって、地球上に最初の生物が生まれたと考えられている。

生物の最小単位は細胞であることから（**1-1**節参照）、生命の起源に関する問いは、細胞がどう誕生したのかという問いに答えることで解決されると思われる。

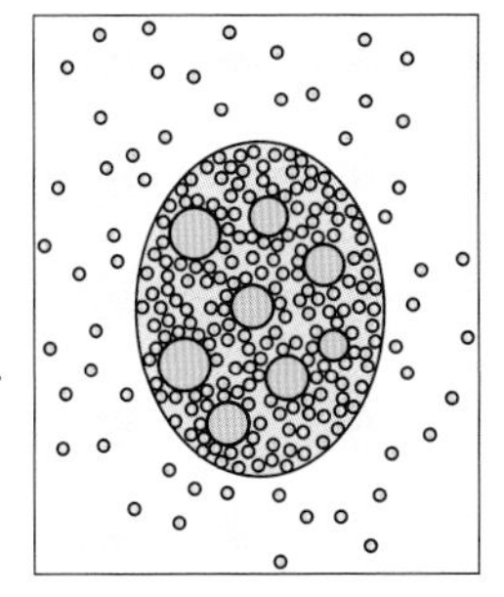

図**8·3**　オパーリンとコアセルベート

旧ソ連の**オパーリン**（A. I. Oparin, 1894 ～ 1980；**図8·3**）は、原始地球で次のような化学変化が起こったと仮定した。まず、大気中のメタン、アンモニア、水蒸気などが反応して簡単な有機物がつくられ、ついでタンパク質や核酸など現在の生命活動の中心となる生体高分子（**2-5**節参照）がつくられて海の中に蓄積され、やがて原始細胞が誕生したと考えた。オパーリンは、この原始細胞が、原始の海の中で、タンパク質をはじめとする有機成分が集まって、水層から明確に分離される集合体、**コアセルベート**を形成し、これがやがて原始細胞へと進化したと考えた。コアセルベートは、現在でも実験室において実験的につくり出すことができる。

また、アメリカの**ミラー**（S. L. Miller, 1930 ～ 2007）は1953年、フラスコの中にメタン、アンモニア、水、そして水素を封入した実験装置を作成し、1週間にわたって放電実験を行ったところ、グリシンやアラニンといったごく簡単な構造をした**アミノ酸**（**2-8-2**項参照）などの有機化合物が生成することを発見した（**図8·4**）。生命を構成するきわめて重要な分子であるアミノ酸が自然条件の下で合成されることを示したこの実験は、その後の生命の起源をめぐる化学進化の研究を促す金字塔となった。現在では、原始地球を覆っていた大気は、二酸化炭素、一酸化炭素、窒素、水蒸気などであり、オパーリンやミラーの時代に考えられていた大気よりも酸化的であったと考えられているが、こうした大気中でもアミノ酸などの有機物は合成されると考えられている。このように、原始地球にあった無機物が、高熱や紫外線などの影響によって単純な有機物をつくり、さらにそれがタンパク質や核酸などの複雑な高分子有機物を生じて、最初の細胞が誕生したとするこの過程を、生物進化に対比させて**化学進化**と呼ぶ。現在の地球でも、深海底などに多く存在する**熱水噴出孔**（**2-12**節参照）周辺の環境は原始地球に比較的よく似ているとされ、化学進化の場であったのではないかと考えられている。

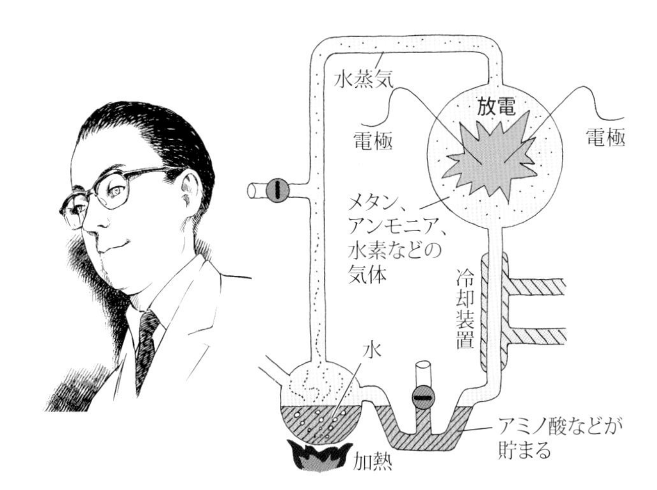


図**8·4**　ミラーとミラーの実験装置

一方で、アミノ酸などの有機物が、宇宙から隕石（いんせき）に乗って飛来したとする説（**パンスペルミア説**）もある。これは、地球が誕生してから最初の生命が現れるまでわずか7～8億年ほどしかなく、この短い期間に無機物の段階から細胞という複雑なものが進化するのは難しいと考える研究者も多いためである。たとえば、スウェーデンの化学者**アレニウス**（S. A. Arrhenius, 1859 ～ 1927）は、他の天体で生まれた生命の「胞子」が、光圧によって地球に飛来したと考え、1906年、パンスペルミア説（胚(はい)種散布説）を提唱した。**マーチソン隕石**に代表されるように、地球上に落下した隕石に有機物が存在していることは明らかになっており、アミノ酸や**核酸塩基**などの有機物が宇宙から飛来したと考えることもできる。隕石にはシアン化水素が含まれている場合もあり、1960年にアメリカの科学者が、シアン化水素の濃アンモニア溶液を加熱し、そこで核酸塩基の一つ**アデニン**（**3-2**節参照）が生成することを確認していることから、こうした核酸塩基も宇宙で生まれた可能性がある。

アミノ酸や核酸塩基などの低分子有機物から、**タンパク質**や**DNA**などの生体高分子がどう生まれたかに関しては、実験室で多くの再現実験が成されているが、未だに定説はない。さらに、そうした生体高分子がいかにして最初の細胞的な存在（**プロトビオント**）をつくり出したかに関しても、多くの仮説が林立している。その中で核酸の起源に関する有名な仮説は、地球上には最初からDNAがあったわけではなく、まずRNAが誕生し、生命の端緒となったのではないかという**RNAワールド仮説**である（**図8･5**）。この仮説は、アメリカの生物学者**ギルバート**（**1-5-7**項参照）によって1986年に提唱された。DNAより先にRNAがあったと考えられる状況証拠はいくつかあり、たとえばDNAの材料であるデオキシリボヌクレオチドは、RNAの材料であるリボヌクレオチドから合成される（**3-2**節参照）、RNAにはタンパク質と同様、触媒活性をもつ能力がある、現在でもRNAを遺伝子（ゲノム）としてもつウイルスがいる、そして代謝に関わる多くの補酵素は、RNAの材料であるリボヌクレオチドを含んでいる（**2-10-2**項参照）、などである。こうしたことから、初期の生命はRNAを遺伝子として用いていたが、やがてより保存が効き、安定な核酸であるDNAに置き換わっていったのではないか、と考えられている。RNAワールドが魅力ある仮説である理由の一つは、RNAが触媒活性を有する酵素（**リボザイム**：**3-5**節参照）として働いていたと考えることから、それが細胞膜の成分であるリン脂質を合成し、それによって現在の細胞膜を獲得することができたと考えることができるからである。ただし、RNAワールドにおいてもなお、RNA自身がRNAを複製していた世界がどのように成り立っていたのかなど、解決すべき難問は数多くある。最近は、アメリカの物理学者**ダイソン**（F. J. Dyson, 1923 ～）による**ゴミ袋ワールド仮説**、**小林憲正**(こばやしけんせい)（1954 ～）による**がらくたワールド仮説**など、RNAにタンパク質（の祖先型分子）などを総合的に加えた新たな仮説が提唱されるようになっている。また、RNAより前に、現在では存在しないまったく別の核酸的な物質が存在していたと考える研究者もいる。なお、現在のようにDNAによって生命現象が成り立っている世界を**DNAワールド**という。

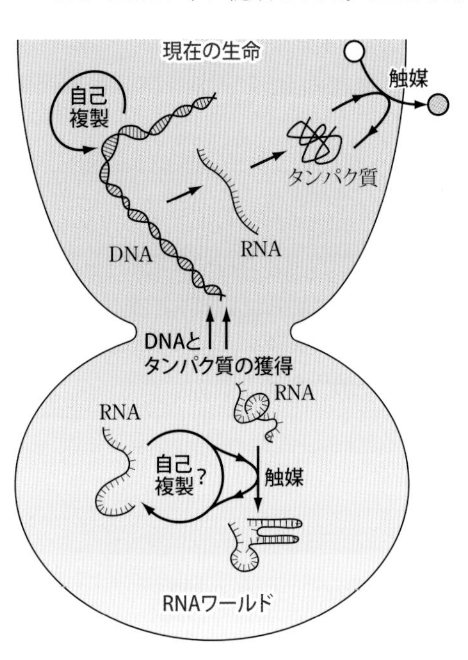

**図8･5**　RNAワールドからDNAワールドへ

現在の細胞は、リン脂質を主成分とする脂質二重層により成り立っているが、原始細胞も果たしてそうだったかは定かではない。ある研究者はやはりリン脂質でできていたと考え、また他のある研究者はタンパク質でできていたと考えている。いずれにせよ、何らかの膜でできた袋があるとき生じ、その中に高濃度のタンパク質や核酸が閉じ込められた状態ができて、それがやがて原始細胞へと進化していったと考えられる。

## ◆ 8-3　進化の道筋 ◆◆◆◆◆

### 8-3-1　真核生物の進化

少なくとも今からおよそ38億年前までには、地球上に初めて生物が誕生したと考えられている。誕生した生物は1個の細胞からできた**単細胞生物**であった。しかもそれは、現在のバクテリア（**9-1**節参照）のように、核のない**原核生物**であったとされている。これまでに知られている最古の化石は、今からおよそ35億年前のオーストラリアに存在する地層から発見された原核生物の化石であり、35億年前までに生物が誕生したことは明らかである。その後、グリーンランドの38億年前の地層から、生物そのものではないにせよ、それが生きていた痕跡が発見されたことから、38億年前までに生物が誕生していたこともほぼ間違いない。こうしたことから、最初の生物が誕生したのは、40億年ほど前ではないかと考えられる。

初期の原核生物は、酸素がほとんどない環境下で生息していた**嫌気性バクテリア**だったと考えられる。今からおよそ27億年前に、地球上に存在する大量の水と二酸化炭素を利用し、酸素を放出する**光合成**（**2-11**節参照）を行う**シアノバクテリア**が誕生したことで、地球上の酸素濃度が徐々に高くなっていったと考えられる。放出された酸素は、海水中の鉄分を酸化して大量の酸化鉄を生じ、それが沈殿してできた縞(しま)状鉄鋼層を形成するとともに、大気中の酸素濃度も徐々に上げていったと考えられている。シアノバクテリアは、**ストロマトライト**と呼ばれる岩石を形成する特徴があり、オーストラリアなどでは現在でも生きたシアノバクテリアによるストロマトライトを見ることができる（**図8･6**）。

**図8･6**　ストロマトライト（画像提供：塚越 哲）

長い原核生物の時代が続いた後、今から19億年ほど前になってようやく、私たちの直接の祖先である、細胞の中に核のある**真核生物**が誕生したとされている。このときの真核生物はまだ、単細胞のままであった。真核生物の特徴は、細胞内に核、ミトコンドリア、葉緑体などの複雑な**細胞小器官**を有することである（**2-1**節、**2-2**節参照）。真核生物（真核細胞）がいかにして原核生物（原核細胞）から生じたかについては諸説ある。そのなかで最も多くの科学者から支持されている仮説が、アメリカの**マーグリス**（L. Margulis, 1938～2011）の唱えた**細胞内共生説**である（**図8･7**）。この仮説は、**ミトコンドリア**や**葉緑体**といった細胞小器官が、かつては独立した原核生物であり、種類の異なるいくつかの原核生物が共生するようになったことで、真核細胞が誕生したと説いている。ミトコンドリアは、酸素と水を利用してATPを合成する好気性バクテリア（**α-プロテオバクテリア**）が、他の原核生物に共生して進化したと考えられ

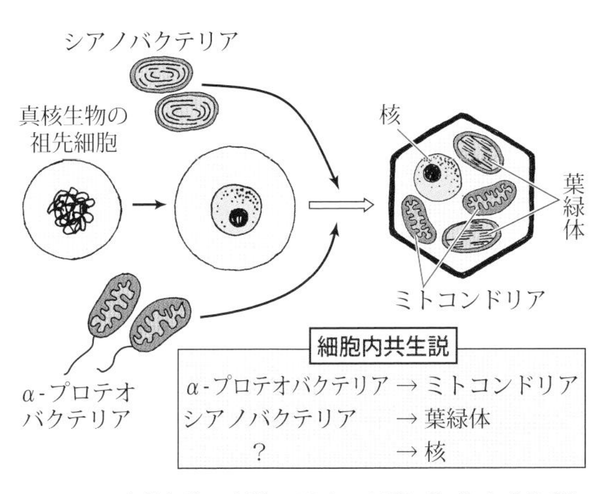


**図8･7**　真核細胞の誕生に関する仮説（細胞内共生説）

ている。この説を支持する様々な証拠がある。まず第一に、ミトコンドリアには核とは別個に独自のDNAがあり、その形状はバクテリアと同じく環状である。その複製の仕方もバクテリアのそれに非常に類似している。また、ミトコンドリアは核とは独立して、バクテリアと同様に自ら**二分裂**によって増殖することができる。さらにミトコンドリアの大きさは、バクテリアのそれとほぼ同じである。

一方、葉緑体はシアノバクテリアが共生して進化したものだと考えられており、葉緑体もミトコンドリア同様に独自のDNAをもち、二分裂で増える。**核**については定説はないが、有力な説として、ミトコンドリアや葉緑体と同様に原核細胞同士の栄養的な共生により誕生したという**栄養共生説**、細胞膜の一部が陥入するようにして誕生したとする**膜進化説**、細胞内で膜成分が形成されて誕生したという説、そしてDNAウイルス（**9-8**節参照）が原核細胞に感染したことで形成されたという**細胞核ウイルス起源説**などがある。

### 8-3-2　多細胞生物の進化

細胞が単独で動き回っているより、たくさんの細胞が集まった方が有利であるような何らかの変化が生じ、今からおよそ15億年前、**多細胞生物**が誕生したと考えられる。最初はおそらく、細胞が単独で動き回る状態と、集まって多細胞体を形成する状態の両方が、その生活史の中で混在していた時期があったと考えられる（**図8･8**）。現在においても**群体**と呼ばれる状態で多細胞的に振舞う単細胞生物がいることからも、そのことがうかがえる。やがて、細胞がもはや単独で動き回ることはせず、多細胞体のまま一生を終えるようになった。多細胞生物の誕生において特筆すべき点は、それぞれの個体を構成する多くの細胞が、お互いに役割を分担するようになったということである。そのなかでも**生殖細胞**と**体細胞**の区別（**4-1-1**項参照）は、その後の多細胞生物の運命を決定付けたと言ってよい（**図8･9**）。

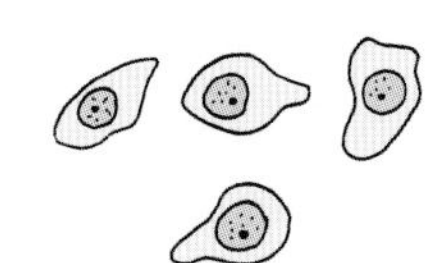


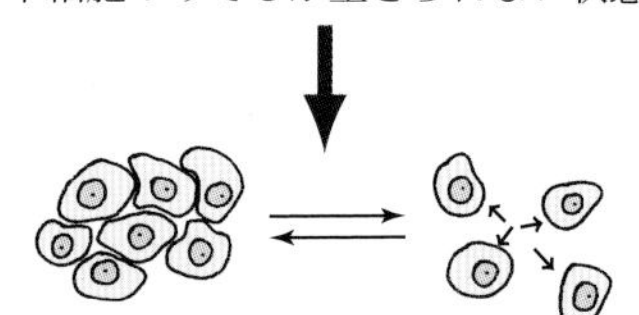


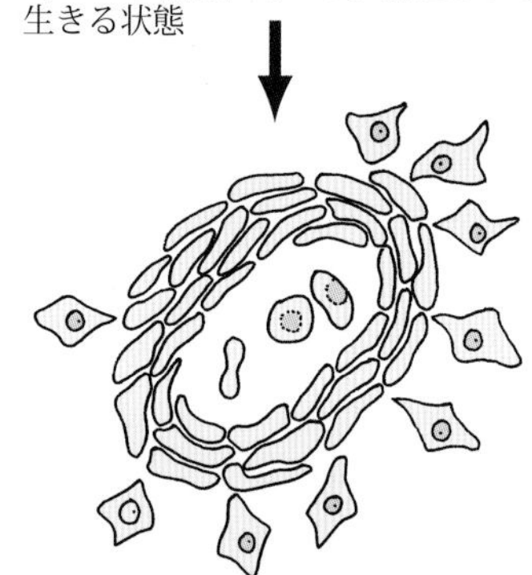


図8･8　単細胞生物から多細胞生物へ

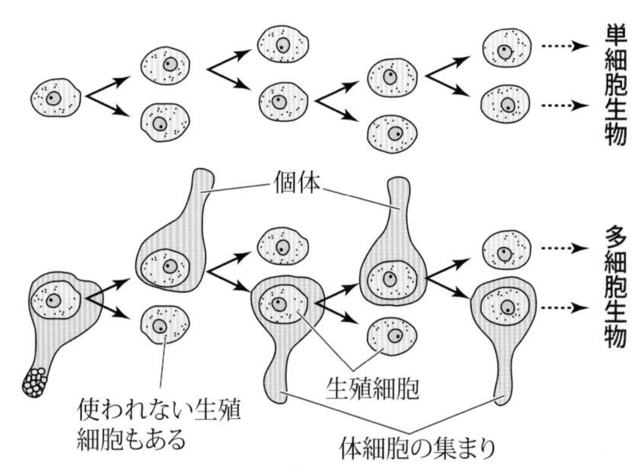


図8･9　生殖細胞と体細胞の創造
多細胞生物では、世代交代を担うのは生殖細胞である。

しかしながら、当初の多細胞生物はそれほど多くの細胞から構成されたサイズの大きな生物ではなかったと考えられる。今からおよそ7億年前に、地球はシアノバクテリアによる光合成の影響を受けて二酸化炭素濃度の減少により温室効果が激減し、気温が低下して全地球が氷河で覆い尽くされる**全球凍結**と呼ばれる状態になった。このとき多くの生物は絶滅したが、生き残った生物は、6億年前に再び地球が温暖化すると多様化し、構成細胞の数も増え、サイズが大きくなったと考えられている。オーストラリア南部に位置するエディアカラ丘陵で発見された化石は、その当時の生物の化石であったと考えられ、この生物群は**エディアカラ化石群**（エ

図 8･10　エディアカラ化石群の生物たち

ディアカラ生物相）と呼ばれる（**図 8･10**）。同様の化石は、同時代の世界中の地層から発見されている。これらの生物の特徴は、体が扁平（へんぺい）で、隔壁を連ねたような基本体制をもち、消化器や循環器などの内部器官が見られないというもので、細胞の表面から直接栄養物を摂取していたのではないかと考えられている。このエディアカラ化石群が見られる地層までの時代が、**先カンブリア時代**（先カンブリア紀）である（**8-1** 節参照）。この先カンブリア時代は、地球環境の激変による多くの生物の大絶滅により終わる。

図 8･11　バージェス頁岩から見つかった生物たち

カナディアンロッキーのワプタ山で発達した**バージェス頁岩**（けつがん）から、1909 年、生物進化を紐解く上で画期的な化石群が発見された。化石は古生代初期にあたるカンブリア紀のものである。それまで、この頃の生物の世界はそれほど多様性に富むものであったとは考えられていなかったが、その後の研究によって、バージェス頁岩から発見された化石群には、驚くほど多様性に富む生物の世界が閉じ込められていることがわかった（**図 8-11**）。先カンブリア時代末に大量絶滅した多細胞生物のうち生き残ったものが劇的に進化を遂げたと考えられており、この現象は**カンブリア紀の大爆発**と言われている。この爆発的な進化が、その後の多細胞生物の進化の礎となった。この頃の生物には消化器や触手、硬い殻（から）など、エディアカラ化石群にはない器官が存在し、お互いに食べる、食べられるという**生物間相互作用**が存在していたと考えられる（**10-4-3** 項参照）。

カンブリア紀は、現在に見られるほとんど全ての動物の**門**（**9-1** 節参照）の祖先が出現した時代である。カンブリア紀の中ごろには、現在の脊椎動物へとつながる祖先である**無顎類**（むがくるい）が現れ、**三葉虫**に代表される節足動物、現在のイカ、タコへとつながる軟体動物の**腕足類**、クラゲなどの刺胞（しほう）動物が出現し、繁栄した（**9-7** 節参照）。

### 8-3-3　陸上植物の進化と繁栄

しかしながら、カンブリア紀に登場した生物は、まだ海の中でしか生息することができなかった。海中と陸上ではその環境条件がまったく異なっていたからである。生物たちが海から陸へと上がっていくためには、陸上の環境が生物の生息に適したものになっていなくてはならず、かつ生物自身が、その体を陸上生活に適したものにつくり変えなければならなかった。

カンブリア紀末からオルドビス紀にかけて、海中では**緑藻類**が繁殖し、大気中の酸素濃度が上がり、およそ 5 億年前には酸素濃度は現在の 20 %とほぼ変わらないほどにまで到達していた。濃度が上がった酸素は、紫外線が当たることでオゾンとなり、大気上空に**オゾン層**を形成した。オゾン層は**紫外線**を吸収するため、地上に降りそそぐ紫外線量が激減し、これが生物の陸上進出の環境をつくった。

陸上では海の中のように体の周囲に豊富にあった水がない。したがって、生物が陸に上がるためには、体の水分が失われないようにするための何らかのしくみが必要であった。それをまず実現したのが植物である。**陸上植物**は、淡水域のうち、時々水がなくなり干上がってしまうような環境に進出していた緑藻類から進化したと考えられている。植物の細胞は、すでにその周囲が固い**細胞壁**に守られていたが、上陸にあたり、さらにその外側を**クチクラ層**という固い物質層で覆うことにより、細胞を乾燥から防ぐことに成功した。最古の陸上植物の化石は、シルル紀の地層から発見された**クックソニア**である（図 8･12）。クックソニアは現在のコケ植物に似て維管束（**6-1** 節参照）はないが、現在の維管束植物に似て枝分かれ（二叉分枝）が存在し、その先端に胞子嚢（**6-2** 節参照）が形成されていた。

図 8･12　クックソニア

その後、植物は物質循環をスムーズに行うための**維管束**や、水分を蒸散させるための**気孔**を発達させ、根、茎、葉の区別のある体制をもった**シダ植物**が現れた。石炭紀には体を大きく地面の上に立ち上がらせることに成功した、高さ 20 m を超えるような**木生シダ植物**が現れ、陸上での大型化が進んだ（図 8･13）。

デボン紀には、発達した胚珠(はいしゅ)（**6-2** 節参照）をもち、**種子**を形成する最初の植物として**裸子植物**が出現した。種子は、気候の変動に耐え、適切な環境のもとで発芽する特徴をもつため、ペルム紀末に起こった気候変動によって衰退した大型の木生シダ植物に代わり、**イチョウ**や**ソテツ**などが三畳紀以降の中生代で繁栄することになった。

白亜紀に入ると、最初の**被子植物**が誕生した。現存する被子植物の最古の化石は、この頃の中国の地層から発見された**アルカエフルクトゥス**と呼ばれる植物である。被子植物は、裸子植物とは異なり胚珠を子房で包みこむため、子房が発達してできる**果実**をもち、動物を利用した**種子散布**への道を開いた（**6-2** 節参照）。また、花の構造が複雑化することで、昆虫を利用した受粉システム（**虫媒**）が発達し、陸上で最も繁栄する植物となった（図 8･14）。

図 8･13　巨大な木生シダ植物

図8･14　陸上で繁栄する植物（マダガスカル島ラヌマファナ国立公園。画像提供：山岸 哲）

### 8-3-4 陸上動物の進化と繁栄

植物が陸上に進出したことで、オゾン層の形成と大気中の酸素濃度の上昇が促進され、様々な動物たちが上陸を果たした。デボン紀末期になると、現在 最も陸上の環境に適応している**節足動物**が陸上に進出した。節足動物は、**クチクラ層**から成る**外骨格**と呼ばれる固い殻を身につけている。この鎧を身にまとうことで乾燥から身を守り、さらに敵からも身を守る術を身につけた（**9-7-1** 項参照）。デボン紀末期に陸上に進出したのは**昆虫類**や**クモ類**であり、石炭紀になると**ゴキブリ**や**トンボ**なども繁栄するようになった。とりわけ石炭紀の化石からは、広げた翅の長さが 1 m にも達するほどの大きなトンボも発見されている。**気管**と呼ばれるシステムで酸素を直接体内に取り込んで呼吸する昆虫類にとって、**酸素濃度**と体のサイズには深い関係があり、酸素濃度が低いと体を大型化できない。この頃の大気中の酸素濃度は高く、それが体のサイズの巨大化をもたらしたと考えられている。さらに節足動物は、**体節**という独特の体の構造をつくり上げることで、海中でも陸上でも、多様な環境に適応することに成功した（**図 8・15**）。外骨格には、体の大きさが制限されるというデメリットはあるが、それは、飛翔能力の向上と、種の多様性をもたらすというメリットにもつながった。現在の地球上では、全生物種の半分以上を昆虫類が占めている。

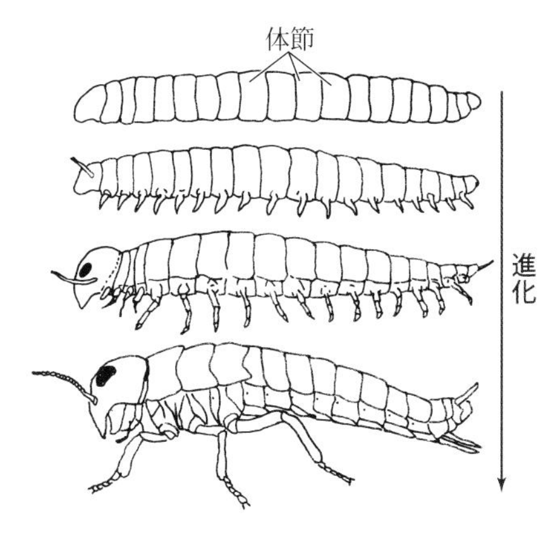

図**8・15** 節足動物の体の構造の進化（佐藤ほか 2004に掲載のR. E. Snodgrassを参考に作図）

節足動物とともに、陸上条件にきわめて適応した生物のグループが、私たちヒトが属する**脊椎動物**である（**9-7-2** 項参照）。脊椎動物は、節足動物の外骨格のような、固い代わりにサイズが制限されるものにかわり、皮膚の表面を**ケラチン**というタンパク質で覆い、乾燥から身を守ることを選択した（**5-1** 節参照）。そして、結合組織の一部をリン酸カルシウムなどを結晶化させた固い骨（昆虫の外骨格と対応させ、**内骨格**という）に発達させ、体を支えるしくみをつくり出した。この結果、節足動物ほどの適応性はないが、体のサイズを大きくして食物連鎖の頂点に立つ‘強い’生物の誕生を可能にした。

脊椎動物において最初に陸上に上がったのは**両生類**のグループである。デボン紀末期に、**シーラカンス**の仲間の総鰭類から、陸上生活をする原始的な両生類がまず陸上に進出した（**図 8・16**）。最古の両生類として知られるのは**イクチオステガ**である。彼らは空気呼吸のための肺、陸上を歩行するための発達した四肢を身に付けたが、繁殖のための水中生活を欠くことができなかった。石炭紀になると、両生類の中から**爬虫類**が現れた。爬虫類は、体の表面を固い皮膚で覆い、さらに繁殖のために水中に戻る必要をなくす画期的な方法として、胚を**羊膜**と呼ばれる膜と固い殻で覆い、水分の消失を防ぐしくみをつくり出した。羊膜は、これ以降の脊椎動物に特徴的な構造なので、これらの脊椎動物（爬虫類、鳥類、哺乳類）を**羊膜類**という（**9-7-2** 項参照）。このしくみを手に入れた結果、一生を通じて陸上で生活できるようになり、そのおかげで爬虫類は陸上環境にすっかり適応し、**恐竜**、**魚竜**、**翼竜**に代表されるように、その体も巨大化した（**図 8・17**）。これらの大型爬虫類は、**適応放散**によって種数

図8・16 脊椎動物の上陸

図 **8・17** 恐竜などの繁栄

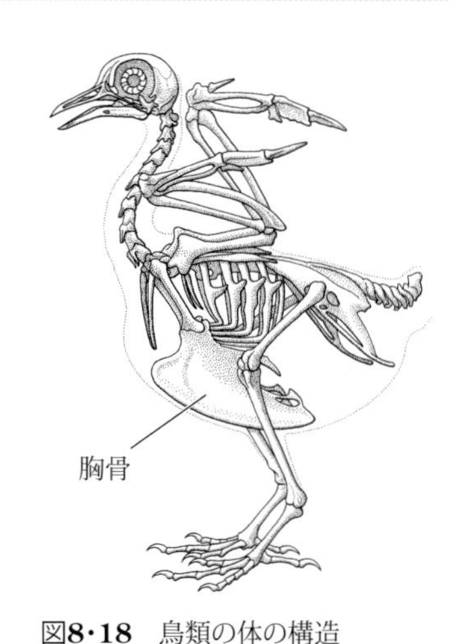


図**8・18** 鳥類の体の構造
ドバト（*Columba livia*）の全身骨格で、強大な翼筋の付着部となる胸骨が大きく発達している。（Grassé 1950を参考に川島逸郎作図）

を爆発的に増加させ、陸上のみならず海中、空中にわたって食物連鎖の頂点に立って繁栄したが、白亜紀終わりの**大量絶滅**により大型爬虫類はほとんど絶滅した。

陸上生活に適応した生物の一部は、高い飛翔能力を身につけることに成功した。その代表的なものが節足動物のうち昆虫と、脊椎動物の**飛翔性爬虫類**（翼竜類）ならびに恐竜類のうち大量絶滅から逃れたグループから進化した**鳥類**である。

脊椎動物である鳥類が飛翔という特殊な技能を身につけるためには、大きな難問を解決する必要があった。それは、重力に打ち勝つだけの強い力を生み出すことである。飛翔性脊椎動物は、前肢を変形させて翼とし、これを上下に動かして浮力をつけるための強力な筋肉を発達させた（**図 8・18**）。そのかわり、持続的な飛翔のためには体格を軽いまま維持する必要があり、脳はそれほど発達することはなかった。最も原始的な鳥類として**始祖鳥**が知られているが、その化石はジュラ紀のものである。

### 8-3-5 哺乳類とヒトの進化

地球上の生物は、これまでに5回、**大量絶滅**に晒（さら）されてきたが、そのうち白亜紀と第三紀の境界（**K-T 境界**）における大量絶滅（6550万年前）によって恐竜が**絶滅**したことはよく知られている（この時に実際に絶滅した恐竜は、最後に進化した一部の種のみだが）。恐竜に代表される爬虫類が大量絶滅した後、そのニッチ（**生態的地位**）を埋めるように進化してきたのが私たち**哺**（ほ）**乳類**である。哺乳類は、哺乳類様爬虫類から進化したとされ、鳥類が現れるより前、三畳紀にはすでにその姿を現していた。最近の研究では、恐竜の絶滅と哺乳類の爆発的な種数の増大は関係がなく、恐竜の絶滅以前からすでに、哺乳類の爆発的な進化は起こっていたと考えられるようになっている。白亜紀の中ごろから、哺乳類は**適応放散**によってその種数を増大させて、最も爬虫類に近い**単孔類**が分岐（ぶんき）した後、1億6000万年前頃（ジュラ紀）には**有袋類**と**有胎盤類**に分岐した（**9-7-3** 項参照）。

中生代が終わったおよそ6500万年前以降になると、現在の**食虫目**の祖先にあたる原始食虫類から進化した、主に樹上で果物を主食とする**霊長目**（霊長類）の祖先が出現するようになった。新生代にはまず**原猿類**（**キツネザル**など）が現れた。彼らは樹上で生活するうちに手が発達し、立体視をうまく行える精巧な眼が進化し、これらの機能を統合する**大脳**が発達した。やがて**拇指**（ぼし）**対向性**の手足をもった**ニホンザル**などの**真猿類**が進化し、さらに発達した大脳皮質を有する**ゴリラ**（*Gorilla gorilla*）、**チンパンジー**などの類人猿が進化した（**図 8・19**）。

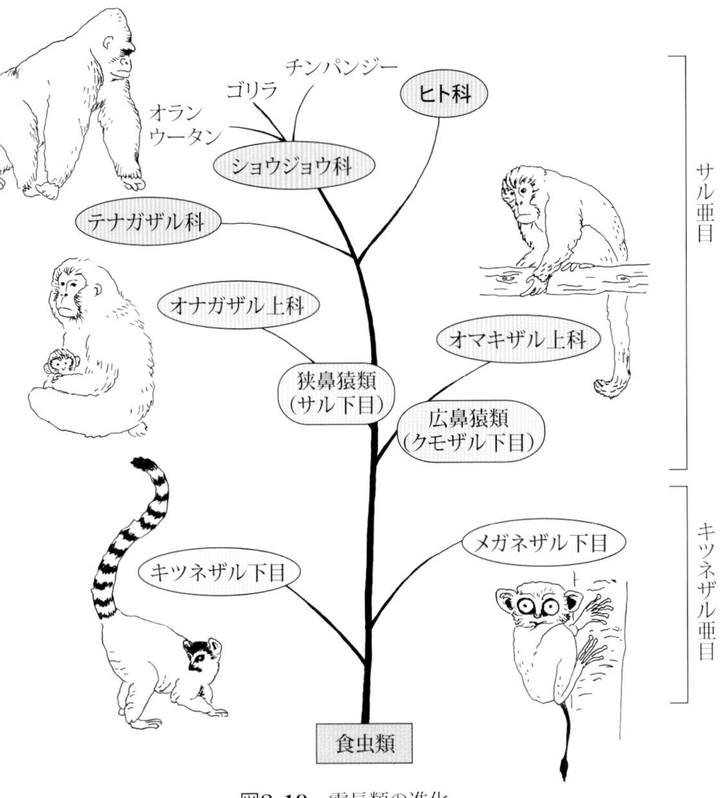

図8・19 霊長類の進化

およそ1000万年前、アフリカ大陸において大地殻変動が始まり、それまでヒトの祖先が棲息していた森林が乾燥化し、ステップ型草原へと移り変わっていった。それに伴い、樹上生活をしていたヒトの祖先の一部は、その生活圏を森林から草原へと移行させるようになった。こうした生活環境の変化が、**直立二足歩行**への移行を促したとされている。こうして霊長類の中から、**サヘラントロプス**と呼ばれる初期の人類(**猿人**)が約700万年前に誕生し、さらに500万年ほど前には**ラミダス猿人**が現れた。直立二足歩行を主とする私たちヒト属の直接の祖先は、現在ではラミダス猿人であると考えられている。

直立二足歩行は、手の機能の多様化をもたらした(**図8・20**)。それまでの樹上生活では、手はまだ「前肢」であり、樹の枝から枝へと移動するための手段として使われていた。ところが、直立二足歩行をすることによって手が移動手段から解き放たれたことにより、それ以外の様々な作業を行うための道具となり、手先を使う細かい作業を行うことができるようになった。直立二足歩行は、ほかにもいくつかの変化をもたらすきっかけとなった。まず、四足動物では不可能だった、頭部を骨盤と背骨全体でがっしりと支えることができるようになり、その結果頭部すなわち脳容量のさらなる増加が可能となった(**5-8**節参照)。その骨の主が直立二足歩行をしていたかどうかは、脊椎骨が頭蓋に入る部分である**大後頭孔**が、頭蓋の真下についているかどうかを見ればわかる。そして、頭が体の上に上がったことにより咽頭が下へさがり、発声器官が発達して複雑な音声を発することができるようになった。

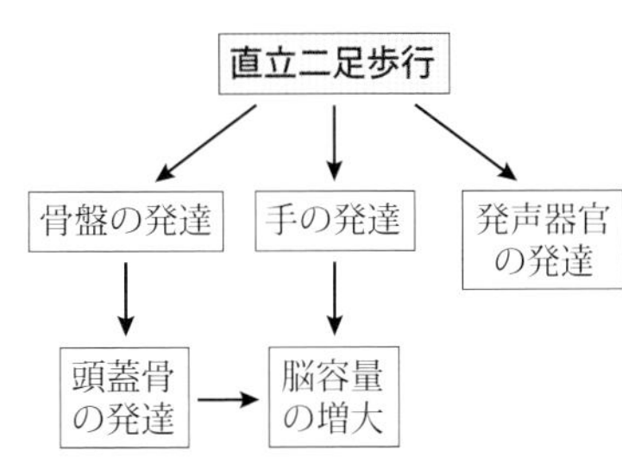

図8・20 直立二足歩行の影響

およそ420万年前には、**アウストラロピテクス**が現れた。頭部はまだ現在のチンパンジーと同じ程度の大きさと形を呈していたとされる。1973年、エチオピア北部アファール地方で発見されたアウストラロピテクスの若い女性の化石からは、チンパンジーに比べて大きく発達した骨盤の存在が明らかとなった。このことは、彼女が明らかに直立二足歩行をしていたことを物語っており、**アファール猿人**と命名された。私たちヒト属は、このアファール猿人、あるいはアフリカヌス猿人から進化したと考えられている。

ヒト属最初の化石は、東アフリカのオルドバイ渓谷で発見された**ホモ・ハビリス**(ハビリス原人)である(**図8・21**)。これ以降は猿人ではなく**原人**と呼ばれる。ホモ・ハビリスは250万年ほど前に現れたと考えられており、**石器**をつくり、それを使って狩猟を行っていたらしい。そして私たちヒト(**現生人類**)の直接の祖先と言われる**ホモ・エレクトゥス**は、160万年ほど前に現れた。北京原

図8・21　狩猟を行うホモ・ハビリス

人やジャワ原人は、ホモ・エレクトゥスに含まれる原人たちで、彼らは**火**を使っていたと考えられている。火を使うことによって食べることのできる食物の種類が広がり、さらに石の手斧(ちょうな)などの高度な道具を発明したことにより（**図8・22**）、生活に多様性が生じることになった。その結果、ホモ・エレクトゥスは初めてアフリカ大陸を出て、世界中にヒトを拡散させるきっかけとなった大移動を始めることができたとされる。

60 ～ 25 万年ほど前に、現生人類の祖先であると考えられている**ホモ・ハイデルベルゲンシス**が現れた。この中から、氷河期の出現にあわせるかのように、寒冷地にも広く適応したグループが現れるようになった。これが**ネアンデルタール人**（**ホモ・ネアンデルターレンシス**）である。ネアンデルタール人の最初の化石化した骨は、1856 年、ドイツ東部のネアンデルタール渓谷で発見された。彼らは現生人類に比べて脳容量も大きく、また体格も大柄であったと考えられている。ネアンデルタール人は精巧な石器を用い、また死者を埋葬(まいそう)する習慣をすでにもっていたらしい。これらのホモ属を**旧人**という。

図8・22　ホモ・エレクトゥスの“石の手斧”（Cainほか 2004を参考に作図）

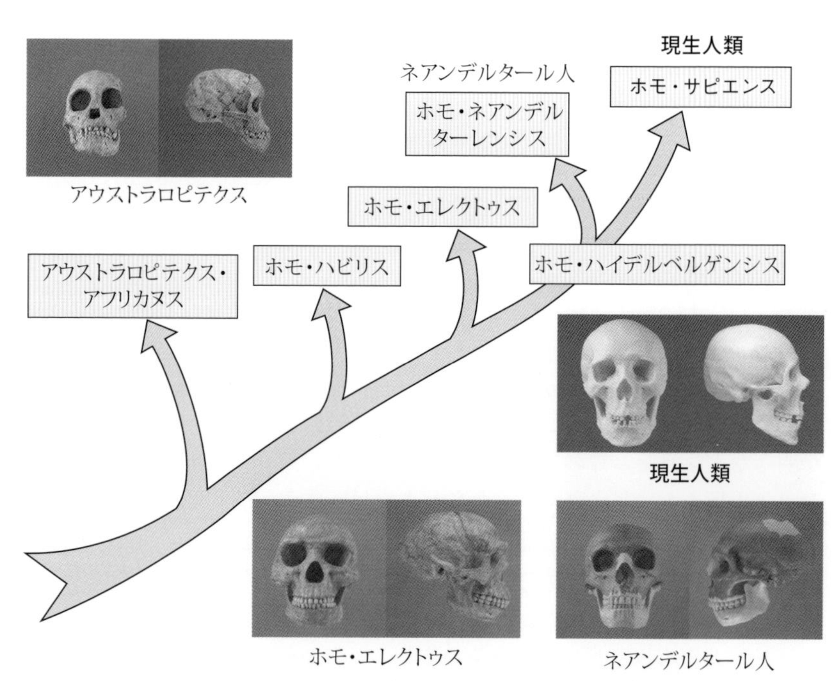


図8・23　現生人類の誕生（写真提供：群馬県立自然史博物館）

やがて氷河期が終わると、ネアンデルタール人は徐々に衰退し、3万年ほど前に絶滅した。この絶滅したネアンデルタール人にかわって、同じくホモ・ハイデルベルゲンシスから進化したとされる**クロマニヨン人**（**ホモ・サピエンス**）が現れた。このクロマニヨン人こそ、私たちヒトすなわち現生人類の祖である（図 8・23）。

## 8-4 進化のしくみ

### 8-4-1 突然変異

生物の進化を概観してきたが、いずれの進化の過程においても、共通の進化のメカニズムが作用していると考えられる。果たして生物はどのようにして進化するのだろうか。

第**1**章でも述べたように、生物進化のメカニズムを説明する理論として多くの研究者から支持されているのが、**ダーウィン**の唱えた**自然選択説**や**木村資生**の唱えた**中立説**などに基づく進化の**総合説**（**1-5-5** 項参照）であるが、こうした進化理論の理解には、DNA の永続的な変化である**突然変異**の理解が不可欠である。

突然変異とは、DNA の塩基配列に生じた永続的な変化である（**3-8-1** 項参照）。そのきっかけは DNA ポリメラーゼが DNA を複製する際に起こす**複製エラー**や、有害物質による **DNA 損傷**などであるが、DNA の塩基配列レベルの突然変異ばかりでなく、染色体レベルの突然変異が生じる場合もある。前者を**遺伝子突然変異**といい、後者を**染色体突然変異**という。ここでは主に染色体突然変異について扱う。なお、**7-4-3** 項で「遺伝子異常」「染色体異常」について述べたが、これらはそれぞれ、遺伝子突然変異、染色体突然変異に含めるべき概念であり、**7-4-3** 項では突然変異のうちヒトに病気を引き起こすものを「異常」と表現したと考えてもらいたい。

染色体突然変異とは、染色体の構造が変化することである（図 8・24）。DNA 複製の際に何らかの原因で DNA の断裂が起こると、染色体の一部が失われたり、切れた断片が逆向きにつながったりすることがある。前者を**欠失**、後者を**逆位**という（**3-8-1** 項参照）。また、切れた断片が別の染色体の一部につながる場合を**転座**という（**3-8-1** 項参照）。

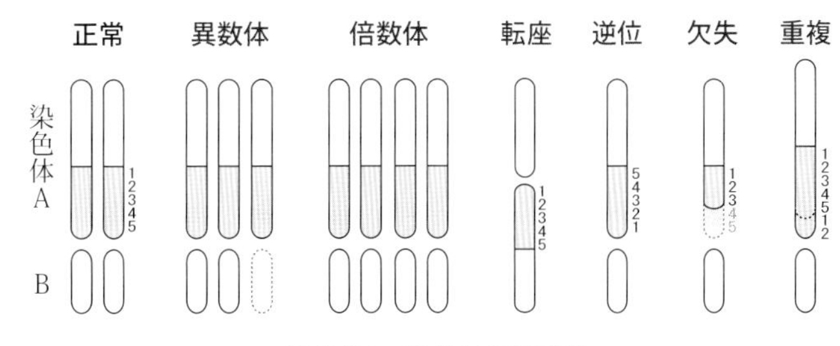

図 **8・24** 染色体突然変異

一方、相同染色体同士で**乗換え**（**4-1-2** 項参照）が起こるなどして、染色体の一部が1本の中で二重に繰り返して存在するようになる場合を**重複**という。たとえば、減数分裂時に相同染色体がきちんと整列して並ばなかった場合には、**不等交差**と呼ばれる現象が起こり、最終的に生じる4本の染色分体 DNA の塩基配列が、ある**染色分体**には遺伝子Aが2個あるが、ある染色分体には一つもないといった状態、すなわち不均衡となる。これは、不等交差の過程で乗換えが起こるためである。

重複には、細胞分裂時の染色体分配（**2-3-2** 項参照）がうまく作用せず、染色体1本、複数、もしくは染色体の1セット（ゲノム）がまるごと重複してしまう場合もある。こうした大規模な染色体突然変異は、しばしば生物進化をもたらしてきたと考えられている。染色体のセットの中で、個別の染色体の数が変化していることを**異数性**といい、そうした個体を**異数体**という。一方、染色体のセット数が重複し、2倍、3倍、4倍になるという具合に整数倍に変化していることを**倍数性**といい、そうした個体を**倍数体**という。私たちヒトを含め多くの生物は、染色体を2セットもつ **2 倍体**であり、その体細胞の核相は $2n$ である（**4-1-2** 項参照）。カンブリア紀の大爆発における生物進化には、ゲノムの倍数性が大きく関わっていたと考えられている。

倍数性をもつ生物として、**種なしスイカ**がある（**図8･25**）。種なしスイカの作出法は、**木原均**（**3-3** 節参照）によって開発された。通常、**スイカ**（*Citrullus lanatus*）は染色体のセットを二つもつ2倍体だが、発芽後、コルヒチンと呼ばれる細胞分裂を阻害する薬剤で処理することで、DNA複製は行われても細胞分裂が行われないことから4倍体となる。この4倍体のスイカと2倍体のスイカをかけ合わせることで3倍体のスイカができ、これは種子を正常に形成しないため、種なしスイカとなる。このほかに倍数性を示す生物としては、植物では3倍体の**栽培バナナ**、6倍体の**パンコムギ**（*Triticum aestivum*）、10倍体の**イソギク**（*Chrysanthemum pacificum*）など、動物では4倍体の**コイ**（*Cyprinus carpio*）が知られている。

図 **8･25**　種なしスイカ（画像提供：田舎の写真屋／PIXTA）

### 8-4-2　自然選択と中立進化

生物の種のある集団内に存在するすべての遺伝子をまとめて**遺伝子プール**という。この種に100種類の遺伝子があるとすると、この100種類の遺伝子のそれぞれの遺伝子座に位置する**対立遺伝子**（**3-1** 節参照）のすべてが遺伝子プールに含まれることになる。ここで、ある2倍体生物の遺伝子プールのうち、$A$ という遺伝子に注目しよう。ある個体の遺伝子 $A$ の一方に**突然変異**が起こり、性質の異なる $a$ という遺伝子に変化したとする。この場合、遺伝子 $A$ と遺伝子 $a$ は対立遺伝子となる。遺伝子 $a$ は、集団内での自由交配に伴って、徐々に集団内に広まっていき、ある個体は $AA$、ある個体は $Aa$、ある個体は $aa$ という遺伝子型を呈するようになる。このとき、集団全体の中で $A$ もしくは $a$ が存在する割合（相対的な頻度）を**遺伝子頻度**という。遺伝子頻度は様々な要因によって変化し、**小進化**の原因となる。

イギリスの**ハーディー**（G. H. Hardy, 1877 ～ 1947）とドイツの**ワインベルグ**（W. Weinberg, 1862 ～ 1937）は、1908年、独立して**ハーディー・ワインベルグの法則**と呼ばれるアイディアを発表した（**図8･26**）。ハーディーは数学者であり、インドの天才的数学者ラマヌジャンを発見し、イギリスに招聘（しょうへい）したことで知られる人物である。この法則では、十分に大きなサイズの自由交配集団において、対立遺伝子間で生存や生殖に関して有利・不利がなく（自然選択がはたらかず）、突然変異が起こらず、かつ他集団との間で個体の出入りがないような場合、遺伝子頻度は世代を通じて常に不変であるとする。このような集団を、**ハーディー・ワインベルグ平衡**の状態にあるという。しかし、これらの条件をすべて満たすような生物集団は地球上には存在しないので、生物集団の遺伝子頻度は変化し、生物は進化する。個体数が少なくサイズの小さい集団では、ある突然変異が偶然に広まるということが起こる。たとえば、口の小さなガラ

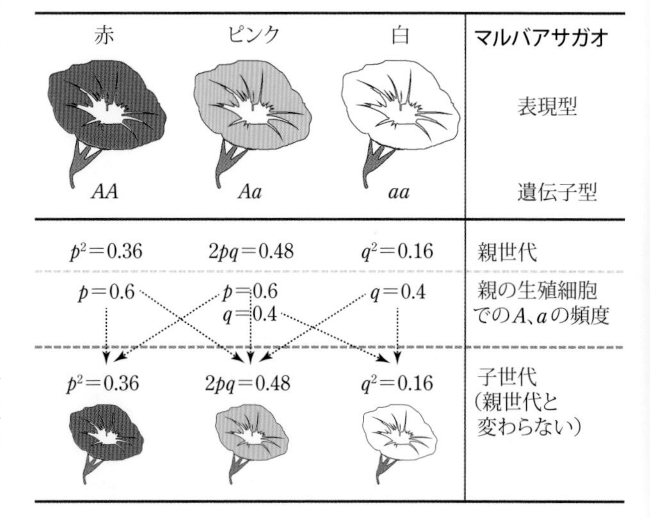


図 **8･26**　ハーディー・ワインベルグの法則

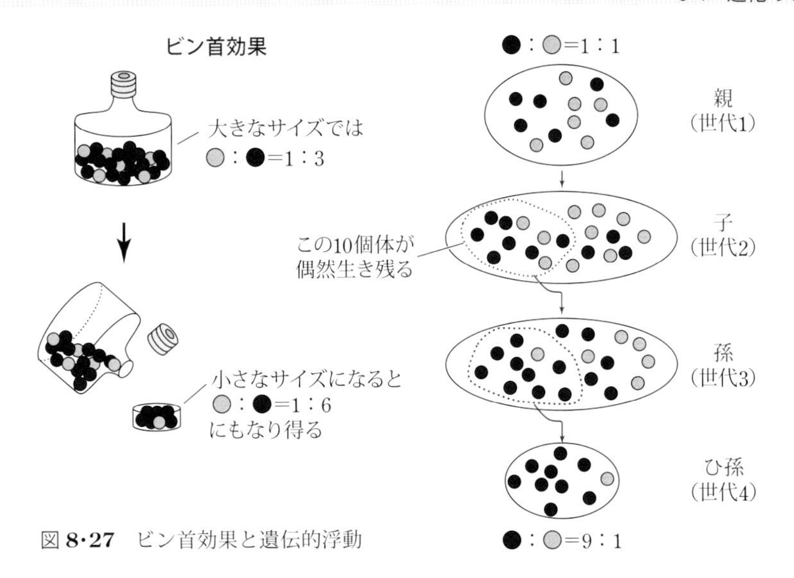


図 **8·27** ビン首効果と遺伝的浮動

ス瓶（びん）に黒と白の石がある割合で入っていたとすると、口を傾けて出てきた石の色の割合は、往々にしてもとの割合とは異なっているのと同様に、生殖可能な個体数が減少していくと、生き残った集団の遺伝子プールにおける遺伝子頻度が、もとの集団と異なる場合が出てくる。この現象を**ビン首効果**（**ボトルネック効果**）といい、遺伝子頻度が変化する原因の一つとされている（**図 8·27**）。また、少数の個体がもとの集団から地理的隔離などにより分かれることにより、もとの集団の遺伝子頻度を反映しない集団として確立される場合もあり、この現象を**創始者効果**という。このような現象により、遺伝子に生じた突然変異が集団内に「偶然」広まることを**遺伝的浮動**という。

遺伝的浮動は、突然変異があくまでも「偶然に」集団内に広まることであり、その結果としての進化が、突然変異による対立遺伝子間で生存に有利・不利の関係があって起こるわけではない。しかしながら、ある個体に突然変異が生じた場合に、環境との関係で生存や生殖に有利となったり、不利となったりする場合がある。前者の場合、突然変異が生じた個体は、そうでない個体に比べて次世代を残しやすくなり、後者の場合は次世代を残しにくくなる。これは、生息環境（自然）によって、生じた突然変異によりもたらされる形質が生存に有利な個体が、その子孫を多く残せるように「選択」されるように見えることから、このしくみを**自然選択**といい、この選択の過程で遺伝子頻度が変化し、生物は進化すると考えられている。自然選択を引き起こす要因は**選択圧**と呼ばれ、気温、降水量、被食・捕食や**競争**などの**生物間相互作用**（**10-4-3** 項参照）などが選択圧としてはたらく。

生物間相互作用のうち、被食・捕食の関係は自然選択をもたらす選択圧として非常に有効である。動物個体が自身の形態や色を、同じ生物群集中の他の生物もしくは物体に似せる**擬態**（ぎたい）（カモフラージュ）は、それによって天敵に食べられにくくなり、子孫を残しやすくなった生物が選択されて生き残ってきた結果である。広葉樹の葉に擬態した**コノハムシ**（*Phyllium pulchrifolium*）は、体の形態や色が背景によく似ており、体を周囲に溶け込ませる**隠蔽的擬態**（いんぺい）の好例である（**8-4-4** 項で詳しく扱う）。

また、自然選択のよく知られた例として、**オオシモフリエダシャク**（*Biston betularia*）というガの一種の体色

図 **8·28** 工業暗化とオオシモフリエダシャク

に関する**工業暗化**が挙げられる（**図 8·28**）。イギリスで 19 世紀中頃に起こった工業化までは、このガの体色は白っぽい色をしていたが、工業化が起こった後、工場から排出される煙などの影響で、ガが棲息する木の皮が黒っぽく変色したところ、白っぽい色をしたガは天敵である鳥に食べられやすくなった。しかし、変異の一種である黒っぽい色をしたオオシモフリエダシャクは、鳥から見つかりにくくなって子孫を残しやすくなり、その割合が増加した。これも擬態と捉えることができる。

分子生物学が発展する以前は、進化学といえば個体の形態あるいは集団レベルの進化に着目したものが中心であった。20 世紀後半の DNA あるいは遺伝子に関する研究の進展によって、進化学はそうした従来の方法から、進化に関連する遺伝子の比較研究へとその中心が移ってきた。遺伝子が進化するとはすなわち、突然変異の積み重ねによって遺伝子の塩基配列が徐々に変化するということである。このような、DNA の塩基配列やタンパク質のアミノ酸配列の変化などの分子レベルの進化を**分子進化**という。

すべての分子あるいはその遺伝子における塩基配列は、常に一定の割合で変異を起こしていくわけではない。分子の種類によって変異が起きやすいものと起きにくいものがあったり、また同一の分子内であっても、場所によって変異が起きやすかったり起きにくかったりする。**木村資生**（**1-5-5** 項参照）は、その変異が不利になるような分子の変異が起こった場合、その子孫が集団内に広まることはなく、むしろ有利でも不利でもない変異の方が、遺伝的浮動によって集団中に偶然に固定されることで、遺伝子の進化が起こるとする**中立説**（分子進化の中立説）を提唱した。このような進化を**中立進化**という。たとえば、遺伝子領域に存在するイントロン（**3-6-2** 項参照）や、遺伝子領域以外の塩基配列に突然変異が起こっても、形質には影響が及ばないことがほとんどである。また遺伝子領域のエキソン内であっても、突然変異がコドンの 3 番目に起こった場合にはアミノ酸が変化しない場合もあり（**3-6-3** 項参照）、中立となる。

機能的な重要性が低い分子、あるいはそうした部分ほど中立的な変異は起きやすい。中立的な変異に対しては自然選択ははたらかず、かつ突然変異自体は DNA の各塩基配列に一定の確率で起こる。そのため、ある二つの種の相同な遺伝子の塩基配列を比較すると、この二つの種（の祖先）がどのくらい前に種分化を起こしたかを推測することが可能な場合がある。こうした分子の変化速度の一定性を**分子時計**という（**図 8·29**）。

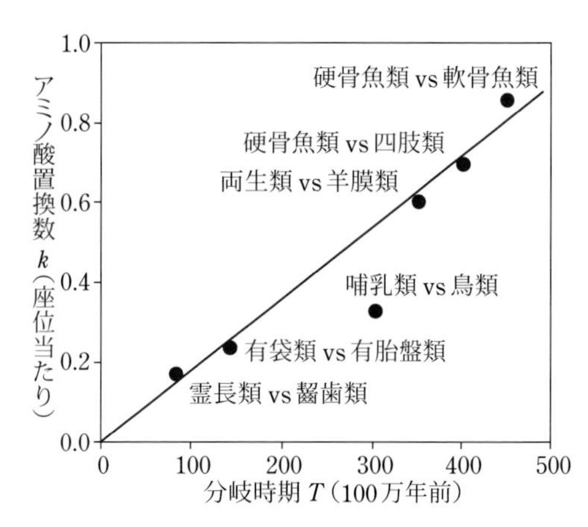


**図8·29**　ヘモグロビンの分子時計（宮田 1998より改変）
アミノ酸の置換数と生物種の分岐時期には相関性があり、分子進化は一定のペースで進行する。分子によってはこの関係が成り立たないものもある。

### 8-4-3　種分化のしくみと共進化

ある種から新しい種が生まれることを**種分化**という。種分化は様々なことがきっかけとなって起こるが、最もよく種分化が見られるのは、ある種の集団の一部が他の集団と地理的に分かれたことにより、お互いに自由交配がなくなった場合である。これを**地理的隔離**という。一例として、火山などで新たな島ができ、そこにある種の集団が移入して、もとの集団との間に自由交配がなくなったままの状態で長い年月を経過すると、それぞれの集団で突然変異が蓄積し、異なる小進化が起こり、再び一緒にしても交配ができなくなるほどにまで違いが進行しているといった場合がある。このように、お互いに交配ができなくなる状態を**生殖的隔離**が生じた状態であるという。ほかにも、もともとは同じ地続き上の土地であったものが、海面の上昇、土地の沈降などの原因で二つの島な

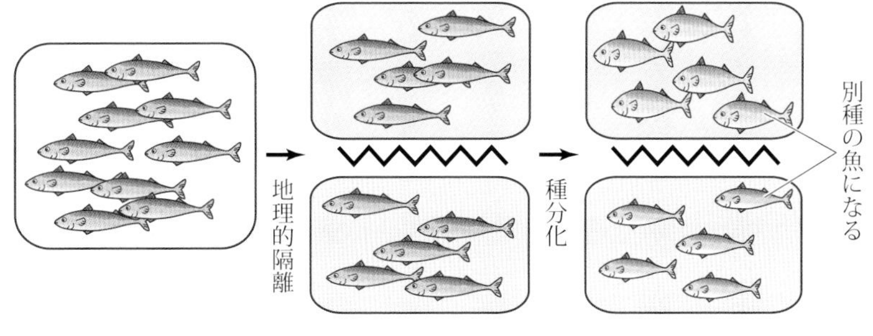


図 **8·30** 異所的種分化

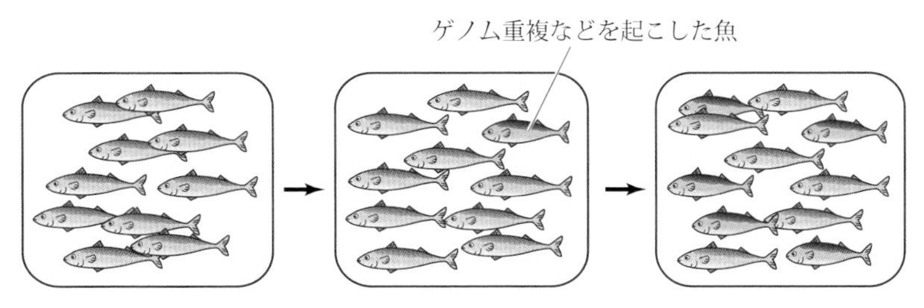


図 **8·31** 同所的種分化

どに分かれたり、あるいは大きな湖などで隔てられたりした場合にも、同様の種分化が起こると考えられる。このような、地理的隔離を伴った種分化を**異所的種分化**という（図 8·30）。

一方、同じ生活圏に生息している種が、地理的隔離以外の方法によって生殖的隔離を生じる場合もある。たとえば、同じ生活圏に生息していても、ある集団と別の集団でエサとなる食べ物が変化する場合などがある。その食べ物が成熟する時期が異なると、それぞれの集団が現れる時期も異なるようになる。それにより、それぞれの集団で異なる小進化が起こり、やがて生殖的隔離をもたらす。このような種分化を、異所的種分化に対して**同所的種分化**という。

よく知られた同所的種分化の例は、染色体突然変異に伴うゲノムの変化がきっかけで生じる種分化である。その中でもとりわけ、**ゲノムの倍数化**（**8-4-1** 項参照）は同所的種分化のきっかけとなり得る（図 8·31）。たとえば、雑種が生じやすい植物などの場合、通常、減数分裂時に相同染色体をつくれないものは不稔（ふねん）（子孫を残すことができない）となるが、雑種がさらに倍数化した場合、減数分裂を正常に行い得るので、種として子孫は存続していくかもしれない。現在の**パンコムギ**は、原生種から始まる雑種の形成と倍数化を介して進化してきたことが**木原均**の研究により明らかとなっている（**8-4-1** 項参照）。

このように、種分化は、地理的隔離やエサの食べ分け、染色体の倍数化などの要因によって起こるが、こうした種の進化は、それ単独で起こるものではない。種はお互いに種間相互作用（**10-4-3** 項参照）により強く結び付いている場合が多く、お互いに影響を与えながら進化する場合が多いことが知られている。これを**共進化**という。最もよく知られた共進化の例は、被子植物と昆虫類との間に生じる共進化で、花の構造と昆虫の舌の長さに関するものが知られている（図 8·32）。ある種の花の蜜は、非常に長い管の奥に存在するため、その蜜を吸うこと

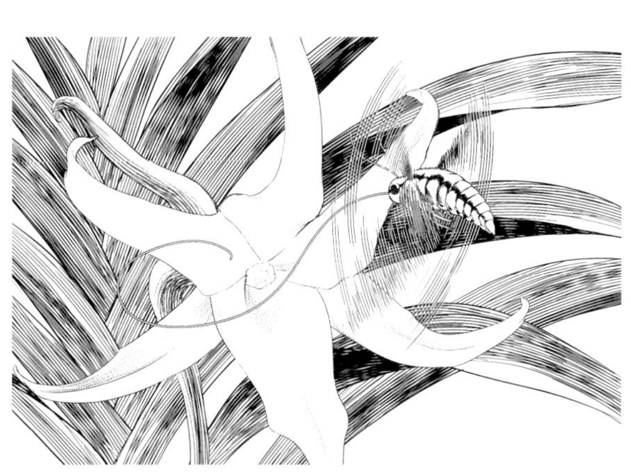

図 **8·32** 共進化の例（ランの花とその蜜を吸うスズメガ）

ができる昆虫は、それと共進化した舌の長さをもつものに限られる。また、**ヤブツバキ**（*Camellia japonica*）の実は分厚く、その中に卵を産みつけることができるゾウムシは、長い口吻（こうふん）をもつ**ツバキシギゾウムシ**（*Curculio camelliae*）に限られるという例も知られている。後者の場合、植物の側が、昆虫の産卵から実を守るために厚さを厚くするよう進化し、昆虫の側もそれに伴って口吻を長くするよう進化したと言える。

### 8-4-4　擬　態

動物の個体が、自身の体の模様や形態を、同じ生息環境に生息する他の種の体の模様や形態に似せたり、周囲の環境に似せることを**擬態**（ぎたい）という。擬態を行う生物は、意図してそれを行うのではなく、体の模様や形態が偶然似ることが、他種との相互作用の中での生存に有利となり、進化した結果であると言える。擬態はその様式や目的により、いくつかのタイプに分けることができる。

最もよく知られた擬態が**隠蔽的擬態**（いんぺい）である（**図 8・33**）。この擬態では、体の模様や形態が周囲の環境に非常によく似ていることから、背景に隠れて自身を目立たなくし、捕食者による捕食から逃れることができる。広葉樹の葉に擬態した**コノハムシ**が最もよく知られた例で、ほかにも**カレイ**や**ヒラメ**が海底の色に似せるもの、工業暗化で知られるシャクガが樹皮の色に自身の翅の色を似せるなどの擬態が知られている（**8-4-2** 項参照）。ヒト社会における軍隊に見られる迷彩服も、隠蔽的擬態の一例である。

**標識的擬態**は、目立つ模様を身につけることで相手に対する威嚇（いかく）的効果をもったり、**警告色**を身にまとい毒のある他種の模様に似せることで、自身にも毒があるかのように相手に思わせたりするような擬態であり、ベイツ擬態、ミュラー擬態、攻撃的擬態がある。**ベイツ擬態**は、イギリスの**ベイツ**（H. W. Bates, 1825 ～ 1892）により報告された擬態で、たとえば毒のない**チョウ**が、毒があり不味い味のする他種のチョウに翅（はね）の模様を似せるといった擬態である（**図 8・34**）。また、ドイツの**ミュラー**（J. F. T. Müller, 1821 ～ 1897）によって報告された**ミュラー擬態**は、たとえば別種のチョウ同士の間で翅の模様や形態がお互いに似るというような擬態である。攻撃的なハチ類の体の模様がお互いによく似ているのもミュラー擬態であるとみなすことができる。花に擬態する**ハナカマキリ**（*Hymenopus coronatus*）や海藻に擬態する**リーフィーシードラゴン**（*Phycodurus eques*）などのように、その擬態が被食者をおびきよせることに利用できるような擬態をするものもおり、これを

**図 8・33**　オオコノハムシ（*Phyllium giganteum*）による隠蔽的擬態（多摩動物公園。画像提供：tako3／PIXTA）

**図 8・34**　シロオビアゲハ（*Papilio polytes*）によるベイツ擬態（画像提供：上杉兼司）

**攻撃的擬態**という。ある種のカメがその舌を小魚に似せ、エサとなる魚をおびきよせるのも攻撃的擬態の一つである。

**繁殖擬態**は、他種の繁殖行動を利用して寄生的に自身の繁殖を行うものであり、**カッコウ**（*Cuculus canorus*）の托卵がよく知られている。またある種の**ラン**は、花の形がハチの一種のメスとよく似ており、オスが間違えて交尾行動をすることが受粉の虫媒をみちびく。

### 8-4-5　動物行動と進化

私たちヒトは、自分の身を犠牲にして他人を助ける利他的な行動をしばしば行うが、一方において自分勝手な行動、すなわち利己的な行動をもしばしば行う。生物の世界には、一見して利他的な行動を起こす動物（子を守るために天敵の注意を自分に引き付けるなど）がいるが、こうした動物の行動は、生物の進化とどのように関わっているのだろうか。

イギリスの**ハミルトン**（W. D. Hamilton, 1936 ～ 2000）は、動物においてしばしば見られる**利他行動**を説明する**血縁選択説**を提唱した。これは、そうした行動を起こす遺伝子をもつ個体 A が、自身の身と繁殖を犠牲にして、他の個体 B を助けるような行動は、両者が血縁関係にあればその可能性が高くなるという理論であり、助けられる相手が助ける自分と同じ利他的遺伝子をもっているかどうか、が条件となる。したがって、血縁度の高い個体に対する利他行動は進化しやすく、脊椎動物で見られる親による子の世話や、社会性昆虫で見られるカスト制度などは、こうした血縁選択により進化した例とみなすことができる（**4-5-1** 項参照）。

イギリスの**メイナード＝スミス**（J. Maynard-Smith, 1920 ～ 2004；**図 8･35**）らは、1973 年、**進化的安定化戦略**と呼ばれる理論を提唱した。ある戦略 A をもった個体が、戦略 B をもった個体と相互作用を行うとすると、戦略 A の適応度は E (A, B) で表される。同様に、ある戦略 B をもった個体が、戦略 A をもった個体と相互作用を行うとすると、戦略 B の適応度は E (B, A) である。ただし、この場合の戦略とは、何らかの表現型をさす。このとき、もし戦略 A の個体同士の相互作用における適応度 E (A, A) が E (B, A) よりも大きいか、もしくは E (B, A) と同じ場合 、E (A, B) が E (B, B) よりも大きければ、この戦略 A は進化的安定化戦略（evolutionarily stable strategy；**ESS**）であると言える。言い換えると、A をもつある集団において突然変異が生じ B ができても、また他集団から B が移入しようとしても、A は B よりも適応度が高いために B は侵入することができない場合、A は ESS である。たとえば自由交配集団において、① メスをオスよりも多く生む、② オスをメスよりも多く生む、③ 両者を等しい割合で生む、という三つの戦略があったとき、戦略③が、他の戦略に対して ESS となっている。この理論は、集団よりもむしろ個体レベルの利己行動と利他行動のバランスが進化をもたらすという考え方に近いと言える。

**図 8･35**　メイナード＝スミス

このように、複数の個体同士の相互作用をゲームとみなし、これを数理的に分析してその結果を予測したり検証したりする理論を**ゲーム理論**という。これは、複数の個体（もしくは主体）が相互作用を行う関係において、それぞれの個体（あるいは主体）がどのように振舞うかを研究するもので、ゲーム理論を用いることで、縄ばり（**10-4-2** 項参照）や子の世話（**4-5** 節参照）などの動物の行動を理論的に説明することが可能となる。なお、ゲーム理論はもともと応用数学における一理論で、ESS の他にも工学や経済学など、多くの分野に応用されている。

1976 年には、自然選択の単位が遺伝子であると仮定するとより多くの進化的、あるいは動物行動学的現象が理解されると考えたイギリスの**ドーキンス**（R. Dawkins, 1941 ～）により、**利己的遺**

**伝子**という概念が提唱された（**図 8・36**）。自然選択とはそもそも、集団中の個体間において形質などに違いがみられ、その違いと個体間の適応度の違いが相関し、それが世代を通じて遺伝する場合に生じるものだが、ドーキンスは、個体にとって有利である場合に自然選択がはたらいて進化したのではなく、生物にその性質をもたらす「遺伝子」の生存にとって有利であるから進化したのだと説いた。したがって、この考えは、ハミルトンの血縁選択の考え方を遺伝子の役割に注目して捉えなおしたものであるとも言える。

**図8・36**　ドーキンスとその著書『The Selfish Gene』（Oxford Univ. Press, 1989）

## コラム　シーラカンスとダイオウイカ

第**6**章のコラムでは、巨大な二つの花についてご紹介したが、ヒトは単に巨大というだけでなく、異なる環境に生息する謎に満ちた生物に対しても興味をもつ。

**シーラカンス**は、脊索動物の総鰭類シーラカンス科に属する硬骨魚である（**図 8・37**）。デボン紀中期に出現し、白亜紀には絶滅したと考えられた時期があったが、よく知られているようにシーラカンスは現生している。1939 年にアフリカ沖で発見された *Latimeria chalumnae* が唯一種であったが、20 世紀末にはインドネシア沖で別種が発見され、*Latimeria menadoensis* と名付けられた。シーラカンスの遺伝子を解析したところ、他の生物に比べて進化速度が遅いことが明らかとなっている。まさに“生きた化石”として人々の興味を惹き付けるシーラカンスに、分子生物学的なお墨付きが与えられたわけである。

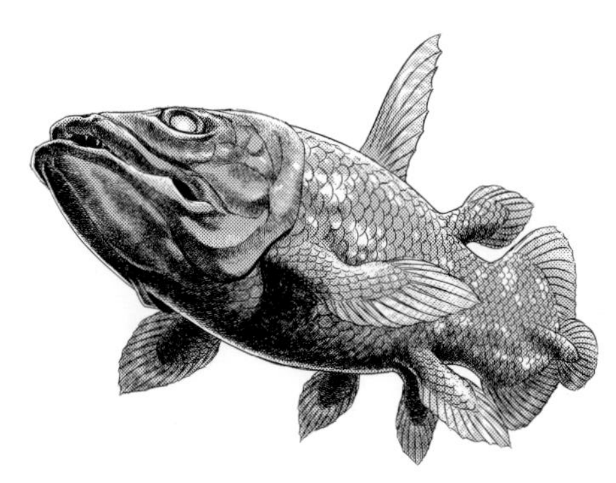

**図 8・37**　シーラカンス

一方、**ダイオウイカ**は、謎に満ちた存在にさらに輪をかけて「巨大」という、ヒトの関心を惹き付ける二大条件を兼ね備えた生物である（**図 8・38**）。ダイオウイカは、軟体動物のダイオウイカ科に属する頭足類の一種である。学名は *Architeuthis dux* で、唯一種であろうと考えられているが、複数種あるとの考えもある。マッコウクジラ（*Physeter macrocephalus*）がエサとすることでも有名で、伝説では北欧の怪物クラーケンのモデルであるともされてきた。近年までは海辺に漂着した死体のみが発見されていたに過ぎなかったが、21 世紀に入り、**窪寺恒己**（1951 〜）が深海での生きたダイオウイカの写真撮影、ビデオ撮影に成功し、その生態に徐々に科学のメスが入ろうとしている。

**図 8・38**　ダイオウイカ

# 9　生物の系統と分類

生物の特徴の一つは、多様性の中にも共通性が存在するということである。生物は、DNA という共通の物質を遺伝子の本体として用いつつ、DNA を複製し、その過程でわずかずつ突然変異を起こしながら変化し、多様性に富む現在の生物世界を築いてきた。

生物はお互いにつながりのある存在であり、共通祖先が存在する。とはいえ、進化の行きつく先にいまある生物の多様性は、進化の様相を異にするグループの存在があってこそのものである。

本章では、生物の系統と分類について、最新の分類体系を含めて扱う。

## 9-1　五界説と新しい生物の分類

現在、生物はある一定の決まりによって、階層的に分類される。生物を大きくくくる**界**（kingdom）をはじめとして、**門**、**綱**、**目**、**科**、**属**の順に分類され、最後に**種**（species）が置かれるが、実際には、お互いによく似た種を集めて属とし、さらによく似た属を集めて目とするといった具合に、下位から上位へとくくられている（図 9･1）。場合に応じて、亜門、上綱、上科、亜種といった階層が、それぞれの間に挿入される。**二名法**によりつけられたそれぞれの生物種に特有の**学名**は、**属名**と**種小名**の二つの部分から成る。命名者名は学名の後ろに記し、場合によっては種名の下に亜種名などの下位の階層が入る。

| 界 | 原生生物界 | 植物界 | 動物界 |
|---|---|---|---|
| 門 | 繊毛虫門 | 被子植物門 | 脊索動物門 |
| 綱 | 貧膜口綱 | 双子葉植物綱 | 哺乳綱 |
| 目 | ツリガネムシ目 | バラ目 | 霊長目 |
| 科 | ツリガネムシ科 | バラ科 | ヒト科 |
| 属 | ツリガネムシ属 | サクラ属 | ヒト属 |
| 種 | ツリガネムシ（*Vorticella nebulifera*） | ソメイヨシノ（*Cerasus*×*yedoensis*） | ヒト（*Homo sapiens*） |

図 9･1　生物分類の基本

以上の分類法によれば、私たちヒトは、動物界・脊索動物門・（脊椎動物亜門）・哺乳上綱・真獣亜綱・霊長目・ヒト上科・ヒト科・ヒト属・サピエンス種に分類される。ヒトの学名は**ホモ・サピエンス**（*Homo sapiens*）である。

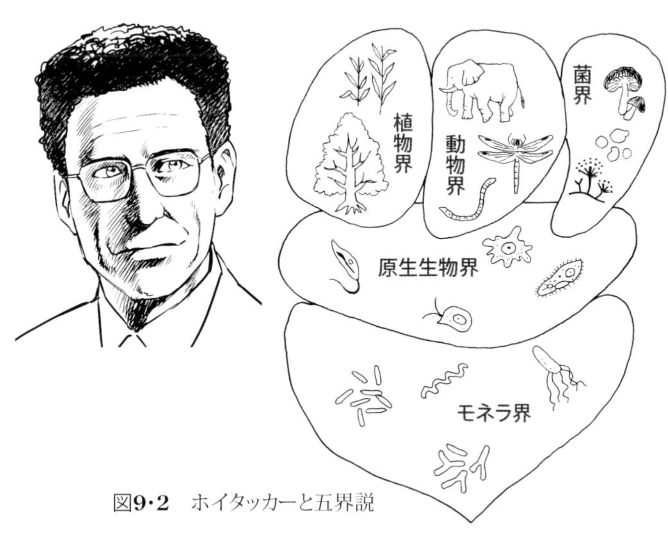


図9･2　ホイタッカーと五界説

生物の世界を五つの大きな界に分類する**五界説**は、1969 年に**ホイタッカー**（R. H. Whittaker, 1920 ～ 1980）が提唱したもので、その後**マーグリス**（**8-3-1** 項参照）が発展させた（図 9･2）。この説では生物はモネラ界、原生生物界、菌界、動物界、植物界にわけられる。現在では、モネラ界に属する原核生物が大きく二つ（後述）に大別され、六界説となる場合もある。五界説は、私たちに馴染み深い動物と植物の二界だけではなく、菌界と原生生物界、原核生物（バクテリアとアーキア）が分類されるモネラ界を加えてつくられたものであるが、**真核生物**を分類した四つの界のうち原生生物界は、真核生物のうち動物、植物、菌に属さないものをすべてひとくくりにしたものであることから、五界説は必ずしも適切な分類ではないと現在ではみなされている。しかしながら、菌、植物、動物という他の真核生物の分類は、人々のイメージとも合い、かつ科学的な根拠も十分である。したがって五界説は、現在でも高校の教科書において分類体系の一つとして扱われている。

生物が進化してきた道筋を**系統**といい、それを表す樹状の図を**系統樹**という。分子進化に関する知見が蓄積すると、生物の系統を、すべての生物が共通してもっている分子情報（DNAやRNAの塩基配列、タンパク質のアミノ酸配列）の違いをもとに解析し、系統樹として表す方法が中心となってきた。こうして表される系統樹を**分子系統樹**という。

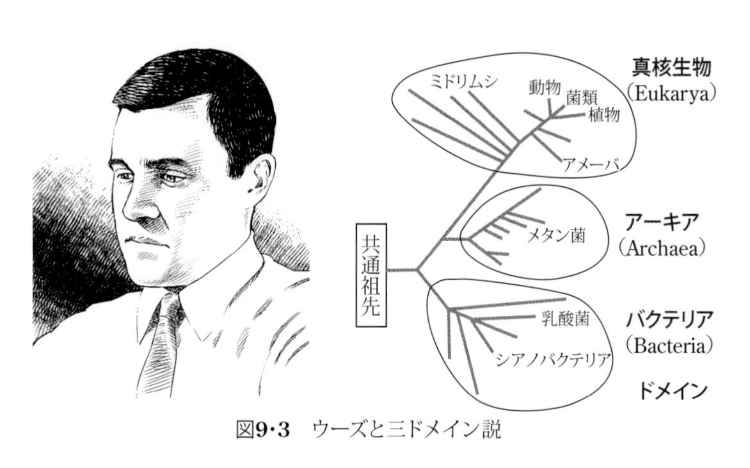

図**9·3**　ウーズと三ドメイン説

1977年、アメリカの生物学者**ウーズ**（C. R. Woese, 1928 ～ 2012）は、リボソームに含まれる**rRNA**（**3-5**節参照）の塩基配列を解析し、それまでひとくくりにされていたモネラ界の生物（**原核生物**）が、じつはバクテリア（細菌）とアーキア（古細菌）という二つのグループに分けられることを見出した（**図9·3**）。**バクテリア**（**細菌**）は、大腸菌や枯草菌、種々の病原菌など、比較的私たちに馴染み深い微生物である。一方、**アーキア**（**古細菌**）には、高度好熱菌やメタン生成古細菌など、比較的馴染みがなく、極限的環境で生育している原核生物などが多く含まれる。

その後のこうした生物のDNAの研究により、バクテリアとアーキアはきわめて異なる特徴をもち、アーキアはむしろ、私たち真核生物により近縁であることが明らかになってきた。ウーズは1990年に、すべての生物を三つの**ドメイン**（**超界**：真核生物超界、アーキア超界、バクテリア超界）に分けることを提唱した。これが**三ドメイン説**である。rRNAの塩基配列を用いた研究により、まず38億年前にバクテリアとその他のグループが分岐（ぶんき）し、その後24億年前にアーキアと真核生物が分岐したのではないかと考えられている。

一方、真核生物超界に関しても、DNAの塩基配列を用いた研究により、これまでの四界（原生生物、菌、動物、植物）にはとらわれない新たな分類体系が、2005年に提唱された。これは、どのような細胞を祖先としてもつかによって、真核生物超界を六つのスーパーグループ（**巨大系統群**）に分類する方法で、これにより真核生物超界は、アメーボゾア、エクスカバータ、リザリア、クロムアルベオラータ、アーケプラスチダ、オピストコンタの六つの巨大系統群に分類された。2008年には、真核生物超界を八つの巨大系統群に分類する提案も成された。さらに2012年には、真核生物超界の最新の分類体系が提唱され、それによると超界と巨大系統群の中間でまず真核生物を四つのグループ（アモルフェア、エクスカバータ、ディアフォレティケス、その他の真核生物）に分けた上で、アモルフェアにはアメーボゾア、オピストコンタの二つの巨大系統群が、ディアフォレティケスにはサール（2005年におけるリザリア、クロムアルベオラータが含まれる）、アーケプラスチダの二つの巨大系統群が含まれる。主な五つの巨大系統群に含まれる生物の共通性質は以下のものである（**図9·4**）。

**アメーボゾア**：細胞の移動と捕食のために先端が丸見を帯びた葉状の仮足をもつ単細胞生物がこ

れに含まれる。通常アメーバと言われてイメージされる原生生物をはじめ、細胞性粘菌や変形菌などがある。

**オピストコンタ**：後方に鞭毛（べんもう）をもち、それを用いて運動（遊泳）する単細胞生物もしくはこれを祖先とする多細胞生物が含まれる。原生生物のうち襟（えり）鞭毛虫類と、カビやキノコなどの菌類、そして私たち動物はこの系統群に属する。動物の精子は、オピストコンタの性質そのものである。

**エクスカバータ**：2本もしくはそれ以上の鞭毛をもち、細胞表面に捕食用の溝を有する単細胞生物がこれに含まれる。

**サール（SAR）**：かつての**クロムアルベオラータ**に含まれた**ストラメノパイル**（S）、**アルベオラータ**（A）ならびに**リザリア**（R）が含まれる。ストラメノパイルは前方に鞭毛をもち、その推進力を逆転させる構造を有する細胞もしくはこれを祖先とする多細胞生物の分類群、アルベオラータは、細胞膜直下に扁平（へんぺい）状の袋をもつ単細胞生物の分類群、リザリアは、糸状、網状、もしくは有軸の仮足をもつアメーバ状の単細胞生物の分類群である。これらの分類群が祖先を同じくする単系統に含まれると考えられたことから、それぞれの頭文字をとってサールにまとめられた。

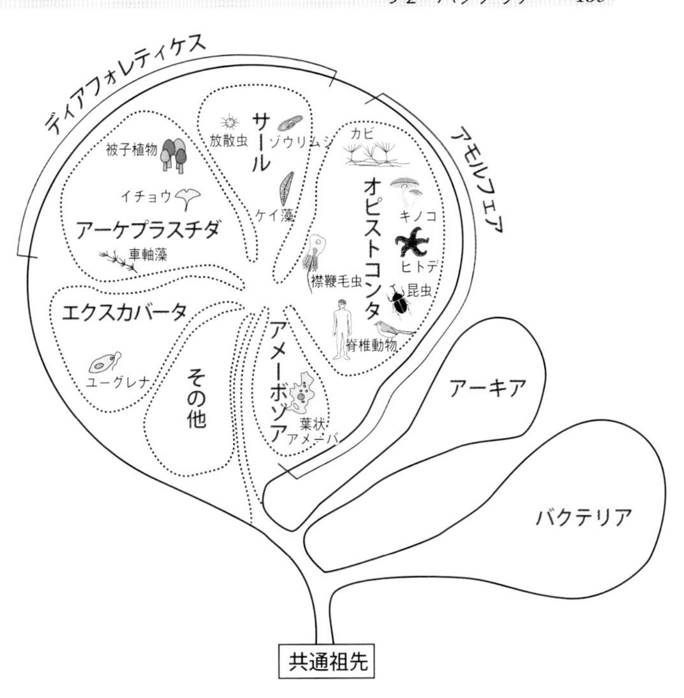


図 9·4　真核生物の巨大系統群

**アーケプラスチダ**：**一次共生**により葉緑体を獲得した単細胞生物もしくはこれを祖先とする多細胞生物がこれに含まれる。すべての陸上植物を含む緑色植物、紅藻類、灰色藻類が分類される。

## 9-2　バクテリア

**バクテリア**（細菌）は、地球上に最初に誕生した生物であると考えられている。膜でできた核がなく、また細胞小器官も存在しない。**ペプチドグリカン**（アミノ糖のポリマー）でできた**細胞壁**をもつ（**図 9·5**）。30S と 50S（S は沈降係数）の二つのサブユニットからなる 70S リボソームをもち、タンパク質はアミノ酸の一種フォルミルメチオニンから合成が開始される。

バクテリアは、これまで知られている**原核生物**のほとんどを占め、私たちヒトに病気を起こす病原体（**7-4-1** 項参照）の多くはすべてこれに含まれる。独立栄養生物としてのバクテリアには、光合成（**2-11** 節参照）を行う**シアノバクテリア**、化学合成（**2-12** 節参照）を行う**硝酸菌**などがあり、従属栄養生物としてのバクテリアには、**大腸菌**、**枯草菌**（*Bacillus subtilis*）、**乳酸菌**（*Lactobacillus* 属、*Bifidobacterium* 属など）等がある。地球上のあらゆる場所に適応して生息しており、独立した生活を送っているものや、他の生物に寄生して生活をしているものもいる。バクテリアは、**物質循環**や生態系の維持などに重要な役割を担っており、とりわけ、生物の遺体や排泄物などの有機物を利用し、無機

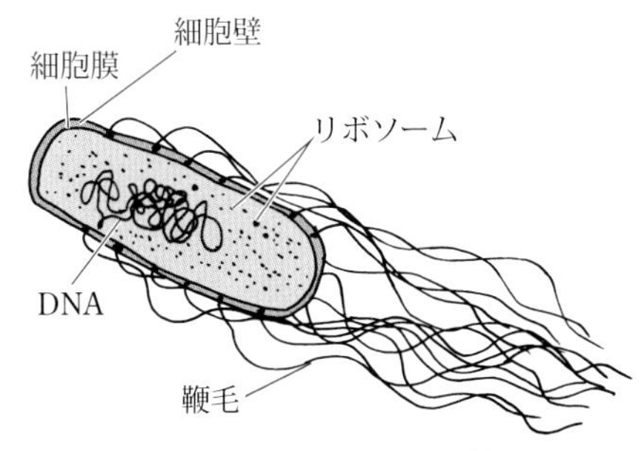


図 9·5　典型的なバクテリアの形態
ただし、リボソームは細胞膜に付随している。

図 **9·6**　グラム陽性細菌とグラム陰性細菌

栄養分を放出する役割をもつ**分解者**としての役割は重要である。

バクテリアは、その細胞壁の構造の違いによって大きく二つのグループに分けられる。脂質二重層でできた細胞膜の外側に厚いペプチドグリカンの層が存在するバクテリアは、**グラム染色**と呼ばれる方法で処理すると紫色に染まる。こうしたバクテリアを**グラム陽性細菌**という。一方、脂質二重層でできた細胞膜の外側にペリプラズム間隙と薄いペプチドグリカン層があり、その外側がさらに脂質二重層で覆われたバクテリアは、この方法では染色されない。こうしたバクテリアを**グラム陰性細菌**という（**図 9·6**）。ペニシリンやアンピシリンなどの$\beta$ラクタム系の**抗生物質**は、バクテリアのペプチドグリカン合成を阻害し、バクテリアに対する抗生物質としてはたらく。

バクテリアの移動手段もまた様々である。**スピロヘータ**と呼ばれるらせん状のバクテリア（**らせん菌**）は、細胞壁の外側に、菌体の端から端まで糸を張るように**鞭毛**（べんもう）が存在し、その外側を外膜が覆っている。この鞭毛により、スピロヘータは栓抜きの金属がコルクの中を進むような動きで移動する。また大腸菌などのように、菌体から複数の鞭毛が出ているバクテリアは、複数の鞭毛を波打たせるようにして動かし、移動する。鞭毛は、**フラジェリン**と呼ばれるタンパク質の重合体であり、その幅はおよそ 20 nm（ナノメートル）である。菌体の細胞壁に埋め込まれた**鞭毛モーター**と呼ばれるタンパク質の複合体が、ATP 合成酵素と同様にプロトンの濃度勾配を利用して（**2-10-2** 項参照）回転することにより波打つ。

**大腸菌**（*Escherichia coli*）は、腸内細菌科に属するグラム陰性細菌である。**通性嫌気性**（酸素の存在下では好気呼吸を行うが、酸素の非存在下では嫌気呼吸を行う）のバクテリアであり、動物の腸管内に生息する。ヒトの腸管内に存在する大腸菌には病原性はないが、他動物の腸管内にはヒトに対して病原性を有する大腸菌も存在する（**7-4-1** 項参照）。O157 は**腸管出血性大腸菌**と呼ばれ、**ベロ毒素**と呼ばれる外毒素を分泌し、出血性大腸炎をもたらす。

**シアノバクテリア**（藍（らん）色細菌；**図 9·7**）は、バクテリアのなかで唯一、光合成により酸素を発生させるグループで、グラム陰性細菌である。その祖先は植物の葉緑体の祖先と同一であり、シアノバクテリアの祖先が葉緑体へと進化したと考えられている（**8-3-1** 項参照）。シアノバクテリアには、いくつかの細胞が集まって糸状のコロニーを呈する種類があり、**栄養細胞**、**ヘテロシスト**、**胞子**を形成する。栄養細胞は光合成を行う細胞であり、胞子は休眠状態を呈し、環境の変化に応じて再び糸状のコロニーを形成する細胞である。

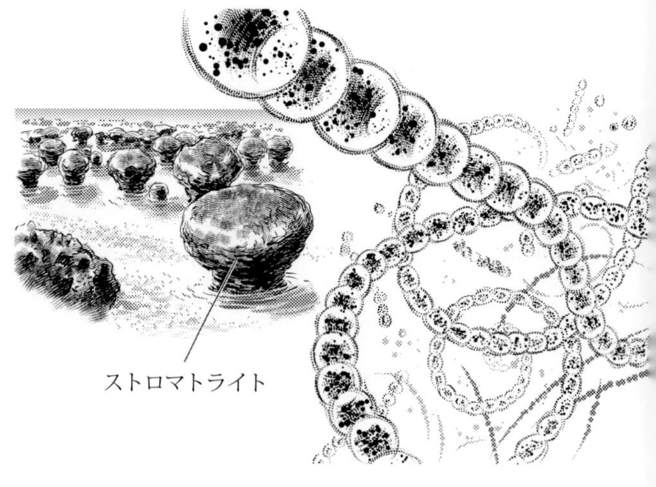


図 **9·7**　シアノバクテリア

ヘテロシストは**窒素固定**（**2-13** 節参照）を行う細胞で、酸素感受性の高い酵素を酸素から守るために極度に厚い細胞壁をもつ。ただし、シアノバクテリアの中にはヘテロシストを形成せず、窒素固定能をもたないものもいる。

バクテリアとヒトとの関係は、人類史を語る上で重要である。すでに述べたように、一部のバクテリアはヒトの体に感染すると様々な病気を引き起こす（**7-4-1** 項参照）。抗生物質が発見される以前は、そうした病原菌（コレラ菌など）が人類に感染症の大流行を引き起こすことが往々にしてあった。14 世紀ヨーロッパで大流行した**黒死病**は、**ペスト菌**（*Yersinia pestis*）による急性細菌感染症であり、当時のヨーロッパの人口の 3 割が命を落としたとされる。また、**結核菌**（*Mycobacterium tuberculosis*）の感染による**結核**は、歴史上に名を残す人物も多数罹患したことで知られ、現在でも多くのヒトがこの病気によって命を落としている。しかしながら、病原性バクテリアを原因とする感染症は、イギリスの**フレミング**（A. Fleming, 1881 ～ 1955）が 1929 年にアオカビから**ペニシリン**を同定することに成功して以来、多くの**抗生物質**の普及によりそのほとんどが治療できるようになり、死者の数も大きく減った。

一方においてバクテリアは、多くの利益をヒトにもたらしてきた。腸管内に生息している腸内細菌や、皮膚表面や口腔粘膜に生息する常在細菌は、私たちヒトの重要な共生相手である（**2-9-2** 項参照）。また**乳酸菌**やビフィズス菌が、ヨーグルトやチーズ、漬物などをつくるために使われていることはよく知られており、日本でも**枯草菌**の一種が納豆の生産に使われている（**図 9･8**）。こうした古来の伝統的な食品製造だけでなく、近年は**組換え DNA 技術**の発展に伴い、とりわけ**大腸菌**が研究目的で利用されてきた（**1-5-7** 項参照）。大腸菌は、初期にゲノムが解読された生物の一つ（1997 年）である。実験室での取扱が容易であり、世代交代の時間（分裂と次の分裂との間の時間）も短いために、世界中の分子生物学研究室で培養されている。**遺伝子組換え作物**の作成には、**アグロバクテリウム**という土壌細菌が植物に感染するメカニズムが利用されている（第**3**章コラム参照）。

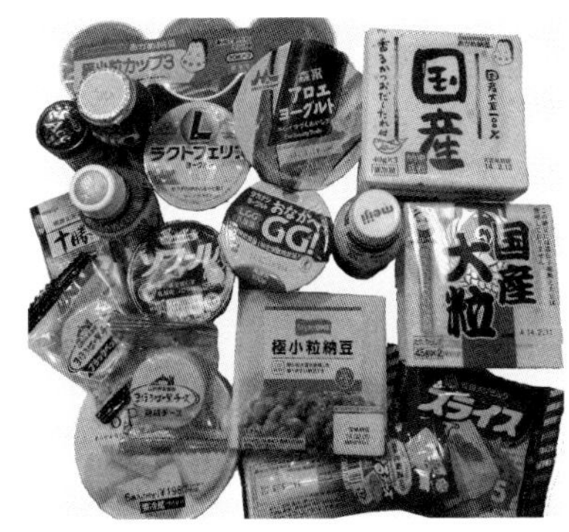


図 **9･8** バクテリアが製造に用いられる食品

## 9-3 アーキア

1977 年、**ウーズ**（**9-1** 節参照）はリボソームの小サブユニットを構成する rRNA の塩基配列の類似性から、ある種のメタン生成菌が、他のバクテリアと真核生物という二つの生物のグループと同じくらい遠い類縁性をもつことを明らかにし、これを機に、真核生物ともバクテリアとも異なる第三の生物グループとして**アーキア**（古細菌）というグループが設けられた（**9-1** 節参照）。

アーキアには、現在までに**メタン生成古細菌**（*Methanobacterium* 属など）のほか、**高度好塩菌**（*Halobacterium* 属など）、好熱好酸菌、**高度好熱菌**、硫酸還元古細菌、硫黄代謝好熱古細菌など、100 種類以上のものが知られている。これらのリストから、一読してアーキアは特殊な環境に適応した生物であり、私たち真核生物とは似て非なるものと捉えられがちであるが、前述したように、分子進化学的解析から、むしろアーキアの方がバクテリアよりも私たち真核生物と進化的に近い関係にあることが明らかとなっている。

アーキアは、バクテリアと同様に核がなく、また細胞小器官も存在しないが、ペプチドグリカンでできた細胞壁をもたないのがバクテリアと大きく異なる点である。バクテリアと同じく 70S リボソームをもつが、rRNA はバクテリアとは異なる。タンパク質合成もバクテリアとは異なり、真核生物と同様に**メチオニン**から合成が始まる。

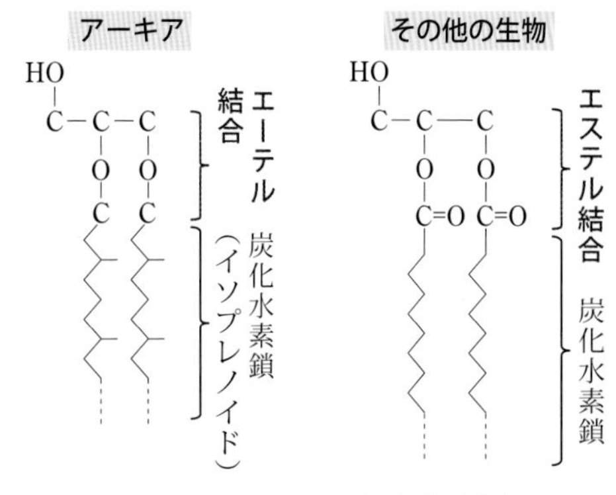

図 9·9　アーキアの細胞膜の構造

アーキアをバクテリアと分け隔てる最大の点は、ペプチドグリカンでできた細胞壁をもつかもたないかに加え、その細胞膜の構造にあり、アーキアの細胞膜をつくるリン脂質（**2-7-2** 項参照）の構造が、バクテリアとは大きく異なる（**図 9·9**）。バクテリアの細胞膜を構成するリン脂質は、グリセロールに**脂肪酸**が**エステル結合**で結合したものであるのに対し、アーキアの細胞膜を構成するリン脂質は、グリセロールに炭化水素鎖が**エーテル結合**で結合したものであり、さらに一部のアーキアには、非常に長い**炭化水素鎖**（炭素数 40 個程度）の両端にグリセロール分子がエーテル結合した“脂質一重層”となっているものも存在する。

rRNA の分子系統学的解析から、アーキアはバクテリアとは異なり、むしろ真核生物に近いことがわかったが、ほかにもアーキアの RNA ポリメラーゼ（**3-6** 節参照）や DNA ポリメラーゼ（**3-4** 節参照）をはじめ多くの遺伝子の塩基配列が真核生物のものと類似していることがわかっている。しかしながら、上記の細胞膜を構成するリン脂質のように、バクテリアとも真核生物とも異なる生体物質や代謝経路が存在していることから、アーキアと真核生物との系統的な関係の詳細はよくわかっていない。さらにアーキアは、大きくユーリ古細菌（**ユーリアーキオータ**）、クレン古細菌（**クレンアーキオータ**）、タウム古細菌（タウムアーキオータ）などに分けられるが、アーキア超界の中での系統も、不明の部分が多い。近年になって様々なアーキアが分離されるようになっており、それに伴いアーキアの系統分類も変化してきた。現在、真核生物に最も近縁と考えられているのは**アスガルド古細菌**と呼ばれるグループで、**ロキ古細菌**（**ロキアーキオータ**）、**ヘイムダル古細菌**（**ヘイムダルアーキオータ**）などが含まれる。

## ◆ 9-4　原生生物 ◆◆◆◆◆

すでに述べたように、最新の真核生物の分類体系はかなり変化しており、現在でも議論が続いているが（**9-1** 節参照）、ここでは多くの人になじみ深い五界説（モネラ界を除く原生生物界、菌界、植物界、動物界）の分類に則って述べていくことにする。

**原生生物**には、アメーボゾアに分類される葉状仮足をもつアメーバ状生物をはじめ、サールに分類されるゾウリムシに代表される繊毛（せんもう）虫類、ツリガネムシ（*Vorticella nebulifera*）などの単細胞性真核生物、また一部の海藻類など体制が単純な多細胞生物が分類される。**9-1** 節で扱った真核生物のすべての巨大系統群には、必ず原生生物が含まれる。単細胞性の原生生物は、バクテリアやアーキアと同じ単細胞だが、細胞の大きさはバクテリアよりもはるかに大きく、またその構造もより複雑化して、一つの細胞の中に口や消化器官、排泄器官などに相当する部分が分化している。原生生物の中には**マラリア原虫**や**赤痢アメーバ**など、ヒトに対して病原性を有するものもあるが（**7-4-1** 項参照）、その数はきわめて少ない。

池や沼などでよく見られる原生生物として、**ゾウリムシ**（*Paramecium* 属）の体制を概観する（**図 9·10**）。ゾウリムシの細胞は、じつは草履（ぞうり）のように扁平ではなく、むしろキュウリかナスビのような立体感がある。その表面には、**繊毛虫**という名前の由来である無数の**繊毛**が生えている。繊毛の構造は鞭毛と同じだが、細胞全体の繊毛が協調して波打つように動くのが特徴的であ

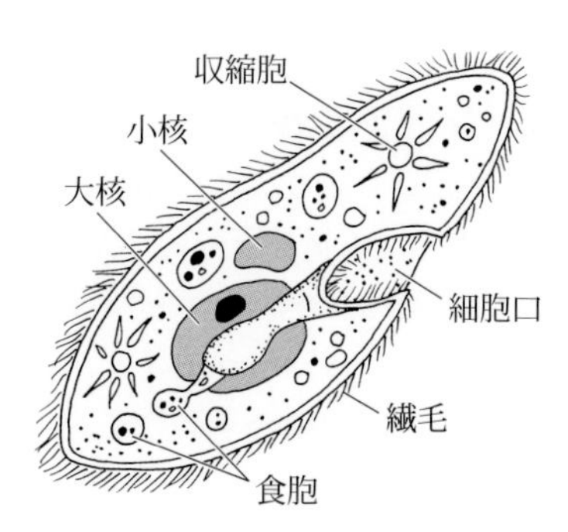

図9·10　ゾウリムシの細胞構造

る。ゾウリムシの内部には、いくつかの種類に分かれた**胞**が存在する。胞は細胞膜と同じ脂質二重層から成り、細胞膜に融合させて外界から物質を取り入れたり（**エンドサイトーシス**）、外界に物質を排出したりする（**エキソサイトーシス**；**2-2-1** 項参照）。ゾウリムシのように淡水性の原生生物は、細胞内が外界に比べて高張であるため、常に水が細胞内へと流入する状態にさらされている。そのためゾウリムシは、**収縮胞**によって常に体内の余分な水を外界に放出している。**食胞**は、ゾウリムシの消化吸収を担っている。細胞表面に開いたトンネルのような**細胞口**から取り込まれた食物は、食胞で包まれた後に消化され、細胞内へと吸収される。

ゾウリムシには、**大核**（栄養核）と**小核**（生殖核）という2種類の核がある。大核では細胞の維持や増殖に必要な遺伝子の転写が活発に行われている。小核は、ゾウリムシが接合を行う際に減数分裂を行い、接合によって生じる**受精核**を経て、小核ならびに大核を形成する（**図4･2**参照）。言わば、大核はその個体の活動を担い、小核は次世代の形成を担っていると言える（**4-1** 節参照）。そのため減数分裂をする必要のない大核は大幅な**DNAの再構成**が行われており、同じ遺伝子が3000コピー以上も存在する大量増幅が見られる。これらの特徴はゾウリムシを含めた繊毛虫類共通の性質である。

原生生物の多くを占めるのは単細胞生物だが、中にはこれらが集合して多細胞的に振舞うものもある。池や沼などで**ボルボックス**（*Volvox* 属）と呼ばれるボール状の緑藻類を見かけることがある（最新の分類では、緑藻類はアーケプラスチダに属する植物の仲間である）。この生物はオオヒゲマワリ目に属する緑藻で、単細胞緑藻の仲間が多数集まり、球状の多細胞体を形成したものである。このような単細胞生物の集団を**群体**という（**図9･11**）。ボルボックスの場合、単細胞緑藻が単に集合しただけでなく、実際に簡単な役割分担を行って、生殖を司る部分と光合成を行う部分に明確に分かれている。群体の中には、それを形成する各個体が、単細胞生物として群体から離れても独立した生活を行う能力がある場合があるため、単細胞生物から多細胞生物への進化の過程において、こうした群体的な状況がまずあり、それから多細胞生物が進化したのではないかと考えられている（**8-3-2** 項参照）。群体には、単細胞の各個体が、原形質によって連結され、有機的な関連が存在する場合（**真の群体**）と、有機的な関連が各個体間になく、単に殻（から）などの物質によって密集しているに過ぎない場合（**偽群体**）がある。

生物のある個体が、生まれてから死ぬまでにたどる過程を**生活史**といい、接合子と次世代の接合子との間に見られる生活史のサイクルを**生活環**という。生活環の中で、単細胞である時期と多細胞である時期が混在している生物に、変形菌と細胞性粘菌がある。**変形菌**は、粘液アメーバという単細胞生物として生きる時期と、二つのアメーバが接合して接合子を作り、その中で分裂を繰り返して核を多数もった原形質の大きなかたまりとなって成熟する**変形体**として生きる時期をもつ。厳密には変形体は、それぞれの核が細胞膜によって分離されていないので、多細胞の状態であるとは言

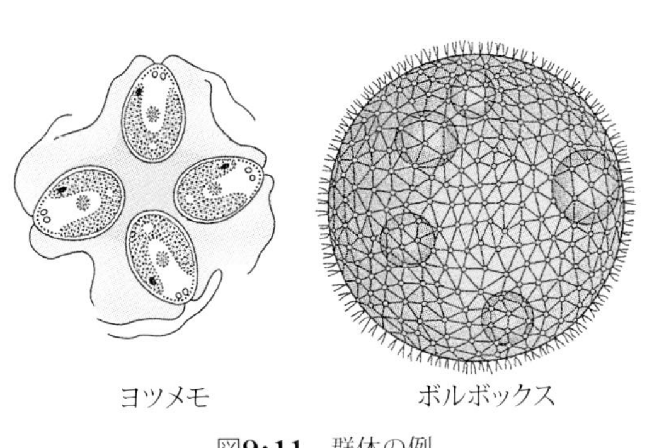

**図9･11**　群体の例

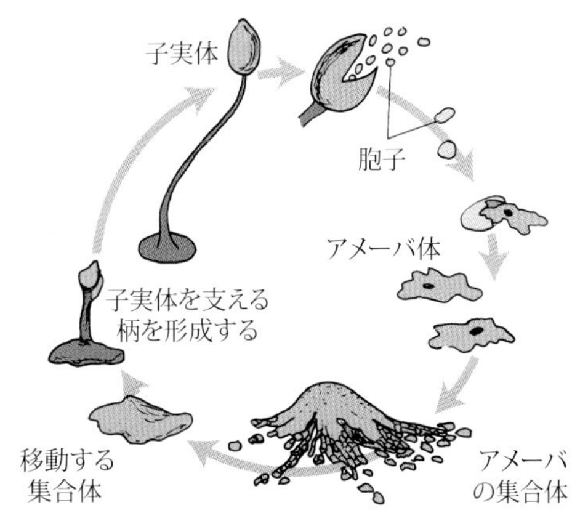

**図9･12**　細胞性粘菌キイロタマホコリカビ（*Dictyostelium discoideum*）の生活環

えない。**南方熊楠**（1867 ～ 1941）が、変形菌の研究に力を注いだことは有名である。一方、**細胞性粘菌**には、やはりアメーバ状の単細胞生物として生きる時期と、アメーバ同士が凝集して偽変形体を形成し、さらにその中で細胞が分化して**子実体**を形成する時期がある（**図 9･12**）。**偽変形体**は、変形菌における変形体とは違い、それぞれの核は細胞膜によって分離されており、多細胞の状態とみなすことができる。

**海藻**は、そのイメージから植物（アーケプラスチダ）に属すると思われがちだが、分類上は原生生物（サール）に属するものが多い（ただし、紅藻類はアーケプラスチダに属する）。地球上で最も大きな原生生物は**褐藻類**コンブ目に属する**ジャイアント・ケルプ**（*Macrocsytis pyrifera*）であり、その長さは数十メートルにも達する（**図 9･13**）。褐藻類は多細胞生物であり、糸状体、葉状体、樹状体など様々な体制の藻類を含む。

図 **9･13**　地球最大の原生生物ジャイアント・ケルプ

## 9-5　菌

**菌界**に属する**菌類**（fungi）は、「真の菌類」（**真菌**）とも呼ばれ、バクテリア（細菌）とはまったく異なる生物群である。バクテリアには光合成や化学合成を行う独立栄養生物がいるが、「真の菌類」には独立栄養生物はいない（**2-6** 節参照）。菌類は、私たち動物などとともにオピストコンタに属する、**吸収型の従属栄養生物**である。他の生物の死体に生え、その栄養を吸収して生きるものもあれば、生きた生物に寄生し、その栄養を吸収するものもある。彼らは消化酵素を細胞外に分泌し、分解産物を細胞内へと取り込むことで成長する。

菌類の最大の特徴は、**菌糸**という特殊な構造をもつことである。菌糸は、**キチン**を含む細胞壁からなる細胞が、糸状に長く連なったものである。**隔壁**が形成されて多細胞となるものもあれば、隔壁が形成されず、**多核体**の状態のものもある。時折私たちの食卓にのぼるキノコの傘は、言ってみれば菌糸の束であり、それがあの特徴的な形をつくり上げている（**図 9･14**）。菌類は、生殖に際して**胞子**を形成する。

菌類の形態や生態はきわめて多様であるが、ここでは代表的菌類として子嚢菌類、接合菌類、担子菌類、地衣類について概観する。

**子嚢菌類**は、その生活環において有性生殖の時期に**子嚢**を形成し、その内部に**子嚢胞子**（*n*）を形成する菌類である。子嚢胞子は**出芽**によって増殖し、**接合**のための**多細胞体**（*n*）を形成する。

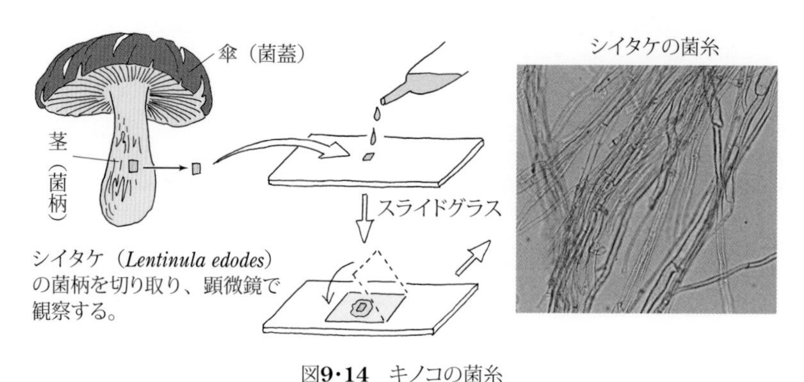


図**9･14**　キノコの菌糸

次に接合型の異なる多細胞体同士が接合し、子嚢をもった**子実体**（$2n$）を形成する。子実体（**子嚢果**）の細胞内は、接合型の異なる二つの核が共存した状態（**プラスモガミー**）となっているが、子嚢中の二つの核はやがて**核融合**を行い、減数分裂によって再び子嚢胞子（$n$）が形成される。よく知られた子嚢菌類としてチャワンタケや、高級食材として知られるトリュフ（*Tuber* 属）があり、これらは生活環では子実体にあたる。

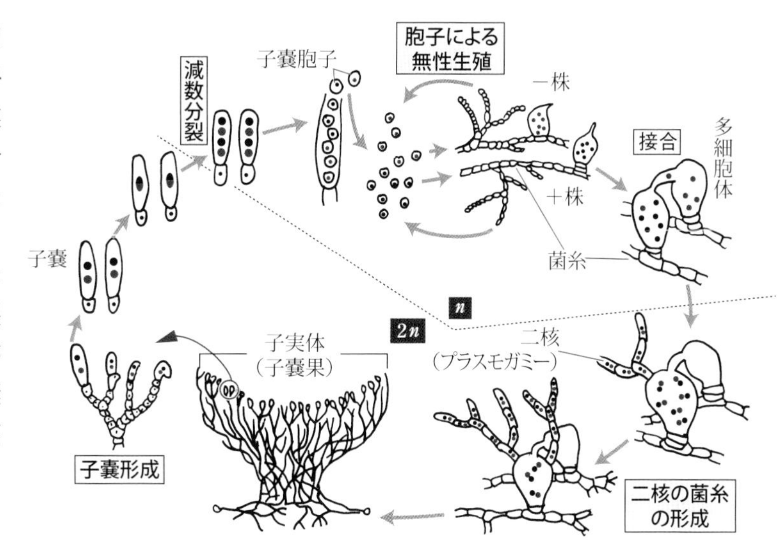


図9・15　子嚢菌の生活環（Sadava *et al*. 2011を参考に作図）

パン酵母として知られる**出芽酵母**（*Saccharomyces cerevisiae*）も子嚢菌類に含まれるが、これはそのほとんどの時期を単細胞生物として過ごし、出芽によって増殖する半子嚢菌類の一種である（**図 9・15**）。

**接合菌類**は、接合型の異なる**配偶子嚢**（$n$）が接合して**接合胞子嚢**を形成し、その内部に**接合胞子**（$2n$）を形成する菌類である。接合胞子は減数分裂を行って胞子（$n$）を形成し、長く伸びた**胞子嚢柄**の先端の**胞子嚢**から放出される。適切な場所に付着した胞子は菌糸を伸ばし、やがて配偶子嚢を形成する（**図 9・16**）。パンに生えるクモノスカビ（*Rhizopus* 属）などが知られる。

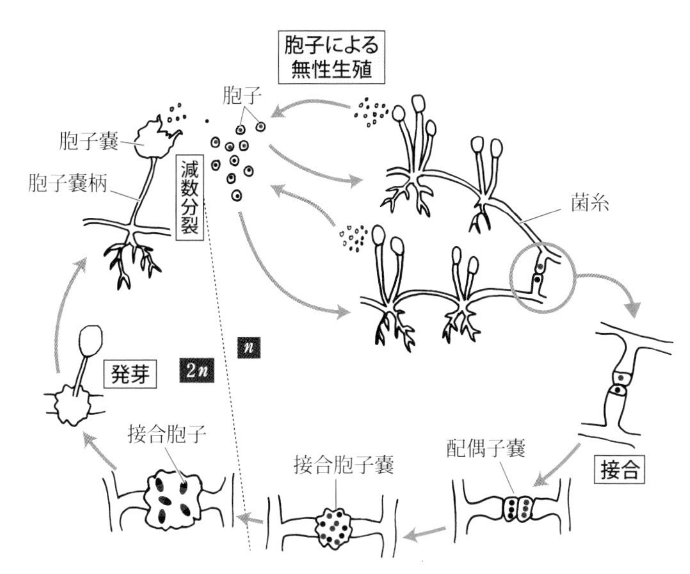


図9・16　接合菌の生活環（Sadava *et al*. 2011を参考に作図）

**担子菌類**は、有性生殖の時期に**担子器**を形成し、その先端に**担子胞子**（$n$）を形成する菌類である。担子器から放出された担子胞子は、適切な場所に付着して菌糸を伸ばし、接合型の異なるもの同士が接合して二核が共存したプラスモガミーの状態となる。これが成長して子実体（$n + n$）となる。子実体の下部に配列した菌糸の一部から担子器の形成が

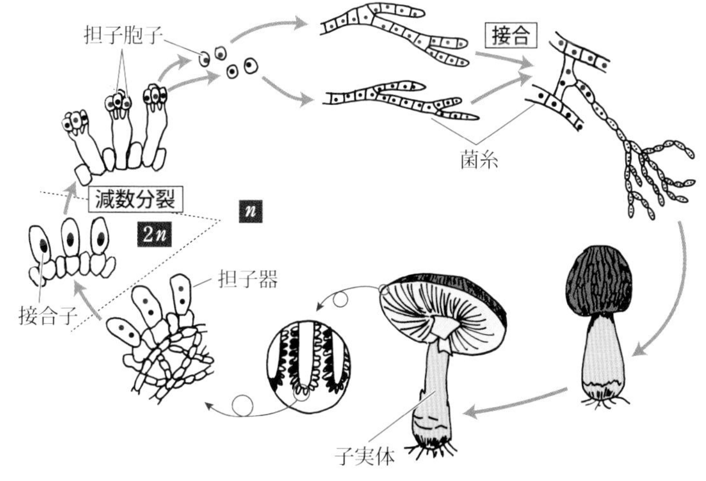


図9・17　担子菌の生活環（Sadava *et al*. 2011を参考に作図）

図 9・18　地衣類（画像提供：生出智哉）
左：ハナゴケ（*Cladonia* 属）、右：ウメノキゴケ（*Parmotrema tinctorum*）。

始まると、担子器でのみ核融合が起こり、$2n$ の状態を経て、減数分裂により担子胞子が形成される。いわゆるキノコのほとんどは担子菌類であり、傘（**菌蓋**）ならびに柄（**菌柄**）は子実体にあたる（**図 9・17**）。

**地衣類**は、**シアノバクテリア**や**緑藻類**などと共生して特殊な形態（**地衣体**）を形成する菌類である（**図 9・18**）。ただし、その多くは子嚢菌類であるため、上記三つと並んで「地衣類」という分類が成されるわけではなく、言うなれば子嚢菌類の特殊な形態として地衣類があると言える。地衣類は岩石などに付着した状態で生育し、いくつかの層を形成する。最も下には、菌糸が細かく枝分かれした**仮根**と呼ばれる層があり、そのうえに菌糸が空間を多く残して多数伸びる**髄層**がある。随層の上部に共生藻類（シアノバクテリア、緑藻類など）の**藻類層**があり、その上に菌糸が密に並んだ**皮層**が存在する。

菌類には他にも、動物の細胞内に寄生するミクロスポリディアと呼ばれる単細胞菌類、淡水や土壌中に存在する微細な**ツボカビ類**、植物の根に共生する**アーバスキュラー菌根菌類**がある。

## ◆ 9-6 植　物 ◆◆◆◆◆

**植物**は、細胞内に**葉緑体**をもち光合成を行う独立栄養生物の仲間である（第 **6** 章参照）。このうち陸上植物はアーケプラスチダに、藻類はサールならびにアーケプラスチダに属する。なお藻類には、**二次共生**、三次共生による葉緑体をもつものもある。

**藻類**には灰色藻類、紅藻類、緑藻類、渦鞭毛藻類、褐藻類、円石藻類などがある。単細胞性の**灰色藻類**は、**シアネル**と呼ばれる青緑色の球形構造をもち、これが葉緑体として機能している。その特徴はシアノバクテリアに類似しており、葉緑体がシアノバクテリア起源である一つの根拠となっている。**葉緑素**のほか紅色色素、フィコシアニンなどの色素を含む**紅藻類**は、そのほとんどが多細胞性だが、単細胞性のものもある。アサクサノリ（*Porphyra tenera*）、テングサ（*Gelidium crinale*）などが知られる。陸上植物に近く葉緑体、鞭毛をもつ藻類が**緑藻類**である。ボルボックス（**9-4** 節参照）をはじめ、アオミドロ（*Spirogyra* 属）、クロレラ（*Chlorella* 属）など有名な藻類が多い。緑藻類のうちシャジクモ

図 9・19　ストレプト植物

図 **9・20** コケ植物（画像提供：露崎史朗）
左：苔類のゼニゴケ、右：セン類のウマスギゴケ（*Polytrichum commune*）。

（*Chara braunii*）を含む**車軸藻類**は、単細胞、多細胞、群体など様々な体制を有するものを含み、卵細胞を用いた有性生殖を行うなど陸上植物に比較的似た特性をもつ。陸上植物の直接的な祖先となったと考えられており、陸上植物も含めてこれらを**ストレプト植物**という（図 9・19）。

**陸上植物**は、**卵細胞**を用いた有性生殖（**6-2** 節参照）を行うため**造卵器**をもち、内部に**胚**（はい）を有するという共通の特徴がある。また水分を失いやすい陸上に適応した体の構造をもつ。単相の**配偶体**（$n$）と、複相の**胞子体**（$2n$）の時期をもつ。胞子体は、**配偶子**（$n$）が受精することで生じる植物体で、体細胞分裂により多細胞となったものである。配偶体は、胞子体の一部の細胞が**減数分裂**により生じた**胞子**（$n$）から配偶子を生じ、それが受精するまでの期間の構造である。陸上植物は、大きくコケ植物と維管束植物に分けられる。

**コケ植物**は、苔類、セン類、ツノゴケ類に分けられる（図 9・20）。**苔類**（たいるい）では、葉状の配偶体の上に、小さな傘のような胞子体を形成するゼニゴケ（*Marchantia polymorpha*）がよく知られている。**セン類**は、コケ植物のうち最も種数が多く、ほとんどの陸上植物の特徴である**気孔**をもつ。配偶体は茎と葉をもつような構造を呈し（苔類もこうした構造をもつ）、時に大地に広く広がり“緑のカーペット”のような様相を呈する。最も祖先形質を残した形態をもつのがツノゴケ類である。**ツノゴケ類**は、非常に扁平で薄く、シアノバクテリアが共生する葉状の配偶体と、種によっては 20 cm ほどの高さにもなることがある胞子体よりなる。ツノゴケの他の 2 類にはない特徴は、細胞 1 個あたりの葉緑体数が少なく、そのサイズが大きいこと、胞子体が上に伸びることができること、胞子体が二つに裂け、胞子を放出することである。

**維管束植物**は、大きく小葉類、シダ植物、種子植物に分けられる。その名の通り、**維管束**が大きく発達している植物である（**6-1** 節参照）。このうち**小葉類**はヒカゲノカズラ類とも呼ばれ、小さく 1 本のみの維管束をもつ葉をつくるのが一般的である。

**シダ植物**（真葉シダ植物）は、**トクサ類**、**マツバラン類**、**シダ類**に大きく分けられる（図 9・21）。シダ植物の最大の特徴は、**胞子体**と**配偶体**が、栄養的に独立した植物体となっていることである。胞子体は配偶体に比べて非常に大きい。配偶体は小さく、シダ植物の場合これを**前葉体**という（図 9・22）。胞子体（$2n$）の胞子嚢から放出された**胞子**（$n$）は、発芽して**仮根**をもつ前葉体（$n$）を形成する。よく知られた例では、前葉体はハート状

図**9・21** シダ植物（画像提供：岩槻邦男）
左：マツバラン（*Psilotum nudum*）、右上：トクサ類のスギナ（*Equisetum arvense*）、右下：シダ類のクサソテツ（*Matteuccia struthiopteris*）。

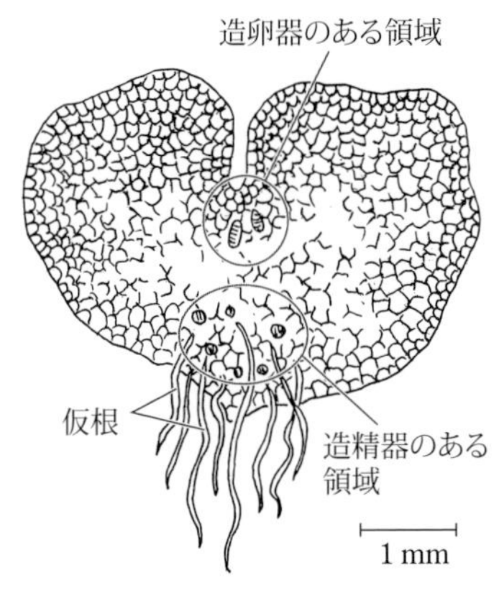


図**9・22**　シダ植物の前葉体

図 **9・23**　イチョウの種子

図 **9・24**　初めて精子が発見されたイチョウの木（東京大学理学部附属小石川植物園）

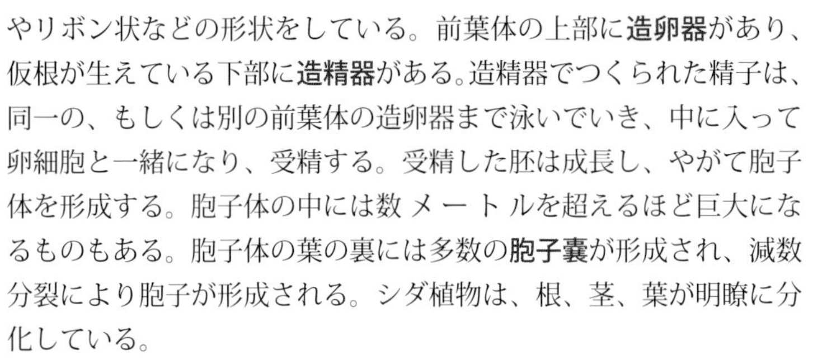

やリボン状などの形状をしている。前葉体の上部に**造卵器**があり、仮根が生えている下部に**造精器**がある。造精器でつくられた精子は、同一の、もしくは別の前葉体の造卵器まで泳いでいき、中に入って卵細胞と一緒になり、受精する。受精した胚は成長し、やがて胞子体を形成する。胞子体の中には数メートルを超えるほど巨大になるものもある。胞子体の葉の裏には多数の**胞子嚢**が形成され、減数分裂により胞子が形成される。シダ植物は、根、茎、葉が明瞭に分化している。

**種子植物**は、通常私たちが目にする植物の大部分を占める。生活環のいずれかの時期に**種子**を形成する植物のグループであり、シダ植物段階までに見られた胞子は形成されない。これらの植物の大きな特徴は、配偶体が胞子体の内部に小さく納まっているということであり、通常私たちが外から見ることができる植物体は胞子体のみであることである。言い換えれば、陸上植物は、配偶体をより小さく、胞子体をより大きくするように進化したものだ。種子植物は、大きく裸子植物と被子植物に分けられる。

**裸子植物**は、ソテツ類、イチョウ類、グネツム類、球果類に分けられる、胚珠の一部が外界に露出している種子植物のグループである（**図 9・23**）。**ソテツ類**には、低木のものから高さ 20 m にも及ぶものまである。太い幹の頂芽の周囲に、シダ植物に似た葉が群生する。**雌雄異株**であり、シアノバクテリアと共生しているものもある。**イチョウ類**は、現生のもので生き残っているのはイチョウ（*Ginkgo biloba*）一種のみである。雌雄異株で、扇状の葉をもつ。**平瀬作五郎**（ひらせさくごろう）（1856 ～ 1925）が 1896 年、種子植物で初めて運動性の精子を発見したことで知られる（**図 9・24**）。**球果類**は、裸子植物の中で最も繁栄しているグループで、ほとんどは高木である。マツ、スギ、ヒノキ、イチイ（*Taxus cuspidata*）など有名な樹木が球果類に含まれる。その名の通り、種子がかさ状の構造に包まれた**球果**を形成し、**雌雄同体**である。雌性球花と雄性球花を生じ、受粉により雌性球花が成熟して球果となる。

**被子植物**は、**胚珠**が**心皮**で覆われ、**種子**が**子房**で覆われている種子植物の一グループである（**6-2** 節参照）。種子植物は花をつけるため、**顕花植物**とも呼ばれる（**図 9・25**）。被子植物の最大の特徴は、生殖器官として**花**をつけること、**重複受精**が起こることが挙げられる。花の構造と機能、重複受精に関しては第 **6** 章ですでに扱った。種数は被子植物の方が裸子植物より圧倒的に多く、約 25 万種ある。かつては、被子植物はさらに**双子葉類**と**単子葉類**に分けられてきたが、分子系統樹などの解析手法の発展により、現在ではこうした分類は適切ではないことが判明している。現生する被子植

図 9・25 被子植物の例
左上：サクラ（ソメイヨシノ *Cerasus* ×*yedoensis* 'Somei-Yoshino'）、
左下：チューリップ（*Tulipa* 属）、
右：エノコログサ（*Setaria viridis*）。

物のうち最も原始的なものが**アンボレラ類**である。その後、観賞用で栽培される**スイレン類**、**シキミ類**が分岐し、**モクレン類**、単子葉類、**真正双子葉類**が分岐したと考えられている。なお真正双子葉類は、その花粉に発芽用の溝が三つあるものをまとめた分類群でもあり、よく知られている被子植物の多くが含まれる（**6-1** 節参照）。

植物は**生産者**であり、生産者は**消費者**に食べられるのが自然界のしくみだが（**10-3-2** 項参照）、面白いことに、その消費者を食べる植物がいる。**食虫植物**である（**図 9・26**）。食虫植物は、昆虫などの小動物を独特の器官（**捕虫葉**や**捕虫袋**）を使って捕え、消化吸収し、養分の一部とする植物の総称である。その捕え方により、陥穽（かんせい）型（ウツボカズラなど）、粘毛型（モウセンゴケ *Drosera rotundifolia* など）、嚢穽型（タヌキモなど）、閉合型（ハエトリグサなど）の四つのタイプに分けられる。独立栄養生物であるはずの植物が虫を捕える理由は、その生活環境にある。食虫植物は、水中や沼沢地域など、窒素やリンなどが不足しがちな地域に生育する。そのためこれらの植物は、不足しがちな栄養分を虫を捕らえることによって補う方向へと進化したと考えられている。食虫植物も光合成を行うので、有機物に関してはあくまでも「独立栄養」としての立場を維持している。

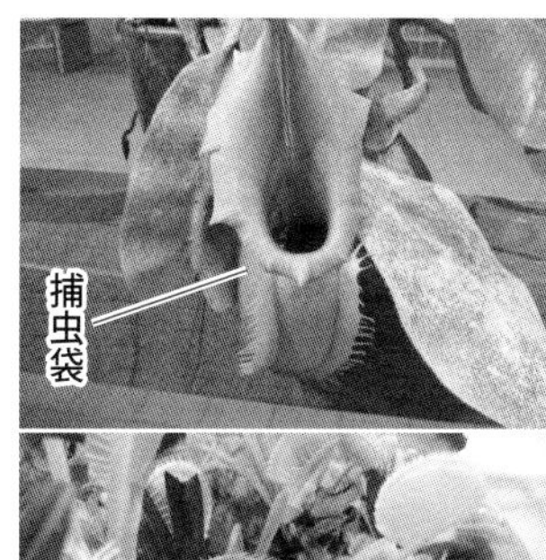

**図9・26** 食虫植物
上：ウツボカズラの一種 *Nepenthes veitchii*、下：ハエトリグサ（*Dionaea muscipula*）。
（画像提供：京都府立植物園）

## 9-7 動 物

### 9-7-1 側生動物・放射相称動物・旧口動物

オピストコンタに属する動物の系統を考慮すると、短絡的に動物を新口動物（後述）とそうでない動物に分類するのは避けたいところだが、本書では馴染み深い分け方として、敢（あ）えてこの二つに分ける。

動物は、側生動物、放射相称動物、旧口動物、新口動物などに分けることができる（**図 9・27**）。

最も原始的な多細胞動物は、**側生動物**として分類される**海綿動物**である。これに含まれる**カイメン類**は、特定の機能に分化した組織や機能をもたないが、いくつかの種類に分化した細胞をもった多細胞生物である。その体内には**襟細胞**（えりさいぼう）と呼ばれる細胞が配列し、鞭毛を波打たせて水流をつくっている。襟細胞と単細胞生物の**襟鞭毛虫**は形態的にほぼ同じ構造をしており、見た目ではほとんど区別がつかない（**図9・28**）。そのためすべての多細胞動物の祖先は襟鞭毛虫類との共通祖先であると考えられている。カイメン類の幼生は**自由遊泳**をするが、成体は**固着性**である。

**放射相称動物**は、体の体制が**放射相称**になっている無脊椎（せきつい）動物の総称で、ここでは刺胞動物と有櫛動物が含まれる（**図9・29**）。**刺胞（しほう）動物**は、**花虫類**（イソギンチャク、サンゴ）、**鉢虫（はちむし）類**（クラゲ）、**ヒドロ虫類**（ヒドラ）などの仲間であり、生活環において**クラゲ型**と**ポリプ型**の二つの段階がある動物であることが基本だが、イソギンチャクやサンゴにはクラゲ型はない。刺胞動物最大の特徴は、肛門（こうもん）がなく、口から取り入れた食べ物の残りかすは同じ口から外に排出すること、体の表面に**刺胞**と呼ばれる鋭い銛のような針を発射するための**刺胞細胞**を有することである。**有櫛（ゆうしつ）動物**は、**クシクラゲ類**が含まれ、刺胞動物よりも複雑な体制をもち、刺胞動物とは異なり口と肛門の両方をもつ。

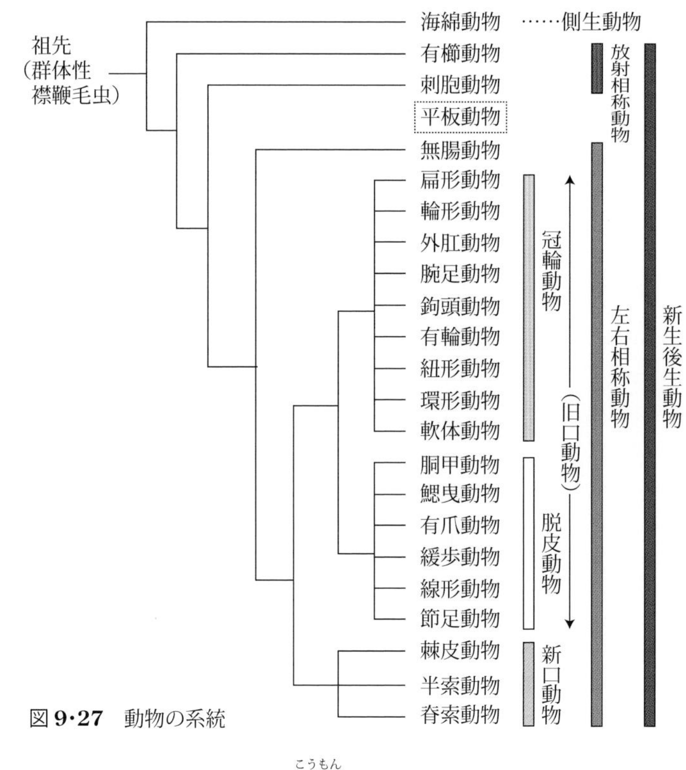


図 **9・27**　動物の系統

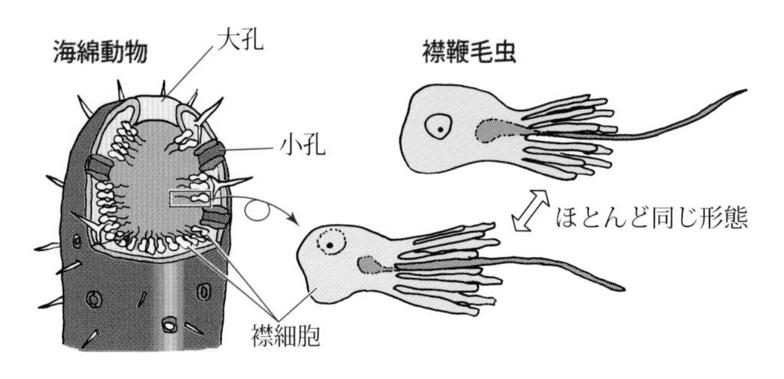


図 **9・28**　襟細胞と襟鞭毛虫（Reece ほか 2013 を参考に作図）

**旧口動物**は、胚発生時に生じる**原口**が、そのまま口へと発生する（**4-4-1** 項参照）動物の総称で、冠輪動物と脱皮動物に大きく分類される。

**冠輪動物**は、**トロコフォア幼生**と呼ばれる自由生活性の幼生の時期をもつもの（軟体動物、環形動物など）、エサをとるために**触手冠**と呼ばれる繊毛の生えた触手が冠のように並んだ構造をもっているもの（外肛動物など）が含まれる動物の総称で、体のサイズを増やすことにより成長する（**図9・30**）。ただし、トロコフォア幼生も触手冠ももたないものもある。冠輪動物には、ナミウズムシ（*Dugesia japonica*；プラナリアとして知られる）や寄生性動物のサナダムシなどが含まれる**扁形（へんけい）動物**、プランクトンの一つとして知られるワムシなどの**輪形動物**、**ゴカイ類**やミミズに代表される**環形動物**、タコ、イカ、二枚貝など非常に多

刺胞動物のウスアカイソギンチャク（*Nemanthus nitidus*）

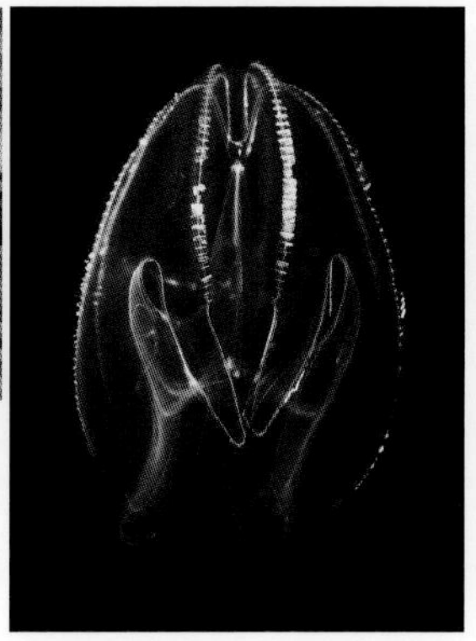

有櫛動物のカブトクラゲ（*Bolinopsis mikado*）

図 **9・29**　放射相称動物の例（画像提供：串本海中公園センター／筑波大学下田臨海実験センター）

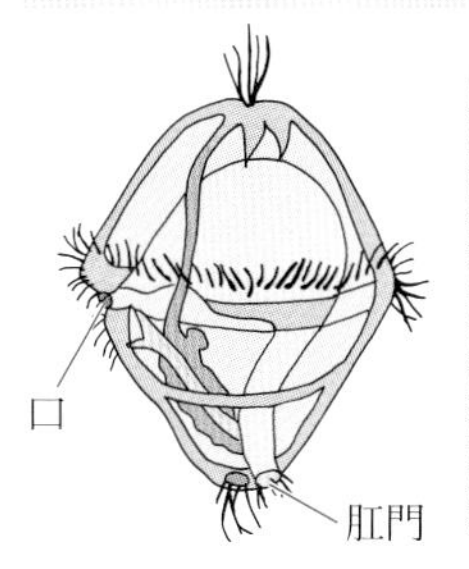


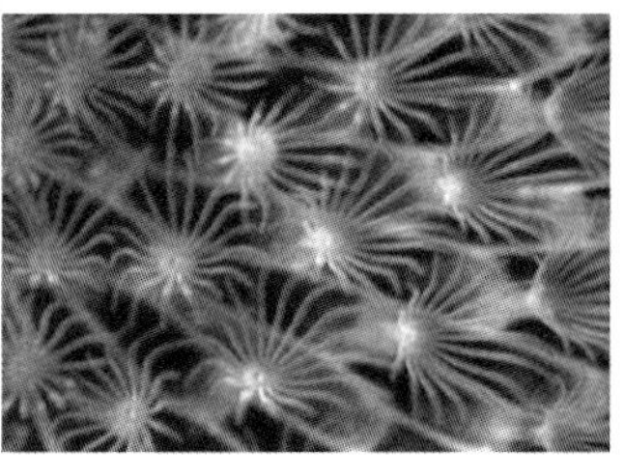

図 **9·30** トロコフォア幼生の模式図とヒラハコケムシ *Membranipora* の触手冠（群体の一部を拡大）
（左図：Reece ほか 2013 を参考に作図。右画像提供：北海道大学理学部生物科学科（生物学）Web サイト）

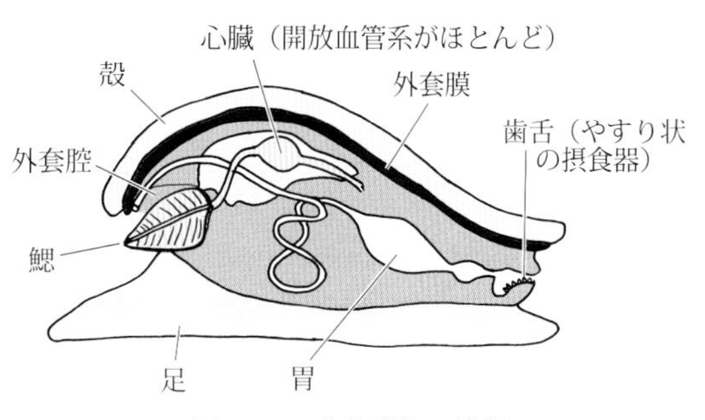


図 **9·31** 軟体動物の体制

くの種が存在する軟体動物などが含まれる。ほかに外肛（がいこう）動物、腕足動物、鉤頭（こうとう）動物、有輪動物、紐形（ひもがた）動物がある。

このうち、特にその種数が多いのが**軟体動物**で、およそ 9 万 3000 種が知られている。**多板類**（ヒザラガイ類）、**腹足類**（巻貝類）、**二枚貝類**、**頭足類**（イカ、タコ）が代表的な軟体動物である。軟体動物の体制の基本は同じで、筋肉質の**足**、内臓器官のほとんどを含む**内臓塊**、および内臓塊を包み、貝殻を分泌する**外套膜**（がいとうまく）よりなる（**図 9·31**）。多くの軟体動物は、**歯舌**と呼ばれる特殊な器官を用いて食物を削り取って食べる。二枚貝などでは、外套膜は内臓塊を超えて伸び、**外套腔**という水で満たされた空間を形成し、**入水管**、**出水管**という出入り口を介して水流を起こしている。巻貝類は、胚発生時に**ねじれ**と呼ばれる特殊な現象を起こすことにより、らせん状の内臓塊が形成される。**貝殻**は、その成分が外套膜から分泌され形成されるが、頭足類ではほぼ退化している。頭足類は非常に発達した**神経系**をもち、また脊椎動物とほぼ同じ構造をした複雑な**眼**をもつ。

図 **9·32** ツチイナゴ（*Patanga japonica*）の脱皮（画像提供：新開 孝）

**脱皮動物**は、成長すると体外を覆う硬い**クチクラ層**を脱ぎ捨てる**脱皮**（**図 9·32**）を行う生物の総称である。節足動物、線形動物、緩歩（かんぽ）動物、有爪（ゆうそう）動物、鰓曳（えらひき）動物、胴甲（どうこう）動物がこれに含まれるが、特に重要なのがすべての生物のうち最も種数が多い節足動物である。

**節足動物**の種数は、現在までに 100 万種以上が知られ、知られているすべての生物種の 3 分の 2 を占める（**8-3-4** 項参照）。まだ発見されていないものも含めて 1000 万種以上は存在すると考えられている。節足動物は、サソリ、カブトガニ（*Tachypleus tridentatus*）、クモ、ダニなどの**鋏角類**（きょうかくるい）、ムカデ、ヤスデなどの**多足類**、**昆虫類**に代表される**六脚類**、カニ、エビ、フジツボに代表される**甲殻類**（こうかくるい）に大別される。節足動物の基本的体制は、**体節構造**を呈すること、硬い**外骨格**を有すること、ならびに関節をもつ**付属肢**（し）をもつことである（**図 9·33**）。付属肢は、各体節に一対ずつ存在し、進化の過程で、歩行のためのもの、摂食のためのもの、感覚受容器としてのもの、交尾のためのものなど、多様な機能を獲得してきた。また外骨格は、サイズの制限をもたらした反面、陸上に上がる際に乾燥からの保護という面で役立ち、また防衛的な能力にも秀でている。バッタ、カブトムシ、チョウ、そしてショウジョウバエなどに代表される**昆虫類**は、節足動物の

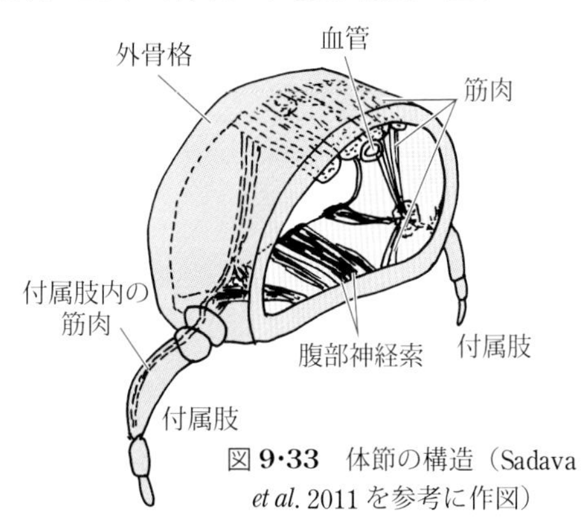


図 **9·33** 体節の構造（Sadava *et al.* 2011 を参考に作図）

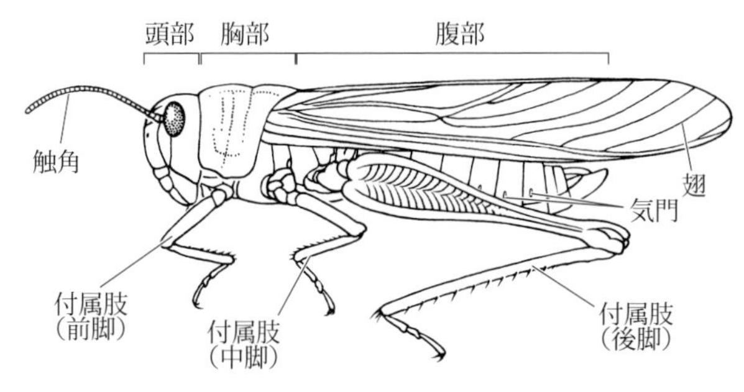


図 **9･34**　昆虫の体制（作図：川島逸郎）

種数の大多数を占める大きなグループで、その体は大きく**頭部**、**胸部**、**腹部**に分かれる（**図 9･34**）。このうち頭部は複数の体節が融合してできたもので、各体節に存在する**神経節**の融合を意味し、発達した**脳神経節**の形成と関係する（**5-9-1** 項参照）。ガス交換においては、クチクラでできた外骨格に開いた**気門**を通じて空気を出し入れし、全身に枝分かれした**気管系**を通じて、酸素を直接各器官に送っている。また、頭部の付属肢は、特殊化して**口器**を形成する。口器は、嚙み砕く、舐め取る、吸う、突き刺すなど多様に進化している。多くの昆虫は発生において幼生から成体に至る過程で体の構造を大きく変える**変態**を起こす。セミやバッタは、幼生と成体の体の形が似ており、脱皮を繰り返して徐々に成体へと移行する。これを**不完全変態**という。一方、チョウや**甲虫類**などは、幼生と成体の形は大きく異なり、間に**蛹**の時期が入る。これを**完全変態**という。

### 9-7-2　新口動物（哺乳類以外）

**新口動物**は、旧口動物とは反対に、胚発生時に生じる原口が、肛門へと発生する動物の総称である。棘皮動物、半索動物、脊索動物がこれに含まれる。

**棘皮動物**には、**海星類**（ヒトデ類）、**クモヒトデ類**、**ウニ類**、**ウミユリ類**、**ナマコ類**がある。幼生が**左右相称**、成体が**放射相称**を示す。**水管系**と呼ばれるシステムを発達させており、水管中に水流を流し**管足**を動かすことで移動したり、摂食したりする（**図 9･35**）。

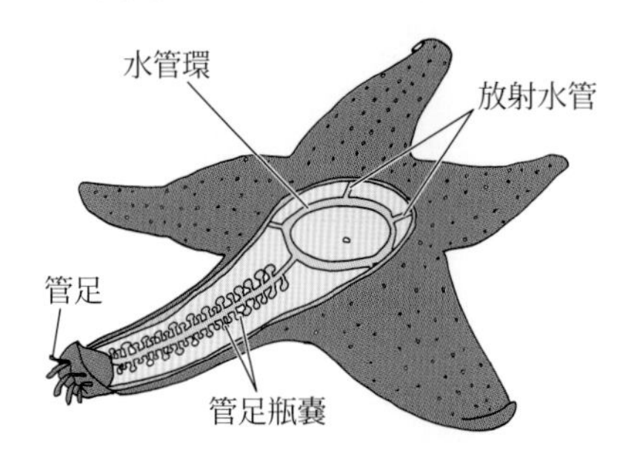


図 **9･35**　棘皮動物の水管系（Sadava *et al.* 2011 を参考に作図）

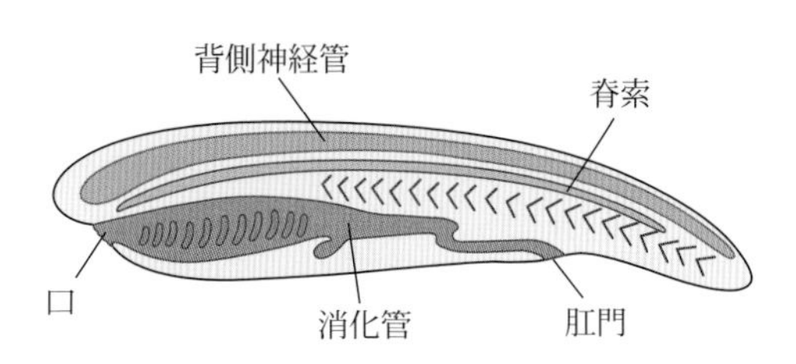


図 **9･36**　脊索動物の体制（Reece ほか 2018 を参考に作図）

**脊索動物**は、脊椎動物を含む大きなグループで、5 万 2000 種ほどの種が存在する。脊索動物の基本的体制は、その名の由来である**脊索**ならびに**背側神経管**をもつことである（**図 9･36**）。脊索は神経管と消化管との間に存在し、体の前後軸を支える構造である。この脊索の周囲に**椎骨**が形成され、硬い**脊柱**（**5-8** 節参照）をもつようになった動物が**脊椎動物**である。ヒトの脊索は退化しており、椎骨同士をつなぐ**椎間板**としてその名残をとどめている。一方、背側神経管は、中枢神経系として**脳**と**脊髄**を形成する（**5-9** 節参照）。

脊索動物には、ナメクジウオ（*Branchiostoma belcheri*）などの**頭索類**、ホヤなどの**尾索類**、**ヌタウナギ類**、そして脊椎動物が含まれる。ホヤは、幼生は自由遊泳を行う魚のような形をしているが、生体になると岩などに固着する。

**脊椎動物**は、脊索動物に含まれる大きなグループで、硬い脊椎をもつ動物の一群である（**図 9･37**）。ヤツメウナギ類、軟骨魚類、条鰭類、総鰭類、肺魚類、両生類、爬虫類、哺乳類に大別される。これまでの馴染みある分け方（魚類、両生類、爬虫類、鳥類、哺乳類）を当てはめると、魚類はヤ

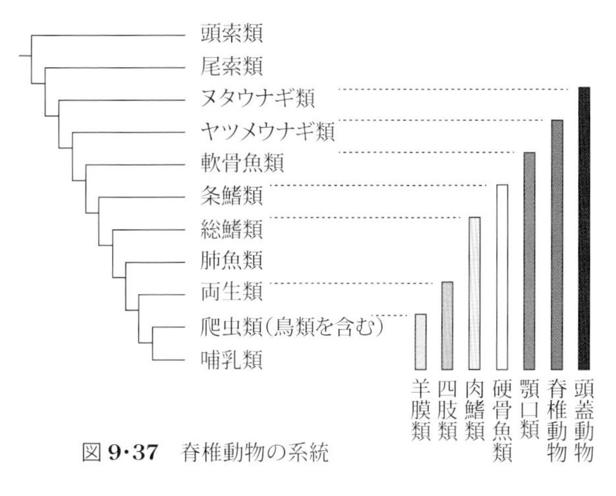

図 9·37 脊椎動物の系統

ツメウナギ類、軟骨魚類、条鰭類、総鰭類、肺魚類に分かれ、爬虫類には爬虫類と鳥類が含まれる。脊椎動物のうち、**ヤツメウナギ類**を除いて、**顎口類**と総称される。顎口類は、ちょうつがいのようになった**顎**をもち、そこに生えた**歯**によりエサをつかまえ、噛み砕く動物である。

**軟骨魚類**は、サメやエイなどの仲間であり、**軟骨**でできた骨格をもつ。これに対する分類がリン酸カルシウムの硬い骨格を有する**硬骨魚類**で、上述の分類では条鰭類、総鰭類、肺魚類がこれに含まれる。**条鰭類**は、私たちが「魚」と言われてイメージするほとんどの魚類が含まれる仲間であり、その名は**鰭**に存在する**鰭条**に由来する。**ウキブクロ**（鰾）と呼ばれる袋状の器官で浮力を調節する。陸上脊椎動物がもつ**肺**は、このウキブクロの**相同器官**である。**総鰭類**には、シーラカンス（第**8**章コラム参照）が含まれる。**肺魚類**は、肺を用いて空気呼吸を行うことができるグループだが、ウキブクロももっている。総鰭類と肺魚類の特徴は、胸鰭と腹鰭に厚い筋肉で包まれた棒状の骨を獲得したことで、後に陸上で歩行が可能になった私たち陸上脊椎動物へと進化した系統を仲間としてもつことである。したがって、総鰭類と肺魚類、そして私たち陸上脊椎動物（**四肢類**）へ進化した系統を総称して**肉鰭類**という。

図 9·38 幼形成熟の例（アホロートル［メキシコサンショウウオ］*Ambystoma mexicanum*）（画像提供：ムッチ／PIXTA）

四肢類は、両生類、爬虫類、哺乳類に大別される。**両生類**には**有尾類**（**サンショウウオ類**）、**カエル類**、アシナシイモリ類がある。幼生が水生で、成体が陸生のものがほとんどだが、一生を通じて水生のものもいる。サンショウウオ類のうち、アホロートルの仲間は、幼生の特徴をもったまま性成熟し繁殖する**幼形進化**（**幼形成熟**）が見られる（**図 9·38**）。

爬虫類以降の四肢類を**羊膜類**という（**8-3-4** 項参照）。羊膜類の特徴は、発生において胚を包みこむ 4 種類の**胚体外膜**が発達することである（**図 9·39**）。その四つの膜を**羊膜**、**漿膜**、**卵黄嚢**、**尿膜**といい、それぞれ胚の保護、胚発生時の栄養分である卵黄の保持、老廃物の貯留という重要な役割をもつ。**爬虫類**は、すでに絶滅した系統を含め多くの動物が分類されるが、現在では、鳥類も

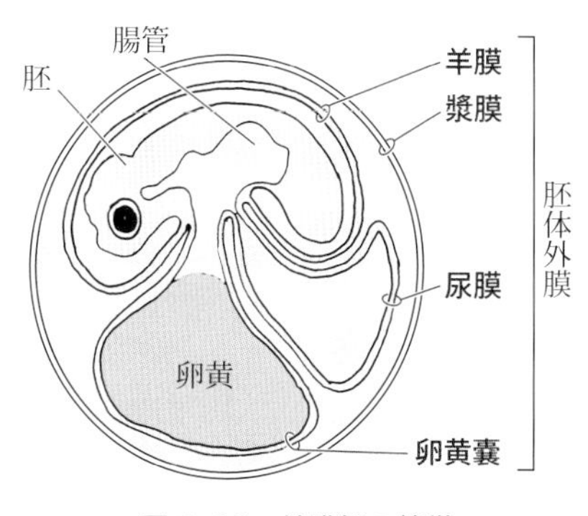

図 9·39 羊膜類の特徴

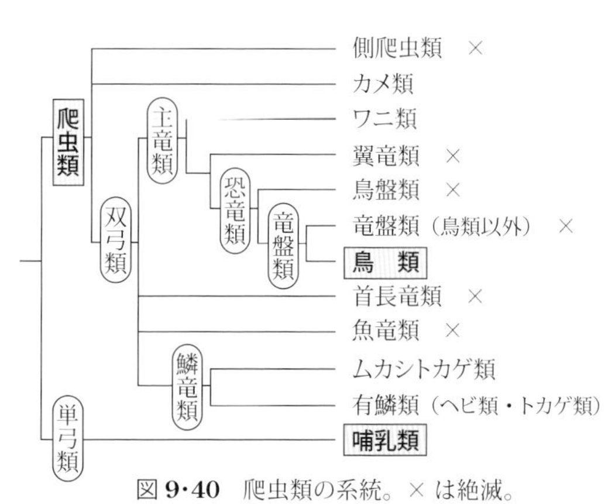

図 9·40 爬虫類の系統。× は絶滅。

1 2 3 4 5 6 7 8 9 10

爬虫類の一系統に属する動物であるとみなされる（**図9·40**）。絶滅種も含めると、爬虫類は**カメ類**と双弓類に大別され、**双弓類**はさらに主竜類、**首長竜類**、**魚竜類**、鱗竜類に分けられる。首長竜類と魚竜類はすでに絶滅した。**主竜類**には、**ワニ類**、**翼竜類**、鳥盤類、竜盤類、鳥類が分類され、このうち後三者（鳥盤類、竜盤類、鳥類）を**恐竜類**という。**鳥盤類**には、トリケラトプス（*Triceratops* 属）やアンキロサウルス（*Ankylosaurus* 属）など、角や棍棒状の尾をもった防御装置を備えた恐竜が含まれ、**竜盤類**には、ティラノサウルス（*Tyrannosaurus* 属）やスピノサウルス（*Spinosaurus* 属）など二本足で歩行する大型肉食恐竜や、ブラキオサウルス（*Brachiosaurus* 属）など巨大で首の長い恐竜が含まれる。**鱗竜類**には**ムカシトカゲ類**、**トカゲ類**、**ヘビ類**が含まれる。爬虫類の特徴は、ケラチンからできた硬い**鱗**で覆われ、**卵殻**のある卵を陸上で産むことである。**鳥類**は、その体が飛行への適応のために他の爬虫類に比べて大きく変化しており（**8-3-4** 項参照）、前肢は大きく変化して**翼**となり、鱗が変化して**羽毛**となっている。また歯は退化し、その代わりに多様な食物に対応できる**嘴**をもつ。

## 9-7-3　哺乳類とヒト

**哺乳類**は、羊膜類のうち**単弓類**と呼ばれる動物から進化したとされる（**図9·41**）。ほとんどの哺乳類は**胎生**であり、**胎盤**をもち、その名の由来となったように、母親が**乳汁**を分泌するための**乳腺**をもち、子を養育するという典型的な特徴をもつ（**4-5-2** 項参照）。他にも、全身が**毛**で覆われていることも特徴としてあげられる。毛は、**恒温動物**である哺乳類の**体温調節**に大きな役割をもっている。心臓は2心房2心室で（**5-2** 節参照）、毛細血管が発達し、体温調節に必要な高い代謝を維持している。また、哺乳類の**歯**は爬虫類とは異なり、多様な食物を噛み砕くために様々な形に変化している。

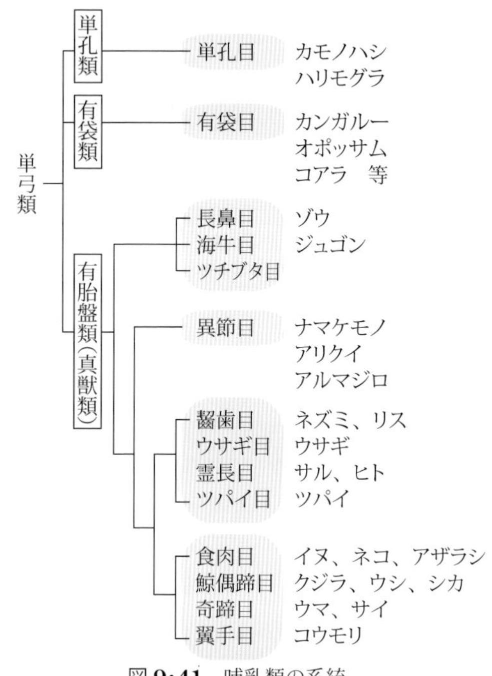


図 **9·41**　哺乳類の系統

哺乳類は、単孔類、有袋類、有胎盤類に大別される。

**単孔類**は最も原始的で爬虫類的性質を有する哺乳類であり、カモノハシ（*Ornithorhynchus anatinus*）ならびにハリモグラ（*Tachyglossus aculeatus*）2種のみが生息している（**図9·42**）。爬虫類的な特徴として、単孔類は**卵生**であり、**蹴爪**と呼ばれる爪をもち、尿と糞の排泄と生殖が、**総排泄口**という同じ部分で成される（単孔類の名前の由来）。一方、哺乳類的な特徴として乳汁で子を養育するが、**乳頭**（**乳首**）はなく、汗腺が変化した乳腺から浸み出る乳汁を、子が舐め取って成長する。

図 **9·42**　単孔類のハリモグラ（*Tachyglossus aculeatus*）とカモノハシ（*Ornithorhynchus anatinus*）（画像提供：robdthebaker, PIXTA／日経ナショナル ジオグラフィック社）

図 9·43 有袋類のアカカンガルー（*Macropus rufus*；左）とコアラ（*Phascolarctos cinereus*；右）（画像提供：やえざくら／花火／PIXTA）

**有袋類**は、カンガルー、コアラ、オポッサム、フクロオオカミなどの仲間であり、胎生である（**図 9·43**）。胎盤を有するが未発達であり、子は未熟児のまま子宮から外へ出て、母親の**育児嚢**の中で授乳により成長する種がほとんどである。有袋類は現在、南北アメリカ大陸ならびにオーストラリア大陸にのみ生息しているが、有胎盤類と同様に各大陸で**適応放散**した。有胎盤類との間で、系統が遠いにもかかわらず同じような環境に生息した結果、互いに同じような形態をもつように至る**収斂進化**が起こっている。

**有胎盤類**（**真獣類**）は、発達した**胎盤**をもち、子が**子宮**内でぎりぎりまで成長した後分娩されて産まれてくる哺乳類の一群で、最も多様化した哺乳類である。大きく ① ゾウ、ジュゴン（*Dugong dugon*）、ツチブタ（*Orycteropus afer*）の仲間、② ナマケモノ、アリクイ、アルマジロの仲間、③ **齧歯類**、ウサギ類、**霊長類**など、④ **食肉類**、**鯨偶蹄類**、**奇蹄類**、**翼手類**などの四つに大別される。

**ヒト**が分類されるのは**霊長類**である。霊長類の特徴は、物をつかむのに適した手や足、扁平な爪、指の模様（**指紋**）、発達した脳をもつことである。現生の霊長類は、キツネザルやメガネザルなどの**原猿類**と、それ以外の**真猿類**に大別され、真猿類はさらに**新世界ザル**、**旧世界ザル**、**類人猿**に大別される。類人猿にはテナガザル、オランウータン（*Pongo* 属）、ゴリラ、チンパンジー、ボノボ、ヒトが含まれる（**8-3-5** 項参照）。霊長類は元来**樹上生活**を営む動物であったが、旧世界ザル以降、**地上生活**を営むものもあらわれた。類人猿の中ではテナガザルとオランウータンのみが常に樹上生活を営み、その他の類人猿は地上生活も営むか、地上生活のみを営む（**図 9·44**）。

図9·44 代表的な霊長類
**原猿類**：①ワオキツネザル（*Lemur catta*）、②フィリピンメガネザル（*Tarsius syrichta*）。**旧世界ザル**：③ニホンザル（*Macaca fuscata*）。**類人猿**：④アジルテナガザル（*Hylobates agilis*）、⑤ボルネオオランウータン（*Pongo pygmaeus*）、⑥ニシローランドゴリラ（*Gorilla gorilla*）、⑦チンパンジー（*Pan troglodytes*）。
（画像提供：①河内奎三／②⑤⑥（公財）東京動物園協会／③④⑦京都大学霊長類研究所／③鈴木克哉／④大橋 岳／⑦落合知美）

現在、地球上に棲息するヒト（**現生人類**）は、生物学的にはすべて同一種であると位置づけられている。ヒト社会には**人種**と呼ばれる分類が存在するが、これは他の生物でいう**亜種**に相当する。現在、人種には**コーカソイド**（ヨーロッパ人種）、**ニグロイド**（アフリカ人種）、そして**モンゴロイド**（アジア人種）が三大人種として存在している。イギリス人と日本人が結婚して子どもをつくる、あるいはケニア人とモンゴル人が結婚して子

図 9·45　人種の違い（画像提供：ロイター＝共同／共同通信社）
左：イギリスのピーター・ヒッグス博士（2013 年度ノーベル物理学賞受賞）、
中：ケニアのワンガリ・マータイ女史（2004 年度ノーベル平和賞受賞）、
右：日本の湯川秀樹博士（1949 年度ノーベル物理学賞受賞）。

どもをつくることができるように、生物学的種概念（**8-1** 節参照）に則れば、コーカソイドもモンゴロイドもニグロイドも、どれも同一種である（**図 9·45**）。

ヒトは、体毛をもつこと、胎盤を通して母親の体内で発生すること、母親の乳腺でつくられる乳汁によって育つことなど、哺乳類（有胎盤類）の特徴的な性質を有しているが、体毛は多くの場合退化している。その一方で、人種の存在や、人種内でも様々な外見上の特徴をもつなど、**種内多様性**が著しく高いという他の哺乳類にはない特徴がある。常に**直立二足歩行**を行い、大脳が他種に比べて著しく発達している（**8-3-5** 項参照）。

## ◆ 9-8　ウイルス ◆◆◆◆◆

現在の生物学では、**ウイルス**は生物とはみなされないが、それは、ウイルスはタンパク質合成装置である**リボソーム**を持たないため、自力でタンパク質をつくることができす、そのため生物の細胞に感染し、そのリボソームを用いてタンパク質を合成し、増える必要があるためである。多くの生物はウイルスに**感染**し、時には**共生**して生きている。一部のウイルスは、私たちヒトにとっては感染症をもたらす病原体であるが（**7-4-1** 項参照）、一方において、ウイルスは生物進化とも大きく関わっていると考えられている。たとえば、哺乳類のうち有胎盤類がもつ胎盤の進化にレトロウイルス（後述）が関与したことが示されており、また真核生物の核の進化に DNA ウイルス（後述）が関与したとする説も提唱されている（**8-3-1** 項参照）。

ウイルスは「濾過性病原体」として見出されたもので、アメリカの**スタンレー**（W. M. Stanley, 1904 ～ 1971）が 1935 年に初めてタバコモザイクウイルスにおいてその結晶化に成功した。DNA もしくは RNA を**ゲノム**として保有するが（**3-3** 節参照）、感染した細胞内でしか増殖することができないため、独立した生物とはみなされず、限りなく生物に近い物質として位置づけられる。

ウイルスの基本的な構造は、**核酸**が**タンパク質**の殻（**カプシド**）に包まれた構造である（**図 9·46**）。ウイルスによっては核酸にカプシドが直に巻き付いて**ヌクレオカプシド**を形成するウイルスもいる。また、カプシドの外側を脂質二重層でできた**エンベロープ**が覆っているものもあり、これを**エンベロープウイルス**という。

ウイルスは、生物の細胞に感染することで、はじめて**自己複製**（増殖）することができる。ウイルスが感染する相手の

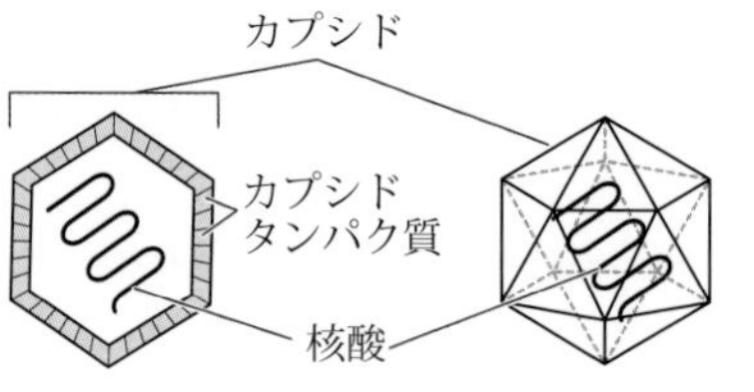

図 9·46　ウイルスの基本構造

一本鎖 RNA ウイルス　　レトロウイルス
一本鎖 DNA ウイルス　二本鎖 DNA ウイルス　＋鎖 RNA ウイルス　－鎖 RNA ウイルス　二本鎖 RNA ウイルス　一本鎖 RNA 逆転写ウイルス　二本鎖 DNA 逆転写ウイルス

図 **9･47**　ウイルスの種類

細胞もしくは生物を**宿主**という。ウイルスと生物は本来共存共栄してきたが、何らかのきっかけでこれまでとは異なる宿主に感染したウイルスは、その宿主に病気を引き起こすことがある。

ウイルスは、ゲノム用の核酸として DNA をもつか、RNA をもつかで、それぞれ DNA ウイルス、RNA ウイルスに大別される（**図 9･47**）。DNA と RNA では、RNA の方が先に誕生したとされ、ウイルスもまた RNA ウイルスがまず誕生し、次に DNA ウイルスが誕生したと考えられているが、ウイルスの起源についてはわからないことが多い（**8-2** 節参照）。

**RNA ウイルス**には、**一本鎖 RNA** をゲノムとしてもつもの、**二本鎖 RNA** をゲノムとしてもつものが存在し、また同じ一本鎖 RNA でも、それ自体が宿主細胞内で **mRNA** として機能する**プラス鎖 RNA** をもつもの、あるいはそれ自体は mRNA にはならず、その相補的な RNA が mRNA として機能する**マイナス鎖 RNA** をもつものがいる。世界で初めて結晶化に成功した**タバコモザイクウイルス**は RNA ウイルスの一種である。ほかに、風邪（かぜ）（普通感冒）の原因となるライノウイルス、風邪や肺炎を引き起こすコロナウイルス、インフルエンザを引き起こすインフルエンザウイルス、A 型肝炎を引き起こす A 型肝炎ウイルス、エボラ出血熱を引き起こすエボラウイルスなど、これまでに多くの RNA ウイルスが知られている（**7-4-1** 項参照）。**インフルエンザウイルス**の RNA は 8 本に**分節化**されており、違う種類のインフルエンザウイルスがブタなどに同時に感染することで、分節化 RNA の組合せが変化する。これが、インフルエンザウイルスの変異しやすさに関わっている。RNA ウイルスのうち、ヒト免疫不全ウイルス（HIV）などに代表されるウイルスは**レトロウイルス**と呼ばれ、感染した宿主細胞内で自身の RNA を鋳型として DNA を**逆転写**により合成し、この DNA を宿主細胞のゲノムに組み込む性質をもつ（**5-7-2** 項参照）。

一方、**DNA ウイルス**にも、**一本鎖 DNA** をゲノムとしてもつもの、**二本鎖 DNA** をゲノムとしてもつものが存在している。DNA ウイルスは、天然痘（痘瘡）ウイルスに代表される**ポックスウイルス**など一部のウイルスを除き、宿主細胞の核で自己複製を行う。大腸菌に感染し、分子生物学の発展に大きく寄与した**バクテリオファージ**、風邪の原因になるアデノウイルス、子宮頸部がんなどの原因となるパピローマウイルス、帯状疱疹の原因となるヘルペスウイルス、**B 型肝炎**を引き起こす B 型肝炎ウイルスなど、多くの DNA ウイルスが知られている（**7-4-1** 項、**7-4-4** 項参照）。

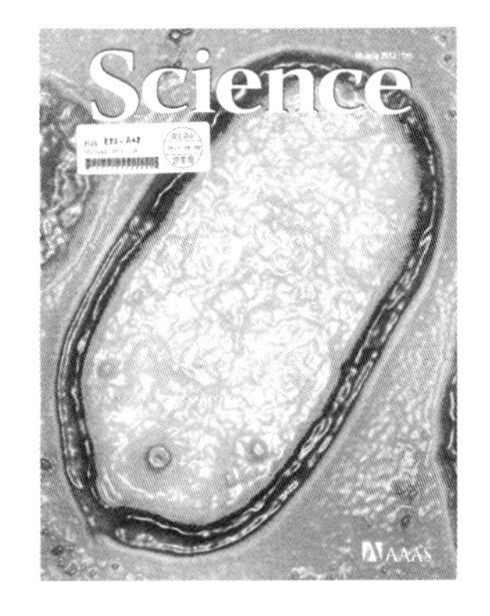


図 **9･48**　「サイエンス」誌の表紙を飾った巨大なウイルス、パンドラウイルス（画像は国立国会図書館収蔵誌より作成）

21 世紀以降、それまで知られていたウイルスよりも粒子径、ゲノムのサイズが大きく、中にはバクテリアの小さなものよりもこれらのサイズが大きく、遺伝子数も多いウイルスが発見されてきている。これらは俗に**巨大ウイルス**と呼ばれ、**核細胞質性大型 DNA ウイルス**（nucleo-cytoplasmic large DNA virus：NCLDV）と呼ばれる二本鎖 DNA ウイルスの仲間である。**ミミウイルス**、**マルセイユウイルス**、ツパンウイルス、メドゥーサウイルスなどが知られ、2013 年には**パンドラウイルス**と呼ばれる、現在までに最大のゲノムサイズと粒子径をもつウイルスが発見され（**図 9・48**）、注目された。ミミウイルスは、**ミミヴァイア**と呼ばれる免疫システムをもち、ツパンウイルスは生物と同じく 20 種類のアミノアシル tRNA 合成酵素遺伝子をもつ。巨大ウイルスは、そのゲノムの大きさや遺伝子数、しくみの複雑性から、一部の機能を欠く生物であると考える研究者もいる。

## コラム ツチノコはヘビ類？トカゲ類？

未確認生物（UMA）と呼ばれる伝説上の生物には、意図しているかそうでないかは別として、現生の生物が属するグループの境界に位置するものが多い。たとえばイギリス・ネス湖に生息しているとされる伝説の生物ネッシーは、爬虫類（首長竜類？）、哺乳類（鰭脚（ききゃく）類か海牛類？）、もしくはその中間的な性質をもつように思えるが、中でもより生物学上の分類が定かではないのは**ツチノコ**だろう（**図 9・49**）。ツチノコは日本全国に様々な目撃談を有する未確認生物であることから、むろん 1 個体も捕獲されていないため科学的方法ではないが、他の未確認生物に比べてその特徴を捉えやすい。

図 9・49 ツチノコ（想像図）

一般的にツチノコは**ヘビ類**か**トカゲ類**の仲間であると考えられているが、ではどちらに近い特徴を有するだろう？ ここでは、以下の目撃情報が正しいと仮定して話を進める。ツチノコは瞬（まばた）きをするので、トカゲに近い（ヘビにはまぶたがないので瞬きをしない）。**四肢**がない（見えない）ので、ヘビに近い。ただし、その体はボトル型であって、ヘビには見えない。四肢がないヘビ類は、体を細長くすることにより、その細長さを十二分に活かして四肢の代わりを果たさせることで、多様な環境に適応できる能力を身に付けたのである。トカゲ類であっても、**ボルネオフタアシトカゲ**（*Dibamus leucurus*）などは四肢が退化しており、体もヘビのように細長い（**図 9・50**）。ボトル型のツチノコにとって、四肢がないことは大きなハンディになっていると思われるが、面白いことにツチノコは、自身の尻尾の先にかみつくことで円形となり、坂を転がり落ちるようにして移動することができ、かつカエルのようにぴょんぴょんと跳びはねることもできるという。四肢の機能を代替する方策もじつは多様であるということなのか、それとも……？

図 9・50 四肢のないフタアシトカゲ

# 10 生物多様性と生態系

宇宙物理学者ホーキングはかつて、いずれヒトは地球を脱出して他の惑星に移住すべきであると述べた。太陽に寿命というものがある以上、もし太陽の寿命以上にヒトが種として生き延びたいと願うなら、そうしなければ生き延びることはできないのは当然であるが、そもそも太陽に寿命が来る前に、ヒトは自身が及ぼした影響のせいで、移住を余儀なくされるかもしれない。

果たして私たちヒトは、生物の一種として他の生物とどう付き合っていかなければならないのか。このことを考えずして、地球とヒトの未来はないだろう。

本章では、環境問題とセットになってその保全が叫ばれ始めている生物多様性と、私たちヒトが今いる生態系のしくみについて扱う。

## 10-1 生態系と植生の移り変わり

### 10-1-1 生態学と生態系

現在の**生態学**の直接の起源は、自然選択と人為選択について言及したイギリスの**ダーウィン**（**1-5-5** 項参照）である。生態学を意味する「エコロジー（ecology）」という言葉を最初に用いたのはドイツの**ヘッケル**（**1-5-5** 項参照）であり、これを日本語で「生態学」としたのは三好学（みよしまなぶ）（1861 ～ 1939）である。生態学とは、生物と環境との相互作用を研究する学問であり、**1-2** 節で述べた「第三の階層」が、生態学の研究対象となる。

近年、環境教育に**ビオトープ**が用いられることが多くなった。ビオトープとは、本来は生物群集の生息空間という意味の外来語（ドイツ語）だが、日本では人工的につくり出した生態環境のことを指して言うことが多い。アメリカ・アリゾナ州に「バイオスフィア 2」という巨大な閉鎖的人工生態系施設がある（**図 10･1**）。海や熱帯雨林、サバンナなどを人工的につくり、バイオスフィア 1（つまり地球）さながらの環境がつくられた。1990 年代初頭、8 人の科学者が完全に外界と遮断して生活を送ったが、様々な問題によって 2 年間で終わった。人工的に生物群集や生態系を構築し、それを惑星レベルで定着させることはまだ夢の話であるが、その理由の一つは、生態系の成り立ちそのものが完全に解明されていないことにある。

**図10･1** バイオスフィア 2 の外観
（画像出典：https://biosphere2.org/）

生物の身の回りの**環境**は、**環境要因**と呼ばれる複数の要素によって成り立っているが、この環境要因のうち、その生物に影響を与える他の生物が環境要因となって構成される環境を**生物的環境**といい、温度、光、二酸化炭素濃度、水中の物質濃度、土壌中の有機物など、生物ではない要素が環境要因となって構成される環境を**非生物的環境**という。**生態系**とは、生物の集団と、こうした生物的環境、非生物的環境をひっくるめて一体化したシステムとして捉えたものである。アメリカの**オダム**（E. P. Odum, 1913 ～ 2002）は、「生態学とは環境相互関係の学である」と定義し、これは現在でも通用する。すべての生物は生態系の一員として生きている。したがって、生物が「生きている」そのしくみを考える上で、分子、細胞レベルのしくみに加え、生態系の中での生物の位置付け

図10･2　初秋の里山（奈良県明日香村。画像提供：Hiroko／PIXTA）

を考えることは必要不可欠である。

日本には、**里山**と呼ばれる自然が全国各地に存在している（**図10･2**）。里山とは、ヒトが住む里の近くにあり、ヒトの手でつくられ、維持される水田や畑、森林などを含めた地域のことである。この場合、水田、畑、森林などがそれぞれ個別の生態系として成り立っているため、里山には多くの生態系が複合的に存在していると言える。個別にとは言っても、お互いの生態系は**生物間相互作用**によって複雑に関連し合っているため、里山そのものもまた大きな一つの生態系であるとも言える。

生態系において重要な役割を担う生物のグループは、生産者と消費者である。太陽の光エネルギーを利用して有機物を合成する**生産者**の主たるものは**植物**であり、生産者がつくった有機物を直接、もしくは間接的に摂取して生活する**消費者**の主たるものは**動物**である（**2-6**節参照）。このうち、とりわけ生産者たる植物の集まりは、特に生態系に重要な役割を果たしている。この、ある場所に生育する植物の集まりのことを**植生**という。

### 10-1-2　植生と遷移

植生は、地理学的視点においては広く大地を覆うように存在するため、**植被**とも呼ばれる。常緑広葉樹林、落葉広葉樹林などは**森林植生**を形成する。また人工的につくられた公園を彩る植物の一群も、植生の一種である。前者のようにヒトの干渉が加わっていないものを**自然植生**、後者のようにヒトの干渉が加わったものを**人為植生**という。

植生は、ある特定の植物の集まりを指す概念ではなく、ある場所に生育する「植物集団の広まり」を指す概念である。一方、**植物群落**は、異種の（もしくは代表的な種がある）植物個体が多数集まって形成された単位性のある集団で、代表的な種の名称をとってスギ林、ブナ林などと呼ばれる。

植生を構成する植物は、生産者として光合成（**2-11**節参照）を行って生物に必要な有機物をつくり出すため、自らの生活を維持するのと同時に、消費者である動物や菌類の生活をも支えている。森林植生は、コケ植物層に始まり、背の低い**草本層**、背の低い樹木である**低木層**、やや背の高い**亜高木層**、最も背が高い**高木層**より成る（**図10･3**）。したがって、高木層が太陽の光をさえぎることにより、森林植生の内部は外界よりも薄暗くなっている。薄暗い低層部分では葉もまばらとなる。こうした植生の特徴は、土壌にも大きな影響を及ぼす。落葉などがミミズやヤスデなどの動物やキノコなどの菌類、土壌細菌などにより分解され、**腐植質**が形成される。発達した森林の土壌は、落葉、落枝の層が最も上部にあり、その内側がこうした腐植質で覆われている。さらにその内部には、風化した岩石が混じった土壌が存在する。

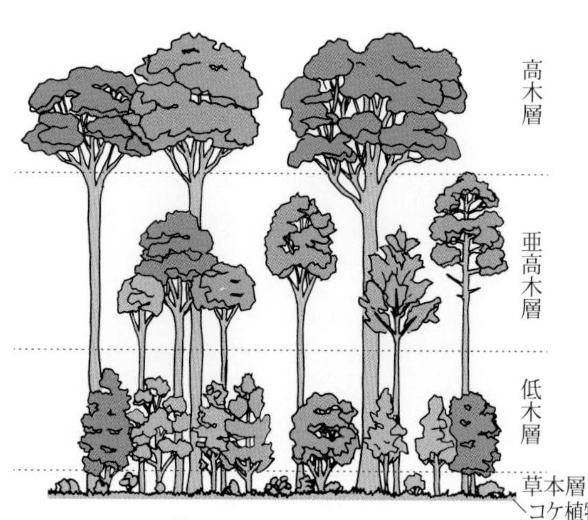

図10･3　森林植生の階層構造

植生は、長い時間が経過すると共に、その全体的な様相も徐々に変化していく。あ

**図10・4**　遷移と極相（写真提供：岩槻邦男）
遷移の最終段階（極相）は条件によって異なった景観となる。左：ボルネオ・キナバル山1500 m前後の山地林、右：タクラマカン砂漠・胡楊の林。

る場所における植生のこうした移り変わりを**遷移**という（図 10・4）。氷河が後退して陸地があらわになったり、火山の噴火により新たに島が隆起したりといったことがあった場合、そこからまったく新しく植生が形成されていく様子を**一次遷移**といい、ある植生が、火災などの**攪乱**（かくらん）から回復していく様子を**二次遷移**という。遷移によって変化する植生は、ある特定の気候的環境的条件の下で、これ以上はもはや移り変わらない状態に達する。こうした植生の状態を**極相**という（図 10・4）。

一次遷移の典型的な例は、次のように進行する（図 10・5）。新たな島が噴火により生じた場合、その土壌は未発達で、植物の養分も少ない状態であるため、まずそうした厳しい環境でも生育できる生物が生育する。**地衣類**（**9-5** 節参照）や**コケ植物**（**9-6** 節参照）などがこうした生物の代表であり、遷移の初期に現れるこうした植物を**先駆種**という。先駆種が生育する場所には、やがてススキ（*Miscanthus* 属）などの草本層が形成され、さらに遷移が進むと背の低い低木層が生育するようになる。まだ高木層が存在せず、地表まで太陽の光が差し込むこの時点では、明るい環境で早く成長する樹木である**陽樹**が生育するようになる。クロマツ（*Pinus thunbergii*）やヤシャブシ（*Alnus*

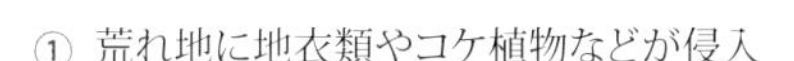

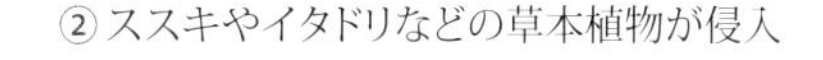

③ 侵入した陽樹が育ち始める

④ 陽樹林の林床に陰樹の幼木が育つ

⑤ 混交林

⑥ 陰樹が優勢となる

⑦ 極相林

**図10・5**　一次遷移の様子

*firma*)、シラカバ（*Betula platyphylla*）などが典型的な陽樹で、これらが高木層としての**陽樹林**を形成する。こうなると地表まで太陽の光が差し込みにくくなり、新たな陽樹は生育しない代わりに、芽生えや幼木の段階では光が少なくてもよく育つ樹木である**陰樹**が生育するようになる。シラカシ（*Quercus myrsinifolia*）、ブナ（*Fagus crenata*）、ミズナラ（*Quercus crispula*）などが典型的な陰樹で、これらが高木層にも加わり、**陽樹・陰樹混合林**が形成される。こうなると新たな陽樹は生育しないため、植生は次第に陰樹が優勢となり、極相では陰樹が多数を占める**陰樹林**となる。

植生を構成する植物で最も量的に優勢な種を**優占種**といい、極相で多く見られる種を**極相種**という。

## ◆ 10-2　バイオーム ◆◆◆◆◆

外界から見た時の植生の全体的な様子は、その成り立ちによって異なる。たとえば、針葉樹が広がる植生と広葉樹が広がる植生は明らかに区別できるし、熱帯雨林の植生と日本の森林とも区別できる。草原と森林はさらにわかりやすく区別される。このような見た目の植生の様子を**相観**といい、相観によって区別される植生では、そこに住む動物や微生物の種類や様子も異なる。この、特徴的な相観によってまとめられる、植生を構成する植物と、動物や微生物を含むすべての生物の地理的集合体を**バイオーム**という。それぞれのバイオームに生息する生物のパターンはそれぞれ違うので、世界中には多くの種類のバイオームが存在するが、まずは大きく森林、草原、荒原に大別される。

**森林**には、存在する緯度や降水量などの環境要因により植生が影響を受けるため、様々なものがある（**図10･6**）。**熱帯多雨林**や**亜熱帯多雨林**は、降水量が多く気温が高い地域にあるため、一年中葉をつけ活発に光合成を行う**常緑広葉樹**（フタバガキ、アカテツ *Planchonella obovata* など）が優占種となっている。**雨緑樹林**は、同じ熱帯や亜熱帯でも、雨季と乾季の区別が明確な地域で成り立つ森林で、乾季になると落葉する**落葉広葉樹**（チークなど）が優占種である。**照葉樹林**は、日本など緯度が亜熱帯よりも高く温暖な地域に広がり、熱帯多雨林などと同じく常緑広葉樹（シイ、シラカシ、クスノキ *Cinnamomum camphora* など）が優占種となる。一方、地中海性気候のように、緯度が亜熱帯よりも高く夏に乾燥する地域では、皮質が硬く、しばしばトゲをもち、硬い葉をつけ

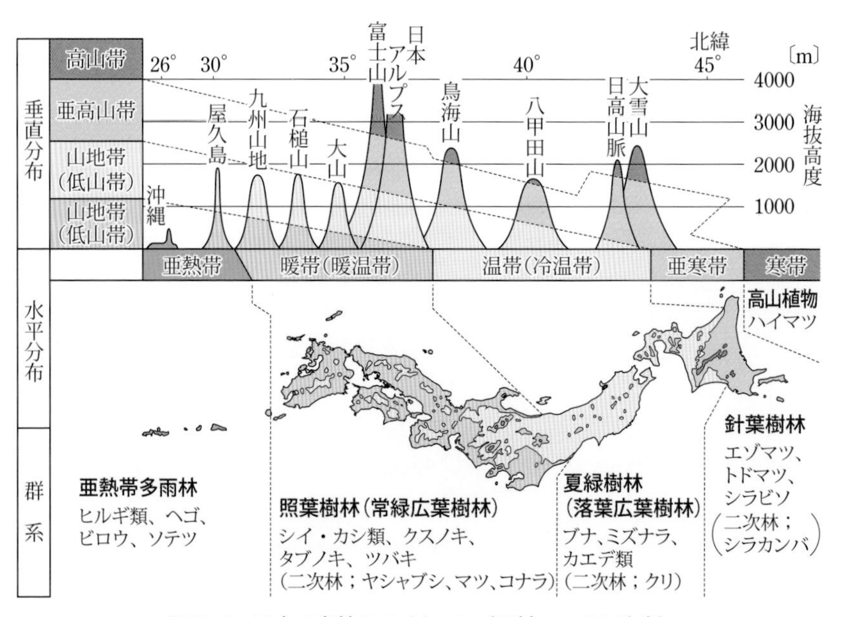


図10･6　日本の森林のバイオーム（田村 2008より改変）

る常緑広葉樹の**硬葉樹**（コルクガシ *Quercus suber*、オリーブ *Olea europaea* など）が優占種となる**硬葉樹林**が広がる。緯度がさらに高く、冬の寒さが厳しくなる地域には、夏の間だけ葉をつけ冬には葉を落として寒さを防ぐ落葉広葉樹（カエデ、ブナなど）が優占種となる**夏緑樹林**が広がる。さらに緯度が高い亜寒帯では、耐寒性に優れた**針葉樹**（トウヒ *Picea jezoensis* など）が優占種となる**針葉樹林**が広がる。

**草原**には、熱帯や亜熱帯に広がるサバンナと、温帯に広がるステップがある。**サバンナ**は、降水量が少なく樹木があまり生育できない熱帯・亜熱帯の地域で、イネ科植物を中心とした植生が広がるバイオームである。サバンナには樹木が点在し、独特の景観をなす。**ステップ**は、ユーラシア大陸中央部などに広がる草原で、降水量が少なく半乾燥地帯に広がる。こちらもイネ科植物を優占種とした植生が広がる。

代表的な**荒原**は、砂漠とツンドラである。草原よりも降水量がさらに少なくなると、植物は通常生育できなくなり、生育できてもサボテンなど乾燥に適応した一部の植物が点在するだけの茫漠（ぼうばく）とした砂の大地へと変わる。これが**砂漠**である。亜寒帯よりも高緯度の寒い地方になると、凍った土（**凍土**）の層、時には**永久凍土**が地面に現れ、地衣類、コケ植物、草本、矮性（わいせい）低木などを中心とした植生となる。これを**ツンドラ**という。

バイオームは、緯度の違いだけでなく、海抜によっても大きく影響される。これまで学んだバイオームの配列を**水平分布**というが、低地から高地にかけて見られるバイオームの配列を**垂直分布**という（**図 10･6**）。日本では、低地から高地にかけて、照葉樹林→夏緑樹林→針葉樹林の順に分布し、ある海抜にまで達すると高木層が見られなくなって**森林限界**となる（**図 10･7**）。森林限界の高さは、緯度が高くなるほど低くなる傾向にある。

**図10･7**　富士山五合目付近の森林限界（画像提供：anne／PIXTA）

## 10-3　物質循環とエネルギー量

### 10-3-1　炭素循環・窒素循環・硫黄循環

生物が食物を摂取することで体の中でどういう変化が起こるかを説明することは比較的簡単だが、これを地球規模で眺めてみて、果たして「食べる」ことにどのような意義があるかと問われると、答えるのはなかなか難しい。生態系において行われていることが**リユース**に近いことを知れば、より身近となるだろう。なぜなら生態系において行われていることは**物質循環**そのものだからである。

地球上では、大気中の**二酸化炭素**のうち約 80 分の 1 が、植物によって光合成に使われ、有機物がつくり出されている。光合成の重要な反応の一つを**炭酸固定反応**と呼ぶごとく、光合成とは大気中の**炭素**が**有機物**へと固定される（取り込まれる）反応である（**2-11** 節参照）。生産者である植物によって有機物中に取り込まれた炭素は、植物自身の体や、これを直接的、間接的に利用する消費者である動物や微生物などの体内を**循環**し、様々な有機物の中に繰り返し取り込まれながら、呼吸によって分解された有機物から再び二酸化炭素へと戻り、大気中へ戻る（**2-10-2** 項参照）。この大きな流れを**炭素循環**という（**図 10･8**）。炭素循環ではこのほか、大気中から海洋への二酸化炭素の溶け込み、海洋中での炭酸塩への変化、サンゴによる**炭酸カルシウム**への固定、**化石燃料**への炭素の貯蔵などの経路も存在する。二酸化炭素を経由した生物の様々な活動によって、炭素は生態系

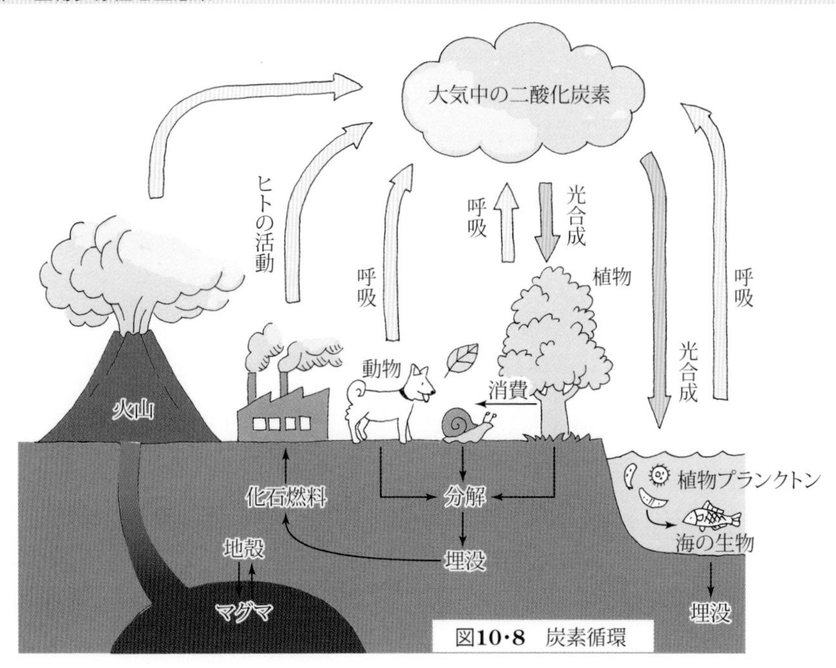


図**10・8**　炭素循環

の中を循環しているため、すべての生物が排出した二酸化炭素量と、すべての生産者が有機物に固定する二酸化炭素量は常にバランスを保っているはずだが、近年は化石燃料を用いたヒトの活動がこのバランスを崩し、排出する二酸化炭素量がわずかに上回っている。その結果として、大気中の二酸化炭素量は徐々に増え続けている。

一方、生態系では**窒素**が循環するシステムである**窒素循環**も存在する。窒素は、大気中に豊富に存在する**分子状窒素**（$N_2$）をはじめ、アンモニウム塩、硝酸塩などの無機化合物、アミノ酸や塩基などの有機化合物に至るまで様々な形で存在している。大気中の分子状窒素は、**根粒菌**（**図 10・9**）やシアノバクテリアなどの作用によって**窒素固定**され、**アンモニア**に還元される。そしてこのアンモニアが、各種生物の窒素源として用いられる（**窒素同化**；**2-13** 節参照）。また、脊椎動物などは老廃物としてアンモニアをつくり、その中の窒素は脱窒素細菌により再び分子状窒素へと戻される（**脱窒**）。

**硫黄**は、ある種のアミノ酸の構成成分として重要であり、またある種のタンパク質の立体構造を決定する上でも重要な役割を果たす元素である。**硫黄循環**も、大気中に放出された硫黄と、生物活動で用いられる硫黄との間で起こる現象である。大気中には、ある種のバクテリアから放出される**硫化水素**（$H_2S$）や、火山活動により放出されることが原因で硫黄が蓄積される。大気中の硫黄は、**硫酸塩**の形で再び生態系に戻る（**2-12** 節参照）。植物や微生物は硫酸塩を**硫化水素**に還元し、タンパク質の材料となるアミノ酸のうちシステインやメチオニンなどの**含硫アミノ酸**の合成に供する（**2-8-2** 項参照）。

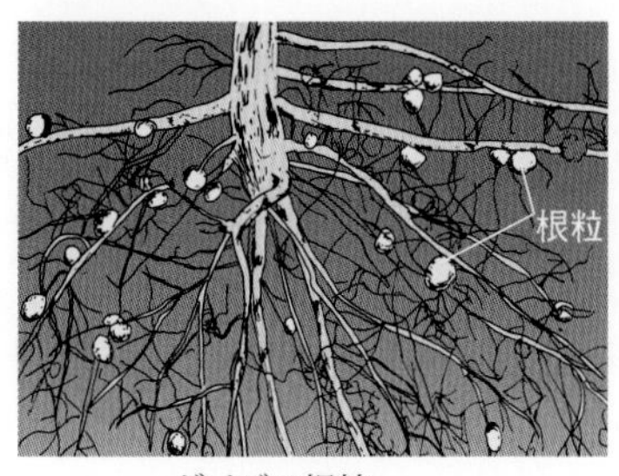


ダイズの根粒

| **根粒菌の種類** | **宿主** |
|---|---|
| *Rhizobium melioliti* | アルファルファ（*Medicago sativa*） |
| *Rhizobium trifolii* | シロツメクサ（*Trifolium repens*） |
| *Rhizobium japonicum* | ダイズ（*Glycine max*） |
| *Rhizobium phaseoli* | インゲンマメ（*Phaseolus vulgaris*） |
| *Rhizobium leguminosarum* | エンドウ（*Pisum sativum*）、ソラマメ（*Vicia faba*） |

図**10・9**　根粒菌と、それによって形成される根粒

### 10-3-2 生態的ピラミッド

**生産者**である植物は、**消費者**である動物に食べられる。消費者である動物は、また別の消費者である**肉食動物**に食べられる。生産者によってつくられた有機物の総量を**総生産量**といい、これは総消費量に等しい。

すなわち、この場合の総消費量とは、植物の**呼吸量**、**成長量**、**被食量**、**枯死量**の総和であり、植物の被食量は、動物の**成長量**、他の動物による**被食量**、**死亡量**、**呼吸量**等の総和である。それぞれの生物は、生産者、生産者を食べる**一次消費者**、一次消費者を食べる**二次消費者**、二次消費者を食べる**三次消費者**という具合に、どこかの栄養段階に区別される。したがって、これらの各**栄養段階**の生物のエネルギー量は、生産者から高次の消費者に至るに伴い、減少するはずであり、全体として底辺が大きなピラミッド型となる。これを**生態（的）ピラミッド**という。ただピラミッドとはいえ、生産者である植物のエネルギー量は消費者に比べて圧倒的に多いので、むしろ広い台座の上においた東京スカイツリーのような様相を呈する（**図 10･10**）。

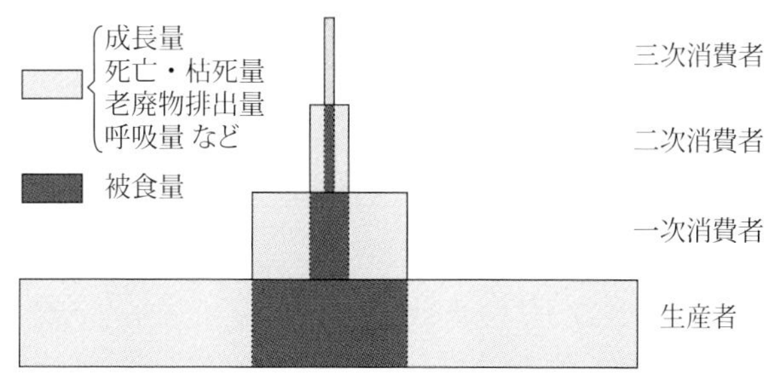

図**10･10** 生態的ピラミッド

## 10-4 生物間相互作用

### 10-4-1 個体群と生物群集

同じ生活圏に生息する同じ種（しゅ）（**8-1** 節参照）の個体の集まりを個体群といい、お互いに相互作用する異なる種の個体群が組み合わさってできた集まりを生物群集という。**個体群**では、同種同士の個体が**自由交配**を行うが（配偶者選択が行われる場合を除く）、交配を巡るオス同士の**争い**、食物を巡る個体同士の争い、また**子育て**を協力して行う（**4-5-1** 項参照）など、個体同士の相互作用が多く見られる。ヒトの社会は、それ全体が地球という生活圏に生息するヒトという生物種の個体群であるとも言えるが、会社単位、部署単位、町単位がそれぞれ一つの個体群であるとも言える。

一方、**生物群集**には様々なレベルのものがある（**図 10･11**）。たとえば、ある 1 個の大きな森には様々な種類の樹木、草本類が生息し、そこで生活する鳥や動物が含まれる。草原には、背の低い草本類とそれを食べる草食動物、さらにそれを食べる肉食動物が棲息している。池や沼の水をさらって顕微鏡で観察すると、植物性プランクトンと、これを食べる動物性プランクトンが浮遊し、同じ場所には動物性プランクトンを食べる幾種もの魚が生息している。森林や草原は**バイオーム**として機能しているが、生物の集まりという視点で見れば、これらは一つの生物群集によって成り立っていると言え、また生態系を構成する**生物的環境**（**10-1** 節参照）とは、生物群集のことを指すとも言える。

図**10･11** 生物群集の例

### 10-4-2　個体間相互作用と行動

それぞれの個体群には固有の特徴がある。個体群の性格を特徴づけるのは、個体群の大きさと、個体群密度である。**個体群の大きさ**とは個体群を構成する個体の数である。個体群の大きさは個体の**出生**と**死亡**のみならず、他の個体群からの個体の**移入**、他への**移出**などにより**変動**するが、その多くは季節性の変動である。個体群はこの他にも**成長**、**空間分布**、**齢構成**など様々な要素から特徴づけられる。たとえば**図10･12**は、日本国民としてくくられるヒトの個体群における齢構成を示している。この齢構成は、出生率が年々減少していることを表しており、**老齢型**のピラミッドと呼ばれる。逆に出生率が高い齢構成では、底辺の広いタイプとなり、**若齢型**もしくは**安定型**という。

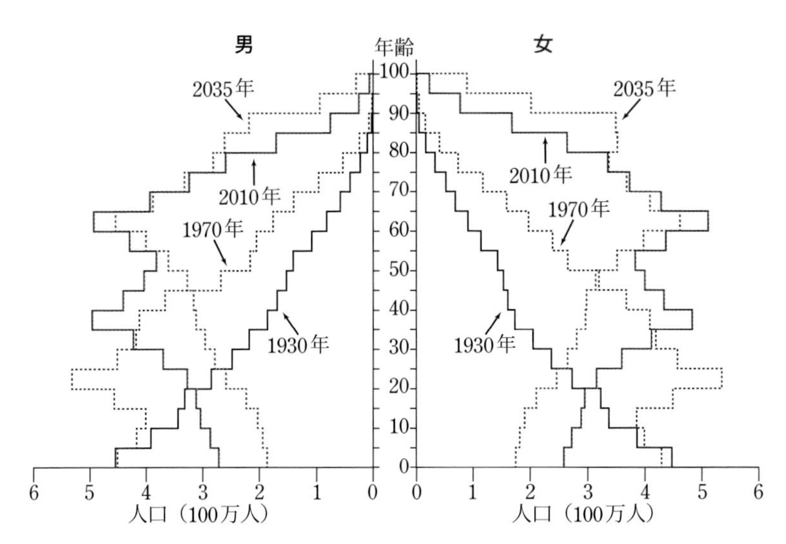


**図10･12**　日本の年齢別人口分布（男女別、年齢［5歳階級］別の人口ピラミッド）
1930年、1970年、2010年は総務省統計局の国勢調査資料より、2035年は国立社会保障・人口問題研究所の「日本の将来推計人口」（出産中位・死亡中位推計；平成24年1月推計）より作成。100歳以上は省略。

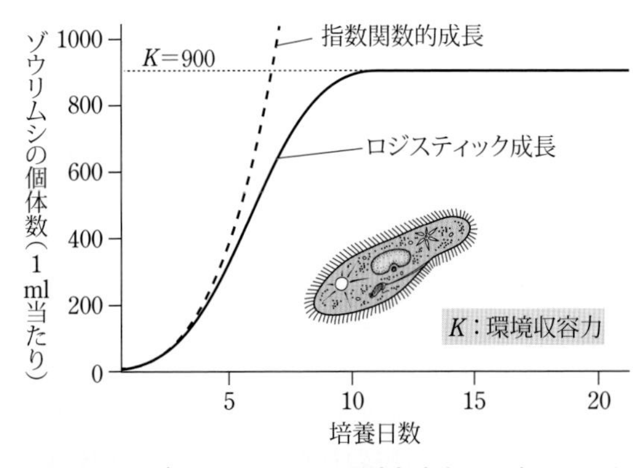


**図10･13**　ゾウリムシにおける環境収容力とロジスティック曲線

個体群は、環境中の食物資源や空間的な制限などが存在せず、非生物的環境が良好であった場合には、**指数関数的**に増加していくが、通常の環境には何らかの制限が存在する。ある環境が、ある種の個体群成長の上限を決めているとき、これを**環境収容力**という。したがって通常の個体群では、環境収容力を上限として個体群成長は頭打ちになり、**ロジスティック曲線**として表される（**図10･13**）。

**個体群密度**はある面積に棲む個体の密度で表される。個体群成長の抑制には、個体群密度も大きく関係しており、さらに個体群密度が変化することにより個体群の性質そのものも変化する**密度効果**が見られる。動物などでは、個体群密度が増加することで、光や食物を巡る個体間の競争が激しくなる場合がある。こうした種内での競争を**種内競争**といい、**個体間相互作用**の一つである。

個体群密度が増加することにはデメリットもあるが、メリットもある。同種の個体が密に生活することで、単独で生活する場合よりも食物の豊富に存在する場所を発見しやすかったり、天敵に

図10・14　ゾウアザラシのハレム

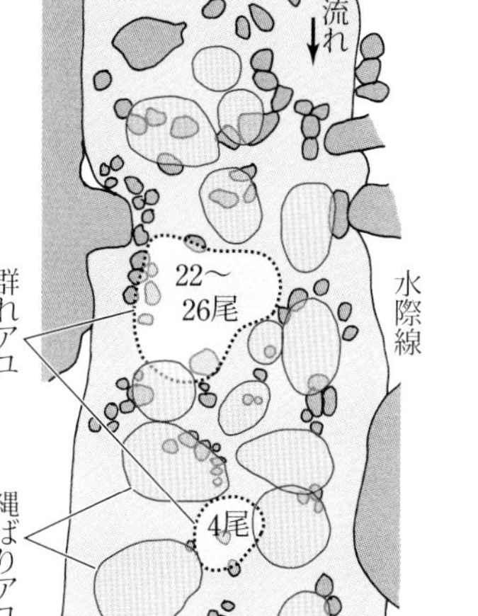


図10・15　アユの縄ばり（数研出版『生物』を参考に作図）
縄ばりアユは川石に付着した藻類を食べ、縄ばりに侵入してきた他のアユを追い払う。

対する防御システムを構築しやすかったりする。また、交配相手も見つけやすく、子育てもしやすい。こうした同種の個体の集団を**群れ**という（**4-5-1** 項参照）。群れの中には、個体間で力の強い個体と弱い個体が生じ、強い個体を頂点とした生殖や摂食に関する**順位**が決められるものもある。ニワトリのつつきに関する順位、ニホンザルにおける順位などが知られている。このうち、ノルウェーの**シェルデラプ＝エッベ**（T. Schjelderup-Ebbe, 1894 〜 1976）が発見したニワトリのつつきの順位が、世界で初めて報告された順位性である。順位性が極端になると、群れにおいてオスが 1 匹と、残りすべてがメスにより構成される**一夫多妻**（**ハレム**）が形成されるが、哺（ほ）乳類のじつに 9 割の種がハレムを形成する（**図 10・14**）。ハレムには**資源防衛型**（ゾウアザラシ *Mirounga* 属など）と**配偶者防衛型**（ゴリラなど）がある。ハレムではしばしば、繁殖行動の一環として、新しいオスによる前のオスの子に対する**子殺し**が見られる。子を殺されたメスはすぐ発情して繁殖可能となるため、新しいオスは子殺しをすることで繁殖機会を得る。

一方、一つの個体や一つの家族がある一定の生息面積を**占有**し、他の個体や他の家族が侵入してくることを拒否し、行動的に排除するような動物もいる。この時に占有している面積もしくは空間を**縄ばり**（**テリトリー**）という（**図 10・15**）。1920 年、イギリスの**ハワード**（H. E. Howard, 1873 〜 1940）により鳥類の縄ばりが初めて報告された。縄ばりを主張するために、動物は**音声**や、**マーキング**、**パトロール**などの行動を用いてその占有を強化しようとする。これを**縄ばり行動**といい、昆虫、魚類、鳥類、哺乳類に至るまで幅広い動物で見られる。

図10・16　ローレンツ

オーストリアの**ローレンツ**（K. Z. Lorenz, 1903 〜 1989 ; **図 10・16**）は、それぞれの動物のもつ形態的特徴が遺伝的に固有のものであるのと同様に、動物の行動もまた、それぞれの種に固有の遺伝的特徴であるとする考えに基づき、**動物行動学**と呼ばれる学問分野の基礎を築いた（**8-4-5** 項参照）。ローレンツの業績の一つは、**生得的解発機構**という概念の提唱である。生得的解発機構とは、多くの動物の行動が外界からの刺激によって解発されるもので、そうした刺激と解発される行動との間には密接な関係があり、そのしくみとしての神経生理学的機構のことを指す。ローレンツやオランダの**ティンバーゲン**（N. Tinbergen, 1907 〜 1988）らにより研究され、この機構は生得的で、生まれついたものである。動物の行動を解発する刺激を**リリーサー**といい、その中で最も重要なものを**鍵刺激**という。よ

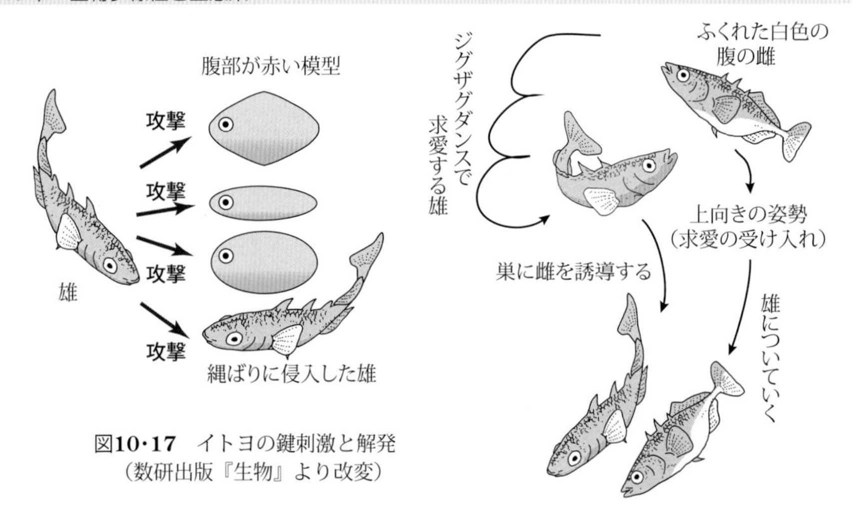


**図10·17**　イトヨの鍵刺激と解発
（数研出版『生物』より改変）

く知られた例は、トゲウオの一種**イトヨ**（*Gasterosteus aculeatus*）が見せるジグザグダンスである。繁殖期のイトヨのオスの腹は赤い婚姻色となり、縄ばりを守って攻撃的となる。この縄ばりにふくれた白色の腹をもつメスが来ると、ジグザグダンスにより求愛する。この行動は生得的であり、またそのきっかけとなる刺激（鍵刺激）はメスのふくれた白い腹である（**図10·17**）。

動物の中には、ハチ、アリ、シロアリなどのように、個体群における個体間相互作用がさらに高度に組織化された社会を形成している場合もあり、そのようなしくみを**社会性**という（**4-5-1**項参照）。こうした社会性動物には、精緻なコミュニケーションが発達している場合があり、特にドイツの**フリッシュ**（K. von Frisch, 1886 ～ 1982）により発見された、ミツバチが仲間に餌の場所を教えるために行う**ダンス言語**は有名である。

### 10-4-3　種間相互作用

異なる種の個体群が生息域を同じくする生物群集では、種内での個体間相互作用のみならず、種間での様々な相互作用、すなわち**種間相互作用**が発生する。最も有名な相互作用の例が食物連鎖だが、ここでは代表的な相互作用として「消費者・犠牲者相互作用」、「相利共生」、ならびに「種間競争」の三つにまとめて扱う。

**消費者・犠牲者相互作用**は、一方の生物が利益を得る**消費者**となり、もう一方が傷つく**犠牲者**となる相互作用であり、前者を**捕食者**、後者を**被食者**とする**捕食**がその代表的な例である（**図10·18**）。この場合、両者はいわゆる「食べる・食べられる」関係にある。すべての生物は、このどちらかになり得るが、ヒトの場合はきわめて特徴的な様相を呈している。自然界では、生物はその生息圏内にある、すなわちあるバイオームに属する他の構成員である被食者しか食べないが、ヒトは、自身のバイオーム以外のバイオームへも被食者を求めるからである。自然界では捕食者は必要以上の被食者を食べることはなく、両種のバランスは保たれている。実験的にある捕食者を環境から取り除くと、被食者の**個体群密度**が増加する。 植物を小型の魚類や昆虫が食べ、昆虫を小動物が食べ、小動物を猛禽類が食べるという具合に、生物の世界における食べる、食べられるの関係が連鎖的につながったものが**食物連鎖**である（**図10·19**）。食物連鎖について最初に言及したのはイギリスの**エルトン**（C. S. Elton, 1900 ～ 1991）で、彼が1927年に27歳で刊行した『動物生態学』は、その後の動物生態学に大きな影響を及ぼした

| 利益を得る生物（消費者） | | 傷つく生物（犠牲者） |
|---|---|---|
| 捕食者 | | 被食者 |
| 草食動物 | ←→ | 植物 |
| 肉食動物 | ←→ | 草食動物 |
| 食虫植物 | ←→ | 昆虫 |
| 寄生者 | | 宿主 |
| 寄生虫 | ←→ | ヒト |

**図10·18**　消費者・犠牲者相互作用

図**10・19**　食物連鎖
草食動物が植物（生産者）を食べ、肉食動物が草食動物を食べる。

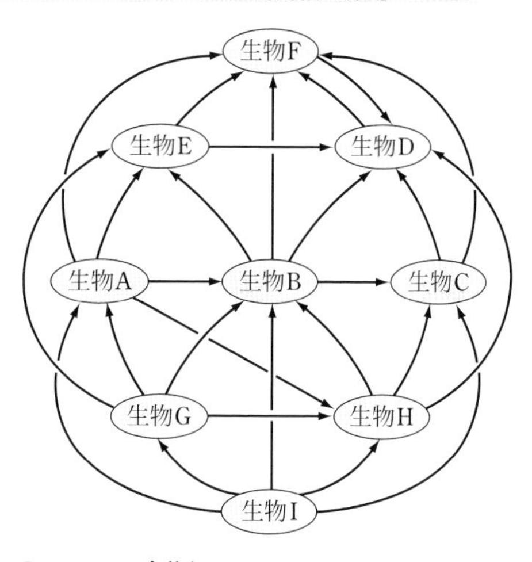


図**10・20**　食物網
生物A→生物Bは、「AがBに食べられる」ことを示す。

（**10-3-2** 項で述べた生態的ピラミッドも、この本で言及されている）。ある生物群集における食物連鎖は、単に生物Cが生物Dを食べ、生物Bが生物Cを食べ、そして生物Aが生物Bを食べるという、一次元的な繋がりには留まらず、一次元的な食物連鎖がさらに複雑に絡みあい、全体として**食物網**と呼ばれる大きなネットワークが形成される（**図 10・20**）。生物群集の中には**中枢種**と言われる生物がおり、その存在が食物網全体のバランスに大きく影響している場合が多い。また**寄生**は、寄生する側が利益を得るので消費者となり、される側（宿主）が損をするため犠牲者とみなすことができる。

**相利共生**は、2種以上の生物が相互作用することで、両方の種が利益を受けるような種間相互作用である（**図 10・21**）。相利共生は、その様式によって様々なタイプに分けることができる。**消化相利共生**は、動物と、その腸管内に生息する腸内細菌（**2-9-2** 項、**7-4-1** 項参照）との間に見られる相利共生に代表されるもので、腸内細菌は動物から生活空間と栄養を得、動物もまた、腸内細菌が分解した分解産物を栄養分として得ている。腸内細菌がいることで、病原性のあるバクテリアの増殖が抑制されるという利益も、動物は得ている。**種子分散型相利共生**は、鳥類や哺乳類と、実を結ぶ植物との間に見られる相利共生であり、動物は実を食べ、種子を含んだ糞を散布することで植物に繁殖に関する利益を与え、植物は栄養を豊富に含んだ実を結び、栄養に関する利益を動物に与えている。**行動的相利共生**は、2種の生物のそれぞれが、相手に利益を与えるようにその行動を変化させたもので、ある種のエビとハゼとの間に見られる相利共生がよく知られている。この場合では、ハゼはエビが掘った穴に共生して住み、生活場所に関する利益を得ている一方、視力の弱いエビは触手の一方をハゼの体に付着させており、ハゼが天敵を感知した際の回避行動を共にすること

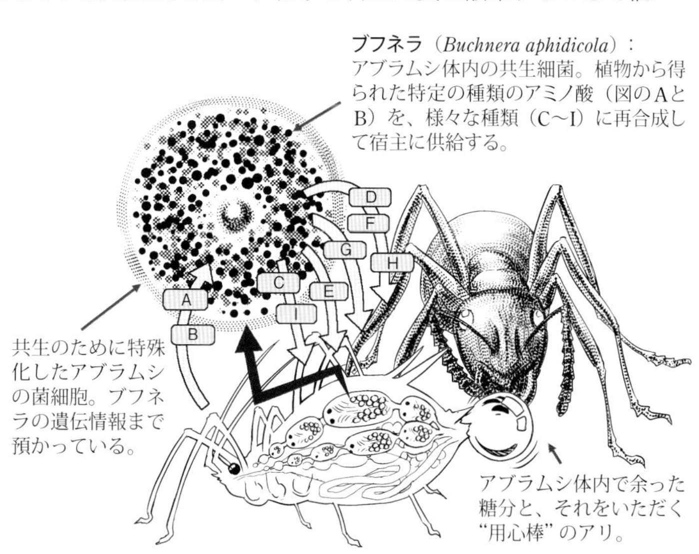


図**10・21**　相利共生の例

で、被食を回避する利益を得ている。**送粉者相利共生**は、昆虫と被子植物との間に見られる相利共生で、植物は栄養分を大量に含む蜜をハチなどの昆虫に提供し、ハチは蜜などを吸う際に体につく花粉を植物の柱頭に受粉させる虫媒を担う（**6-2** 節参照）。

**種間競争**は、相互作用する2種が、お互いに相手に対して負の影響を与えるような相互作用である。両種が同じ食物資源を獲得しようとする場合、資源をとり合い、相手の分を減らすという負の影響を与える。これを**消費型競争**という。一方、生活場所を獲得する競争では、たとえば巣穴を取り合う鳥類のように、別の種を直接的に排除する競争もあり、**干渉型競争**という。

こうした種間相互作用は、時として**進化**の重要なきっかけとなる。たとえば種間競争は、それによって種の分布と多様性を制限する方向にはたらくこともあるが、種間の違いを増大させるきっかけになるかもしれない。**8-4-4** 項で扱った**擬態**は、消費者・犠牲者相互作用が生み出した進化の形であるとも言える。

## 10-5　生態系の保全

### 10-5-1　ヒトの活動と環境

**産業革命**以前のヒトにとって、生態系の保全に関する社会問題がもし存在していたのだとしたら、それは自分自身の居住空間と自然との関係をどのように構築していくかという、純粋に物理的なものであったろう。新しい生活場所は、樹木を伐採し、火を使って焼き、つくり上げる。樹木を伐採するという行為は、道具を発明したヒトに特有の行為であり、その意味では、たとえ産業革命以前であっても、ヒトの活動はそれまでに構築され、システムとしてバランスを保っていた生態系とは相容れないものであったと言えよう。森林火災は自然の状態でもしばしば生じるが、ヒトはその生活の手段として意図的に火を用い始めた（**8-3-5** 項参照）。これも生態系のバランスを崩す一つであったことは間違いない。

イギリスで起こった産業革命以降、私たちヒトの生活に**化石燃料**が利用されるようになった。**石油**や**石炭**などの化石燃料は、大気と生物との間の循環を停止し、地中深く貯蔵されていた炭素の塊である。この貯蔵炭素をヒトが利用することは、新たな炭素を二酸化炭素として放出することを意味し、その分、大気中の二酸化炭素濃度が増加することを意味する（**10-3-1** 項参照）。大気の**二酸化炭素濃度の上昇**は、地表面から放出される赤外線の吸収へとつながり、地球が発する熱を宇宙空間へ逃がさないようにする効果をもたらす。これを**温室効果**といい、その結果**地球温暖化**がもたらされていると考えられている（**図10・22**）。

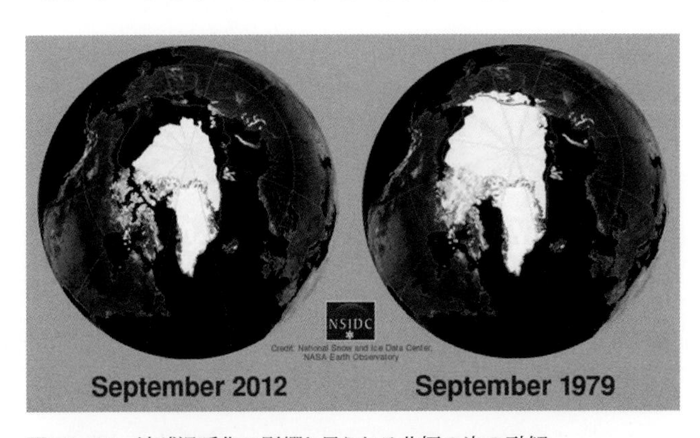


**図10・22**　地球温暖化の影響と見られる北極の氷の融解
北極圏の海氷が最も少なくなる9月に観測される氷（白色部分）は、1979年（右）と2012年（左）を比較すると、約75％程度にまで減少している。（画像提供：NSIDC／NASA）

気温の上昇は、農作物に影響を与え、国土の乾燥化を進め、海面を上昇させる。これはヒトだけの問題ではなく、地球生態系規模の問題でもある。化石燃料の消費により生み出されたヒト活動の活発化は、生態系の攪乱（**10-1-2** 項参照）、フロンガスの放出による**オゾン層の破壊**といった生態系の破壊とも言える様々な現象をつくり出した。

ヒトも生態系を構成する生物の一員として進化し、今ここに存在していることを忘れてはならない。これを忘れたとき、ヒトは繁栄とはまったく逆の道を歩むことになるだろう。

### 10-5-2　ヒトの活動の生物多様性への影響

**生物多様性**には、大きく三つの多様性がある。遺伝子の多様性、種の多様性、そして生態系の多様性である（**図 10・23**）。

図 **10・23**　様々なレベルの多様性

DNA 複製時に起こる複製エラーなどを起因とする突然変異（**3-8-1** 項参照）は、種内の**遺伝子の多様性**を導く。ナミテントウ（*Harmonia axyridis*）などの体の模様の多様性は、よく知られた遺伝子の多様性（**種内変異**）であるが、ヒトの遺伝的多様性の一つである **DNA 多型**（**3-8-2** 項参照）も、そうした遺伝子の多様性の一つである。遺伝子の多様性は、地理的隔離などの環境的条件が合わさることで**種分化**を引き起こすことがある。種分化は**種の多様性**をもたらす。種の多様性は、**生物間相互作用**の多様化と、それに伴う**生物的環境**の多様化を生み、**生態系の多様性**をもたらす。こうした階層構造を呈する多様性に、生態系から逸脱した社会を形成したヒトの活動は、いくつかの大きな影響を及ぼしている。

ヒトの活動が生態系に攪乱（かくらん）（**10-1-2** 項参照）を引き起こすことを**人為攪乱**という。よく知られた人為攪乱は、食用魚の乱獲や森林の無計画な伐採による生物の生息地の破壊、**固有種**の生息地への**外来種**の侵入などである。これらは、対象となる地域に生息する生物や、乱獲対象の生物に対して、その地域における**個体群サイズ**の減少をもたらす。一般的に、生息地の面積が大きいほど種の

図 **10・24**　セイタカアワダチソウ

| 哺乳類 | 有袋目 | フクロギツネ |
|---|---|---|
| | 霊長目 | タイワンザル、カニクイザル、アカゲザル |
| | 齧歯目 | ヌートリア、タイワンリス、タイリクモモンガ |
| | 食肉目 | アライグマ、マングース |
| | 偶蹄目 | 一部を除くシカ属、キョン |
| 鳥類 | スズメ目 | ガビチョウ、ソウシチョウ |
| 爬虫類 | カメ目 | カミツキガメ |
| | 有鱗目 | グリーンアノール、ミナミオオガシラ、タイワンハブ |
| 両生類 | 無尾目 | オオヒキガエル、ウシガエル |
| 魚類 | | ブルーギル、コクチバス、オオクチバス、ホワイトバス、パイクパーチ、ケツギョ |
| クモ類 | | キョクトウサソリ、セアカゴケグモ、ハイイロゴケグモ |
| 甲殻類 | | ウチダザリガニ、モクズガニを除くモクズガニ属 |
| 昆虫類 | | クモテナガコガネ、セイヨウオオマルハナバチ、ヒアリ、アルゼンチンアリ |
| 軟体動物 | | カワヒバリガイ、カワホトトギスガイ |
| 植物 | | ミズヒマワリ、ナルトサワギク、ブラジルチドメグサ、ボタンウキクサ |

図**10・25**　特定外来生物の主なもの（学名は省略。環境省Webサイトより改変）

数が多い、すなわち種の多様性が豊富であることが知られているため、生息地の減少は、そのまま種の多様性の低下をももたらすと言える。

また、外来種の侵入の例を見ると、小笠原諸島の固有種であるオガサワラアザミ（*Cirsium boninense*）、オオハマギキョウ（*Loberia boniensis*）などの植物が、ヒトが家畜として持ちこんだヤギが野生化して食害にあい、個体数を大きく減らすという状態が引き起こされている。日本全国でよく見られるセイタカアワダチソウ（*Solidago altissima*）は、もともと北アメリカ原産の外来種であり、他の植物の生育を阻害する物質を土壌中に放出する性質があり、日本の固有種はセイタカアワダチソウの生息地から排除される（**図 10・24**）。

なお、一部の外来種は、環境省によって**特定外来生物**に指定されており、現在ではその飼育や運搬を許可なく行うことが禁止されている（**図 10・25**）。

## ◆ 10-6　絶　滅 ◆◆◆◆◆

地球の歴史の中では、生物は**大量絶滅**（**8-3-4** 項参照）だけではなく、連続的で、種単位の単発的な絶滅が絶え間なく起こっている。こうした絶滅を**背景絶滅**という。ここでは、背景絶滅のメカニズムについて扱う。

人為攪乱や、自然な状態での外来種の侵入などにより個体数が少なくなると、**血縁**の近い関係にある個体同士で交配が行われる確率が高くなる。こうした交配を**近親交配**という。近親交配は、生まれてくる子に対していくつかの悪影響を及ぼすことが知られている。たとえば、近親交配により産子数が減少したり、子の生存率が低下したりする**近交弱勢**という現象がある。これは、近親交配により**ホモ接合型**の遺伝子座が増加することで、劣性で有害な表現型をもたらす遺伝子により影響が及ぶようになることや（**3-1** 節参照）、血縁関係にない個体からもたらされる生存に有利な遺伝子の新規導入がなく、その組合せが減少することなどが原因として挙げられる。

また個体数の減少は、**人口学的確率性**により、生まれてくる子の性に偏りが生じたり、偶然ほとんどの個体が死亡したりする確率を高くする傾向にある。さらに、**遺伝的浮動**（**8-4-2** 項参照）の影響により、生存に不利な突然変異が、個体数が多い集団よりも集団内に広まりやすくなる。また個体数が少ないと天敵による死亡率が高くなることが知られている。アメリカの**アリー**（W. C. Allee, 1885 ～ 1955）は、個体群の**密度効果**（**10-4-2** 項参照）により、ある程度の個体数と個体群密度がある方がその生物の増殖や生活にプラスにはたらくことを見出した。これを**アリー効果**（**アリーの原理**）という。したがって、個体数の減少により個体群密度が**最適密度**よりも低下すると、生物は**絶滅**へ向う可能性が高まる。

要するに、個体数が減少すると、近親交配や遺伝的浮動により遺伝子の多様性が低下し、個体の**適応度**や集団の適応能力が低下する。これが繁殖力の低下や高い死亡率をもたらし、さらに個体数が減少する。この個体数減少がスパイラルのように連鎖的に進行し、ついには絶滅するに至る。これを**絶滅の渦**という（**図 10・26**）。

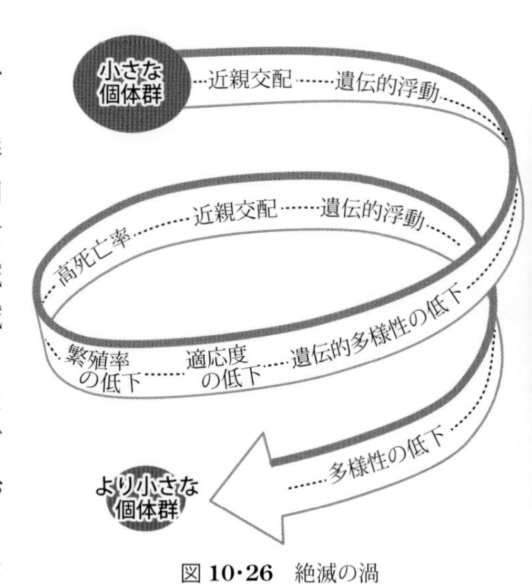


図 **10・26**　絶滅の渦

ただ、遺伝子の多様性の低下が常に生物の絶滅をもたらすわけではない。たとえば、日本全国に生育するヒガンバナ（*Lycoris radiata*）やニホンズイセン（*Narcissus tazetta*）などは、そのほとんどが遺伝的に同一な個体（クローン）である。遺伝子の多様性が低くても、安定的な環境であれば必ずしも絶滅の渦には入らず、かえって繁栄をもたらす場合もある。

## 10-7　家畜とヒト

現代ではほとんどのヒトにとって、食物は店で買うものである。東京などの大都市のみならず、どんな小さな町へ行っても最低1軒はコンビニエンスストアがあり、24時間いつでも好きなときに食物を買い、食べることができる。私たちヒトは、食物がもともと生きていた別の生物であったことを知る機会を失いつつある。

肉は、スーパーで売っている食品であるが、スライスされ、細切れにされてプラスチックトレイに乗せられる以前は、ある1匹の、それ自身が生きていた生物の、多くの場合はその筋肉の一部だった（図10･27）。

図10･27　様々な食べ物の獲り方

ヒトも他の生物と同じく、他の生物を殺し、その体の一部を毎日のように食べている。自然界の捕食者なら、被食者を殺すのも食べるのも、自らの手で行うが､ヒトでは分業化されていて、一般の消費者が自らウシやブタを殺すことはない。多くのヒトにとって食物は店で買うもので、他の生物を殺して手に入れるものではない。

**狩猟採集**から農耕牧畜の時代を通じ､ヒトはつねに他の植物や動物との関わりの中で生きてきた。**食物連鎖**を構成する生物の一員として、自然の中で、他の生物たちと**生物群集**を構成し、共存して生きていた。他の生物を支配するヒトの特質が最初に現れたのが、**農耕牧畜**を行うようになった頃である。農耕は田畑を耕すこと、牧畜は牧場で牛、馬、羊などの**家畜**を飼育し、繁殖させることである。ヒトは、農耕によって食物とする植物の命をコントロールし、牧畜によって同じく食物とする動物の命をコントロールするようになった（図10･28）。

やがてヒトは、文明をつくり出し、学問を育てた。**科学**（Science）とは、本来その対象物を「知る」ことを意味する。ヒトは、自分たちが認識するものを観察し、「知り」、名前を与えることでこれを分類し、体系化することに成功した。これにより、身の回りの生物たちは、ヒトの「仲間」から「観察する対象」へ、そしてさらに、共存する相手から「支配する対象」へと変わってきた。その支配の対象が最も顕在化し、高度な産業として成立したのが家畜産業である。

図10･28　ヒトが動物をコントロールする

家畜とは､生物学的な定義では､「その生殖行動がヒトによってコントロールされている生物種」である。ここでは身近な3種、ニワトリ、ブタ、ウシについて扱う。

図10･29　ニワトリの様々な品種（いずれもオス）（画像提供：北海道立総合研究機構 畜産試験場）

現在の産業家畜としての**ニワトリ**（*Gallus gallus*）には、卵をとるための**産卵鶏**と、肉をとるための**肉用鶏**があり、それぞれ様々な**品種**がある（**図10･29**）。ニワトリの起源は、東南アジアかインドの**野鶏**であったとされる。日本へは、中国南部や東南アジアから、ほぼ稲作が渡来したのと同時期に渡来したらしい。平安時代までは放し飼いにされていた在来鶏が主であったが、その後、様々な品種がつくり出されて飼育されるようになり（**地鶏**）、また愛玩用、闘鶏用などとしても飼われた。

家畜として飼われている哺乳類の中で、最も肉の生産効率が高い家畜が**ブタ**（*Sus scrofa domesticus*）である。ブタの起源はイノシシ（*Sus scrofa*）であるが、家畜化の過程でその体型はイノシシと大きく変わっており、ブタはイノシシに比べて胴長で、肋骨の数まで変化している（イノシシは14対、ブタは16対）。世界でおよそ400～500の品種が飼われているとされる。

**ウシ**（*Bos taurus*）は**反芻動物**として知られる。ウシには四つの胃があり、それぞれ役割を異にする（**図10･30**）。**反芻胃**には様々な微生物が棲息し、ウシが食べたものを分解し、増殖して窒素化合物を効率よく吸収させる作用をもつ。こうした性質により、反芻動物は草だけを食べていても、栄養分を非常に効率よく吸収し、さらに反芻胃に棲息する微生物により新たな栄養分がつくられることにより大きな体を成長させ、維持することが可能となる。ウシが家畜としてこれだけ大きな産業をつくり上げたのには、こうした生物学的背景があると考えられる。よく知られているように、産業家畜としてのウシには、乳をとるための**乳牛**（**図10･31**）と、肉をとるための**肉牛**がある。ウシの起源は、ユーラシア大陸ならびに北アフリカに生息していた**原牛**である。紀元前3000年頃に

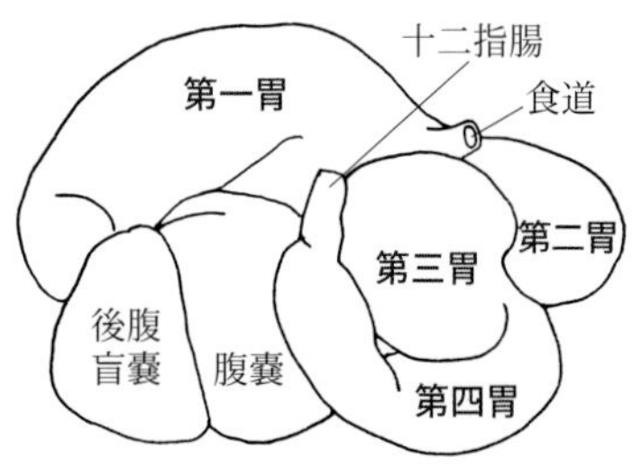


図10･30　ウシの反芻胃（加藤・山内 2003を参考に作図）

図10･31　ロータリーパーラーによるウシの搾乳（画像提供：オリオン機械株式会社）

はすでに家畜化されていたとされる。

最後に、私たちヒトが生殺与奪の権を握っている生物には、大別して 2 種類のものがあることに言及しておきたい。一つは家畜であり、もう一つは**ペット**（**愛玩動物**）である。研究者が扱う**実験動物**もあるが、ここではその性質上、家畜に分類しておく。家畜とペットの決定的な違いは、家畜がほとんどの場合、飼い主によっていずれは殺され、多くの場合食物となるのに対し、ペットは殺されることはなく、食物になることもないということである。家畜となる動物とペットになる動物の違いは、その国の文化的、宗教的背景と大きく関わっている。たとえばイヌは、日本ではほぼすべてがペットとして扱われるが、中国や韓国では食物にもなる。いずれにせよペットも、「ヒトの思い通りになる」という意味においては家畜と同様である。

言わば、ヒトが自分自身を養うための物質的な栄養分を吸収する対象が家畜であり、精神的な栄養分を吸収する対象がペットであると考えれば、ペットを飼うということもやはり、家畜を食べるのと同様、食物連鎖のトップに立つ私たちヒトの、生物学的所作の一つであると言えるだろう。

### コラム ヒトとカワウは共存できるか

長良川の鵜飼（うかい）で有名なウという鳥がいるが、その仲間に**カワウ**（*Phalacrocorax carbo*）という鳥がいる。カツオドリ目ウ科に属する野鳥である（**図 10・32**）。世界的に広く分布し、日本にもその亜種が広く生息しており、東京でも見ることができる。現在、カワウの**集団繁殖地**は全国に 100 カ所にも届こうというほど多く存在し、ヒトの生活圏にも多くのカワウが生息している。その体は黒く、大きさもカラスほどなので、カラスかと思ったらカワウだったというくらい多く見られる。近年、カワウとヒトとの軋轢（あつれき）が社会問題化しており、ねぐらや集団繁殖地では時には数万羽にも及ぶ個体が密集するため、**営巣林**が枯死したり、木材としての価値が低下したりといった**森林被害**や、糞の**悪臭**や鳴き声による**騒音**などの問題が生じる場合が多くなっている。さらに、漁業における**放流魚**への食害も社会問題化している。後者の背景には、取水堰やダムにより魚類の移動が妨げられ、護岸整備などにより地形や**植生**が単純化して魚類の生活圏における**多様性**が減少したことなど、ヒトの活動が大きく関係していると考えられ、それに追い打ちをかけるようにカワウの個体数が増加してきたことが挙げられる。カワウは現在、**特定鳥獣保護管理計画**の対象種であり、科学的な保護管理が求められているが、カワウ問題は、それに携わる漁業・森林業関係者など、多くの**ステークホルダー**（利害関係者）が関与する複雑な様相を呈するものであり、ヒトとカワウの共存が成立するのかどうかは、私たちのこれからの方策にかかっていると言える。

図**10・32** カワウ（画像提供：oto-／PIXTA）

# 参考文献・引用文献　一覧


Alberts ほか著『**細胞の分子生物学**（第 5 版）』中村桂子・松原謙一 監訳、ニュートンプレス、2010

Black 著『**ブラック微生物学**（第 2 版）』林 英生 ほか監訳、丸善、2007

Cain ほか著『**ケイン生物学**』石川 統 監訳、東京化学同人、2004

Carter ほか著『**ブレインブック** －みえる脳－』養老孟司 監訳、南江堂、2012

Fastovsky / Weishampel 著『**恐竜学** －進化と絶滅の謎－』真鍋 真 監訳、丸善、2006

Lodish ほか著『**分子細胞生物学**（第 5 版）』石浦章一 ほか訳、東京化学同人、2005

Murphy ほか著『**Janeway's 免疫生物学**（原書第 7 版）』笹月健彦 監訳、南江堂、2010

Reece ほか著『**キャンベル生物学**（原書 9 版）』池内昌彦・伊藤元己・箸本春樹 監訳、丸善出版、2013

Reece ほか著『**キャンベル生物学**（原書 11 版）』池内昌彦・伊藤元己・箸本春樹・道上達男 監訳、丸善出版、2018

Tortora 著『**トートラ 解剖学**』小澤一史・千田隆夫・高田邦昭 監訳、丸善、2006

Tortora / Derrickson 著『**トートラ 人体の構造と機能**（第 4 版）』桑木共之 ほか編訳、丸善出版、2012

Voet / Voet 著『**ヴォート生化学**（第 3 版）』田宮信雄 ほか訳、東京化学同人、2005

赤坂甲治 編『**新版 生物学と人間**』裳華房、2010

アリング／ネリング 著『**バイオスフィア実験生活** －史上最大の人工閉鎖生態系での 2 年間－』平田明隆 訳、講談社ブルーバックス、1996

浅島 誠 ほか著『**生物基礎**』東京書籍、2011

浅島 誠 ほか著『**生物**』東京書籍、2013

飯塚美和子・奥野和子・保屋野美智子 編『**基礎栄養学**（改訂 8 版）』南山堂、2010

石川 統 著『**生物科学入門**（三訂版）』裳華房、2003

石川 統 ほか編『**生物学辞典**』東京化学同人、2010

井上清恒 著『**生物学史展望**』内田老鶴圃、1993

今堀和友・山川民夫 監修『**生化学辞典**（第 4 版）』東京化学同人、2007

岩槻邦男 著『**生物講義** －大学生のための生命理学入門－』裳華房、2002

岩槻邦男 著『**多様性からみた 生物学**』裳華房、2002

ウィルソン 著『**社会生物学**』伊藤嘉昭 監修、新思索社、1999

大木道則 ほか編『**化学大辞典**』東京化学同人、1989

太田次郎 著『**ヒトの生物学**（改訂版）』裳華房、1989

大場秀章 著『**江戸の植物学**』東京大学出版会、1997

岡田節人 編『**岩波講座－分子生物科学 9　個体の生涯 II**』岩波書店、1990

小原嘉明 著『**イヴの乳** －動物行動学から見た子育ての進化と変遷－』東京書籍、2005

加藤嘉太郎・山内昭二 共著『**新編 家畜比較解剖図説　上巻・下巻**』養賢堂、2003

グールド 著『**ワンダフル・ライフ** －バージェス頁岩と生物進化の物語 －』渡辺政隆 訳、早川書房、1993

小山次郎・大沢利昭 著『**免疫学の基礎**（第 4 版）』東京化学同人、2004

コールダー 著『**物語 人間の医学史**』佐久間 昭 訳、平凡社、1996

コルバート ほか著『**脊椎動物の進化**（原書第 5 版）』田隅本生 訳、築地書館、2004

坂本順司 著『**理工系のための生物学**』裳華房、2009

佐藤矩行 ほか著『**シリーズ進化学 4　発生と進化**』岩波書店、2004

重中義信 著『**細胞** －そのひみつを探る－』共立出版、1994

嶋田正和 ほか著『**生物基礎**』数研出版、2011

嶋田正和 ほか著『**生物**』数研出版、2013

シンガー 著『**生物学の歴史**』西村顯治 訳、時空出版、1999

ジンマー 著『**「進化」大全 －ダーウィン思想：史上最大の科学革命－**』渡辺政隆 訳 、光文社、2004

武村政春 著『**人間のための 一般生物学**』裳華房、2007

武村政春 著『**生命のセントラルドグマ －RNAがおりなす分子生物学の中心教義－**』講談社ブルーバックス、2007

武村政春 著・菊野郎 作画『**マンガでわかる 生化学**』オーム社、2009

武村政春 ほか著『**これだけはおさえたい 生命科学 －身近な話題から学ぶ－**』実教出版、2010

武村政春 著『**たんぱく質入門 －どう作られ、どうはたらくのか－**』講談社ブルーバックス、2011

武村政春 著『**目からウロコの生命科学入門**』ミネルヴァ書房、2013

武村政春 著『**生物はウイルスが進化させた －巨大ウイルスが語る新たな生命像－**』講談社ブルーバックス、2017

田村隆明 著『**コア講義 生物学**』裳華房、2008

田村隆明 著『**医療・看護系のための 生物学（改訂版）**』裳華房、2016

ダルモン 著『**癌の歴史**』河原誠三郎・鈴木秀治・田川光照 訳、新評論、1997

千原光男 編著『**藻類多様性の生物学**』内田老鶴圃、1997

遠山正彌・大槻勝紀・中島裕司 編著『**人体発生学**』南山堂、2003

遠山 益 著『**生命科学史**』裳華房、2006

日本学士院 編『**明治前 日本生物学史　1巻・2巻**』日本学術振興会、1960

沼田 真 編『**新しい生物学史 －現代生物学の展開と背景－**』地人書館、1973

林 良博・近藤誠司・高槻成紀 共著『**ヒトと動物 －野生動物・家畜・ペットを考える－**』朔北社、2002

疋田 努 著『**爬虫類の進化**』東京大学出版会、2002

日高敏隆 編著『**動物の行動と社会**』放送大学教育振興会、2000

フルートン 著『**生化学史 －分子と生命－**』水上茂樹 訳 、共立出版、1978

ベイカー 著『**精子戦争 －性行動の謎を解く－**』秋川百合 訳、河出書房新社、1997

マルグリス／シュヴァルツ 著『**五つの王国 －図説・生物界ガイド－**』川島誠一郎・根平邦人 訳、日経サイエンス社、1987

三浦慎悟 著『**哺乳類の生物学④　社会**』東京大学出版会、1998

宮田 隆 編『**分子進化 －解析の技法とその応用－**』共立出版、1998

村松正実 ほか編『**分子細胞生物学辞典**』東京化学同人、1997

メイナード＝スミス 著『**進化遺伝学**』巌佐 庸・原田祐子 訳 、産業図書、1995

八杉龍一 ほか編『**岩波 生物学辞典（第4版）**』岩波書店、1996

柳川弘志 著『**生命はRNAから始まった**』岩波科学ライブラリー、1994

山科正平 著『**新・細胞を読む －「超」顕微鏡で見る生命の姿－**』講談社ブルーバックス、2006

山内一也 著『**ウイルスの意味論 －生命の定義を超えた存在－**』みすず書房、2018

吉里勝利 ほか著『**高等学校　生物基礎**』第一学習社、2012

吉里勝利 ほか著『**高等学校　生物**』第一学習社、2013

ルービン ほか編著『**カラー ルービン病理学 －臨床医学への基盤－**』鈴木利光 ほか監訳、西村書店、2007

レーヴン ほか著『**レーヴン/ジョンソン 生物学［上］［下］（原書第7版）**』R/J Biology 翻訳委員会 監訳、培風館、2006 ～ 2007

Alberts B. *et al.* "**Molecular Biology of the Cell**"［5th Edition］, Garland Science, 2008

Grassé P. P. ed. "**Oiseaux**"（Traité de Zoologie Tome 15）, Masson et Cie, Paris, 1950

Noller H. F. 'RNA structure : reading the ribosome', *Science* **309** : 1508-1514, 2005

Sadava D. *et al.* "**Life – The Science of Biology**"［9th Edition］, Sinauer Associates, Inc., 2011

# 各種索引

## 人名索引

### ア 行



### カ 行



### サ 行



### タ 行



### ナ 行



### ハ 行



### マ 行

# 生物名索引

## タ　行



## ナ　行



## ハ　行



## マ　行



## ヤ　行



## ラ　行



## ワ　行

# 事項索引

## 数 字



## A, B



## C, D



## E, F, G



## H, I, K



## L, M, N



## P, R



## S, T



## V～Z



## ア

## キ

## サ



## シ

## タ



## チ



## ツ



## テ

## ト



## ナ



## ニ



## ヌ, ネ



## ノ



## ハ

## ヒ



## フ

## ヘ



## ホ



## マ



## ミ



## ム



## メ

## 著者略歴

**武村政春**（たけむら まさはる）

1969年　三重県に生まれる。
1992年　三重大学 生物資源学部 卒業。
1998年　名古屋大学大学院 医学研究科 博士課程修了。
名古屋大学 助手、三重大学 助手、東京理科大学 講師・准教授を経て、
現　在　東京理科大学 教養教育研究院 教授、博士（医学）。
主　著　**『人間のための 一般生物学』**（裳華房）、**『生物はウイルスが進化させた』**（講談社ブルーバックス）、**『レプリカ』**（工作舎）、**『DNAの複製と変容』**（新思索社）ほか。

巨大ウイルスに関する研究、真核生物の起源に関する研究、中等教育における新しい生物教育教材等の開発研究に従事。また一般書等を通じて、分子生物学や生命科学をわかりやすく社会に伝える活動も行っている。

ベーシック生物学（増補改訂版）

2021年4月1日　第1版1刷発行
2022年2月25日　第1版2刷発行

検印省略

定価はカバーに表示してあります.

著作者　武村政春
発行者　吉野和浩
発行所　東京都千代田区四番町8-1
電話　03-3262-9166㈹
郵便番号　102-0081
株式会社　裳華房
印刷所　三報社印刷株式会社
製本所　株式会社　松岳社

一般社団法人
自然科学書協会会員



ISBN978-4-7853-5243-1

# 進化には生体膜が必要だった

佐藤　健 著　四六判／192頁／定価1650円（税込）

地球上のすべての生物をつくっている「生体膜」は、バクテリアからカビ、昆虫、植物、私たちヒトを含めた動物に至るまで、どんな生物もほとんど同じ分子構造（脂質二重層）をしている。そして、エネルギーの生産や物質の輸送、細胞の形態形成、情報の伝達など、重要なポイントに深く関わっている。前半では生体膜の構造と働きについて丁寧に解説し、後半では進化の道筋の仮説を新たな視点で紹介。

# 図解　分子細胞生物学

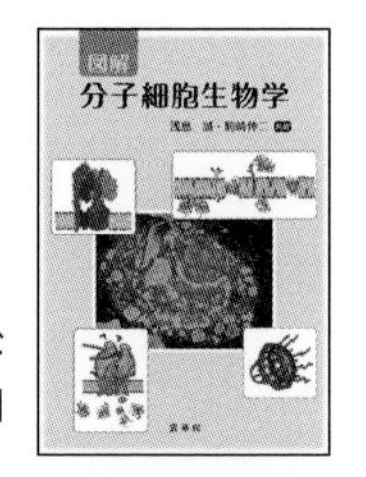


浅島　誠・駒崎伸二 共著　Ｂ５判／320頁／２色刷／定価5720円（税込）

最近の分子細胞生物学全般の知識をできるだけ効率よく理解することを目標に、基礎から最先端の話題まで、約500点の図版によってコンパクトに解説した。

**【目次】** 生体膜／細胞の構造／アミノ酸とタンパク質／タンパク質合成／エネルギー代謝／細胞骨格／細胞の運動と接着／細胞内輸送／遺伝子の発現とその制御／細胞内の情報伝達系／細胞周期

# しくみと原理で解き明かす　植物生理学

佐藤直樹 著　Ｂ５判／202頁／２色刷／定価2970円（税込）

**【目次】** 植物と生命の共通理解／植物の体のつくり／水と植物の科学／植物体を構成する基本分子／植物機能を担う分子群／光合成と呼吸／代謝系の基本／細胞増殖と成長・発生／調節系のしくみの基本／環境応答／細胞死と分解／テーマ学習（1）－葉緑体を詳しく知る－／テーマ学習（2）－植物と人間の関係の新たな可能性に向けて－

# 微生物学　－地球と健康を守る－

坂本順司 著　Ｂ５判／202頁／２色刷／定価2750円（税込）

ゲノム時代に大きな変貌を遂げた微生物学のための入門書。

基礎編の第１部では、微生物を扱う幅広い分野を統一的にカバーする視点から、共通の性質や取り扱いを学ぶ。分類編の第２部では、ゲノム情報に基づく最新の分類体系を取り入れて、種ごとの多様な特徴を概観する。これらを土台として、応用編の第３部では医療や産業への応用といった技術分野を扱う。

# 基礎分子遺伝学・ゲノム科学

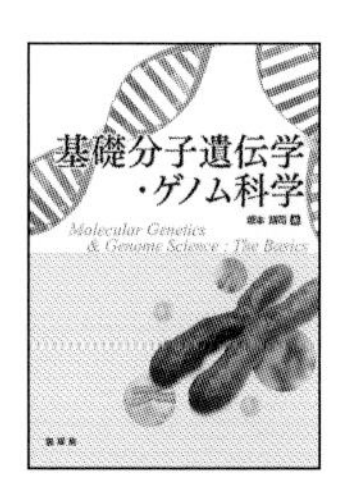


坂本順司 著　Ｂ５判／240頁／２色刷／定価3080円（税込）

遺伝子研究の成果を、分子遺伝学の基礎からゲノム科学の応用まで、一貫した視点で解説。下記の３つの工夫をし、理解の助けとした。1）第Ⅰ部　基礎編と第Ⅱ部応用編を密な相互参照で結びつける。2）多数の「側注」で術語の意味・由来・変遷などを解説する。3）多彩な図表とイラストで視覚的な理解を助ける。

# 動物の系統分類と進化　【新・生命科学シリーズ】

藤田敏彦 著　Ａ５判／206頁／２色刷／定価2750円（税込）

分類、系統、進化の観点から、現在の地球上の多様な動物の姿を明らかにする。

**【目次】** 分類とは何か／分類学と系統学／学名と標本の役割／動物系統分類学の方法／動物の系統と進化／動物の多様性と系統

# 植物の系統と進化　【新・生命科学シリーズ】

伊藤元己 著　Ａ５判／182頁／２色刷／定価2640円（税込）

おもに陸上植物を扱い、植物へいたる進化の道筋を概観し、陸上植物の各群の特徴を解説する。

**【目次】** 生物界と植物の系統／陸上植物の特徴／維管束植物の特徴／種子の起源と種子植物の特徴／被子植物の特徴と花の起源／被子植物の系統と進化／陸上植物の多様性と系統